21世纪高等学校规划教材 | 计算机科学与技术

网络协议实践教程

(第2版)

陈　虹　李建东　主编
徐娇月　李婕娜　张志杰　副主编

清华大学出版社
北京

内容简介

本书系统详细介绍网络协议的原理、功能及实验方法。主要内容包括网络协议的基本概念、网络协议分层体系结构；典型的物理层协议；数据链路层协议机制、局域网协议和广域网协议；IP协议、ARP协议、Internet控制协议、路由选择协议；TCP协议、UDP协议；DNS协议、文件传输协议、邮件传输协议、远程登录协议和超文本传输协议；动态主机配置协议；网络管理协议等。每章结束对本章重点内容进行了简要概括并附有习题，部分章节附有实验。内容丰富、概念清晰、系统性强、重点突出，注重理论联系实际是本书的特点。

本书既可作为高等院校网络工程、软件工程及相关专业网络协议、计算机网络等课程教材，也可供从事计算机网络研究和应用的开发人员、管理人员参考。

图书在版编目(CIP)数据

网络协议实践教程/陈虹，李建东主编. --2版. --北京：清华大学出版社，2016(2025.1重印)
21世纪高等学校规划教材·计算机科学与技术
ISBN 978-7-302-44061-1

Ⅰ. ①网… Ⅱ. ①陈… ②李… Ⅲ. ①计算机网络－通信协议－高等学校－教材 Ⅳ. ①TN915.04

中国版本图书馆CIP数据核字(2016)第128015号

责任编辑：付弘宇 李 晔
封面设计：傅瑞学
责任校对：李建庄
责任印制：丛怀宇

出版发行：清华大学出版社
网 址：https://www.tup.com.cn, https://www.wqxuetang.com
地 址：北京清华大学学研大厦A座 邮 编：100084
社 总 机：010-83470000 邮 购：010-62786544
投稿与读者服务：010-62776969，c-service@tup.tsinghua.edu.cn
质量反馈：010-62772015，zhiliang@tup.tsinghua.edu.cn
课件下载 https://www.tup.com.cn，010-83470236

印 装 者：三河市君旺印务有限公司
经 销：全国新华书店
开 本：185mm×260mm **印 张**：18.5 **字 数**：449千字
版 次：2012年1月第1版 2016年9月第2版 **印 次**：2025年1月第9次印刷
印 数：11001～11150
定 价：49.80元

产品编号：069344-03

出版说明

随着我国改革开放的进一步深化，高等教育也得到了快速发展，各地高校紧密结合地方经济建设发展需要，科学运用市场调节机制，加大了使用信息科学等现代科学技术提升、改造传统学科专业的投入力度，通过教育改革合理调整和配置了教育资源，优化了传统学科专业，积极为地方经济建设输送人才，为我国经济社会的快速、健康和可持续发展以及高等教育自身的改革发展做出了巨大贡献。但是，高等教育质量还需要进一步提高以适应经济社会发展的需要，不少高校的专业设置和结构不尽合理，教师队伍整体素质亟待提高，人才培养模式、教学内容和方法需要进一步转变，学生的实践能力和创新精神亟待加强。

教育部一直十分重视高等教育质量工作。2007 年 1 月，教育部下发了《关于实施高等学校本科教学质量与教学改革工程的意见》，计划实施"高等学校本科教学质量与教学改革工程"(简称"质量工程")，通过专业结构调整、课程教材建设、实践教学改革、教学团队建设等多项内容，进一步深化高等学校教学改革，提高人才培养的能力和水平，更好地满足经济社会发展对高素质人才的需要。在贯彻和落实教育部"质量工程"的过程中，各地高校发挥师资力量强、办学经验丰富、教学资源充裕等优势，对其特色专业及特色课程(群)加以规划、整理和总结，更新教学内容、改革课程体系，建设了一大批内容新、体系新、方法新、手段新的特色课程。在此基础上，经教育部相关教学指导委员会专家的指导和建议，清华大学出版社在多个领域精选各高校的特色课程，分别规划出版系列教材，以配合"质量工程"的实施，满足各高校教学质量和教学改革的需要。

为了深入贯彻落实教育部《关于加强高等学校本科教学工作，提高教学质量的若干意见》精神，紧密配合教育部已经启动的"高等学校教学质量与教学改革工程精品课程建设工作"，在有关专家、教授的倡议和有关部门的大力支持下，我们组织并成立了"清华大学出版社教材编审委员会"(以下简称"编委会")，旨在配合教育部制定精品课程教材的出版规划，讨论并实施精品课程教材的编写与出版工作。"编委会"成员皆来自全国各类高等学校教学与科研第一线的骨干教师，其中许多教师为各校相关院、系主管教学的院长或系主任。

按照教育部的要求，"编委会"一致认为，精品课程的建设工作从开始就要坚持高标准、严要求，处于一个比较高的起点上。精品课程教材应该能够反映各高校教学改革与课程建设的需要，要有特色风格、有创新性(新体系、新内容、新手段、新思路，教材的内容体系有较高的科学创新、技术创新和理念创新的含量)、先进性(对原有的学科体系有实质性的改革和发展，顺应并符合 21 世纪教学发展的规律，代表并引领课程发展的趋势和方向)、示范性(教材所体现的课程体系具有较广泛的辐射性和示范性)和一定的前瞻性。教材由个人申报或各校推荐(通过所在高校的"编委会"成员推荐)，经"编委会"认真评审，最后由清华大学出版社审定出版。

目前,针对计算机类和电子信息类相关专业成立了两个"编委会",即"清华大学出版社计算机教材编审委员会"和"清华大学出版社电子信息教材编审委员会"。推出的特色精品教材包括:

(1) 21 世纪高等学校规划教材·计算机应用——高等学校各类专业,特别是非计算机专业的计算机应用类教材。

(2) 21 世纪高等学校规划教材·计算机科学与技术——高等学校计算机相关专业的教材。

(3) 21 世纪高等学校规划教材·电子信息——高等学校电子信息相关专业的教材。

(4) 21 世纪高等学校规划教材·软件工程——高等学校软件工程相关专业的教材。

(5) 21 世纪高等学校规划教材·信息管理与信息系统。

(6) 21 世纪高等学校规划教材·财经管理与应用。

(7) 21 世纪高等学校规划教材·电子商务。

(8) 21 世纪高等学校规划教材·物联网。

清华大学出版社经过三十多年的努力,在教材尤其是计算机和电子信息类专业教材出版方面树立了权威品牌,为我国的高等教育事业做出了重要贡献。清华版教材形成了技术准确、内容严谨的独特风格,这种风格将延续并反映在特色精品教材的建设中。

清华大学出版社教材编审委员会
联系人:魏江江
E-mail:weijj@tup.tsinghua.edu.cn

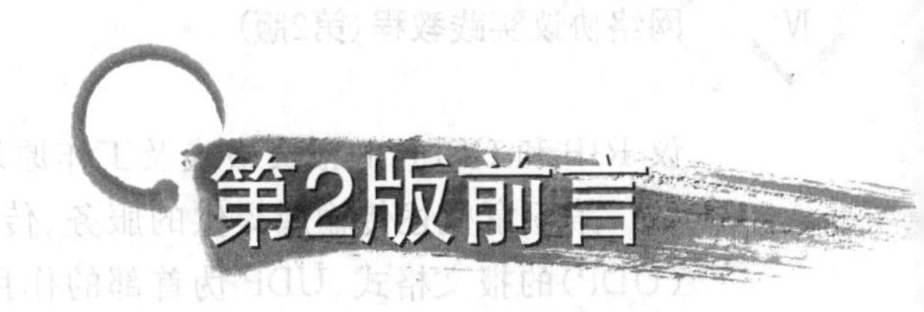

计算机网络中，两个相互通信的实体通常处于不同的地理位置，要实现两个进程的相互通信，需要通过交换控制信息来协调它们的动作进而达到同步，信息的交换必须按照预先共同约定好的规则进行，这个规则就是网络协议。因此，网络协议就是为计算机网络中进行数据交换而建立的规则、标准或约定的集合。一个网络协议至少包括语法、语义和时序 3 个要素。

网络协议是计算机网络的灵魂，没有协议网络节点间交换数据无从谈起，更不会有今天的 Internet。网络协议是伴随着计算机网络同步发展的。随着计算机网络由简单到复杂、由面向终端到以通信子网为中心的发展，网络协议也得到了快速发展：由简单的点对点通信协议发展到点对多点通信协议，由同构网协议发展到异构网协议。正是由于快速发展的网络协议对计算机网络的支撑，才造就了“地球村”，使得网络通信快速、可靠和准确。因此，网络协议在计算机网络发展中占据着重要地位，可以说没有网络协议就没有网络。

由于网络体系结构是分层次的，则网络协议也是分层次的，不同层次有不同的协议。因此，网络各层协议众多，而且网络协议的基本概念、原理及工作过程都比较抽象，不易理解。本书所附实验可使学生在实验中真实看到各种网络协议的报文、协议的工作过程及结果，进而理解网络协议的工作原理，使得网络协议课程摆脱了枯燥乏味而变得生动，真正做到了理论联系实际，同时也能提高学生的实践能力。

本书主要讲述了 IEEE 802 协议族和 TCP/IP 协议族中主要协议的相关内容及实验。对网络协议的基本概念、基本原理和方法力求全面，尽量做到深入浅出、理论联系实际、图文并茂等。本书的特点是概念清晰、内容丰富、系统性强、重点突出、实验丰富、实践性强。

本书共分 8 章。具体内容安排如下。

第 1 章概述网络协议的概念、网络协议的分层体系结构及两种典型的网络体系结构——OSI 参考模型和 TCP/IP 参考模型，并着重理解二者的异同。

第 2 章介绍物理层协议的四个基本特性，物理层协议的作用，两个典型的物理层协议 RS-232C 和 X.21 协议的结构、原理和工作过程。常见的数据编码(曼彻斯特编码、差分曼彻斯特编码)和脉冲编码调制技术(PCM)。

第 3 章主要讲述数据链路层协议的基本概念和停止—等待 ARQ 及滑动窗口两类协议的机制、工作原理，对数据链路层的差错控制方法、成帧机制进行了讨论，并结合局域网协议(IEEE 802 协议族)和广域网协议讨论了当前主流的数据链路层协议(HDLC 等)的帧结构、工作原理及实验验证。

第 4 章网络层协议主要讲述 IP 数据报格式、IP 数据报首部校验和、数据分片与重组、IP 协议模块包、子网规划、IP 地址转换及 IP 路由寻址等；地址解析协议(ARP)和反向地址解析协议(RARP)的原理、报文格式及处理过程；Internet 控制报文协议(ICMP)和 Internet 组管理协议(IGMP)提供的各种类型报文格式、原理及处理过程；简要介绍 IP 路由选择协议 RIP 和 OSPF 的报文格式及工作原理；X.25 网络层协议的分组格式、工作原理等内容。

第 5 章概述传输层提供的服务、传输层寻址与端口的概念，着重讲述了用户数据报协议(UDP)的报文格式、UDP 伪首部的作用、UDP 工作原理及 UDP 软件模块包构成；传输控制协议(TCP)的报文格式、TCP 连接管理、TCP 流量控制、TCP 拥塞控制和 TCP 定时管理机制、TCP 软件模块包构成等内容。

第 6 章主要介绍几个典型的应用层协议。域名系统(DNS)的名字空间构成、DNS 报文格式、资源记录和域名服务器的作用、域名解析方式及解析服务过程；文件传输协议 FTP 的进程模型、FTP 的命令与应答及简单文件传输协议 TFTP；电子邮件的基本概念、邮件传输协议 SMTP 和邮件获取协议 POP 的命令集及运行过程；远程登录协议 Telnet 的基本概念、Telnet 命令、Telnet 选项协商、Telnet 子选项协商过程；超文本传输协议 HTTP 的一般格式、HTTP 请求报文和响应报文。

第 7 章介绍引导协议 BOOTP 及动态主机配置协议 DHCP 的基本概念、报文格式、工作原理及运行方式、DHCP 中继代理等。

第 8 章简要介绍网络管理的结构、SNMP 体系结构、SNMP 管理体系结构、TRAP 导致的轮询，简单网络管理协议(SNMP)的基本概念、管理信息库 MIB、管理信息结构 SMI、协议数据单元及 SNMP 操作及工作原理。

第 3～8 章提供了 15 个相关实验，各实验均给出了实验目的、实验准备、实验原理、实验过程及思考题等。目的明确、操作性强，通过实验可以使学生较好地理解掌握抽象的网络协议知识。

本书由陈虹统稿，其中第 1、3、5 章由陈虹编写；第 2 章由徐娇月编写；第 4 章由李婕娜编写；第 6、7 章由李建东编写；第 8 章由张志杰编写。本书实验内容及过程基于中软吉大计算机网络实验教学系统，实验部分的编写参照了中软吉大的实验教程，在此对中软吉大表示感谢。本书在编写过程中得到了清华大学出版社、辽宁工程技术大学教务处、辽宁工程技术大学软件学院的大力支持与帮助。在本书出版之际，谨向上述单位和部门表示衷心的感谢。

由于编者水平有限，书中难免有不妥和疏漏之处，恳请广大读者批评指正。

本书联系 E-mail：chh3188@163.com。

本书的配套 PPT 课件、习题答案等教学资源可以从清华大学出版社网站 www.tup.com.cn 下载，本书及课件的使用中遇到任何问题，请联系 fuhy@tup.tsinghua.edu.cn。

编　者

2016 年 6 月

目 录

网络协议概述

计算机网络是通过通信设备与线路将地理上分散并具有独立功能的计算机系统连接在一起，并由功能完善的软件来控制，进而实现资源共享的系统。从物理组成上来看，计算机网络包括硬件、软件和协议三大部分。计算机网络中节点间相互通信是由控制信息传送的网络协议及其他相应的网络软件共同实现的。因此，可以说硬件是计算机网络的基础，网络协议是计算机网络的灵魂。

1.1 网络协议的分层体系结构

1.1.1 网络协议概念

1. 网络协议的定义

所谓网络协议就是指为了能在计算机网络中进行数据交换，实现资源共享而建立的通信规则、标准或约定的集合。在计算机网络中，要使通信双方有条不紊地交换数据，就必须遵守双方事先约定的规则或标准，即遵循事先约定的网络协议。例如，网络中一个用户需要与另一个用户进行通信，但这两个用户的数据终端所采用的字符集有可能不同。因此，这两个用户所输入的命令彼此不认识，导致他们之间无法通信交互。双方为了能够顺利地进行通信，就必须采用某种方法，使双方输入的命令能够相互理解。最常用的方法就是字符集转换，可以在发送端将待发送数据格式转换成接收端的格式，也可以在发送端不做任何处理而在接收端将数据转换成自己的格式，这样双方就都可以理解对方命令的含义了。但这两种方法都有一个比较致命的缺点，如果网络中有很多具有不同字符集的终端需要通信，那么每个终端都需要有很多字符转换规则，将自己的字符集与其他各终端字符集相互转换，这样，每个终端就会有非常庞大的字符集，而且一旦有新的字符集出现，各终端若不及时更新自己的字符转换规则，将造成无法通信的局面。因此，为了避免出现这种情况，规定了标准字符集，其转换规则是每个终端首先将自己字符集中的字符变换为标准字符集中的字符，然后再进入网络传送，到达目的终端后，再各自将其变换为接收终端(自己)字符集中的字符。这样一来，双方只要了解自己的字符集与标准字符集之间的转换规则即可，不必知道与其他每个终端的字符集之间的转换规则。有了这些转换规则的存在，计算机网络中各终端就可以相互通信了，这些转换规则和转换过程就是一种网络协议。对于不相容的终端，除了需变换字符集中的字符外，其他特性，如显示格式、行长、行数、屏幕滚动方式等也可能需做相应的变换。这些都是网络协议的一部分。因此,网络协议包含的内容非常广泛。

2. 网络协议的基本要素

在计算机网络中,两个相互通信的实体(终端)处于不同的地理位置,要实现两个进程之间的相互通信,需要通过交换一定的控制信息来协调它们的动作以达到双方同步。双方交换控制信息必须按照预先共同约定好的规则(即网络协议)和过程进行。因此,一个网络协议至少包括以下3个基本要素。

(1) 语法:说明用户信息与控制信息的组成结构、格式和编码等问题,即说明怎么做的问题。

(2) 语义:说明通信双方需要发出的信息内容是什么、完成的动作是什么及做出的应答是什么等问题,即说明做什么的问题。

(3) 同步(又称时序或定时):说明通信双方完成动作的先后顺序、速度匹配和排序等问题。

1.1.2 网络协议分层概念

1. 通用的分层思想

计算机网络是一个庞大的集合,其体系结构非常复杂,需要有一个适当的方法来研究、设计和实现网络体系结构。网络体系结构是指对构成计算机网络的各组成部分及计算机网络本身所必须实现的功能的精确定义,即网络体系结构是计算机网络中的层次、各层的协议以及层间接口的集合。

为了简化问题,降低网络和网络协议设计的复杂性,使网络便于维护,提高网络运行效率,目前网络设计一般采用层次结构,各层次结构相对独立,实现的功能相对独立。除最底层和最高层之外,中间每一层都是利用下一层提供的服务完成本层功能,同时为上一层提供一定的服务,并对上一层屏蔽本层服务实现的细节。分层的优点是层与层之间只在层间接口处关联,层间耦合最小。网络体系结构具有可分层的特性,同样网络协议也具有可分层的特性,各层协议互相协调,构成一个整体,通常称为协议集或协议族。

网络体系结构和协议依据一定的原则可以划分成如图1-1所示的层次结构,从最底层到最高层依次称为第1层,第2层,…,第 n 层,一般每层都会给出一个特定的名称,如第1层的名称通常为物理层,第 n 层称为应用层等。

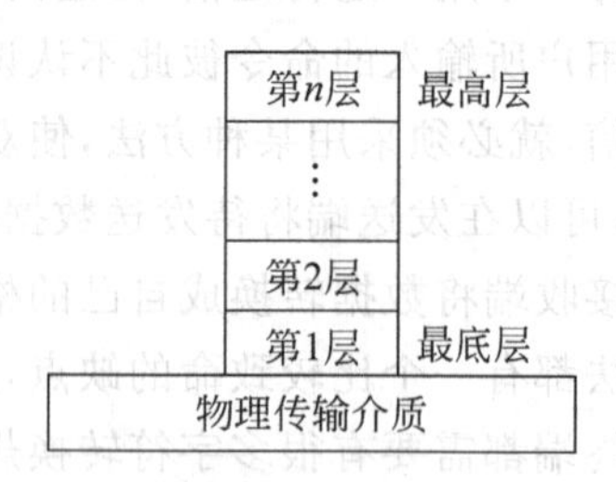

图1-1 网络体系层次结构示意图

2. 协议分层的基本原则

分层应考虑的因素主要有层次清晰程度与运行效率间的关系,层次数量多少合适等问题。层次越多,每层的定义可能越清晰,其实现可能也越容易,但其总体运行效率可能会越低。

网络协议分层主要应遵循以下4条基本原则。

(1) 各层之间接口要清晰自然,易于理解,相互交流尽可能少。

(2) 各层功能的定义应独立于具体实现的方法。

(3) 保持下层对上层的相对独立性，单向使用下层提供的服务。

(4) 合理选择层数，使层次数足够多，每一层都易于管理；同时，层数又不能过多，避免综合开销过大。

3. 网络协议分层的优点

网络协议的分层是随着网络体系结构的分层而划分的，每层协议都从语法、语义和时序 3 个方面规定着每层的交互规则。因此，网络协议分层的优点主要有以下几条。

(1) 协议规则易于理解、交流、系统化和标准化。

(2) 协议各层次接口清晰，尽量减少层次间传递的信息量，便于各层次模块的独立实现、开发和调试。

(3) 各层次协议相对独立，实现细节独立，只要接口保持不变，允许用等效的功能模块灵活地替代某层次模块，而不影响相邻层次模块。因此，易于更新替换单个模块。

(4) 每一个层次的内部结构对上、下层屏蔽不可见。因此，易于抽象化。

4. 实体、协议、接口与服务的概念

计算机网络体系结构中涉及以下几个基本概念。

(1) 实体。实体是指在计算机网络的分层结构中每一层中的活动元素，可以是硬件、软件或进程。为了区分不同层次的实体，通常将第 n 层活动元素称为 n 层实体，不同系统中同一层的实体称为对等层实体。

(2) 协议。协议(计算机网络协议)是指通信双方实现相同功能的相应层之间的通信规则的集合，通常称为对等层协议，协议是水平的。

(3) 接口。接口是指同一系统内部两个相邻层次之间的通信规则的集合。它是相邻两层之间的边界，是一个系统内部的规定。在传统网络中，每一层只在相邻的层次之间定义接口，不能跨层定义接口。例如，第 n 层和第 $n+1$ 层之间有接口，但第 $n-1$ 层和第 $n+1$ 层之间不能有接口。近年来，对于网络协议跨层的研究，尤其是针对无线网络、光网络的跨层研究，取得了一定的成果，当跨层之间有直接关联时，以实现跨层之间必需的接口为目标的研究取得了一定的成果。接口与协议的关系如图 1-2 所示。

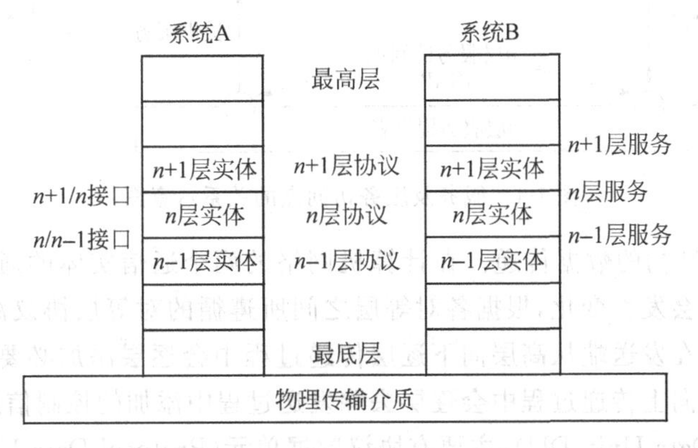

图 1-2 接口与协议的关系示意图

(4) 服务。服务是指某层实体实现的功能,在形式上是由一组原语(Primitive)来描述的,这些原语供用户和其他实体访问该服务时调用。它们通知服务提供者采取某些行动或报告某个对等实体的活动。

n 层通过 $n+1/n$ 层接口为 $n+1$ 层提供服务,通过 $n/n-1$ 层接口获取 $n-1$ 层的服务。n 层实体实现的服务为 $n+1$ 层所使用。因此,n 层称为服务提供者,$n+1$ 层称为服务使用者(服务用户)。n 层利用 $n-1$ 层的服务来完成本层服务。第 n 层实体在实现自身定义的功能时,只使用 $n-1$ 层提供的服务。n 层向 $n+1$ 层提供服务,该服务中不仅包括 n 层本身执行的功能,也包括由下层服务提供的功能总和。最底层只提供服务,是提供服务的基础;最高层只是用户,是使用服务的最高层;中间各层既是下一层的用户,又是上一层服务的提供者。

(5) 服务访问点。服务访问点(Service Access Point,SAP)是指下层对相邻上层提供服务的接口。实体与服务访问点(SAP)的关系如图 1-3 所示。服务是通过服务访问点提供的,服务的使用者和服务提供者通过服务访问点直接联系,每一个服务访问点都有一个能够唯一标识它的地址。例如,可以把电话系统中的电话插孔看成是一种 SAP,而 SAP 地址就是这些插孔的电话号码。服务及服务访问点的关系如图 1-4 所示,每层只能调用相邻的下层提供的服务。

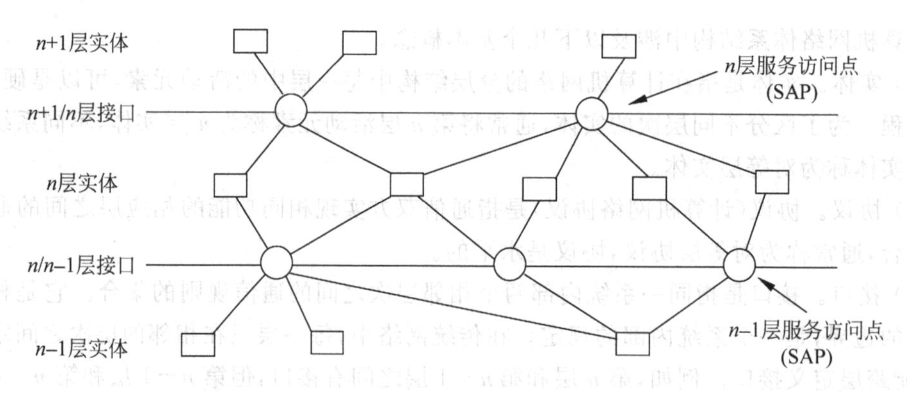

图 1-3 实体与服务访问点(SAP)的关系示意图

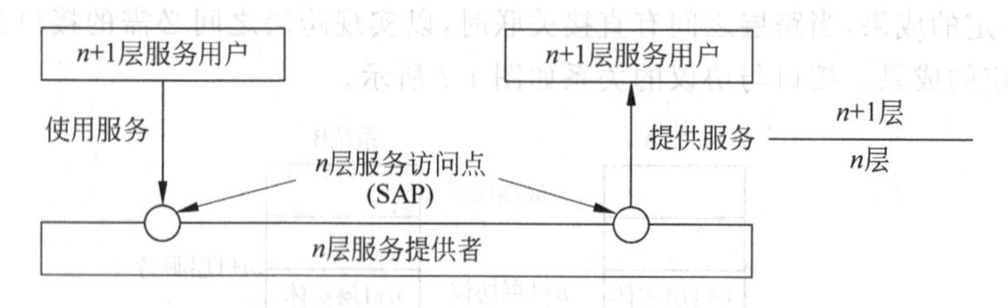

图 1-4 服务及服务访问点的关系示意图

(6) 网络体系结构的数据传递。在计算机网络的两个通信实体的通信过程中,数据在上下各层之间传递会发生变化,根据各对等层之间所遵循的对等层协议添加或去除某些控制信息。用户数据在发送端从高层向下逐层传递过程中会逐层添加必要的控制信息,在接收端从最低层逐层向上传递过程中会逐层去除发送过程中添加的控制信息。数据传递的单位称为数据单元(Data Unit,DU),主要有协议数据单元(Protocol Data Unit,PDU)、服务数据单元(Service Data Unit,SDU)和接口数据单元(Interface Data Unit,IDU)3种。3种数据单元传递关系如图1-5所示。

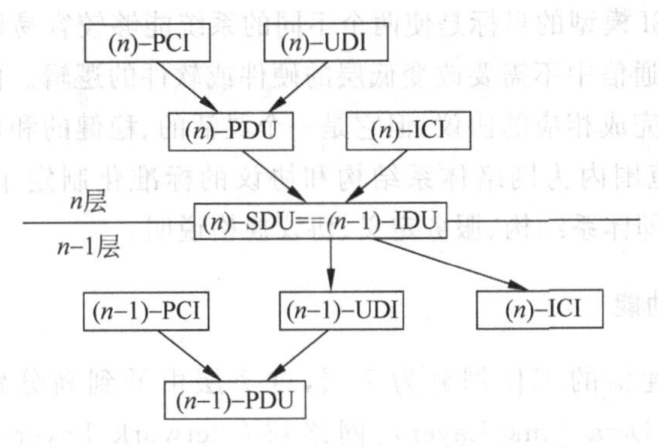

图1-5 PDU、SDU、IDU之间的关系图

(7) 协议数据单元。PDU是指某层对等实体之间通信时,该层协议所操纵的数据单元。第 n 层协议数据单元记为 (n)-PDU,它由用户数据信息 (n)-UDI(User Data Information)和协议控制信息 (n)-PCI(Protocol Control Information)两部分组成。(n)-UDI是第 n 层从第 $n+1$ 层实体接收或送往第 $n+1$ 层实体的数据部分。(n)-PCI一般作为首部或尾部信息添加在 (n)-UDI的前面或后面。

(8) 服务数据单元。SDU是指相邻层实体间传递的数据单元,它是一个供接口使用的用户数据。第 n 层与第 $n-1$ 层传递的服务数据单元记为 (n)-SDU,在层间接口处也可称为 $n-1$ 层接口数据单元 $(n-1)$-IDU。

(9) 接口数据单元。IDU是指在同一系统的相邻两层实体的一次交互中,经过层间接口的数据单元。PDU在通过层间接口时需要添加必要的接口控制信息(Interface Control Information,ICI),如说明通过接口的总字节数、是否需要加速传递等。一个PDU加上适当的ICI后就形成IDU,当IDU通过层间接口后,即将添加的ICI去掉。第 n 层向第 $n-1$ 层传递数据的接口数据单元记为 $(n-1)$-IDU。

1.2 OSI分层模型

目前流行的两大网络体系结构是开放系统互连参考模型OSI/RM(Open System Interconnection Reference Model,OSI/RM,OSI)和TCP/IP参考模型。

1. OSI的发展历程

在OSI出现之前,计算机网络中存在着众多的体系结构,其中以IBM公司的系统网络体系结构(System Network Architecture,SNA)和DEC公司的数字网络体系结构(Digital Network Architecture,DNA)最为著名,各种网络体系结构有着自身的特点和规则,相互之间互连很困难。为了解决不同网络体系结构的互连、互操作问题,国际标准化组织(ISO)于1981年制定了开放系统互连参考模型(OSI模型)。所谓开放,是指标准开放,只要遵循开放的标准就可以与同样遵循该开放标准的设备进行通信。所谓系统,是指能够实现网络通信的实体。OSI 标准制定过程中采用的是分层体系结构方法,就是将庞大而复杂的问题划分为若干个相对独立、容易处理的小问题。OSI 规定了许多层次,各层一般由若干协议组成,实现该层功能。OSI 模型的目标是使两个不同的系统能够较容易地通信,而不管它们底层的体系结构如何,即通信中不需要改变低层的硬件或软件的逻辑。由于众多原因,OSI 仅仅是一个模型,并没有完成相应的协议,但它是一个灵活的、稳健的和可互操作的模型,是体系结构、框架,在世界范围内为网络体系结构和协议的标准化制定了一个可遵循的标准。OSI 采用了三级抽象,即体系结构、服务定义、协议规格说明。

2. OSI 各层主要功能

OSI 模型将网络通信的工作划分为 7 层,这 7 层由低到高分别是物理层(Physical Layer)、数据链路层(Data Link Layer)、网络层(Network Layer)、传输层(Transport Layer)、会话层(Session Layer)、表示层(Presentation Layer)和应用层(Application Layer),OSI 模型如图 1-6 所示。第 1 层到第 3 层属于 OSI 参考模型的底层,负责创建网络通信连接的链路,通常称为通信子网;第 5 层到第 7 层是 OSI 参考模型的高层,具体负责端到端的数据通信、加密/解密、会话控制等,通常称为资源子网;第 4 层是 OSI 参考模型的高层与底层之间的连接层,起着承上启下的作用,是 OSI 参考模型中从低到高第一个端到端的层次。每层完成一定的功能,直接为其上层提供服务,并且所有层次都互相支持,网络通信可以自上而下(在发送端)或者自下而上(在接收端)双向进行。但是,并不是每个通信都需要经过 OSI 的全部 7 层,有的甚至只需要双方对应的某一层即可。例如,物理接口之间的连接、中继器与中继器之间的连接只需在物理层中进行;路由器与路由器之间的连接只需经过网络层以下的三层(通信子网)。

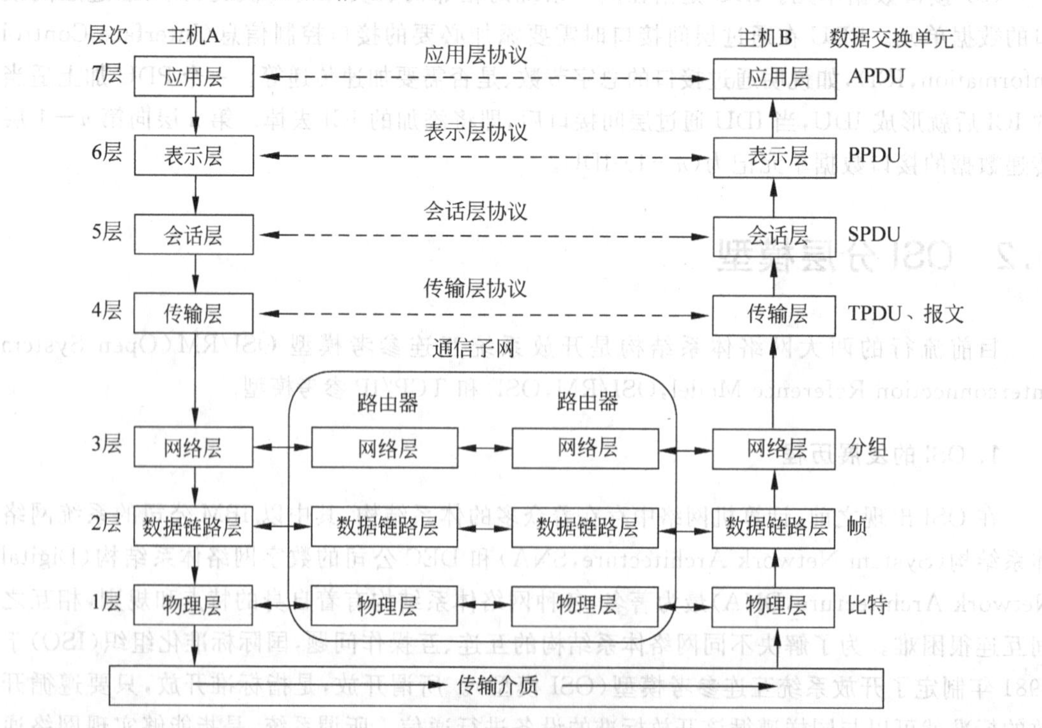

图 1-6 OSI 参考模型

OSI参考模型的7层主要功能如下。

(1) 物理层(Physical Layer)。物理层规定了通信设备的机械特性、电气特性、功能特性和规程特性,用以建立、维护和拆除物理链路的连接。具体地讲,机械特性规定了网络连接时所需接插件的规格尺寸、引脚数量和排列情况等;电气特性规定了在物理连接上传输比特流时线路上信号电平的大小、阻抗匹配、传输速率、距离限制等;功能特性是指对各个信号线分配的确切的信号含义,即定义了数据终端设备(Data Terminal Equipment,DTE)和数据通信设备(Data Circuit-terminating Equipment,DCE)之间各个线路的功能;规程特性定义了利用信号线进行比特流传输的一组操作规程,是指在物理连接的建立、维护、拆除过程中交换信息的过程,是DTE和DCE双方在各电路上的动作序列。物理层传输的数据单元是比特(bit)。物理层定义的典型规范有EIA/TIA RS-232、EIA/TIA RS-449、V.35、RJ-45等。

(2) 数据链路层(Data Link Layer)。数据链路层是在物理层提供比特流服务的基础上,建立相邻节点之间的数据链路(逻辑的),通过差错控制提供数据帧在信道上无差错的传输。数据链路层在不可靠的物理介质上提供可靠的数据链路传输,其功能主要有物理地址寻址、数据成帧、流量控制、数据检错和重发等。数据链路层传输的数据单元是帧(Frame)。数据链路层协议主要有SDLC、HDLC、PPP、STP、帧中继等。

(3) 网络层(Network Layer)。在计算机网络中进行通信的两个计算机之间可能会经过多个数据链路,也可能经过多个通信子网。网络层的任务就是选择合适的网间路由和交换节点,确保数据及时传送到目的地。网络层将数据链路层提供的帧组成数据分组(也称数据包),分组中封装有网络层的分组首部,其中含有逻辑地址信息——源节点和目的节点的网络地址。网络层还可以实现拥塞控制、网际互连等功能。网络层传输的数据单元是数据分组(Packet)。网络层协议主要有IP、IPX、ICMP、IGMP、RIP、OSPF、IS-IS等。

(4) 传输层(Transport Layer)。传输层传输的数据单元也称为数据包(Packet)。但是,当讨论TCP等具体的协议时又有特殊的叫法,TCP协议的数据单元称为段(Segment),而UDP协议的数据单元称为数据报(Data Gram)。传输层居中,是承上启下层,该层负责获取全部信息,为上层提供端到端(最终用户到最终用户)的、透明的、可靠的数据传输服务,因此,它必须跟踪数据单元碎片、乱序到达的数据包及其他在传输过程中可能发生的危险。传输层传输的数据单元是报文(Message),也称为数据段或数据报。传输层协议主要有TCP、UDP、SPX等。

(5) 会话层(Session Layer)。会话层又称为会晤层或对话层,在会话层及以上的高层次中,数据传送的单元不再另外命名,统称为某层报文。会话层不参与具体的数据传输,它提供包括访问验证和会话管理在内的建立、维护应用进程之间通信的机制。如服务器验证用户登录等。目前,会话层没有具体的协议。

(6)表示层(Presentation Layer)。表示层主要解决用户信息的语法表示、加密/解密、压缩/解压缩等问题。它将欲交换的数据从适合于某一用户的抽象语法,转换为适合于OSI系统内部使用的传送语法,即提供格式化的表示和转换数据服务。目前,表示层也没有具体的协议。

(7) 应用层(Application Layer)。应用层是OSI参考模型的最高层,它是服务用户,是唯一直接为用户应用进程访问OSI环境提供手段和服务的层次。应用层以下各层通过应用层间接地向应用进程提供服务。因此,应用层向应用进程提供的服务是所有层提供服务的总和。应用层协议主要有DNS、Telnet、FTP、HTTP、SMTP、SNMP等。

1.3 TCP/IP分层模型

1990年以前,在数据通信和联网的文献中占主导地位的是开放系统互连(OSI)模型。但是由于多种原因,OSI并没有具体实现,也没有真正广泛应用在网络通信中,相反,并非国际标准的TCP/IP参考模型在大范围内实现了网络工程中的应用,成为了事实上的国际标准,又称为工业标准(或业界标准)。

1. TCP/IP的发展历程

TCP/IP的研究和应用先于OSI,而且其协议实现在先,体系结构定义在后。TCP/IP协议最早由斯坦福大学的两名研究人员于1973年提出。1983年,TCP/IP被UNIX 4.2BSD系统采用。随着UNIX的成功,TCP/IP逐步成为UNIX系统的标准网络协议。Internet的前身ARPAnet最初使用NCP(Network Control Protocol)协议,由于TCP/IP协议具有跨平台特性,ARPAnet的实验人员在对TCP/IP协议改进后,规定连入ARPAnet的计算机都必须采用TCP/IP协议。随着ARPAnet逐渐发展成为Internet,TCP/IP协议也就成为Internet的标准连接协议,因此,TCP/IP协议成了事实上的国际工业标准。

2. TCP/IP体系结构

TCP/IP体系结构分为四层,如图1-7所示,其体系结构模型自下而上分别是网络接口层、网络层、传输层和应用层。其中虚线框中的数据链路层和物理层严格说并不属于TCP/IP体系结构,但却被TCP/IP的网络接口层很好地调用。

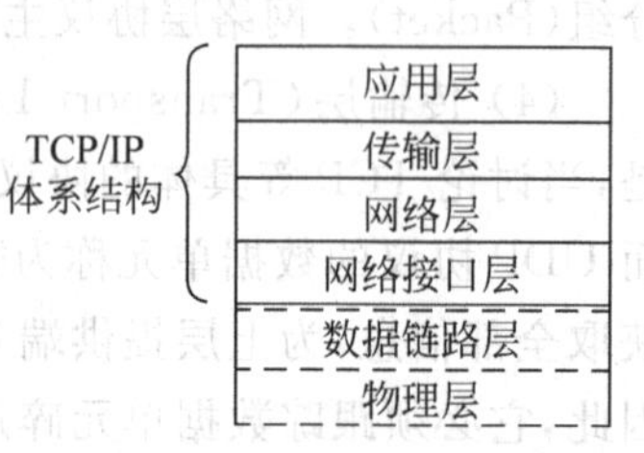

图1-7 TCP/IP体系结构

(1) 网络接口层。TCP/IP体系结构严格地说并未实现数据链路层和物理层的功能,它只是定义了一个接口,称为网络接口层,因此网络接口层严格地说并不是一个独立层次,仅仅是一个接口,用于提供对下面的数据链路层和物理层的接口。而且,网络接口层在TCP/IP协议中并没有规定具体的内容,只是借助目前已成熟的、具体的物理网络协议来实现,如IEEE 802协议族等。

(2) 网络层。TCP/IP的网络层基本对应于OSI模型的网络层,它是TCP/IP模型中最主要的层次,是整个体系结构的关键部分,它的功能是使主机可以把分组发往任何网络,并使分组独立地传向目的地,完成路由选择和流量控制等功能。这些分组到达的顺序和发送的顺序可能相同,也可能不同,乱序到达的分组需要高层协议完成重新排序。网络层主要协议有网际协议IP、地址解析协议ARP、反向地址解析协议RARP、Internet控制报文协议ICMP、组管理协议IGMP、内部网关协议IGP(如路由信息协议RIP、开放最短路径优先协议OSPF、中间系统到中间系统路由协议IS-IS)、外部网关协议EGP(如边界网关协议BGP)等。

(3) 传输层。TCP/IP的传输层大致对应于OSI的传输层和会话层。传输层的功能主要包括对应用层数据进行分段；对接收数据进行检查以保证所接收数据的完整性；为多个应用进程同时传输数据；多路复用数据流；对乱序接收的数据重新排序；提供端到端的可靠传输等。传输层主要定义了传输控制协议 TCP 和用户数据报协议 UDP 两个端到端协议。

(4) 应用层。TCP/IP 的应用层是最高层，对应于 OSI 模型的应用层。应用层主要规定各种应用进程之间通过什么样的应用协议来使用网络所提供的服务。如基于文本的网络应用程序——远程登录 Telnet 协议、文件传输 FTP 协议、简单邮件传输协议 SMTP、简单网络管理协议 SNMP 等；基于多媒体的网络应用程序——万维网 WWW、视频会议、视频点播 VOD 等。应用层主要协议有远程登录协议 Telnet、文件传输协议 FTP、简单文件传输协议 TFTP、简单邮件传输协议 SMTP 和 POP、域名系统 DNS、超文本传输协议 HTTP 等。

本章要点

本章主要阐述了网络分层体系结构的基本思想，网络协议分层的基本概念，实体、服务、服务访问点、接口的概念及相互之间的关系。简要介绍了目前流行的两种网络参考模型 OSI 和 TCP/IP 的分层体系结构，各层的主要功能及主要协议。

习题

一、单项选择题

1. 网络体系结构可以定义为________。

   A. 一种计算机网络的实现

   B. 执行计算机数据处理的软件模块

   C. 建立和使用通信硬件和软件的一套规则和规范

   D. 由 ISO(国际标准化组织)制定的一个标准

2. 下面说法中正确描述了 OSI 参考模型中数据封装过程的是________。

   A. 数据链路层在分组上增加了源物理地址和目的物理地址

   B. 网络层将高层协议产生的数据封装成分组，并增加了第三层的地址和控制信息

   C. 传输层将数据流封装成数据帧，并增加了可靠性和流控制信息

   D. 表示层将高层协议产生的数据分割成数据段，并增加了相应的源端口和目的端口信息

3. 在 OSI 参考模型中，________。

   A. 相邻层之间的联系通过协议进行

   B. 相邻层之间的联系通过会话进行

   C. 对等层之间的通信通过协议进行

   D. 对等层之间的通信通过接口进行

4. 下面对计算机网络体系结构中协议所做的描述，错误的是________。

   A. 网络协议的三要素是语法、语义和同步

B. 协议是控制两个对等层实体之间通信规则的集合

C. 在 OSI 参考模型中,要实现第 n 层的协议,需要使用 $n+1$ 层提供的服务

D. 协议规定了对等层实体之间所交换信息的格式和含义

5. 以下关于网络体系结构的描述中,错误的是________。

A. 网络体系结构是抽象的,而实现是具体的

B. 层次结构的各层之间相对独立

C. 网络体系结构对实现所规定功能的硬件和软件有明确的定义

D. 当任何一层发生变化时,只要接口保持不变,其他各层均不受影响

6. 一个功能完备的计算机网络需要制定一套复杂的协议集,对于复杂的计算机网络协议来说,最好的组织方式是________。

A. 连续地址编码模型　　B. 层次结构模型

C. 分布式进程通信模型　　D. 混合结构模型

7. 在 OSI 参考模型中,同层对等实体间进行信息交换时必须遵守的规则称为________。

A. 接口　　B. 协议　　C. 服务　　D. 服务访问点

8. 在 OSI 参考模型中,相邻层进行信息交换时必须遵守的规则称为________。

A. 接口　　B. 协议　　C. 服务　　D. 服务访问点

9. 在 OSI 参考模型中,对等实体在一次交互作用中传送的信息单位称为________,它包括控制信息和用户数据两个部分。

A. 接口数据单元　　B. 服务数据单元

C. 协议数据单元　　D. 交互数据单元

10. 下面关于 TCP/IP 参考模型的说法正确的是________。

A. 明显区分服务、接口和协议的概念

B. 完全是通用的

C. 不区分物理层和数据链路层

D. 可以描述系统网络体系结构 SNA

11. 上下邻层实体之间的接口称为服务访问点(SAP),网络层的服务访问点也称为________。

A. 用户地址　　B. 网络地址　　C. 端口地址　　D. 网卡地址

12. 在 OSI 参考模型中,第 n 层和其上的 $n+1$ 层的关系是________。

A. n 层为 $n+1$ 层服务

B. $n+1$ 层将从 n 层接收的信息增加了一个头

C. n 层利用 $n+1$ 层提供的服务

D. n 层对 $n+1$ 层没有任何作用

13. 以下关于计算机网络特征的描述中,________是错误的。

A. 计算机网络建立的主要目的是实现计算机资源的共享

B. 网络用户可以调用网中多台计算机共同完成某项任务

C. 联网计算机既可以联网工作也可以脱网工作

D. 联网计算机必须用统一的操作系统

14. OSI 参考模型的物理层负责________。

A. 格式化报文　　B. 为数据选择通过网络的路由

C. 定义连接到介质的特征　　D. 提供远程文件访问能力

15. 计算机网络体系结构就是层次结构和________的集合。

A. 协议　　B. 接口　　C. 模型　　D. 服务

16. 当进行文本文件传输时,可能需要进行数据压缩。在 OSI 模型中完成这一工作的是________。

A. 应用层　　B. 表示层　　C. 会话层　　D. 传输层

17. 要给每个协议数据单元一个序号,顺序发送的 PDU 的序号________。

A. 随机产生　　B. 依次增大

C. 依次减小　　D. 相同

18. ________是为进行网络中的数据交换而建立的规则、标准或约定。

A. 体系结构　　B. 接口　　C. 网络协议　　D. 网络服务

19. 通信协议包括了对通信过程的说明,规定了应当发出哪些控制信息,完成哪些动作以及做出哪些应答,并对发布请求,执行运作以及返回应答予以解释。这些说明构成了协议的________。

A. 语法　　B. 语义　　C. 同步　　D. 异步

20. 在计算机网络的不同系统中的相同层实体称为________,它们之间的通信必须遵守同层协议。

A. 同等体　　B. 同等层　　C. 对等层　　D. 对等实体

二、综合应用题

1. 简述什么是计算机网络协议。计算机网络协议要素及其作用是什么?
2. 简述 OSI 参考模型中服务、接口、协议的作用。
3. 试画图说明 OSI 参考模型中信息流动的过程。
4. 简述 OSI 参考模型设置了几层。每个层次的作用和功能是什么?
5. 简述网络协议的分层处理方法的优点。
6. 简述协议与服务有何区别。有何关系?
7. 简述协议数据单元 PDU 与服务数据单元 SDU 的区别。

物理层协议

物理层处于OSI参考模型的最底层，向下直接与物理传输介质相连，向上为数据链路层提供一个透明的原始比特流的物理传输连接。

ISO对OSI模型的物理层给出的定义：在物理信道实体之间合理地通过中间系统，为比特传输所需的物理连接的激活、保持和解除提供机械的、电气的、功能性和规程性的手段。比特流传输可以采用异步传输，也可以采用同步传输完成。另外，CCITT在X.25（公共分组交换网）建议书中也做了类似的定义：利用物理的、电气的、功能的和规程的特性在DTE和DCE之间实现对物理信道的建立、保持和拆除功能。这里的DTE（Date Terminal Equipment）是指数据终端设备，是对属于用户所有的连网设备或工作站的统称，它们是通信的信源或信宿，如计算机终端等；DCE（Data Circuit Terminating Equipment或Data Communications Equipment）是指数据电路端接设备或数据通信设备，是对为用户提供接入点的网络设备的统称，如自动呼叫应答设备、调制解调器等。

计算机网络是将地理位置不同的具有独立功能的多台计算机及其外部设备通过通信线路连接起来的系统。因此，计算机终端和外部设备之间的连接需要有标准的接口，这样在设计系统时可以任意选择适合于该系统的设备，构成较合理的系统。这里的接口是指DTE和DCE之间的界面，为了使不同厂家的产品能够交换或互连，DTE和DCE在插接方式、引线分配、电气特性及应答关系上均应符合统一的标准和规范，这就是DTE-DCE接口标准及国际标准化组织为各种数据通信系统提出的OSI参考模型中的物理层协议。

DTE和DCE之间有很多不同类型的接口，目前通用的类型主要有以下几种。

(1) 美国电子工业协会（EIA）提出的RS-232接口。

(2) 国际电报电话咨询委员会CCITT（现为国际电信联盟ITU）提出的V系列接口和X系列接口。

(3) 国际标准化组织ISO提出的ISO 2110、ISO 1177等。

本章只讨论常用的RS-232接口。

2.1 物理层协议概述

物理层协议也称为物理层接口标准，是DTE和DCE或其他通信设备之间的一组约定，主要解决网络节点与物理信道如何连接的问题。物理层协议规定了标准接口的机械连接特性、电气信号特性、信号功能特性以及交换电路的规程特性，目的是为了便于不同的制造厂家能够根据公认的标准各自独立地制造设备，使各个厂家的产品都能够相互兼容。物理层规定的 4 个特性如下。

1. 机械特性

物理层的机械特性涉及的是 DTE 和 DCE 的实际物理连接。它规定了物理连接时所使用的可插接连接器的形状和尺寸、连接器中引脚的数量与排列情况、电缆最大或最小长度、固定和锁定装置等。典型情况下，信号及控制信息的交换电路的多条通信线被捆扎成一根电缆，在电缆的两端各有一个终接插头，可以是插头（“公”）或者插座（“母”）。在电缆两端与其相连的 DTE 和 DCE 设备上必须具有“性别”相反的插头，以实现物理上的连接。例如，常用于串行通信的 EIA RS-232-C 标准使用 25 针插座，CCITT 的 X. 21 标准（X. 25 的物理层）使用 15 针插座，EIA RS-449 使用 37 针和 9 针插座等。

2. 电气特性

物理层的电气特性规定了在物理连接上传输二进制比特流时线路上信号电平的高低、阻抗及阻抗匹配、最大传输速率及距离限制等问题。早期的标准定义了物理连接边界点上的电气特性，而较新的标准除了定义发送器和接收器的电气特性外，同时还给出了互连电缆的有关规定。新标准更有利于发送和接收电路的集成化工作。最常见有关电气特性的技术标准是 CCITT 建议的 V. 10 标准（新的非平衡型）、V. 11 标准（新的平衡型）和 V. 28 标准（非平衡型）。它们的区别主要在于驱动线路与接口线路之间信号不同。

(1) 非平衡型。非平衡型标准的信号发生器和接收器均采用非平衡工作方式，每个信号使用一根导线，所有信号共用一根地线。信号的电平采用“负逻辑”，二进制 0 用＋5～＋15V 表示，二进制 1 用－15～－5V 表示，信号传输速率一般限制在 20kbps 以内，电线长度限于 15m 以内，由于信号线是单线，因此线间干扰较大，传输过程中的外界干扰也很大。

(2) 新的非平衡型（半平衡型）。在新的非平衡型标准中，发送器采用非平衡工作方式，接收器采用平衡工作方式（使用差分接收器），每个信号也使用一根导线传输，所有信号共用两根地线，即每个方向一根地线。但接收方会将发送方的信号地线作为差分接收器的一个输入使用。信号的电平也采用“负逻辑”，但电压范围与非平衡型不同，二进制 0 用＋4～＋6V 表示，二进制 1 用－6～－4V 表示，当传输距离达到 1000m 时，信号传输速率在 3kbps 以下，随着传输速率的提高，传输距离将缩短。在 10m 以内的近距离情况下，传输速率可达 300kbps，由于接收器采用差分方式接收，且每个方向独立使用信号地线，因此减少了线间干扰和外界干扰。

(3) 新的平衡型。平衡型标准规定，发送器和接收器均以差分方式工作，每个信号用两根导线传输，不使用信号地线，也无须共用信号就可以正常工作。信号的电平用两根导线上信号的差值表示，采用“正逻辑”，二进制 0 用差值＋4～＋6V 表示，二进制 1 用差值－6～－4V 表示。由于每个信号均使用双线传输，因此线间干扰和外界干扰大大削弱，具有较高的抗共模干扰能力。

例如，EIA RS-232 是非平衡型电气特性，EIA RS-449 是对 RS-232-C 接口标准的改进，定义了半平衡型和平衡型两种电气特性，对应于半平衡型的电气特性由 RS-423-A 定义，对应于平衡型的电气特性则由 RS-422-A 定义。

3. 功能特性

物理层的功能特性规定了物理接口上各条信号线的功能分配和确切定义。物理接口信号线一般分为4类：数据线、控制线、定时线和地线。

4. 规程特性

物理层的规程特性定义了信号线进行二进制比特流传输线的一组操作过程，包括各信号线的工作规则和时序。对于不同的网络，不同的通信设备，不同的通信方式，不同的应用，有着不同的规程特性。

2.2 典型的物理层协议

目前，实际网络中应用比较广泛的物理层协议主要有 EIA RS-232、EIA RS-449、CCITT V.24 和 X.21 协议。

2.2.1 EIA-RS-232/CCITT V.24 协议

EIA-RS-232 是美国电子工业协会(Electronic Industries Association，EIA)制定的物理层接口标准，也是目前数据通信与网络中应用最广泛的一种标准。它的前身是 EIA 在 1969 年制定的 RS-232-C 标准。RS(Recommended Standard)是 EIA 的一种“推荐标准”，232 是标准号，C 表示修改次数。它最初主要用于近距离的 DTE 和 DCE 设备之间的通信。后来被广泛用于计算机的串行接口(如 COM1、COM2 等)与终端或外设之间的近地连接标准。

EIA-RS-232(习惯称为 RS-232-C，以下均称为 RS-232-C)被 CCITT 采纳并做了很小的修改后，制定出了 CCITT 的 V 系列标准(V.24 和 V.28 等)，并推荐为国际标准。因此，EIA-232 和 CCITT V.24 接口是等效的。在电话网(含电话专线和电话交换网)中进行数据通信的 DTE 和 DCE 之间的接口采用的标准是 V 系列。此外，国际标准化组织的 ISO2110 和 ISO1177 也与 RS-232-C 类似。

RS-232-C 标准提供的是利用公用电话网络作为传输媒体，并通过调制解调器将远程设备连接起来的技术规定。远程电话网相连接时，通过调制解调器将数字数据转换成相应的模拟信号，使其能与电话网相容；在通信线路的另一端，另一个调制解调器将模拟信号逆转换成相应的数字数据，从而实现比特流的透明传输。如图 2-1 所示，给出了两台远程计算机通过电话网相连的结构示意图。从图中可以看出，DTE 是数据的信源或信宿，DCE 是完成数字数据和模拟信号之间相互转换的设备。RS-232-C 标准接口只控制本地 DTE 与 DCE 之间的通信，与连接在两个 DCE 之间的公用电话交换网没有直接关系。

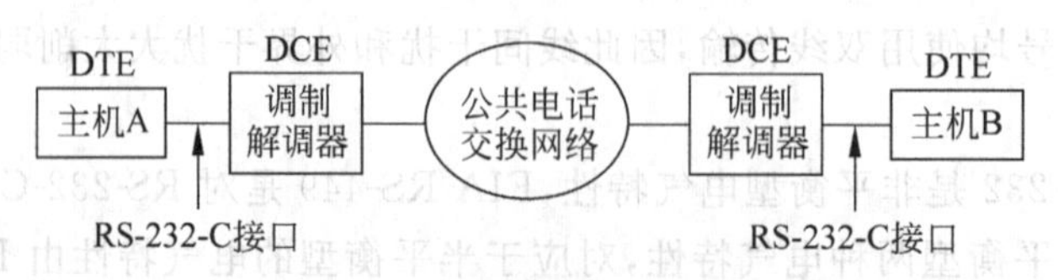

图 2-1 RS-232-C 远程连接

RS-232-C 标准接口也可以用于直接连接两台近地设备，如图 2-2 所示，此时既不使用电话网也不使用调制解调器。但是 RS-232-C 标准要求连接的两个设备必须为 DTE 和 DCE，因此，主机 C 和主机 D 必须分别以 DTE 和 DCE 方式出现才能符合 RS-232-C 标准接口的要求。在这种情况下 RS-232-C 接口需要借助于一种采用交叉跳接信号线方法的连接电缆，使连接在电缆两端的 DTE 设备通过电缆看对方都好像是 DCE 一样，从而满足 RS-232-C 接口需要在 DTE 和 DCE 之间成对使用的要求。这根连接电缆称为零调制解调器(Null Modem)。

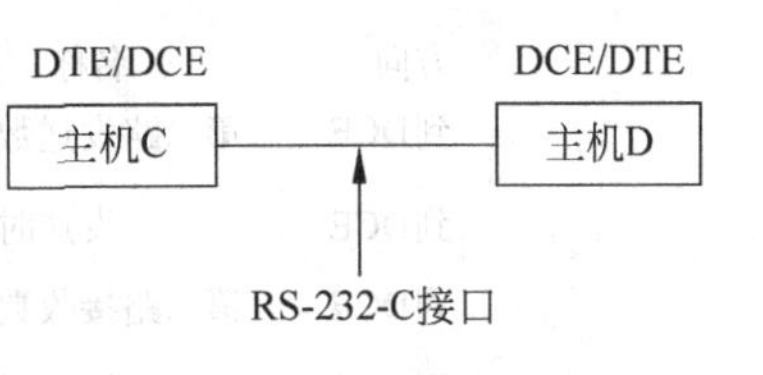

图 2-2 RS-232-C 的近地连接

1. RS-232-C 机械特性

RS-232-C 可以有多种类型的连接器(接口)，如 25 针连接器(DB-25)、15 针连接器(DB-15)和 9 针连接器(DB-9)。其中以 DB-25、DB-9 最为常见，如图 2-3 所示。不论哪种类型的接口，都规定孔端连接器连接 DTE 设备、针端连接器连接 DCE 设备。

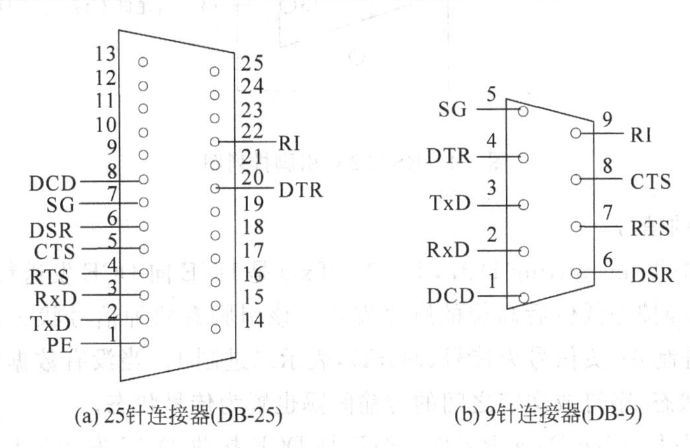

图 2-3 RS-232-C 接口类型

2. RS-232-C 电气特性

RS-232-C 采用“负逻辑”，规定数据线上逻辑 1 的电压范围是－3～－15V，逻辑 0 的电压范围是＋3～＋15V，最高能承受±30V 的信号电平。为了表示一个逻辑 1，驱动器必须提供－15～－5V 之间的电压；为了表示一个逻辑 0，驱动器必须提供＋5～＋15V 之间的电压。标准预留了 2V 的余地，以防噪声和传输衰减。

3. RS-232-C 功能特性

RS-232-C 功能特性规定了连接器中各引脚的定义，与哪些电路连接，有何功能。在 25 针的连接器中，仅对其中的 20 针引脚作了规定，剩下的 5 针引脚未作规定，其中 9、10 号引脚为测试保留，11、18 和 25 号引脚未指定，各引脚的功能如图 2-4 所示。

图 2-4 中的 20 个引脚的信号分为两大类，一类是 DTE 和 DCE 交换数据的信号 TxD 和 RxD；另一类是为了正确无误地传输数据而设计的联络信号。

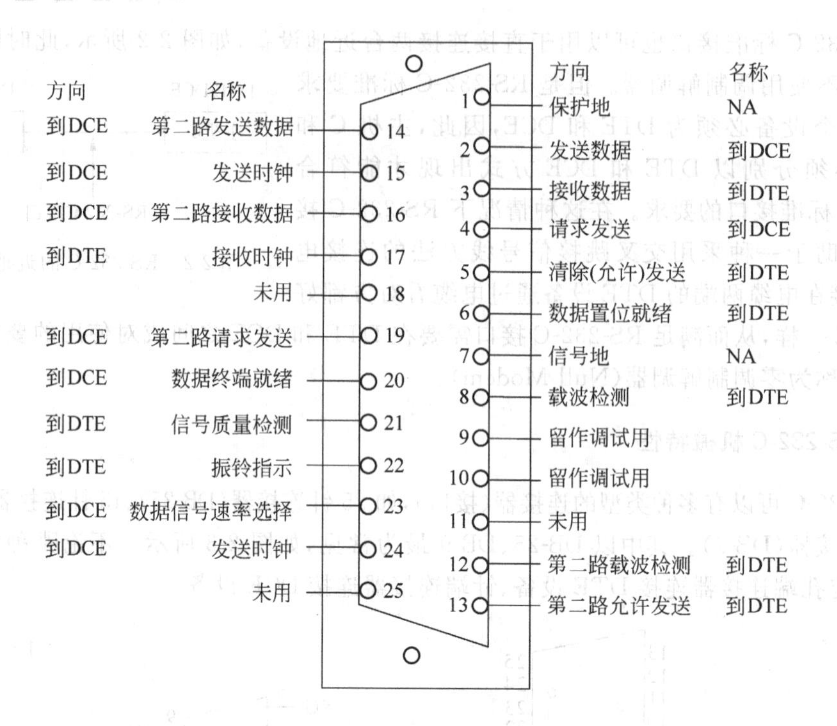

图 2-4 RS-232-C 引脚排列图

1) 传送数据的信号

(1) 发送数据(Transmitting Data,TxD)。TxD 是 DTE 向 DCE 发送数据的线路,数据按串行格式发送,即按先低位后高位的顺序发送。该引脚有两种信号状态:正信号为空号(Space),表示二进制 0;负信号为传号(Mark),表示二进制 1。当没有数据发送时,DTE 将此引脚置为传号状态,字符或文字之间的传输间隔也置为传号状态。

(2) 接收数据(Receive Data,RxD)。RxD 是 DCE 接收 DTE 发送过来的数据线路,当收不到载波信号时(引脚 8 为负),这条线会被迫进入传号状态。

2) 联络信号

联络信号共有 6 个。

(1) 请求发送信号(Request To Send,RTS)。RTS 是 DTE 向 DCE 发出的联络信号。当 RTS=1 时,表示 DTE 请求向 DCE 发送数据。

(2) 允许发送信号(Clear To Send,CTS)。CTS 是 DCE 向 DTE 发出的联络信号。当 CTS=1 时,表示本地 DCE 响应 DTE 向 DCE 发出的 RTS 信号,且本地 DCE 准备向远程 DCE 发送数据。

(3) 数据准备就绪信号(Data Set Ready,DSR)。DSR 是 DCE 向 DTE 发出的联络信号。DSR 指出本地 DCE 的工作状态。当 DSR=1 时,表示本地 DCE 未处于通话状态,这时本地 DCE 可以与远程 DCE 建立通信信道。

(4) 数据终端就绪信号(Data Terminal Ready,DTR)。DTR 是 DTE 向 DCE 发出的联络信号。当 DTR=1 时,表示 DTE 处于就绪状态,本地 DCE 和远程 DCE 之间已建立通信信道;当 DTR=0 时,表示本地 DTE 未准备好,迫使 DCE 终止通信工作。

(5) 数据载波检测信号(Data Carrier Detect,DCD)。DCD是DCE向DTE发出的状态信息。当DCD=1时,表示本地DCE检测到远程DCE发来的载波信号。

(6) 振铃指示信号(Ring Indication,RI)。RI是DCE向DTE发出的状态信息。当RI=1时,表示本地DCE收到远程DCE振铃信号。

RS-232-C中的一些信号是成对出现的,而且是交叉连接。如图2-4所示信号引脚中的2与3、4与5和6与20就是成对的交叉连接线。

4. RS-232-C规程特性

RS-232-C的规程特性规定了各引脚之间的相互关系、动作顺序以及维护测试操作等内容。RS-232-C的操作过程是在各条控制线有序的ON(逻辑0)和OFF(逻辑1)状态配合下进行的。只有当TDR和DSR均为ON状态时,才具备操作的基本条件。若DTE要发送数据,首先应将RTS置为ON状态,等待CTS应答信号为ON状态后,才能在TxD上发送数据。

下面以图2-1中主机A向主机B发送数据为例,说明主机A侧RS-232-C的工作过程,如图2-5所示。

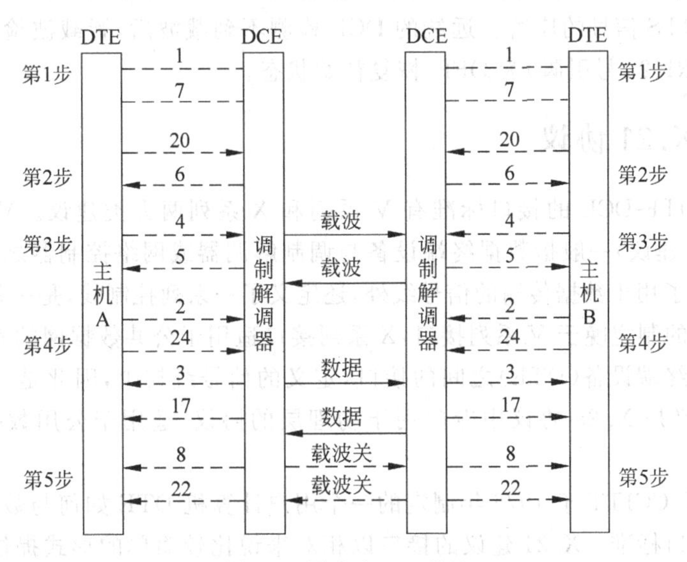

图2-5 同步全双工传输

第1步,传输前的准备工作。激活两个地线,即保护地(1号引脚)和信号地(7号引脚)被激活。

第2步,主机A(DTE)准备发送数据。保证主机A和本侧的DCE及主机B和主机B侧的DCE设备全部准备就绪。

① 当主机A有数据要发送时,置DTR(20号引脚)为ON状态,通知本地DCE,主机A已做好通信准备;

② 若本地DCE也已做好通信准备,则本地DCE置DSR(6号引脚)为ON状态,以响应主机A的DTR信号,表示主机A与本地DCE连接成功,主机A和本地DCE可以开始控制信号的收发。

第3步,在发送端和接收端之间建立物理连接。主机A置请求发送RTS(4号引脚)为ON状态,通知本地DCE请求发送数据。本地DCE检测到主机A的RTS信号后,完成以下两个动作:

① 在DCD(8号引脚)线上向远端的DCE(主机B侧的DCE)发送载波;

② 通过延迟电路控制清除发送信号CTS(5号引脚)的接通。

远端的DCE检测到载波后,置自身的DCD(8号引脚)为ON状态,通知主机B准备接收数据。

第4步,发送数据。主机A检测到本地DCE发出的CTS为ON状态后,则分别通过发送数据TxD(2号引脚)和时钟信号TxC(24号引脚)将数据传送到本地DCE。本地DCE将数据转换成模拟信号后通过公共电话交换网络将数据发送出去。主机B侧的DCE(调制解调器)接收到模拟信号后,将它还原为数字数据并连同时钟脉冲一起分别通过RxD(3号引脚)和RxC(17号引脚)传送给主机B。

第5步,发送结束,清除发送信号。当主机A发送结束后,置请求发送信号线RTS(4号引脚)为OFF状态,通知本地DCE发送结束。本地DCE检测到主机A的RTS为OFF后,则停止向远端DCE发送载波,并置清除发送信号CTS(5号引脚)为OFF状态,以此作为对主机A的RTS信号的应答。远端的DCE检测不到载波后,置载波检测DCD(8号引脚)和振铃指示RI(22号引脚)为OFF,恢复初始状态。

2.2.2 X.21协议

CCITT对DTE-DCE的接口标准有V系列和X系列两大类建议。V系列接口标准(如前述的V.24建议)一般指数据终端设备与调制解调器或网络控制器之间的接口,这类系列接口除定义了用于数据传输的信号线外,还定义了一系列控制线,是一种比较复杂的接口。X系列接口的制定晚于V系列接口,X系列接口适用于公共数据网的室内电路端接设备(DCE)和数据终端设备(DTE)之间的接口,定义的信号线较少,因此是一种比较简单的接口。X.21建议是X.25协议中专门用于物理层的协议,适用于公用数据网DTE-DCE接口。

X.21建议是CCITT于1976年制定的一个用户计算机DTE如何与数字化的DCE交换信号的数字接口标准。X.21建议的接口以相对来说比较简单的形式提供了点—点式的信息传输,通过它能实现完全自动的过程操作,并有助于消除传输差错。在数据传输过程中,任何比特流(包括数据与控制信号)均可通过该接口进行传输。ISO的OSI参考模型建议采用X.21作为物理层规范的标准。X.21建议分为两部分,一部分是为在包交换网络上进行同步操作的DTE和DCE之间的接口定义的一般标准,另一部分是为交换电路服务指定的呼叫控制规程。

X.21的设计目标之一是允许接口在比RS-232-C更远的距离上进行更高速率的数据传输。它的电气特性类似于RS-422的平衡接口,支持最大的DTE-DCE电缆距离为300m。X.21可以按同步的半双工方式和全双工方式运行,传输速率最大可达10Mbps。

作为物理层协议,X.21同样具备机械特性、电气特性、功能特性和规程特性。

1. X.21 机械特性

X.21 建议的机械接口为 15 芯的 DTE-DCE 接口连接器，如图 2-6 所示。图中，引脚 1 为屏蔽地，又称为保护地；引脚 2 和引脚 9 用于数据传输和控制；引脚 3 和引脚 10 是控制线；引脚 4 和引脚 11 用于数据接收和控制；引脚 5 和引脚 12 是指示线；引脚 6 和引脚 13 用于传输信号基准时钟；引脚 7 和引脚 14 为字节时钟，引脚 15 保留。

X.21 的机械接口采用了最新技术，如插头屏蔽技术，机械特性齐全、可靠。它增加了对交换电路中连接器插头数量的分配功能，这种功能允许交换电路向多对互联电缆提供连接。因此，每个交换线路都是成对操作的，它特别为每一个交换线路提供了两根引线，这样能省略插头连接的接口线。

2. X.21 电气特性

X 系列接口的电气特性采用的是 CCITT 建议的 V.10/X.26 和 V.11/X.27。它们是为克服 V.28 建议的不足而制定的。X.21 建议的数据速率为 600bps、2400bps、4800bps、9600bps、48000bps。为了增加 DTE 按多种速率设计的灵活性，允许 DTE 使用新的平衡或非平衡的电气性能，即 CCITT X.26 建议。但同时为了保证数据传输的高可靠性，48kbps 的传送速率仅用于平衡电气性能的系统中。

3. X.21 功能特性

X.21 的机械特性规定采用 15 引脚的标准连接器，但只定义了其中 8 条接口线，如图 2-7 所示。

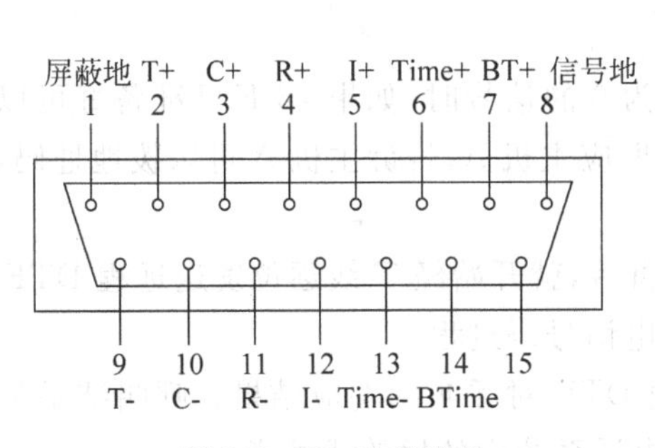

图 2-6 DB-15 连接头

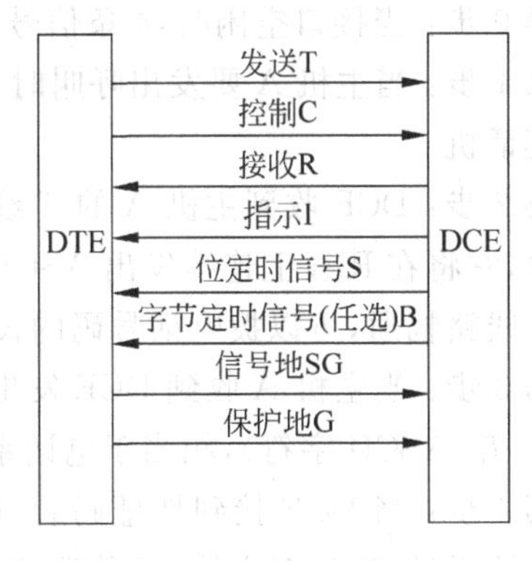

图 2-7 X.21 DTE-DCE 接口

各个信号功能如下。

(1) 保护地(G)。地线。

(2) 发送数据线(T)。T 线上的信号是 DTE 送往 DCE 的数据信号和呼叫控制信号。

(3) 接收数据线(R)。R 线上的信号是 DCE 送往 DTE 的数据信号和呼叫控制信号。

(4) 指示线(I)。I 线上的信号用来表示 DCE 送往 DTE 的控制状态。ON 状态表示正在进行数据传输，OFF 状态表示数据传输阶段已经结束。

(5) 位定时线(S)。S 线是 DCE 向 DTE 提供的位定时信号线，通知 DTE 码元的开始和结束,由此 DTE 能知道每一位的开始和结束时间。作为传输可选项,如果不提供字节定时选项,DTE 和 DCE 都必须在每个控制序列开始至少加上 2 个 SYN(同步序号标志)字符,使得通信双方能推断出隐含的字符边界,进行同步。

(6) 字节定时线(B)。B 线上的信号是 DCE 向 DTE 提供的字节定时信息,表示 DTE 一个字节的开始和结束,它是任选项。B 线可以将位串组合成 8 位的字符。如果选择了字节定时,则 DTE 的每个字符都必须与 8 位字符同步。

(7) 控制线(C)。C 线用于控制通话过程,0 表示 ON,1 表示 OFF。

4. X.21 规程特性

X.21 的规程特性可分为 3 个阶段。

(1) 空闲或静止阶段。此阶段接口不工作处于静止状态,类似电话网中电话挂机。

(2) 控制阶段(即呼叫建立与清除阶段)。呼叫建立是指通过控制线路(C)和指示线路信号(I)来建立本地 DTE 与远程 DTE 之间的物理连接,类似电话系统中拨电话号码连通线路过程;呼叫清除是指通过控制线路(C)和指示线路信号(I)来断开本地 DTE 与远程 DTE 之间的物理连接,相当于电话系统中通话结束后挂机。

(3) 数据传输阶段。通信双方利用发送线路和接收线路彼此交换数据,类似电话系统中双方通话。

仍以图 2-1 为例,只是将 DTE 和 DCE 之间的接口变为 X.21 接口,主机 A(DTE)和本地调制解调器(本地 DCE)之间利用 X.21 接口实现的一次通信的工作过程如下。

约定:以下步骤中的 C 线和 T 线为 DTE 使用,R 线和 I 线为 DCE 使用。信号线置 1 为“断”,信号线置 0 为“通”。

第 0 步:当接口空闲时,4 条信号线 T,C,R 和 I 都置 1。

第 1 步:当主机 A 要发出呼叫时,它将 T 线和 C 线均置为 0,相当于电话系统中打电话前拿起话机。

第 2 步:DCE 收到主机 A 的 T 线和 C 线为 0 的信号时,如果 DCE 已准备好可以接收呼叫时,它将在 R 线上连续发出 ASCII 字符+回应主机 A,告诉主机 A 可以拨地址码,相当于电话线路畅通,可以拨电话号码的长音。

第 3 步:当主机 A 收到 DCE 发出的+字符后,就开始经 T 线逐位发送远程 DTE 的地址码(一串 ASCII 字符),相当于电话系统中拨电话号码过程。

第 4 步:当 DCE 接到地址码后,返回远地 DTE 对呼叫的响应结果。呼叫结果为呼叫连通和请再试(比如对方忙)两种类型,相当于电话系统中的振铃或忙音。

第 5 步:如果呼叫成功,则线路被接通。DCE 置 I 线为 0,以表明全双工数字线路已连接完成,可以开始传输数据,相当于电话系统中对方拿起话机。

第 6 步:双方分别利用 T 线和 R 线进行数据交换,相当于电话系统中双方通话过程。

第 7 步:当通信结束时,两个 DTE 中的任何一方都可置自己一侧的 C 线为 1,说明自己的数据传送完毕,但仍必须继续接收对方发来的数据,直到对方 DTE 结束数据发送为止。欲断开连接的 DTE 置 C 线为 1,T 线为 0,这里以主机 A 为欲断开方为例,相当于电话系统中欲断开连接方说“再见”。

第 8 步:若远端对方也不再发送数据,则 DCE 置 I 线为 1,R 线为 0,相当于电话系统中对方说“再见”。

第 9 步：DCE 通知 DTE 它不再发送数据，同时 DCE 断开与线路的连接，置 R 线为 1，相当于电话系统中对端挂断电话。

第 10 步：当主机 A 收到 DCE 的 R 线置 1 信号后，立即置 T 线为 1 作应答，使接口又恢复到原来空闲状态，相当于电话系统中本地挂断电话。

如表 2-1 所示，给出了利用 X.21 接口实现 DTE 与 DCE 间的一次通信的工作过程。

表 2-1 X.21 接口的工作过程示例

步骤	DTE 的 C 线	DCE 的 I 线	DTE 在 T 上发送	DCE 在 R 上发送	电话中类似事件
0	1	1	T=1	R=1	线路空闲
1	0	1	T=0		DTE 摘机
2	0	1		R=“++++…+”	DCE 给出拨号音
3	0	1	T=地址		DTE 拨电话号码
4	0	1		R=呼叫进行	远地电话振铃
5	0	0		R=1	远地 DTE 摘机
6	0	0	T=数据	R=数据	对话
7	1	0	T=0		DTE 说再见
8	1	1		R=0	对方 DTE 说再见
9	1	1		R=1	DCE 挂机
10	1	1	T=1		DTE 挂机

为了保证各线路信号的准确检测，X.21 要求 DTE 和 DCE 在发送这些信号时，每个发送周期至少要有 24bit 的间隔。

2.3 数据编码和调制技术

数据编码是指把需要加工处理的数据信息表示成某种特殊的信号形式以便于可靠性传输的一种技术。

2.3.1 数字基带传输常见码型

将数字数据转换成数字信号，最简单的办法就是用两个不同的电平来表示两个二进制数，即数字信号是用高、低电平表示 0 和 1 的矩形脉冲信号，如用恒定正电平表示 1，用零电平表示 0。这种矩形脉冲信号所占据的频带一般是从直流或低频开始，其所占有的频带称为基本频带，简称为基带。如果直接在信道中进行这种基带信号的传输，则称为数字基带传输。有时为了使信号具有一些有用的特点，如消除直流分量、便于提取时钟等，需要采用一些特殊的码型，即发送方在对数字数据进行基带传输之前，可以进行一定的编码。常见的几种数字数据的数字信号编码方式有 3 类：不归零编码(Non-Return Zero，NRZ)、归零编码(Return Zero，RZ)和双相位编码。不归零编码和归零编码又分为单极性编码和双极性编码两种；双相位编码分为曼彻斯特编码和差分曼彻斯特编码，如图 2-8 所示。

1. 不归零编码(NRZ)

不归零编码用低电平表示 0,用高电平表示 1。不归零编码有单极性编码和双极性编码之分。在单极性不归零编码中,以无电平表示比特 0,以恒定的正电平表示比特 1,如图 2-8(a)所示。在双极性不归零编码中,以恒定的负电平表示比特 0,以恒定的正电平表示比特 1,如图 2-8(b)所示。

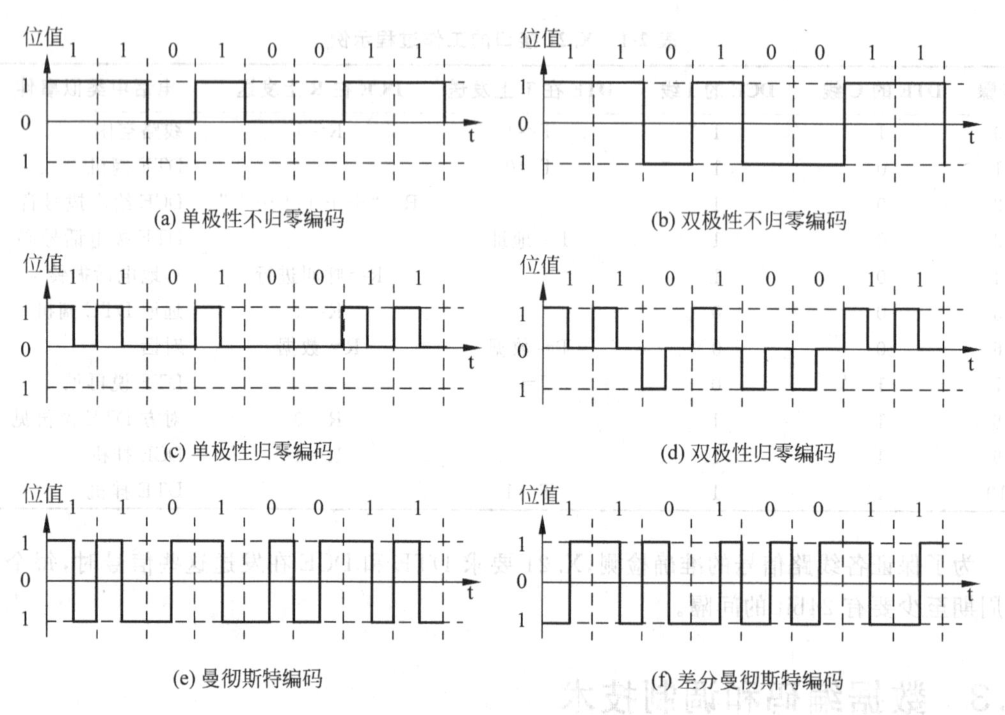

图 2-8 常见的编码方案

2. 归零编码(RZ)

归零编码是指在一个比特时间内,非零电平持续时间小于比特间隙的时间,即一个比特时间内,后半部分电平总是归于零。归零编码也有单极性编码和双极性编码之分,归零编码与不归零编码相同,采用低电平表示 0,用高电平表示 1。归零编码解决了不归零编码接收双方无法保持同步的问题。归零编码如图 2-8(c)、(d)所示。

3. 曼彻斯特编码

曼彻斯特编码使用电平跳变来表示比特 0 或 1,在每个比特中间均有一个跳变。这种跳变有双重作用,既作为接收端的时钟信号,从而保证收发双方的同步,也作为数据信号,电平不发生变化的位称为非数据位,常用做传输数据块的控制符。一般规定:从高电平到低电平的跳变表示比特 1,低电平到高电平的跳变表示比特 0。曼彻斯特编码如图 2-8(e)所示。曼彻斯特编码是目前使用非常广泛的一种编码类型,主要用于以太局域网中。

在曼彻斯特编码中,也可以使用相反的电平跳变策略来定义比特 0 和比特 1,即曼彻斯特编码采用从低电平到高电平的跳变表示比特 1;高电平到低电平的跳变表示比特 0。

4. 差分曼彻斯特编码

差分曼彻斯特编码又称为相对码，它是对曼彻斯特编码的改进，每个比特中间的跳变仅做双方时钟同步之用，每个比特取值为 0 或 1 则根据其起始时刻(起始边界)是否存在跳变来决定。一般规定：每个比特起始时刻有跳变表示比特 0，无跳变则表示比特 1。差分曼彻斯特编码如图 2-8(f)所示。差分曼彻斯特编码主要用于令牌环局域网中。

曼彻斯特编码和差分曼彻斯特编码的特点是每个比特均用不同电平的两个半位来表示，因而始终能保持直流的平衡，而且可以避免连续比特 0 或比特 1 信号的误判。其最大优点是将时钟和数据包含在信号数据流中，只要有信号，在线路上就存在电平跳变，易于被检测。在传输代码信息的同时，也将时钟同步信号一起传输到对方，因此，具有自同步功能，称为自同步编码。但其缺点也很明显，就是编码效率低，例如当数据传输速率为 100Mbps 时，需要 200MHz 的脉冲。

例 2-1 试画出二进制编码 01101001 的曼彻斯特编码和差分曼彻斯特编码。

解：采用两种电平跳变策略表示的二进制编码 01101001 的曼彻斯特编码及差分曼彻斯特编码分别如图 2-9 和图 2-10 所示。

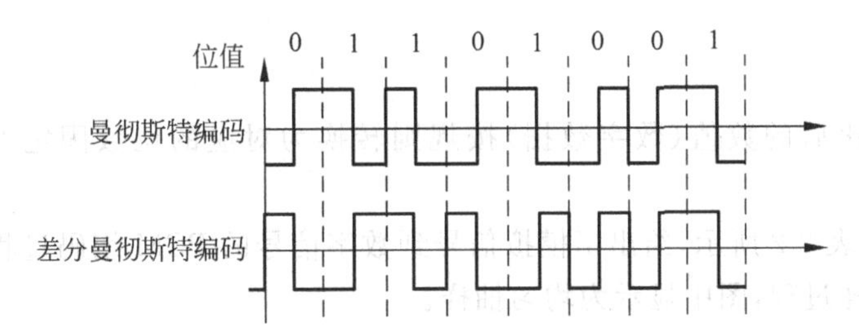

图 2-9 曼彻斯特编码和差分曼彻斯特编码策略一

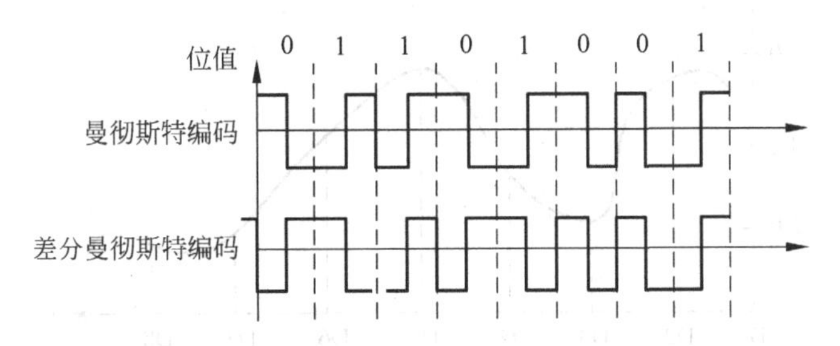

图 2-10 曼彻斯特编码和差分曼彻斯特编码策略二

曼彻斯特编码：编码策略一中比特 1 采用从高电平到低电平跳变，比特 0 采用从低电平到高电平跳变。编码策略二与编码策略一相反。

差分曼彻斯特编码中，因为前续编码电平可处于高电平，也可处于低电平，故第一位编码电平有从高到低跳变和从低到高跳变两种表示方法，不同表示方法其后的比特位编码电平跳变方向也随之相反。

2.3.2 脉冲编码调制

脉冲编码调制(Pulse Code Modulation，PCM)是将模拟信号(模拟数据)转换成数字信号(数字数据)的基本编码方法,包括抽样、量化和编码 3 个步骤。

1. 抽样

抽样是指每隔固定长度的时间点上抽取模拟数据的瞬时值,作为从这一次抽样到下一次抽样之间该模拟数据的代表值。将时间上连续的模拟数据变成时间上离散的抽样数据。根据抽样时间间隔是否相同,抽样可分为均匀抽样和非均匀抽样。抽样时,必须遵循奈奎斯特抽样定理,即抽样的频率必须大于或等于模拟数据的最高频带宽度(最高变化率)的 2 倍进行抽样时,所得的离散信号(离散数据)可以无失真地代表被抽样的模拟数据,否则原始模拟数据将无法无失真地恢复。

2. 量化

量化是将抽样信号的无限多个数值用有限个数值替代的过程,即将抽样取得的电平幅值按照一定的分级标度转换为对应的数字值并取整数,从而将时间上离散、幅值上连续的模拟数据变成时间和幅值上都离散的数字数据。根据量化间隔是否相同,量化可分为均匀量化和非均匀量化。

3. 编码

编码是将量化后的数值(数字数据)按规则转换为对应的位数固定的二进制编码的过程。

如图 2-11 和表 2-2 所示,给出了模拟信号到数字信号的 PCM 编码过程。图 2-11 描述了模拟信号的抽样过程,图中显示为均匀抽样。

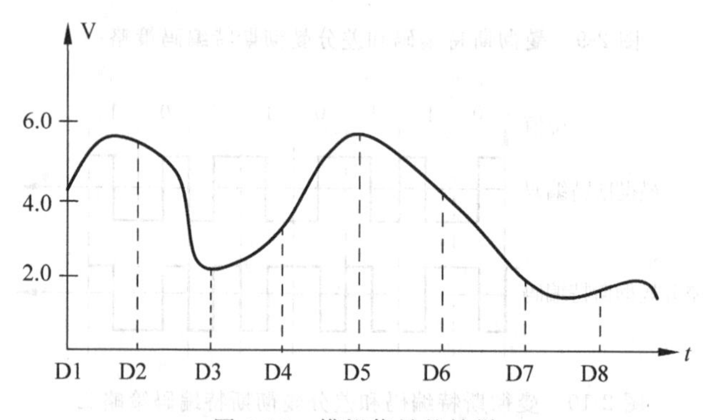

图 2-11 模拟信号的抽样

表 2-2 给出了对应抽样点的信号幅值、量化值及二进制编码。量化时,将 0～6V 的区间均匀划分成 128 个区间(量化值),量化值=128/6×抽样点幅值。编码采用 7 位二进制码。

表 2-2 模拟信号数字化

抽样点	抽样时间(ms)	抽样点幅值	量化值	二进制编码
D1	0.000	4.16	89	1011001
D2	0.125	5.25	112	1110000
D3	0.250	2.08	44	0101100

续表

抽样点	抽样时间(ms)	抽样点幅值	量化值	二进制编码
D4	0.375	3.58	76	1001100
D5	0.500	5.40	115	1110011
D6	0.625	4.14	88	1011000
D7	0.750	1.97	42	0101010
D8	0.875	1.90	41	0101001

例 2-2 设单路语音信号的频率范围为200～3400Hz,抽样速率为8kHz,量化级别Q=128。求该PCM语音信号的二进制传输速率为多少?

解:由题意,抽样速率8kHz大于语音信号最高频率3400Hz的2倍,满足奈奎斯特抽样定理,即信号进行抽样后可以携带原语音信号的全部信息。

又由于抽样速率为8kHz,即一秒钟将传输8000个抽样值来替代原语音信号进行传输;进行量化时,量化电平数为128,即2^7,即每个抽样值可用7位二进制码表示。

因此,传输速率为$R_b=8000\times7=5.6\times10^4$ bps=56kbps。

本章要点

本章主要阐述了物理层协议的机械特性、电气特性、功能特性和规程特性以及常用的编码和调制方式。讲述了物理层两个主要协议EIA RS-232-C和X.21的结构、功能、电气特性及工作原理,曼彻斯特编码、差分曼彻斯特编码和PCM编码。

习题

一、单项选择题

1. 物理层上传输的数据单元是________。

   A. 分组　　B. 比特　　C. 数据包　　D. 报文

2. 物理层的4个重要特性是机械特性、电气特性、功能特性和________。

   A. 接口特性　　B. 协议特性　　C. 规程特性　　D. 物理特性

3. ________用来说明在接口电缆的哪条线上出现的电压应为什么范围,即什么样的电压表示1或0。

   A. 机械特性　　B. 电气特性　　C. 功能特性　　D. 规程特性

4. 当描述一个物理层接口引脚在处于高电平时的含义时,该描述属于________。

   A. 机械特性　　B. 电气特性　　C. 功能特性　　D. 规程特性

5. 某网络物理层规定:信号的电平用5～15V表示二进制0,用-5～-15V表示二进制1,电缆长度限于15m以内,这体现了物理层接口的________。

   A. 机械特性　　B. 电气特性　　C. 功能特性　　D. 规程特性

6. ________用来说明某条线上出现的某一电平的电压表示何种意义。

   A. 机械特性　　B. 电气特性　　C. 功能特性　　D. 规程特性

7. EIA RS-232-C 协议规定引脚 20 为 DTE 就绪信号引脚。这属于物理层协议中的________。

A. 机械特性　　B. 电气特性　　C. 功能特性　　D. 规程特性

8. 在 EIA RS-232-C 中,RTS 信号是由________发出的。

A. 调制解调器　　B. 发送器　　C. 接收器　　D. 控制器

9. 在远程终端通信中,发送端 Modem 的作用是________。

A. 把 TTL 电平变成 EIA RS-232-C 电平

B. 把模拟量变成数字量

C. 把 EIA RS-232-C 电平变成 TTL 电平

D. 把数字量变成模拟量

10. EIA RS-232-C 逻辑 0 的电平为________。

A. 大于+3V　　B. 小于-3V　　C. 大于+15V　　D. 小于-15V

11. 常用的物理层标准有 EIA RS-232 和________。

A. X.25　　B. X.21　　C. ARP　　D. ICMP

12. X.21 的机械特性采用________芯标准连接器。

A. 25　　B. 15　　C. 9　　D. 5

13. V.24 是由________提出的。

A. CCITT　　B. EIA　　C. IEEE　　D. ISO

14. 曼彻斯特编码的跳变没有以下哪项功能?________

A. 通过电平的跳变方式不同分别表示比特 0 和比特 1

B. 提供接收方时钟同步

C. 提高传输效率

D. 避免连续 0 或 1 信号的误判

15. 下图中所画的曼彻斯特编码和差分曼彻斯特编码波形图,其实际传输的比特串是________。

曼彻斯特编码　H　0　L　t

差分曼彻斯特编码　H　0　L　t

A. 0 1 1 0 1 0 0 1 1　　B. 0 1 1 1 1 0 0 1 0

C. 1 0 0 1 0 1 1 0 0　　D. 1 0 0 0 0 1 1 0 1

16. 在下列有关曼彻斯特编码的说法中,正确的是________。

A. 曼彻斯特编码不是自含时钟编码的数字数据编码

B. 曼彻斯特编码实际上就是差分曼彻斯特编码

C. 在采用曼彻斯特编码的情况下编码前后的比特率相差两倍

D. 曼彻斯特编码并没有完全消除直流分量

17. 脉冲编码调制(PCM)技术主要用于解决__(1)__的问题,其必须经过__(2)__三个步骤。

(1) A. 在数字线路上传输模拟信号　　B. 在数字线路上传输数字信号
　　C. 在模拟线路上传输模拟信号　　D. 在模拟线路上传输数字信号

(2) A. 量化、取样、编码　　B. 取样、编码、量化
　　C. 取样、量化、编码　　D. 编码、取样、量化

18. 若某信号 $m(t)$ 的频率范围为 0～5000Hz,其对应的奈奎斯特抽样速率应为________ Hz。

A. 5000　　B. 10 000　　C. 2500　　D. 20 000

19. 抽样是把时间________、幅值________的信号变换成时间________、幅值________的信号。

A. 连续 连续　离散 离散　　B. 连续 连续　离散 连续
C. 离散 离散　连续 连续　　D. 离散 离散　连续 离散

20. 量化是把________连续的信号变换成幅值________的信号。

A. 时间　离散　　B. 时间　连续
C. 幅值　离散　　D. 幅值　连续

二、综合应用题

1. 串行通信中为什么要用 Modem? Modem 在发送和接收中有什么作用?

2. EIA-RS-232-C 的电气特性是如何定义的?

3. EIA-RS-232-C 接口是如何进行数据传输的?

4. 试画出二进制编码 101101001 的曼彻斯特编码和差分曼彻斯特编码。

5. 设某模拟信号的幅值在[−4,4]V 内均匀分布,最高频率为 4kHz。现对它进行奈奎斯速率抽样,并经过均匀量化后编成二进制码。设量化间隔为 1/64V,求该 PCM 系统的信息速率。

第3章 数据链路层协议

数据链路层处于OSI模型的第2层，介于物理层和网络层之间，设置数据链路层的主要目的是解决物理层传输的不可靠问题，提供功能上和规程上的方法，以便建立、维护和释放网络实体间的数据链路。

数据链路层在物理层提供的服务基础上向网络层提供服务，其最基本的服务是将源节点网络层传递过来的数据可靠地传送到相邻节点。因此，数据链路必须具备一系列相应的功能。数据链路层属于通信子网。

3.1 数据链路层概述

1. 数据链路层模型

所谓链路一般是指相邻节点之间的一条点到点的物理线路，又称为物理链路，但是仅有物理链路并不能实现数据的传输，还需要有相应的通信协议来控制数据的传输。将实现通信协议的硬件和软件加到物理链路上所构成的可以通信的链路称为数据链路，又称为逻辑链路，即通信规程＋物理链路＝数据链路。一条数据链路类似于一个数字管道。当采用多路复用技术时，一条物理链路上可以有多条数据链路。

数据链路层协议定义了一条链路的两个节点间交换的数据单元格式，以及节点发送和接收数据单元的动作。数据链路层模型如图3-1所示。

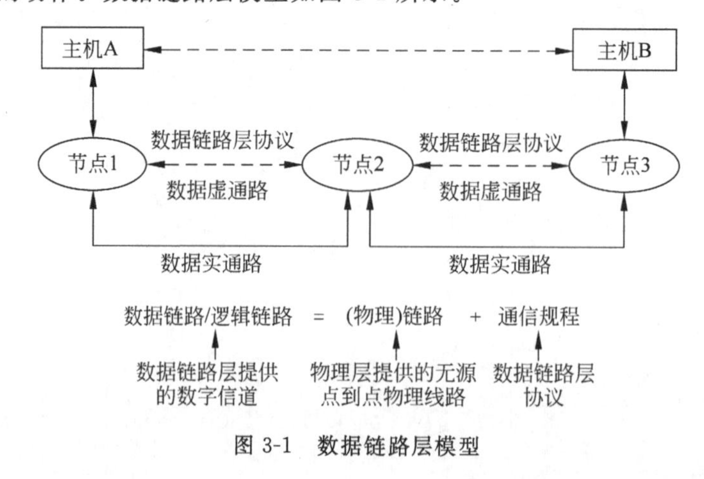

图3-1 数据链路层模型

2. 数据链路层功能

数据链路层利用不可靠的物理线路向网络层提供可靠的数据链路，因此，数据链路层应具有帧的定界功能，搭建一种能够识别帧的开始和结束的结构。帧的结构中可以包含错误检测机制，错误的纠正既可以后向的通过帧的重传完成，也可以前向的通过冗余纠错编码完成。对于某些数据链路连接，还应该能够提供保序和流量控制功能，保证在数据链路层连接上收到的帧能够以和发送方相同的顺序递交给网络层实体，并协调发送方和接收方的节奏，保证发送方的发送速度不会太快以致接收方被淹没。数据链路层具有以下功能。

（1）成帧。成帧是指帧定界的方法。发送方数据链路层将网络层传递下来的数据分组根据某种定界方法划分成大小一定的帧，并在帧头和帧尾添加可以与传输数据相区别的定界符。接收方数据链路层对所接收到的比特流，应能确定每一帧的开始和结束位置。帧的定界有多种方法，如字符计数法、首尾界符法、首尾标志法等。

（2）帧的透明传输。成帧方法是在帧中增加了一些控制信息，以确定帧的定界，为了保证帧的透明传输，还需要进行一些特殊的处理，否则将不能正确地区分数据与控制信息，这些特殊的处理对高层来说是透明的。

（3）流量控制。流量控制就是对发送方发送数据的速度加以控制，以免超过接收方的接收能力而导致数据丢失。

（4）差错控制。差错控制就是接收方对接收到的数据帧进行校验，如果发生差错，则应该能够对错误帧进行相应处理。数据链路层一般采用在信息位中添加冗余码的方法进行差错校验，接收方利用冗余码可以检测出接收到的帧是否存在差错，如果有错，既可以采用纠错编码前向纠错，也可以将它丢弃，并通知发送方重传出错的数据帧。

（5）数据链路管理。如果在数据链路上传送数据采用面向连接的方式，则发送方和接收方之间需要有建立、维持和释放数据链路连接的管理功能。

（6）寻址。数据链路层可以通过编址及识别相应的地址（一般称为硬件地址），来保证每一帧数据都能传送到规定的目的地，接收方也应能识别出接收到的数据帧来自哪里。

数据链路层通过实现上述功能来提供数据帧的可靠传输，消除物理层传输的不可靠性，对网络层提供一条无差错的、可靠的数据链路。

3. 数据链路层向网络层提供的服务类型

数据链路层可以将源节点的网络层数据可靠地传输到相邻节点的数据链路层，并由其递交给其上的网络层。数据链路层主要提供以下3种服务。

（1）无确认的无连接服务。无确认的无连接服务简单，适用于低误码率环境中的数据传输。大多数局域网的数据链路层都使用无确认的无连接服务。该服务主要包含以下5个方面：

① 双方无须建立链路连接；

② 每个帧都带有目的地址；

③ 各帧相互独立传送；

④ 目的节点对收到的帧不做任何应答确认；

⑤ 由高层处理丢失的帧，数据链路层不做处理。

(2) 有确认的无连接服务。有确认的无连接服务是在无确认的无连接服务基础上增加了确认功能,适用于可靠性不高的通信信道。该服务主要包含以下两个方面:

① 目的节点对接收到的每一帧都要向发送方发送确认帧(ACK);

② 发送方利用超时机制处理确认帧,每发送一个数据帧的同时启动一个定时器,若在规定时间内未收到对该帧的肯定确认帧,则发送方启动超时重发机制,重发该数据帧。

(3) 面向连接服务。面向连接服务是指在数据传输之前首先建立数据链路连接,然后所有的数据帧均在该链路中依次按序传输,最后传输结束时再释放该连接。适用于实时传输或对数据传输有较高可靠性要求的环境。面向连接服务主要分为以下3个阶段。

① 第一阶段:连接建立阶段。在传送数据之前,首先利用服务原语建立一条连接(即建立数据链路)。

② 第二阶段:连接维持阶段。本阶段完成数据帧的透明传输。所有数据帧都带上各自的编号,传输过程中对每一帧都要进行确认,发送方收到确认后才能发送下一帧。

③ 第三阶段:连接断开阶段。数据传输结束后,妥善释放数据链路。

面向连接服务的建立连接和释放连接过程中所用到的服务原语主要有请求(request)、指示(indication)、响应(response)和确认(confirm)4种。不同阶段使用的原语并不完全相同。例如,连接建立阶段需要使用4种原语,连接维持阶段(数据传输阶段)和连接释放阶段只需使用请求和指示两种原语。

- 连接建立阶段:DL-CONNECT. request,DL-CONNECT. indication,
DL-CONNECT. response,DL-CONNECT. confirm。
- 连接维持阶段:DL-DATA. request,DL-DATA. indication。
- 连接释放阶段:DL-DISCONNECT. request,DL-DISCONNECT. indication。

3.2 差错控制

物理层的任务是接收一个原始的比特流,并准备将它传输到目的地。在传输过程中传输的比特流的个数和内容可能会发生变化,即产生差错,但目前已有的物理层协议对传输的比特流并不进行任何检测和纠错。也就是说,物理层并不保证这个比特流的正确传输,物理层传输产生的差错将由数据链路层负责检测和纠错。

3.2.1 传输差错

差错是指在数据传输过程中,接收方接收到的数据与发送方发送的数据出现不一致的现象。网络通信过程中,差错是不可避免的,为了保证通信质量,减少差错,系统必须具有差错控制及差错检测机制。

3.2.2 差错控制方法

在数据通信中,差错控制方法基本上分为两大类:自动重传请求(Automatic Request for Repeat,ARQ)和前向纠错(Forward Error Correction,FEC)。

在 ARQ 方式中，接收方发现接收的数据帧出现差错时，用某种方式通知发送方重传该数据帧，直到收到正确的数据帧为止，这是一种后向纠错方法。

在 FEC 方式中，接收方不但能发现接收的数据帧中的差错，而且能确定二进制代码中发生错误的位置，从而进行纠正，这是一种自动纠错方式，也称为前向纠错方法。

能够发现差错的编码称为检错码(又称检验码或校验码)，不仅能发现差错而且能自动纠错的编码称为纠错码。

虽然纠错码可以避免出现差错的数据帧的重传，节省带宽和网络资源，但由于纠错码冗余度较大，编码效率低，解码设备复杂等原因，使得纠错码在网络中应用并不广泛。目前，使用最广泛的差错控制方式仍是 ARQ 方式。

1. 检错码

目前，所有的差错检验编码都是采用冗余编码技术。具体方法很多，其差别就是冗余度不同，能检错的位数不同，但核心思想是相同的，都是在有效数据(信息位)发送前，按照某种关系附加上一定的冗余位(冗余位与数据相关，若数据不同，则冗余位也不同)，构成一个符合某一规则的码字后再发送。接收方收到带有冗余位的码字后，用同样的方法判断它是否仍然符合原规则，若不符合，则可判定传输过程中出现了差错。

常用的检错码有奇偶校验码和循环冗余校验码。

1) 奇偶校验码

奇偶校验码是一种通过增加冗余位使得码字中 1 的个数恒为奇数或偶数的编码方法。在实际使用时又可分为垂直奇偶校验、水平奇偶校验和水平垂直奇偶校验等。

(1) 垂直奇偶校验。垂直奇偶校验又称为纵向奇偶校验，它是将要发送的整个信息块分为定长 p 位的若干段(例如 q 段)，在每段后面按 1 的个数为奇数或偶数的规律加上一位奇偶校验位，如图 3-2 所示。在信息($I_{11},I_{21},\cdots,I_{p1},I_{12},I_{22},\cdots,I_{p2},\cdots,I_{1q},\cdots,I_{pq}$)中，每 p 位构成一段(即图中的一列)，共有 q 段(即共有 q 列)。每段加上一位奇偶校验冗余位，即图 3-2 中的 $r_i(i=1,2,3,\cdots,q)$。

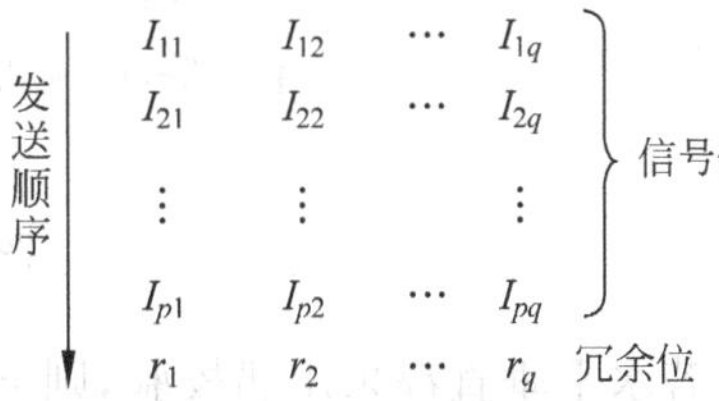

发送顺序

I_{11}	I_{12}	$\cdots$	I_{1q}	信号位
I_{21}	I_{22}	$\cdots$	I_{2q}	
$\vdots$	$\vdots$		$\vdots$	
I_{p1}	I_{p2}	$\cdots$	I_{pq}	
r_1	r_2	$\cdots$	r_q	冗余位

图 3-2 垂直奇偶校验

r_i 的编码规则为：

偶校验：$r_i=I_{1i}+I_{2i}+\cdots+I_{pi} \quad (i=1,2,3,\cdots,q)$

奇校验：$r_i=I_{1i}+I_{2i}+\cdots+I_{pi}+1 \quad (i=1,2,3,\cdots,q)$

说明：式中的＋为模 2 加，即异或运算，只求本位和，进位丢弃。

图 3-2 中箭头给出了串行发送的顺序，即逐位先后次序为 $I_{11},I_{21},\cdots,I_{p1},r_1,I_{12},I_{22},\cdots,I_{p2},r_2,\cdots,I_{1q},I_{2q},\cdots,I_{pq},r_q$。在编码和校验过程中，用硬件方法或软件方法很容易实现上述连续半加运算，而且可以边发送边产生冗余位；同样，在接收方也可以边接收边进行校验后去掉校验位。

垂直奇偶校验方法能检测出每列中的所有奇数位错，但检测不出偶数位错。对于突发错误来说，奇数位错与偶数位错的发生概率接近于相等，因而对差错的漏检率接近于1/2。

(2) 水平奇偶校验。为了降低对突发错误的漏检率,可以采用水平奇偶校验方法。水平奇偶校验又称为横向奇偶校验,它是对各个信息段的相应位横向进行编码,产生一个奇偶校验冗余位,如图 3-3 所示。

r_i编码规则为:

偶校验: $r_i = I_{i1} + I_{i2} + \cdots + I_{iq} \quad (i=1,2,3,\cdots,p)$

奇校验: $r_i = I_{i1} + I_{i2} + \cdots + I_{iq} + 1 \quad (i=1,2,3,\cdots,p)$

若每个信息段就是一个字符的话,这里的 q 就是发送信息块中的字符数。

发送顺序				
I_{11}	I_{12}	$\cdots$	I_{1q}	r_1
I_{21}	I_{22}	$\cdots$	I_{2q}	r_2
$\vdots$	$\vdots$		$\vdots$	$\vdots$
I_{p1}	I_{p2}	$\cdots$	I_{pq}	r_p
信息位				冗余位

图 3-3 水平奇偶校验

水平奇偶校验不但可以检测出各段同一位上的奇数位错,而且还能检测出突发长度$<p$的所有突发错误。按发送顺序,从图 3-3 中可以看出,突发长度$<p$的突发错误必然分布在不同的行中,且每行一位,所以可以检出差错,它的漏检率要比垂直奇偶校验方法低。但是实现水平奇偶校验时,不论采用硬件方法还是软件方法,都不能在发送过程中边发送边产生奇偶校验冗余位,而是必须等待要发送的全部信息块到齐后,才能计算冗余位,也就是说,需要使用能容纳整个数据块大小的缓冲区存放待发送数据,因此它的编码和检测实现起来都要复杂一些。

(3) 水平垂直奇偶校验。同时进行水平奇偶校验和垂直奇偶校验就构成了水平垂直奇偶校验,又称为纵横奇偶校验,如图 3-4 所示。

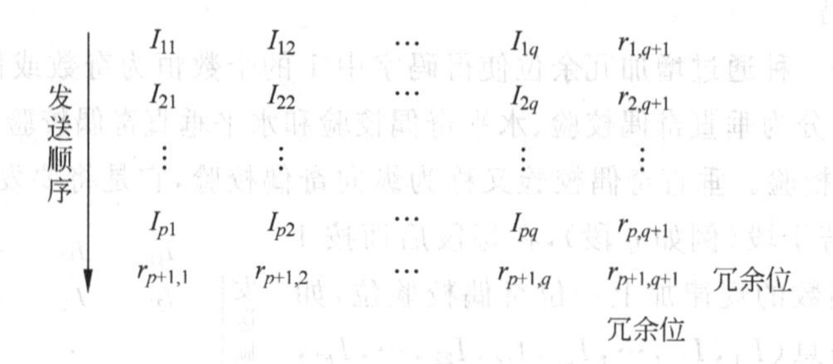

图 3-4 水平垂直奇偶校验

若水平垂直都采用偶校验,则 r_{ij} 的编码规则为:

$$r_{i,q+1} = I_{i1} + I_{i2} + \cdots + I_{iq} \qquad (i = 1,2,3,\cdots,p)$$

$$r_{p+1,j} = I_{1j} + I_{2j} + \cdots + I_{pj} \qquad (j = 1,2,3,\cdots,q)$$

$$r_{p+1,q+1} = r_{p+1,1} + r_{p+1,2} + \cdots + r_{p+1,q} = r_{1,q+1} + r_{2,q+1} + \cdots + r_{p,q+1}$$

水平垂直奇偶校验能检测出所有 3 位或 3 位以下的错误(因为此时至少在某一行或某一列上有一位错)、奇数位错、突发长度$\leqslant p+1$的突发错以及很大一部分偶数位错。测量表明,这种方式的编码可使误码率降至原误码率的百分之一到万分之一。水平垂直奇偶校验不仅可检错,还可用来纠正部分差错。例如,数据块中仅存在 1 位错时,便能确定出错码的位置就在某行和某列的交叉处,从而可以纠正它。

2) 循环冗余校验码

循环冗余校验方法是数据通信中差错检测的重要方法,它对随机错码和突发错码均能以较低的冗余度进行严格检查。其方法是:在发送方产生一个循环冗余校验码,附加在信息位后面一起发送到接收方，接收方将收到的信息按发送方形成循环冗余校验码同样的算法进行校验以检测是否出错。

循环冗余校验码(Cyclic Redundancy Check，CRC)也称为多项式码，简称CRC校验码。其原理如下。

(1) 确定信息多项式$M(x)$。将待发送的二进制位串看成是一个多项式的系数，该多项式称为信息多项式$M(x)$。任何一个由二进制数位串组成的代码都可以和一个只含有0和1两个系数的多项式建立一一对应关系，一个k位数据帧可以看成是从x^{k-1}到x^0的k次多项式的系数序列，这个多项式的阶数为$k-1$，最高位(最左边)是x^{k-1}项的系数，下一位是x^{k-2}的系数，以此类推。

例如，若信息位为1011011(7位)，则$M(x)=1*x^6+0*x^5+1*x^4+1*x^3+0*x^2+1*x^1+1*x^0=x^6+x^4+x^3+x+1$；同样，若$M(x)=x^5+x^4+x^2+1$，则对应的二进制位串为110101。

(2) 确定一个素多项式$G(x)$。$G(x)$又称为生成多项式，生成多项式的作用是和信息多项式进行计算产生余数多项式。生成多项式的最高位和最低位必须是1。目前，国际标准中生成多项式有以下几类。

- CRC-12：$x^{12}+x^{11}+x^3+x^2+x+1$
- CRC-16：$x^{16}+x^{15}+x^2+1$
- CRC-CCITT-1：$x^{16}+x^{12}+x^5+1$
- CRC-32：$x^{32}+x^{26}+x^{23}+x^{22}+x^{16}+x^{12}+x^{11}+x^{10}+x^8+x^7+x^5+x^4+x^2+x+1$

(3) 计算余数多项式$R(x)$。设$G(x)$为r阶，发送方计算$x^rM(x)/G(x)$(模2除法)，得到余数多项式$R(x)$，商舍掉。依据群论的相关理论，可以证明$R(x)$具有发现错误的能力。

(4) 形成码元多项式$C(x)$。发送方将$R(x)$附在$M(x)$之后，组成码元多项式$C(x)$，然后将其发送出去。

(5) 接收方检验。当接收方收到码元多项式$C'(x)$后，计算$C'(x)/G(x)$(模2除法)，得到新的余数多项式$R'(x)$。如果$R'(x)=0$，则认为传输没有错误，否则，可以确定传输中产生了差错。

目前，CRC校验已有成熟的硬件完成，因此校验速度很快，冗余度也不大，是应用最广泛的一种校验码。

设信息位为m位，生成多项式$G(x)$为r阶，则计算CRC校验码的方法可以简化如下：

① 在信息码尾部附加r个0，使其成为$m+r$位二进制位串，即相应的多项式为$x^rM(x)$；

② 按模2除法用$G(x)$对应的位串去除$x^rM(x)$对应的位串，得到余数$R(x)$所对应的位串；

③ 按模2加法从$x^rM(x)$对应的位串中加上得到的余数$R(x)$所对应的位串，结果就是要传送的带CRC校验码的数据。

例3-1 设信息位$M=101001101$，生成多项式$G(x)=x^4+x^3+x+1$，试计算信息M的CRC校验码。

解：已知$r=4$，生成多项式$G(x)$对应的位串为11011。$x^rM(x)$对应的位串为

1010011010000。利用短除法计算如下：

```
11011 ) 1010011010000
        11011
         11111
         11011
           10010
           11011
             10011
             11011
               10000
               11011
                10110
                11011
                 11010
                 11011
                    10  ← 余数R
```

余数 R 为 0010(因为 $r=4$，所以余数 R 补足 4 位)，因此，信息 $M=101001101$ 的 CRC 校验码为：

$$1010011010000+0010=101001101\mathbf{0010}$$

例 3-2 在数据传输过程中，若接收方收到发送方发送的信息为 10110011010，其生成多项式 $G(x)=x^4+x^3+1$，问接收方收到的数据是否正确？(写出判断依据和推演过程)

解：由题意知，在数据通信过程中采用的是循环冗余校验码(CRC 码)进行数据检错。发送方在发送的数据块中加入足够的冗余位以满足检错需要。

用数据多项式与生成多项式 $G(x)$ 进行运算得到校验和(余数)，将校验和附加在数据帧尾部，并使带有校验和的帧所对应的多项式能被 $G(x)$ 除尽，然后将带有校验和的数据帧发送出去，当接收方接收时，用 $G(x)$ 去除它，若余数为 0，则表示传输正确，否则表示传输出错。

本题中，如果接收信息/$G(x)$，余数为 0，则收到的数据正确，否则出错。

因为 $G(x)=x^4+x^3+1$，其对应的位串为 11001，所以 10110011010/11001 的模 2 除的推演过程如下：

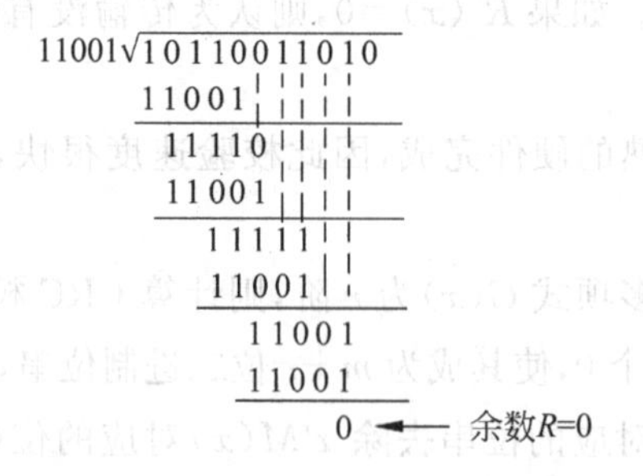

10110011010/11001 的模 2 除的余数 $R=0$，因此，接收数据正确。

2. 纠错码

在数据通信过程中，解决差错问题的另一种方法就是在每个待发送的数据块上附加足够的冗余信息，如果出错，使接收方能够推导出发送方实际送出的应该是什么样的比特串。

海明码是一种可以纠正一位差错的编码。对于 m 位数据位(信息位)，若增加 r 位冗余位(校验位),则组成总长度为 n 位($n=m+r$)的编码,称为 n 位码字。为了能纠正单比特错,m 和 r 之间应该满足一定的关系。

对于 m 位数据位,其有效码字有 2^m 个,对于每一个有效码字,均附加一个固定的 r 位的冗余位,形成一个特定的 $n(n=m+r)$ 位码字。当且仅当其中一位改变时,都可以形成 n 个无效但可以纠错的码字(知道出错的位置),即有 $n+1$ 个可识别的码字(1 个有效码字,n 个无效但可识别的码字)。

对于 2^m 个有效码字,共有 $2^m(n+1)$ 个可识别的码字,2^n 个可识别及不可识别的码字,因此有 $2^m(n+1)\leqslant 2^n$,将 $n=m+r$ 代入,得:

$$m+r+1\leqslant 2^r$$

为了纠正单比特错,m 和 r 应该满足上述关系式。

海明码的编码方法是将码字内的各位从最左边开始按顺序依次编号,第 1 位为 1,第 2 位为 2,……,第 n 位为 n,其中编号为 2^i 的位(1,2,4,8,…)为海明码的校验位,即海明码校验位不是附加在数据位的头或尾,而是分散在数据位中,分别占用 2^i 位置。其余位顺序填入 m 位数据。每个校验位的取值应使得包括自身在内的一些位的集合服从规定的奇偶性,因此,海明码利用的原理仍是奇偶检验原理。下面举例说明海明码的形成方法。

例如,设信息位 $m=7$,则由 $m+r+1\leqslant 2^r$,得 $r=4$,所以海明码长 $n=11$ 位,设海明码字为 $x1x2x3x4x5x6x7x8x9x10x11$,其中 $x1$、$x2$、$x4$ 和 $x8$ 为海明校验码。计算海明码的校验位方法可以采用如图 3-5 所示的形式,海明码校验位编码(校验表达式)计算表达式如下:

$$x1 = x3 + x5 + x7 + x9 + x11$$
$$x2 = x3 + x6 + x7 + x10 + x11$$
$$x4 = x5 + x6 + x7$$
$$x8 = x9 + x10 + x11$$

信息位 \ 校验位	8	4	2	1
3	0	0	1	1
5	0	1	0	1
6	0	1	1	0
7	0	1	1	1
9	1	0	0	1
10	1	0	1	0
11	1	0	1	1

图 3-5 海明码校验码形成示意图

接收方验证收到的信息是否正确,采用的方法是重新计算海明码校验位 xi',但采用海明码监督表达式进行计算。海明码监督表达式如下:

$$x1' = x1 + x3 + x5 + x7 + x9 + x11$$
$$x2' = x2 + x3 + x6 + x7 + x10 + x11$$
$$x4' = x4 + x5 + x6 + x7$$
$$x8' = x8 + x9 + x10 + x11$$

若 $xi'=0(i=1,2,4,8,\cdots)$,则表示该信息传输正确,xi' 中任何一位不为 0,则表示该信息传输出错,出错位为 xi' 值,如 $xi'=110$,则表示出错位是 $x6$。如果信息位出错则需纠正,校验位出错则不需纠正。

例 3-3 假定传送信息位 M 为 1001011,求它的海明码。

解:已知信息位 M 的位数 $m=7$,设冗余位为 r 位,根据公式:

$$m+r+1\leqslant 2^r$$

计算得:$r=4$

海明码：$\mathbf{x1}\ \mathbf{x2}\ x3\ \mathbf{x4}\ x5\ x6\ x7\ \mathbf{x8}\ x9\ x10\ x11$

$\underline{\mathbf{x1}}\ \underline{\mathbf{x2}}\ 1\ \underline{\mathbf{x4}}\ 0\ 0\ 1\ \underline{\mathbf{x8}}\ 0\ 1\ 1$

计算海明码校验位：

$$x1 = x3 + x5 + x7 + x9 + x11 = 1 + 0 + 1 + 0 + 1 = 1$$
$$x2 = x3 + x6 + x7 + x10 + x11 = 1 + 0 + 1 + 1 + 1 = 0$$
$$x4 = x5 + x6 + x7 = 0 + 0 + 1 = 1$$
$$x8 = x9 + x10 + x11 = 0 + 1 + 1 = 0$$

所以，计算得到海明码为：**10**1**1**001**0**011。

例 3-4 假定传送信息位 M 为 8 位，接收方收到的信息为 110010100000，试判断该传输是否出错？如果出错是否需要纠正？并求出发送方发送的原始信息。

解：已知信息位 M 的位数 $m=8$，设冗余位为 r 位，根据公式：

$$m + r + 1 \leqslant 2^r$$

计算得：$r=4$

接收方收到的信息为 1 1 0 0 1 0 1 0 0 0 0 0

$x1\ x2\ x3\ x4\ x5\ x6\ x7\ x8\ x9\ x10\ x11\ x12$

判断接收方收到的信息是否正确，需要根据海明码监督表达式计算 xi'，若 $xi'=0(i=1,2,4,8,\cdots)$，则表示该信息传输正确，否则出错。

海明码监督表达式计算如下：

$$x1' = x1 + x3 + x5 + x7 + x9 + x11 = 1 + 0 + 1 + 1 + 0 + 0 = 1$$
$$x2' = x2 + x3 + x6 + x7 + x10 + x11 = 1 + 0 + 0 + 1 + 0 + 0 = 0$$
$$x4' = x4 + x5 + x6 + x7 + x12 = 0 + 1 + 0 + 1 + 0 = 0$$
$$x8' = x8 + x9 + x10 + x11 + x12 = 0 + 0 + 0 + 0 + 0 = 0$$

因为得到的计算结果 $x8'\ x4'\ x2'\ x1'$ 为：0001，不为 0。因此，该传输存在错误。

出错位为 $x1$，而 $x1$ 是校验位，因此，不需纠错。

发送方发送的原始信息 01010000。

海明码属于分组码，分组码是一组固定长度的码组，一般用符号(n,k)表示，其中 n 是码组的总位数，又称为码组的长度(码长)，k 是码组中信息码元的数目，$r=n-k$ 为码组中的监督码元数目。通常用于前向纠错。

在采用纠错码或检错码的编码方案中，基本的数据处理单元通常称为码字(codeword)，由数据比特和冗余比特构成。两个码字之间对应比特取值不同的比特个数称为这两个码字的海明距离。例如，10101 和 00110 从第一位开始依次有第 1 位、第 4 位、第 5 位不同，则海明距离为 3。海明距离表明：假设两个码字的海明距离为 d，则需要 d 个比特差错才能将其中一个码字转换成另一个码字。

在一个有效编码集中，任意两个码字的海明距离的最小值($d_{\min}$)称为该编码集的海明距离。一种编码的检错能力和纠错能力取决于它的海明距离。为了检测 d 个比特错，需要使用海明距离为 $d+1$ 的编码方案，因为在这种编码方案中，d 个单比特错不可能将一个有效码字改编成另一个有效码字。当接收方接收到一个无效码字时，就知道已经发生了传输错误。同样，为了纠正 d 个比特错，需要使用海明距离为 $2d+1$ 的编码方案。因为在这种编码方案中，合法码字之间的距离足够远，即使发生了 d 个比特错，仍然更接近于原始码字而不是其他码字，从而可以唯一确定原来的码字以达到纠错的目的。

$d_{\min}$ 与分组码的纠、检错能力存在以下关系：

- 当 $d_{\min} \geqslant e+1$ 时，可检出 e 个错误；
- 当 $d_{\min} \geqslant 2t+1$ 时，具有纠正 t 个错误的能力；
- 当 $d_{\min} \geqslant t+e+1(e>t)$ 时，具有同时检出 e 个错误、纠正 t 个错误的能力。

3.3 数据链路层成帧机制

数据链路层采用一定的方法将比特流划分成离散的数据帧，这就是数据链路层的成帧机制。数据链路层常用的成帧方法有 3 种，即字符计数法、带填充字符的首尾界符法和带填充位的首尾标志法。

1. 字符计数法

字符计数法是在帧头部使用一个字段来标明帧内字符数，如图 3-6 所示。

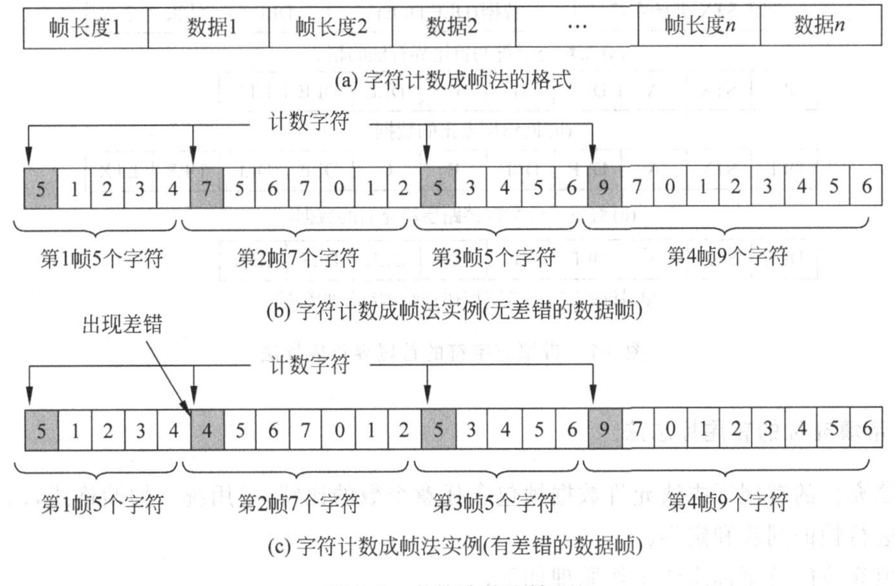

图 3-6 字符计数成帧法

说明：帧长度字段表示该帧所含的字节数，帧长度字符也包含在内。

字符计数法的工作原理是当接收方收到数据帧时，根据帧长度，即可知道帧的起始位和结束位。所面临的问题是当计数字符由于传输差错而发生变化时(在图 3-6(c)中，第 2 帧的计数字符由 7 变成了 4)，则其后所有帧的起始位和结束位均与发送方不一致，即接收方与发送方失去了同步，即使接收方通过校验和知道此帧出错，也无法确定下一帧从哪里开始，且无法向发送方请求重传，因为接收方无法确定应该回跳多少字符开始重传。计数字段一旦出错，将无法再同步，这是字符计数成帧法的致命缺点。因此，字符计数成帧法很少使用。

2. 带填充字符的首尾界符法

带填充字符的首尾界符法采用的方法是每一帧以 ASCII 字符序列 DLE STX 开头,以 DLE ETX 结束,DLE 代表 Data Link Escape,STX 代表 Start of Text,ETX 代表 End of Text。采用这种方法,接收方主机一旦丢失帧边界,它只需查找 DLE STX 或 DLE ETX 字符序列就可以找到它所在的位置,即以特定的字符序列为控制字段,避免了出错后再同步的问题。

当传送的是目标程序或浮点数据的二进制数据时,DLE STX 或 DLE ETX 可能会出现在用户的数据中,因此会使接收方误认为帧开始或帧结束而产生错误。解决方法是字符填充法,就是发送方的数据链路层在用户数据中出现的每一个 DLE 字符前再插入一个 DLE 字符,接收方的数据链路层将数据中两个连续的 DLE 字符的第一个去掉,恢复数据的原始状态。如果只有单个 DLE 字符出现,就可以断定是帧的边界,因为数据中的 DLE 是成对出现的,如图 3-7 所示。带填充字符的首尾界符法缺点是依赖于字符集、不通用、扩展性差,这种方法现在也基本不再使用。

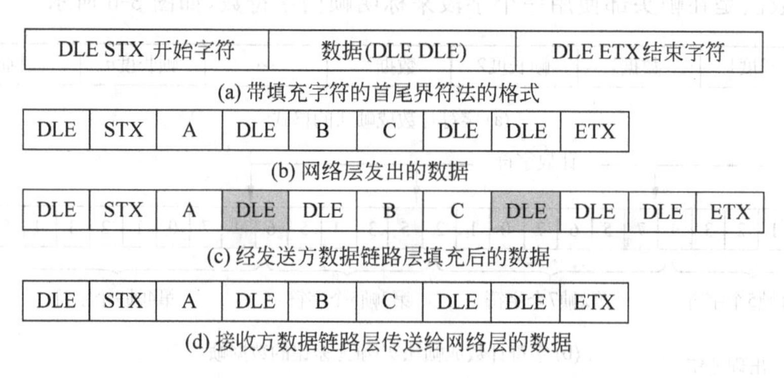

图 3-7 带填充字符的首尾界符成帧法

3. 带填充位的首尾标志法

带填充位的首尾标志法允许数据帧包含任意个数的比特,采用统一的帧格式,以特定的位序列进行帧的同步和定界。

带填充位的首尾标志法工作原理如下。

(1) 帧的开始:特定位模式,即 01111110,称为帧开始标志字节。

(2) 帧的结束:特定位模式,即 01111110,称为帧结束标志字节。

(3) 工作原理:为了解决透明传输比特,采用 0 比特插入技术,即发送方的数据链路层在数据段中遇到 5 个连续 1 时,自动在其后插入 1 个 0,这就是所谓的位填充技术。当接收方收到连续 5 个 1,且后面跟着 1 个 0 时,自动将此 0 删去。如果接收方收到连续 5 个 1,且后面跟着的还是 1 时,则再看下一位,如果下一位是 0,则认为是帧结束标志字节,如果下一位是 1,则可断定是数据出错了,因为数据中不可能连续出现 7 个 1。

带填充位的首尾标志成帧法如图 3-8 所示。对于通信双方计算机的网络层来说,位填充技术和字符填充技术都是透明的。

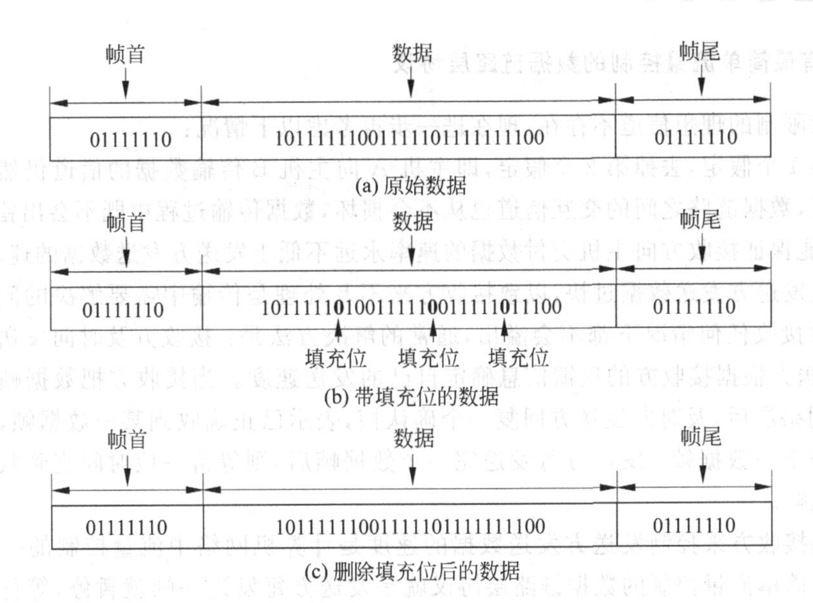

图 3-8 带填充位的首尾标志成帧法

3.4 数据链路层协议机制

数据链路层协议机制是指链路及协议的基本机制,即数据无差错地传输。因为链路级流量及差错控制决定了通信链路和网络的性能,所以如何能够使数据无差错地传输到对方,是数据链路层协议机制研究的核心问题。链路级的流量及差错控制技术通常有 3 种,即停止—等待 ARQ 协议、后退 *N* 帧 ARQ 协议,选择重传 ARQ 协议。其中后退 *N* 帧 ARQ 协议和选择重传 ARQ 协议采用了滑动窗口技术。

3.4.1 停止—等待 ARQ 协议

停止—等待协议(stop-and-wait)是最简单但也是最基础的数据链路层协议。在介绍停止—等待 ARQ 协议之前,先来看两种理想信道的数据传输。

数据传输环境为主机 A 向主机 B 点对点传输数据。

1. 一种无限制、理想化的数据传输

为了说明数据链路层协议的作用,先做以下两个假定。

假定 1:物理链路是理想的传输信道,所传送的任何数据既不会出现差错也不会丢失。

假定 2:发送方和接收方一直处于就绪状态,缓冲空间无限大,不管发送方以多快的速率发送数据,接收方总能及时接收并上交主机。即接收方向主机交付数据的速率永远不会低于发送方发送数据的速率(或者说接收方不会被发送方过快的发送速率淹没)。

显然,在这种无限制、理想化的信道上传输数据永远都会准确及时到达。因此,在这种无限制理想信道上传输数据是不需要数据链路层协议的,但同时这种无限制理想信道也是不存在的。

2. 具有最简单流量控制的数据链路层协议

既然无限制的理想信道不存在,现在进一步再考虑以下情况:

保留第 1 个假定,去掉第 2 个假定,即主机 A 向主机 B 传输数据的信道仍然是无差错的理想信道,数据链路之间的交互信道也从不会损坏,数据传输过程中既不会出错也不会丢失,但是不能保证接收方向主机交付数据的速率永远不低于发送方发送数据的速率,也就是说如何防止发送方发送数据过快,以致接收方来不及处理是传输中需要解决的问题。为了使接收方的接收任何情况下都不会溢出,通常的解决方法是:接收方及时向发送方提供一个反馈,发送方根据接收方的反馈信息确定自己的发送速度。当接收方把数据帧正确交给主机 B 的网络层后,及时向发送方回复一个确认帧,表示已正确收到某一数据帧,允许发送方继续发送下一数据帧;发送方每发送完一个数据帧后,则等待一段时间直到收到对该数据帧的确认帧。

这种由接收方来控制发送方发送数据的速度是计算机网络中流量控制的一个基本方法。具有最简单流量控制的数据链路层协议就是发送方每发送一帧就暂停,等待接收方的确认,如图 3-9 所示。

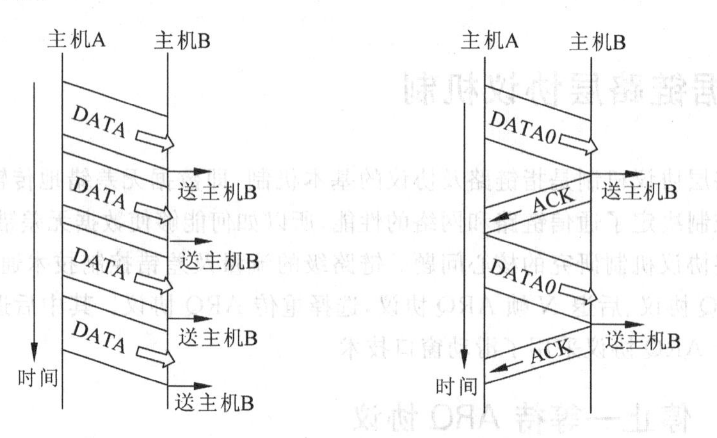

(a) 不需要任何数据链路层协议的数据传输　(b) 具有最简单流量控制的数据链路层协议

图 3-9　具有最简单流量控制的数据链路层协议

3. 停止—等待 ARQ 协议

具有最简单流量控制的数据链路层协议是在保留第 1 个假定的情况下完成的,但是第 1 个假定通常也是不存在的,即无差错的理想信道通常是不存在的,数据在信道中传输出错是很有可能的。因此,下面将研究去掉上述两个假定的数据传输问题。在有差错的信道中传输数据,且不能保证接收方向主机交付数据的速率永远不低于发送方发送数据的速率。这里需要解决的问题是差错控制和流量控制。

自动重传请求(ARQ)协议是应用最广泛的一种差错控制技术,它包括对无错接收的 PDU 的肯定确认和对未确认的 PDU 的自动重传。ARQ 协议实现的前提条件是:

- 一个单独的发送方向一个单独的接收方发送信息;
- 接收方能够向发送方发送确认帧;

• 信息帧和确认帧都包含检错码;
• 发生了错误的信息帧和确认帧将被丢弃。

1) 停止—等待 ARQ 协议的原理

在实际的数据传输过程中,由于传输信道不理想和外界干扰的存在,出现传输差错是不可避免的。传输差错可能导致数据帧或确认帧错误、数据帧或确认帧丢失,致使发送操作不能继续进行,或接收方重复接收数据等情况发生。数据传输中可能出现的几种情况如图 3-10 所示。

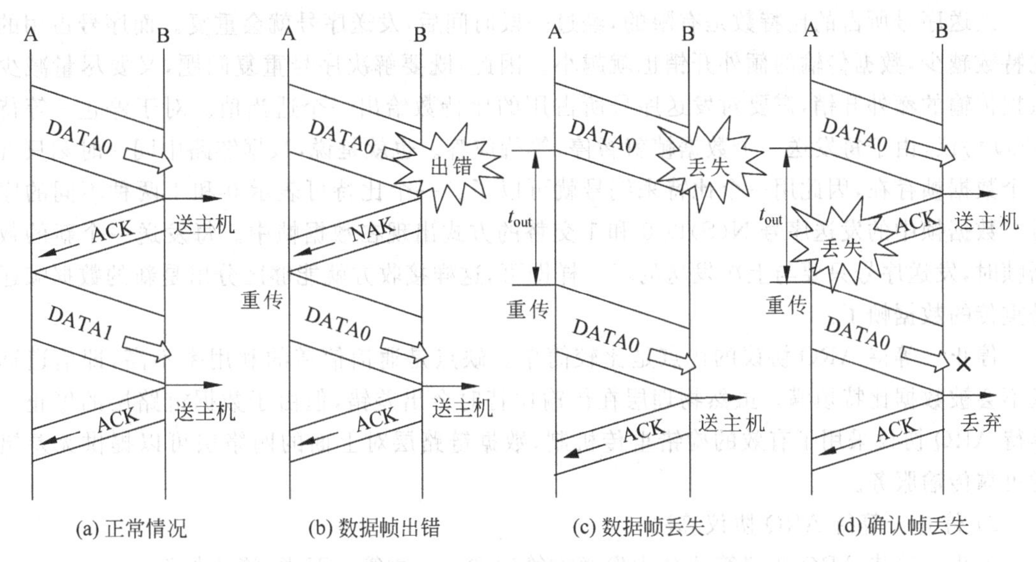

图 3-10 数据传输的几种情况

图 3-10(a)表示正常情况,数据传输过程中未出现任何差错。当接收方收到一个正确的数据帧后立即交付给主机 B,同时向主机 A 发送一个确认帧(ACK),当主机 A 收到确认帧(ACK)后再发送一个新的数据帧,实现了接收方对发送方的流量控制。

如果传输过程中出现了差错,则可能出现图 3-10(b)、图 3-10(c)、图 3-10(d)的情况。

图 3-10(b)表示接收方主机 B 收到的数据帧 DATA0 经过 CRC 检测出错,则主机 B 丢弃该数据帧,同时给主机 A 发送一个否认帧(NAK),希望主机 A 重传该数据帧。如果多次出现差错,主机 A 则需要多次重传该数据帧,直到从主机 B 接收到确认帧(ACK)为止。在此之前,主机 A 的缓冲区将一直保存着 DATA0 的副本。但如果通信线路质量太差,主机 A 在重传一定次数(事先约定好)后仍收不到主机 B 的确认帧(ACK),则不再重传,而是将该情况向上一层报告。

图 3-10(c)表示接收方主机 B 未收到主机 A 发送的数据帧(数据帧丢失)的情况,此时主机 A 将永远接收不到主机 B 发送的确认帧(ACK),而主机 A 会一直等待下去,发生了死锁现象。为了避免死锁问题,主机 A 会采用超时重传技术,所谓超时重传技术就是主机 A 每发送完一个数据帧,就启动一个超时计时器(又称定时器),若到了超时计时器所设置的重传时间 t_{out},主机 A 仍收不到主机 B 的确认帧或否认帧,则主机 A 会自动重传该数据帧,这样就避免了由于数据帧丢失造成的死锁现象的发生。一般可将重传时间设为“从发完数据帧到收到确认帧所需的平均时间”的 2 倍,重传若干次后仍不能成功,则报告差错。

图 3-10(d)与图 3-10(c)相似,主机 B 收到了主机 A 发送的数据帧 DATA0,但由于主机 B 发送给主机 A 的确认帧(ACK)丢失,对主机 A 来说同样会超时重传,但接收方主机 B 将再次收到重传的 DATA0 数据帧,产生了重复帧问题。为了解决重复帧问题,发送方为每个数据帧带上不同的发送序号,每发送一个新的数据帧就按一定规则修改它的发送序号。若主机 B 收到发送序号相同的数据帧,表示出现了重复帧,则应丢弃该重复帧,但此时主机 B 仍须向主机 A 发送确认帧(ACK),因为主机 A 并不知道主机 B 是否已收到 DATA0 帧,以保证协议正常执行。

发送序号所占的比特数是有限的,经过一段时间后,发送序号就会重复。而序号占用的比特数越少,数据传输的额外开销也就越小。因此,既要解决序号重复问题,又要尽量减少数据传输的额外开销,需要对发送序号所占用的比特数给出一个适当值。对于停止—等待 ARQ 协议,由于每发送一个数据帧就暂停,等待应答。也就是说,数据链路中同一时刻只有一个数据帧存在,因此用一个比特来编号就可以了。一个比特可表示 0 和 1 两种不同的序号。数据帧中的发送序号 N(S)以 0 和 1 交替的方式出现在数据帧中。每发送一个新的数据帧时,发送序号只要与上次发送的不一样即可,这样接收方就能够区分出是新的数据帧还是重传的数据帧了。

停止—等待 ARQ 协议的优点是比较简单。缺点是通信信道的利用率不高,即信道远远不会被数据比特填满。虽然物理层在传输比特时会出差错,但由于数据链路层的停止—等待 ARQ 协议采用了有效的检错重传机制,数据链路层对上面的网络层可以提供无差错的可靠传输服务。

2) 停止—等待 ARQ 协议算法

停止—等待 ARQ 协议算法分为发送方算法和接收方算法两类,算法如下。

(1) 发送方算法。

① $V(S)=0$(发送状态变量初始化)。

② 从主机取出一个数据帧→将数据帧送入发送缓冲区,同时,$N(S)=V(S)$(将发送状态变量值写入数据帧的发送序号)。

③ 从发送缓冲区取出数据帧并发送→启动定时器(设置重传时间 t_{out})。

④ 等待应答:转入⑤或⑥。

⑤ 若定时器时间未到:收到应答帧(ACK 或 NAK)。

- 肯定应答(收到 ACK):$V(S)=1-V(S)$,转入②,发送下一帧。
- 否定应答(收到 NAK):转入③,重传该数据帧。

⑥ 若定时器时间已到:未收到应答帧,则转入③,重传该数据帧。

⑦ 若重传次数<设定值,重传该帧;否则,信道故障,通信终止。

(2) 接收方算法。

① $V(R)=0$(接收状态变量初始化,数值等于待接收数据帧的发送序号)。

② 等待接收数据帧。

③ 接收到数据帧,进行差错校验。

- 数据帧正确:转入④。
- 数据帧出错:丢弃该数据帧,发送 NAK,转入②。

④ 重复帧判断:判断 $N(S)=V(R)$?(是否是希望接收的数据帧序号)

- 是：不是重复帧，接受该数据帧，并将收到的数据帧中的数据部分交付上一层，更改欲接收的新数据帧序号 $V(R)=1-V(R)$。
- 否：是重复帧，丢弃该数据帧。

⑤ 发送确认帧(ACK)应答，转入②。

停止—等待 ARQ 协议算法流程图如图 3-11 所示。

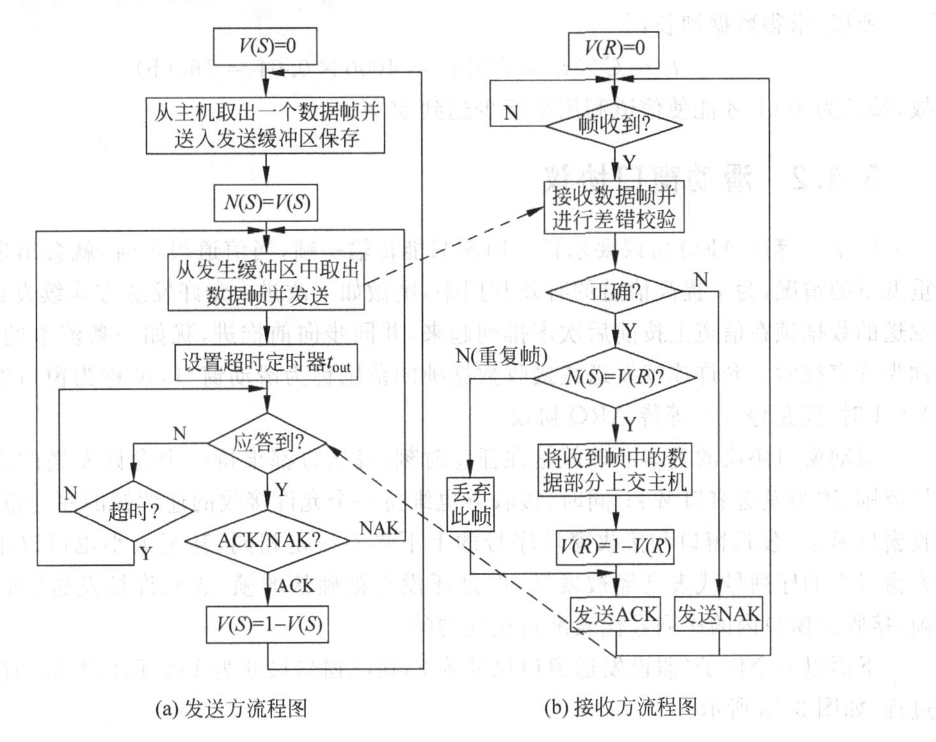

(a) 发送方流程图　　(b) 接收方流程图

图 3-11 停止—等待 ARQ 协议算法流程图

例 3-5 若信道速率为 4kbps，采用停止—等待协议，传播时延 $t_p=20$ms，确认帧长度和处理时间均可忽略。问帧长为多少才能使信道利用率至少达到 50%。

解：停止—等待协议中的时间关系如图 3-12 所示。

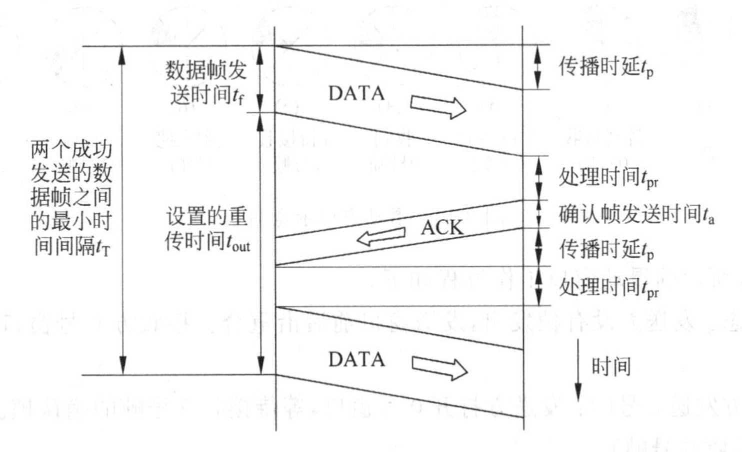

图 3-12 停止—等待协议中数据帧和确认帧的发送时间关系

在确认帧长度和处理时间均可忽略的情况下，要使信道利用至少达到50%，必须使数据帧的发送时间等于2倍的单程传播时延，即 $t_f=2t_p$。

已知：帧长、信道速率和数据帧发送时间关系为

$$t_f = l_f/C$$

其中，C 为信道容量(又称为带宽或信道速率)，l_f 为帧长(单位为比特)。

所以，求得数据帧长：

$$l_f = C\times t_f \geqslant C\times t_p = 4000\times 0.04 = 160(\text{b})$$

故，帧长为160b才能使信道利用率至少达到50%。

3.4.2 滑动窗口协议

停止—等待ARQ协议要求任一时刻只能传输一帧，当信道很长时，就会出现利用率严重低下的情况，为了提高信道的有效利用率，则做如下改进：允许发送方连续发送 N 帧，让发送的数据帧在信道上按前后次序排列起来，并同步向前推进，犹如一条流水的管道，故又称为管道技术。允许连续发送或接收数据帧的范围称为滑动窗口，N 称为窗口的大小。当 $N=1$ 时，就是停止—等待ARQ协议。

滑动窗口协议的基本原理就是在任意时刻，发送方都维持一个允许发送的连续帧的序号范围，称为发送窗口 W_T；同时，接收方也维持一个允许接收的连续帧的序号范围，称为接收窗口 W_R。发送窗口和接收窗口序号的上下界不一定相同，甚至大小也可以不同。发送方窗口内的序列号代表已经被发送，但是还没有被确认的帧，或允许被发送(尚未发送)的帧，接收方窗口内的序列号代表准备接收的帧。

下面以一个例子(假设发送窗口尺寸为2，接收窗口尺寸为1)为例说明滑动窗口的工作过程，如图3-13所示。

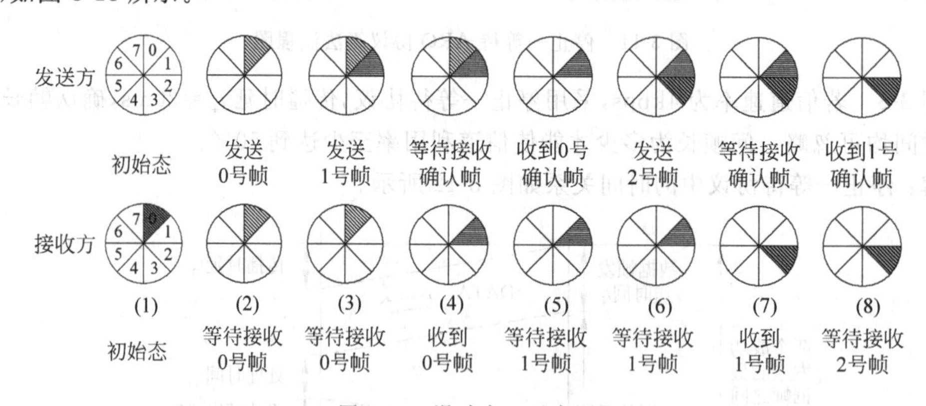

图3-13 滑动窗口示意图

如图3-13所示的滑动窗口工作过程如下。

(1) 初始态：发送方没有帧发出，发送窗口前后沿重合。接收方0号窗口打开，等待接收0号帧。

(2) 发送方发送0号帧：发送方打开0号窗口，等待接收0号帧的确认帧。接收窗口状态不变(等待接收0号帧)。

(3) 发送方发送1号帧：发送方打开0号和1号窗口，等待接收0号和1号帧的确认

帧。此时,发送方打开的窗口数已达规定限度,在未收到新的确认返回帧之前,发送方暂停发送新的数据帧。此时接收窗口状态不变(等待接收0号帧)。

(4) 接收方收到0号帧:接收方收到0号帧并检验正确,同时发送0号确认帧,接收方关闭0号窗口,打开1号窗口,等待接收1号帧。此时发送窗口状态不变。

(5) 发送方收到0号确认帧:发送方正确收到接收方发来的0号帧确认帧,发送方关闭0号窗口,表示从重发表(缓冲区)中删除0号帧。此时接收窗口状态不变(等待接收1号帧)。

(6) 发送方发送2号帧:发送方打开2号窗口,发送2号帧,并等待2号确认帧。此时,发送方打开的窗口又已达规定限度,在未收到新的确认帧之前,发送方暂停发送新的数据帧。此时接收窗口状态不变(等待接收1号帧)。

(7) 接收方接收1号帧:接收方正确收到1号帧,发送1号确认帧,关闭1号窗口,打开2号窗口,准备接收2号帧。此时发送窗口状态不变。

(8) 发送方接收1号确认帧:发送方正确收到1号确认帧,发送方关闭1号窗口,表示从重发表(缓冲区)中删除1号帧。此时接收窗口状态不变。

若从滑动窗口的观点来统一看待停止—等待ARQ协议、后退N帧ARQ协议及选择重传ARQ协议,它们的差别仅在于各自窗口尺寸的大小不同而已。

停止—等待ARQ协议:发送窗口=1,接收窗口=1;

后退N帧ARQ协议:发送窗口>1,接收窗口=1;

选择重传ARQ协议:发送窗口>1,接收窗口>1。

1. 后退N帧ARQ协议

后退N帧ARQ协议是指发送方发送完一个数据帧后,不必停下来等待接收方的应答,可以连续发送若干帧;若在发送过程中收到接收方的肯定应答,则可以继续发送,若收到对其中某一帧的否认应答,则重发否认帧开始的其后所有的后续帧,即后退N帧ARQ(Go Back-N ARQ)。

后退N帧ARQ协议的简单工作过程如图3-14所示,假定数据帧DATA2传输出错。

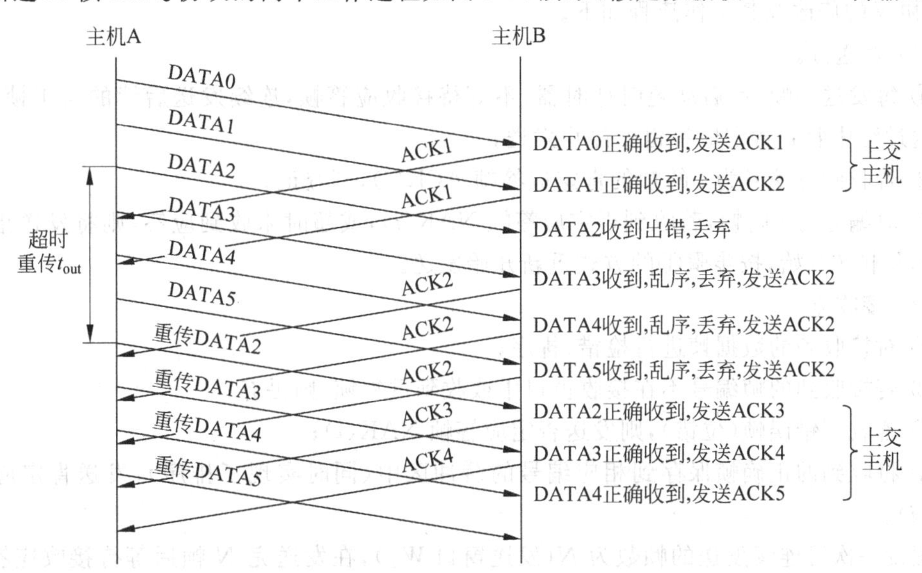

图3-14 后退N帧ARQ协议的简单工作过程

图 3-14 所示的后退 N 帧 ARQ 协议工作原理如下。

- 接收方只按序接收数据帧。虽然在有差错的 2 号帧之后接着又收到了正确的 3 个数据帧,但接收方都必须将这些帧丢弃,因为在这些帧前面有一个 2 号帧还没有收到。虽然丢弃了这些不按序的无差错帧,但仍重复发送已发送过的最后一个确认帧(防止确认帧丢失)。
- ACK1 表示确认收到 0 号帧(DATA0),并期望下次收到 1 号帧;ACK2 表示确认收到 1 号帧(DATA1),并期望下次收到 2 号帧;以此类推。在协议的流量控制方式中,确认序号 $N(R)$ 一般表示接收方希望接收的下一帧序号,同时也对 $N(R)-1$ 帧及其以前各帧的接收确认。
- 主机 A 每发送完一个数据帧时都要设置该帧的超时计时器。如果在超时时间内收到该帧的确认帧,就立即将超时计时器清零,继续发送后续的数据帧。若在所设置的超时时间结束时仍未收到该帧的确认帧,则重传相应的数据帧,此时需重新设置超时计时器。
- 在重传 2 号数据帧时,虽然主机 A 已经发送完了 5 号帧,但仍必须将 2 号帧及其以后的各帧全部进行重传。这就是后退 N 帧的 ARQ 协议的含义,当出现差错必须重传时,要向后退 N 个帧,然后再开始重传。

从以上描述可以看出,在后退 N 帧 ARQ 协议中,如果发送方一直没有收到对方的确认,那么它不能无限制地发送其他帧。因为当未被确认数据帧的数目太多时,只要有一帧出现差错,就会有很多数据帧需要重传,必然白白花费较多的时间,因而增大了网络开销。而且对所有发送出去的大量数据帧都要进行编号,每个数据帧的发送序号编码也会占用较多的位数,这样又增加了一些开销。因此,在后退 N 帧 ARQ 协议中,应当对已发送但尚未确认的数据帧数目加以限制。采取的措施就是使用发送窗口来对发送方进行流量控制。

在后退 N 帧 ARQ 协议中,同时会有多个等待确认的帧,因此,逻辑上需要多个超时计时器,每一个等待确认的帧都需要一个计时器,它们是相互独立各不相关的。对后退 N 帧 ARQ 协议的修改及其工作流程如下。

(1) 发送方。

① 每发送一帧,都启动超时计时器,不等待接收应答帧,连续发送后续的若干帧,即使在发送过程中收到肯定应答也不停止发送;

② 若收到对编号为 i 的帧的肯定应答帧 ACK(i),则登记;

③ 对编号为 i 的帧,若收到否定应答帧 NAK(i),或超时未收到应答,则将发送指针调整为 i,从帧 i 开始,按步骤①的方式重新开始发送。

(2) 接收方。

① 对接收到的数据帧进行检错、排序;

② 若接收到的帧编号不在接收窗口中或收到重复帧,则丢弃;

③ 若收到错误帧(位错),则发送否定应答帧 NAK(i);

④ 将收到的正确帧保存到相应编号的缓冲区中(同时实现了排序),发送肯定应答帧 ACK(i)。

假设一次可连续发送的帧数为 N(发送窗口 W_T),在发送完 N 帧后等待接收应答;收到否定应答 NAK(i)或超时后,发送窗口调整为 $i \sim i+N-1$,重发窗口中的若干帧。发送方和接收方可以分别独立设置发送窗口 W_T 和接收窗口 W_R 的大小。

- 发送方设置发送窗口 W_T。发送窗口用来对发送方进行流量控制。发送窗口的大小 W_T 是指在未收到对方确认帧时发送方最多可以发送多少个数据帧，如图 3-15 所示。

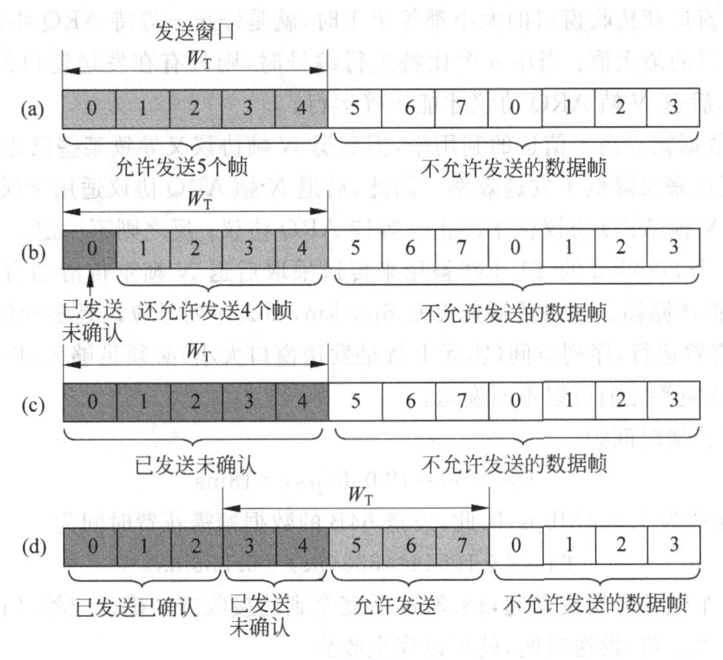

图 3-15　后退 N 帧 ARQ 协议发送窗口的变化

- 接收方设置接收窗口 W_R。在后退 N 帧 ARQ 协议中，接收窗口的大小 $W_R=1$。只有当收到的帧的序号与接收窗口一致时才能接收该帧。否则，就丢弃它。接收方每收到一个序号正确的帧时，接收窗口 W_R 就向前(向右方)滑动一个帧的位置。同时发送对该帧的确认。后退 N 帧 ARQ 协议可以采用累积确认方法。

后退 N 帧 ARQ 协议接收窗口 W_R 的变化如图 3-16 所示。

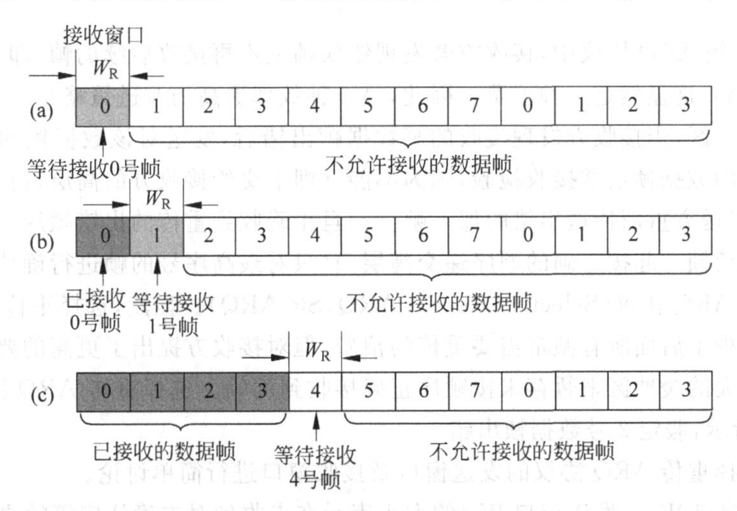

图 3-16　后退 N 帧 ARQ 协议接收窗口变化示意图

滑动窗口的重要特性主要有以下几个方面。

- 只有在接收窗口向前滑动时(与此同时也发送了确认帧),发送窗口才有可能向前滑动。收发双方的窗口按照以上规律不断地向前滑动,因此这种协议又称为滑动窗口协议。
- 当发送窗口和接收窗口的大小都等于1时,就是停止—等待 ARQ 协议。
- 发送窗口的最大值:当用 n 个比特进行编号时,则只有在发送窗口的大小 $W_T \leqslant 2^n - 1$ 时,后退 N 帧 ARQ 协议才能正确运行。

连续发送数据帧提高了信道的利用率,但后退 N 帧协议又导致某些已正确接收的数据帧也会重传,反过来又降低了发送效率。因此,后退 N 帧 ARQ 协议适用于误码率较低的环境,此时,后退 N 帧 ARQ 协议优于停止—等待 ARQ 协议;反之则不一定。

例 3-6 一个 3000km 的 T1 干线被用来传送采取后退 N 帧重传滑动窗口协议的长度都是 64B 的数据链路帧。如果传播速度是 6μs/km,那么序列号应该是多少位?

解:为了有效运行,序列空间(实际上就是发送窗口大小)必须足够大,以允许发送方在收到第1个确认应答之前可以不断发送。

由题意,得传播时间为

$$6 \times 3000 = 18\,000(\mu s) = 18ms$$

因为 T1 速率为 1.544Mbps,因此,发送 64B 的数据帧需花费时间为

$$64 \times 8 \div 1.544 \approx 333(\mu s) = 0.333ms$$

因此,第一个帧从开始发送起,18.3ms 后完全到达接收方。确认应答又花了回程 18ms 加上很少的(可以忽略)发送时间,就可以完全收到。

这样,加在一起的总的时间是 36.3ms。发送方应该有足够的窗口空间,从而能够连续发送 36.3ms。

为充满整个传输信道所需要的数据帧数为

$$36.3 \div 0.3 = 121$$

又 $121 \leqslant 128 = 2^7$,因此,序列号应该是 7 位。

2. 选择重传 ARQ 协议

在后退 N 帧 ARQ 协议中,接收方若发现错误帧就不再接收后续的帧,即使是正确到达的帧也会被丢弃,这显然是一种浪费。因此,另一种效率更高的改进策略是接收方开辟一个大小适当的缓冲区,当接收方发现接收的某数据帧出错后,发送对该数据帧的否认帧,而对其后继续到来的数据帧正常接收检验,因为不能立即上交给接收方的高层,所以将存放在缓冲区中,等待发送方重新传送出错的那一帧。一旦正确收到重传的出错帧后,就将已存放在缓冲区中的后续帧一起按正确的顺序递交高层,且只对最高序号的帧进行确认,这种方法就称为选择重传 ARQ 协议(Selective Repeat ARQ,SR ARQ)。显然,选择重传 ARQ 协议在某帧出错时减少了后面所有帧都需要重传的浪费,但对接收方提出了更高的要求,接收方要开辟一个足够大的缓冲区来暂存未按顺序正确接收到的帧。选择重传 ARQ 协议的工作过程如图 3-17 所示,假定 2 号数据帧出错。

下面对选择重传 ARQ 协议的发送窗口及接收窗口进行简单讨论。

(1) 发送窗口 W_T。发送窗口 W_T 的大小表示在未收到对方确认应答帧之前,发送方可

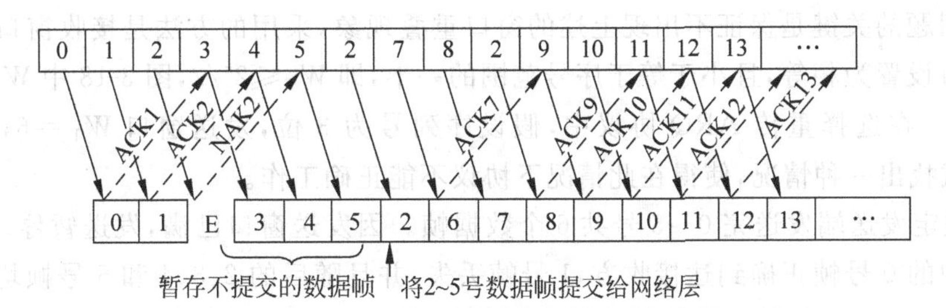

图 3-17 选择重传 ARQ 协议的工作过程

以连续发送数据帧的最大数目，且只有序号在窗口内的帧才可以发送。

(2) 接收窗口 W_R。接收窗口 W_R 的大小表示接收方可以连续接收数据帧的最大数目。接收方仅在收到的数据帧的发送序号落入接收窗口内的情况下才接收该数据帧，若接收到的数据帧的发送序号落在接收窗口之外，则一律丢弃。

假定用 n 比特对滑动窗口编号，则要求下式成立：

$$W_T + W_R \leqslant 2^n \qquad (n\text{ 为序号的位数})$$

因为接收窗口 W_R 最少为 1，所以发送窗口 W_T 的最大值为：

$$W_T \leqslant 2^n - 1$$

但一般要求发送窗口 W_T 最大值不超过总窗口大小的一半，即 $W_T \leqslant 2^n/2$，原因是可能会产生编号回绕问题，但也与具体的应答方式有关。

例如，假设帧的序列号位数 $n=3$，若发送窗口 W_T 取最大值 $N=2^3-1=7$ 帧，接收方的接收窗口 $W_R=7$，现在发送方连续发送了序号为 0～6 号数据帧(共 7 帧)，接收方正确接收了 0～6 号数据帧，若出现图 3-18(d)中的情况：接收方发送了对 0～6 号数据帧的确认帧，但却丢失了。这时，发送窗口就会发生错误，错误窗口示意图如图 3-18 所示。

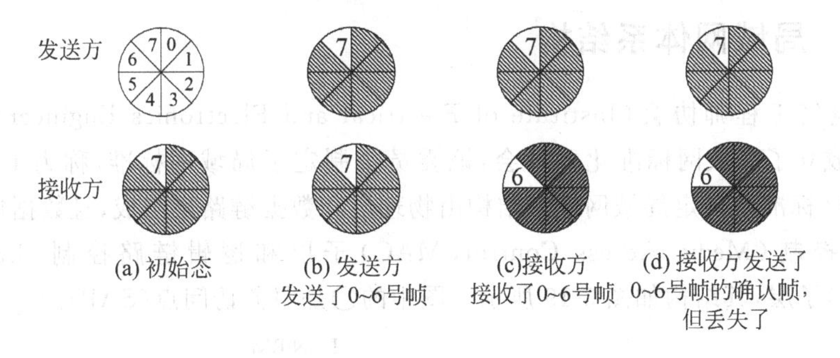

图 3-18 错误窗口示意图

在图 3-18 中，当接收方正确接收了 0～6 号帧后，立即发送了 0～6 号帧的确认帧，且接收窗口整体向前移动了一个位置，等待接收 7、0、1、2、3、4、5 帧。但是，接收方发给发送方的确认帧在返回过程中丢失了，因此发送窗口并不改变，仍然是保存 0～6 号帧，如图 3-18(d) 所示，等待接收确认帧。最后当发送方的 0 号帧的 t_{out} 到达时，发送方就会重发保存在缓存中的 0～6 号帧(重复发送)，而此时接收窗口是 7、0～5，因此当重发帧到达接收方的时候，经检查帧的发送序号落在接收窗口内，重发帧被当做新帧接收，发生了错误窗口问题。导致这一问题的原因是，在接收窗口向前滑动时，新窗口中的帧序号和旧窗口的帧序号重叠了，致使接收方无法区分接收的帧是重发帧(如果确认帧丢失)还是新帧(如果确认帧被收到)。

解决这一问题的关键是保证不出现上述的窗口重叠现象,采用的方法是接收窗口和发送方的最大窗口设置为相等,且小于等于序号范围的一半,即 $W_T \leqslant 2^n/2$,图 3-18 中 $W_T=4$。

例 3-7 在选择重传 ARQ 协议中,假设序列号为 3 位,发送窗口 $W_T=6$,接收窗口 $W_R=3$。试找出一种情况,使得在此情况下协议不能正确工作。

解:假定发送端发送完 0~5 号共 6 个数据帧。因发送窗口已满,发送暂停。再假定 6 个数据帧中的 0 号帧正确到达接收方,1 号帧丢失,并且随后的 2、3、4 和 5 号帧均正确到达接收方,那么接收方在把 0 号帧提交给上层协议模块后,因需要等待接收发送方重传的 1 号帧,必须缓存正确接收的 2、3、4 和 5 号帧。然而由于 $W_R=3$,接收方没有足够容量的缓存空间同时存储这 4 个帧,只能把最后到达的 5 号帧丢弃。这种情况的发生,表明在选择重传 ARQ 协议中,若序列号为 3 位,发送窗口 $W_T=6$,接收窗口 $W_R=3$,协议不能正确工作。

3.5 局域网协议

局域网(Local Area Network,LAN)是指在一个局部的地理范围内(如一个学校、工厂和机关内),将各种计算机、外部设备和数据库等互相连接起来组成的计算机通信网。局域网通常是封闭型的,可以由办公室内的两台计算机组成,也可以由一个公司内的上千台计算机组成。但它可以通过数据通信网或专用数据电路,与远方的局域网、数据库或处理中心相连接,构成一个大范围的信息处理系统。局域网可以实现硬件资源(如服务器、打印机、扫描仪等)共享和软件资源(应用软件、文件管理等)共享,还可以实现办公自动化(如工作组内的日程安排、电子邮件和传真通信服务)等。

3.5.1 局域网体系结构

电子和电气工程师协会(Institute of Electrical and Electronics Engineers,IEEE)于 1980 年 2 月成立了局域网标准化委员会,该委员会制定了局域网标准,称为 IEEE 802 标准。IEEE 802 标准中规定局域网体系结构由物理层和数据链路层组成,且数据链路层又分为介质访问控制(Media Access Control,MAC)子层和逻辑链路控制(Logical Link Control,LLC)子层,其结构如图 3-19 所示。图中的○是服务访问点(SAP)。

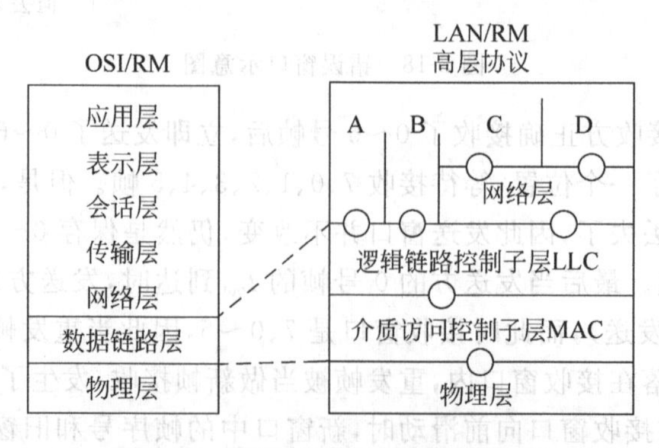

图 3-19 IEEE 802 局域网体系结构

局域网组网的一个显著特点是网上所有计算机使用一条共享信道进行广播式通信，这是与点对点链路组成的广域网通信方式的重要区别。因此，局域网协议需要解决的一个重要问题就是网上多个节点如何接入一条共享信道，即介质访问控制(MAC 访问控制)问题。

在 IEEE 802 标准中，为了使数据帧的传送独立于所采用的物理介质和介质访问控制方法，数据链路层划分为 LLC 和 MAC 两个子层，其中 LLC 定义的是传输中与具体网络无关的部分，即 LLC 子层与介质无关；而所有与传输介质相关的部分都集中在 MAC 子层，即仅让 MAC 子层依赖于物理介质。也就是说 LLC 子层隐藏了各种 IEEE 802 网络的差异，向网络层提供统一的帧格式和接口，提供面向连接和无连接的服务、差错控制和流量控制。这也是 IEEE 802 局域网的数据链路层划分为 LLC 和 MAC 两个子层的一个重要原因。

LLC 子层与 MAC 子层的区别在于，在 LLC 子层上看不到具体的局域网，局域网对 LLC 子层是透明的，只有在 MAC 子层才能看见所连接的局域网采用的是什么标准。

IEEE 802 局域网数据链路层通信过程除了 MAC 地址外还定义了 SAP 地址。SAP 地址就是 LLC 服务访问点，作为 LLC 子层的地址，提供对网络层的接口，标识网络层的通信进程。因此，IEEE 802 局域网中的寻址分为两步：第一步利用 MAC 帧的 MAC 地址信息找到网络中的某一个节点；第二步利用 LLC 帧的 SAP 地址找到该节点中高层的某一个进程。

局域网中物理层和数据链路层的主要功能有以下几个方面。

(1) 物理层完成信号的编码与译码、产生和去除双方同步所使用的前同步码(又称前导码或前缀)、比特在介质中的发送与接收等功能。

(2) MAC 子层完成成帧、寻址，实现介质访问控制和 CRC 差错检验等功能。

(3) LLC 子层完成建立和释放数据链路层的逻辑连接、提供与高层的接口、差错控制、给帧加上序号等功能。

目前，IEEE 802 已经公布的标准主要有：

- IEEE 802.1 概述、LAN 体系结构和网络互联，以及网络管理和性能测量。
- IEEE 802.1A 概述及系统结构。
- IEEE 802.1B 网络管理和网络互联。
- IEEE 802.2 逻辑链路控制协议(LLC)的定义。
- IEEE 802.3 以太网介质访问控制协议(CSMA/CD，带有冲突检测的载波侦听多路访问)及物理层技术规范。
- IEEE 802.4 令牌总线网(Token Bus)的介质访问控制协议及物理层技术规范。
- IEEE 802.5 令牌环网(Token Ring)的介质访问控制协议及物理层技术规范。
- IEEE 802.6 城域网(MAN)介质访问控制协议分布式队列双总线(Distributed Queue Dual Bus，DQDB)及物理层技术规范。
- IEEE 802.7 宽带技术咨询组，提供有关宽带网络访问方法、物理层技术规范及宽带联网的技术咨询。
- IEEE 802.8 光纤技术咨询组，提供光纤分布数字接口 FDDI 及有关光纤联网的技术咨询。
- IEEE 802.9 综合声音数据的局域网(IVD LAN)介质访问控制协议及物理层技术规范，提供综合数据/话音 LAN 标准。

- IEEE 802.10 网络安全技术咨询组,定义了网络互操作的认证和加密方法,可互操作的LAN的安全机制。
- IEEE 802.11 无线局域网(WLAN)的介质访问控制协议及物理层技术规范。
- IEEE 802.11 1997年,原始标准(2Mbps,工作在2.4GHz)。
- IEEE 802.11a 1999年,物理层补充(54Mbps,工作在5GHz)。
- IEEE 802.11b 1999年,物理层补充(11Mbps,工作在2.4GHz)。
- IEEE 802.11c 符合802.1D的媒体接入控制层桥接(MAC Layer Bridging)。
- IEEE 802.11d 根据各国无线电规定做的调整。
- IEEE 802.11e 对服务等级(Quality of Service,QoS)的支持。
- IEEE 802.11f 基站的互联性(Inter-Access Point Protocol,IAPP),2006年2月被IEEE批准撤销。
- IEEE 802.11g 2003年,物理层补充(54Mbps,工作在2.4GHz)。
- IEEE 802.11h 2004年,无线覆盖半径的调整,室内(indoor)和室外(outdoor)信道(5GHz频段)。
- IEEE 802.11i 2004年,无线网络的安全方面的补充。
- IEEE 802.11j 2004年,根据日本规定做的升级。
- IEEE 802.11l 预留及准备不使用。
- IEEE 802.11m 维护标准,互斥及极限。
- IEEE 802.11n 更高传输速率的改善,基础速率提升到72.2Mbps,可以使用双倍带宽40MHz,此时速率提升到150Mbps。支持多输入多输出技术(Multi-Input Multi-Output,MIMO)。
- IEEE 802.11k 该协议规范规定了无线局域网络频谱测量规范。该规范的制订体现了无线局域网络对频谱资源智能化使用的需求。
- IEEE 802.11p 这个通信协定主要用在车用电子的无线通信上。它设置上是从IEEE 802.11来扩充延伸,来符合智能型运输系统(Intelligent Transportation Systems,ITS)的相关应用。
- IEEE 802.12 需求优先的介质访问控制协议(100VG AnyLAN),100Base-VG ANY LAN高速网络访问方法及物理层技术规范。
- IEEE 802.14 电缆电视(Cable-TV)的宽带通信标准。
- IEEE 802.15 无线个人区域网(WPAN)规范,采用蓝牙技术的无线个人网(Wireless Personal Area Networks,WPAN)技术规范。
- IEEE 802.15.1 无线个人网络。
- IEEE 802.15.4 低速无线个人网络。
- IEEE 802.16 宽带无线连接工作组,开发2~66GHz的无线接入系统空中接口。
- IEEE 802.17 弹性分组环(Resilient Packet Ring,RPR)工作组,制定了单性分组环网访问控制协议及有关标准。
- IEEE 802.18 宽带无线局域网技术咨询组(Radio Regulatory)。
- IEEE 802.19 多重虚拟局域网共存(Coexistence)技术咨询组。

- IEEE 802.20　移动宽带无线接入(Mobile Broadband Wireless Access,MBWA)工作组,制定宽带无线接入网的解决。
- IEEE 802.21　媒介独立换手(Media Independent Handover)。
- IEEE 802.22　无线区域网(Wireless Regional Area Network)。
- IEEE 802.23　紧急服务工作组(Emergency Service Work Group)。

以上部分标准之间的关系如图 3-20 所示。

IEEE 802.10　网络安全与加密							
IEEE 802.1A　LAN体系结构							
IEEE 802.1B　LAN寻址、互连与管理							
IEEE 802.2　逻辑链路控制LLC							
802.3 CSMA/CD	802.4 令牌总线	802.5 令牌环	802.6 城域网	802.7 宽带LAN	802.8 FDDI	802.9 语音数据	802.11 WLAN
物理层	物理层	物理层	物理层	物理层	物理层	物理层	物理层

图 3-20　IEEE 802 标准关系图

3.5.2　IEEE 802 协议族

1. 逻辑链路控制子层(LLC)

IEEE 802.2 协议规定了逻辑链路控制(LLC)子层的规范。LLC 是局域网体系结构的最高层,该子层主要提供 LLC 用户之间通过受控的 MAC 链路进行数据交换的手段。为了满足特定的可靠性及效率的需要,规定了不同形式的 LLC 服务。

1) LLC 的工作原理

发送节点的网络层使用 LLC 访问原语将分组传给 LLC,LLC 子层为其加上 LLC 头,其中包含了序列号和确认号,然后将封装后的内容做为数据传给 MAC 子层,由 MAC 子层加入 FCS(CRC 校验),形成 MAC 帧。接收方进行相反的过程。

2) LLC 提供的服务

LLC 标准向 LLC 子层的用户提供无确认的无连接服务、有确认的无连接服务和连接服务 3 种服务形式。其中,无确认的无连接服务支持点到点、多点及广播等不同工作方式;有确认的无连接服务和连接服务只支持点到点工作方式。

3) LLC 提供的服务原语

LLC 提供的服务都用原语来定义,逻辑链路控制原语如表 3-1 所示。这些原语及其参数在提供 LLC 服务的 LLC 实体及被 LLC 服务访问点(SAP)标志的 LLC 用户之间进行交换。

4) LLC 提供的操作类型

对应着 LLC 提供的 3 种服务,IEEE 802.2 定义了 LLC 向高层提供的 3 种操作类型。

(1) 操作类型 1:支持无确认的无连接服务。

(2) 操作类型 2:支持连接服务。

(3) 操作类型 3:支持有确认的无连接服务。

表 3-1 逻辑链路控制原语

服务类型	原语及参数
无确认的无连接服务	DL-UNITDATA. request(源地址,目的地址,数据,优先级)
	DL-UNITDATA. indication(源地址,目的地址,数据,优先级)
连接服务	DL-CONNECT. request(源地址,目的地址,优先级)
	DL-CONNECT. indication(源地址,目的地址,优先级)
	DL-CONNECT. response(源地址,目的地址,优先级)
	DL-CONNECT. confirm(源地址,目的地址,优先级)
	DL-DATA. request(源地址,目的地址,数据)
	DL-DATA. indication(源地址,目的地址,数据)
	DL-DISCONNECT. request(源地址,目的地址)
	DL-DISCONNECT. indication(源地址,目的地址,理由)
	DL-RESET. request(源地址,目的地址)
	DL-RESET. indication(源地址,目的地址,理由)
	DL-RESET. response(源地址,目的地址)
	DL-RESET. confirm(源地址,目的地址)
	DL-CONNECTION-FLOWCONTROL. request(源地址,目的地址,数据量)
	DL-CONNECTION-FLOWCONTROL. indication(源地址,目的地址,数据量)
有确认的无连接服务	DL-DATA-ACK. request(源地址,目的地址,数据,优先级,服务类别)
	DL-DATA-ACK. indication(源地址,目的地址,数据,优先级,服务类别)
	DL-DATA-ACK-STATUS. indication(源地址,目的地址,优先级,服务类别,状态)
	DL-REPLY. request(源地址,目的地址,数据,优先级,服务类别)
	DL-REPLY. indication(源地址,目的地址,数据,优先级,服务类别)
	DL-REPLY-STATUS. indication(源地址,目的地址,数据,优先级,服务类别,状态)
	DL-REPLY-UPDATE. request(源地址,数据)
	DL-REPLY-UPDATE-STATUS. indication(源地址,状态)

一个单独的站(节点或进程)可以支持一种或一种以上的服务形式,并因此使用一种或一种以上的协议。根据 LLC 支持若干服务的组合不同,可将 LLC 站划分为Ⅰ、Ⅱ、Ⅲ、Ⅳ4种站类别,LLC 站类别支持的服务如表 3-2 所示。

表 3-2 LLC 可容许的站类别支持的服务

操作类型	LLC 站类别			
	Ⅰ	Ⅱ	Ⅲ	Ⅳ
操作类型 1	√	√	√	√
操作类型 2		√		√
操作类型 3			√	√

从表 3-2 可以看出,LLC 所有容许的站类别都支持操作类型 1,它保证了局域网中所有的站都具有一种共同的服务形式(即支持无确认的无连接服务),它主要用于管理操作。除此之外,各站类别仅支持其用户所需的服务,因而可使实现的规模达到最小,节省资源。

5) LLC 协议数据单元(LLC PDU)

LLC 协议都使用相同的 PDU 格式,包括控制字段、数据字段、两个 LLC 地址字段(目标服务访问点 DSAP 和源服务访问点 SSAP)。LLC PDU 格式如图 3-21 所示。

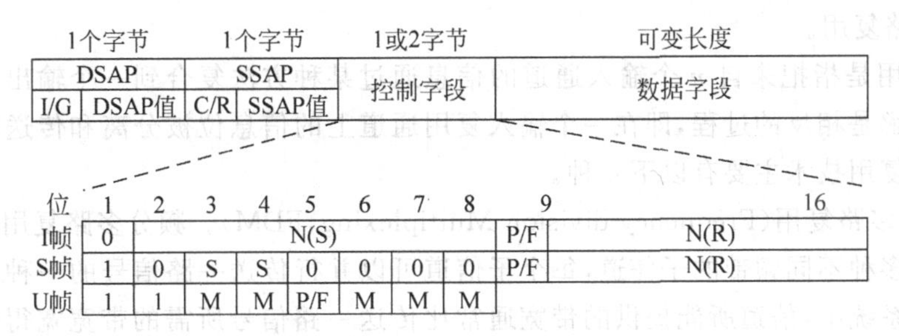

图 3-21 LLC PDU 格式

LLC 地址(LLC 的服务访问点)是一个逻辑地址,是一个层次系统的上下相邻层之间进行通信的接口,LLC 子层为网络层的各种协议提供服务,而网络层可能运行不同协议。为区分网络层上不同协议的数据,提供了服务访问点机制,即 LLC 的服务访问点提供了多个高层协议进程共同使用一个 LLC 层实体进行通信的机制。在一个网络节点上,一个 LLC 层实体可能同时为多个高层协议提供服务。因此,LLC 协议定义了一种逻辑地址 SAP 及其编码机制,允许多个高层协议进程使用不同的 SAP 地址来共享一个 LLC 层实体进行通信,而不会发生冲突。SAP 机制还允许高层协议进程同时使用多个 SAP 进行通信,但在某一时刻一个 SAP 只能由一个高层协议进程使用,一次通信结束并释放了 SAP 后,才能被其他高层协议进程使用。

LLC 服务访问点分为目标服务访问点 DSAP 和源服务访问点 SSAP。两个 LLC 地址段(DSAP 和 SSAP)都包括 1 个 7 位地址和 1 个控制位。

(1) DSAP 段:控制位(I/G)指出该地址为单个地址(I)还是组地址(G),如果 I/G=0 表示 DSAP 为单个地址,I/G=1 表示 DSAP 为组地址。组地址只用于无确认的无连接服务中。全 1 的组地址为全局 DSAP 地址,该地址为所有工作站的 DSAP。

(2) SSAP 段:控制位(C/R)指出此 PDU 为命令帧(C)还是响应帧(R),C/R=0 表示该帧为命令帧,否则为响应帧,用于确定控制字段 P/F 等位的含义。

控制字段指出帧类型(I 帧、S 帧或 U 帧)及各种控制功能。其长度可为 8 位(无编号 U 帧)或 16 位(信息 I 帧和监控 S 帧)。N(S)表示发送帧序号,N(R)表示接收方的应答序号;S 是监控功能位;M 是修改功能位;P/F 是探询/终结位。

① 信息帧(I 帧)。信息帧用于传输数据并捎带应答,第 1 位为 0。

② 监控帧(S 帧)。监控帧用于响应和流量控制,第 1、第 2 位固定为 10。

③ 无编号帧(U 帧)。无编号帧用于无编号信息和控制信息的传输,第 1、第 2 位固定为 11。

具体应用参见 3.6.1 节。

数据字段部分是由高层传入的数据,不加任何变换直接封装在 LLC PDU 数据字段中。

2. 介质访问控制子层(MAC)

介质访问控制子层所要完成的主要任务是为使用该介质的每个设备隔离来自同一通信通道上的其他设备的交通。交通隔离有时域和频域两种方法,同时也提供把时间或频率资源按一定规则分配给网络上每个设备的方法。

1) 介质访问控制

(1) 多路复用。

多路复用是指把来自 n 个输入通道的信息通过某种方法复合到一个输出通道上的技术。多路分解是相反的过程,即在一个输入复用通道上的信息位被分离和传送到 n 个输出通道。多路复用技术主要有以下 4 种。

① 频分多路复用(Frequency-division Multiplexing,FDM)。频分多路复用是指载波带宽被划分为多种不同频带的子信道,每个子信道可以并行传送一路信号的一种多路复用技术。在通信系统中,信道所能提供的带宽通常比传送一路信号所需的带宽宽得多。如果一个信道只传送一路信号是非常浪费的,为了能够充分利用信道的带宽,可以采用频分复用的方法。在频分复用系统中,信道的可用频带被分成若干个互不交叠的频段,每路信号用其中一个频段传输,接收方可以用滤波器将它们分别滤出来,然后分别解调接收。FDM 常用于模拟传输的宽带网络中。

② 时分多路复用(Time-Division Multiplexing,TDM)。时分多路复用是将整个传输时间分为许多时间间隔(Slot Time,TS,时间片,又称为时隙),将输入的多路信号按时间进行分割,每个时间片被一路信号占用,不同的信号在不同的时间内传送。因此,TDM 就是通过在时间上交错发送每一路信号的一部分来实现在一条电路上传送多路信号的。因为数字信号是有限个离散值,所以,TDM 技术广泛应用于包括计算机网络在内的数字通信系统,而模拟通信系统的传输一般采用 FDM。

③ 波分多路复用(Wave-Division Multiplexing,WDM)。波分多路复用是指将两种或多种不同波长的光载波信号在发送方经复用器(亦称合波器)汇合在一起,并耦合到光线路的同一根光纤中进行传输的技术;在接收方,经解复用器(亦称分波器或称去复用器)将各种波长的光载波分离,然后由光接收机作进一步处理以恢复原信号。这种在同一根光纤中同时传输两个或众多不同波长光信号的技术,称为波分多路复用。此外,利用光耦合器和可调的光滤波器还可以实现光交换,或将在一根光纤上输入的光信号向多根输出光纤上转发。

④ 码分多路复用(Code Division Multiple Access,CDMA)。码分多路复用又称码分多址,是指将多路信号按照经过特殊挑选的不同码型组合在一起共享同一时间和同一频率输出到一条信道上的技术。虽然码分多路复用的各个信号可以在同样的时间使用同样的频带进行通信,但由于各用户使用的是经过特殊挑选的不同码型,因此各用户的信号之间不会造成干扰。可以把码分多路复用比喻成在一个大房间里同时进行多组会话,不同组的人,分别用不同的语言交谈,讲英语的人只接收英语,讲法语的人只接收法语,其他声音当作噪音置之不理。因此,码分多路复用的关键就是能够提取出所需的信号,同时把收到的其他信号当作随机噪声丢弃。

(2) 随机访问型的介质访问控制。

随机访问型的介质访问控制协议属于争用型协议。也就是说,为了在一个多点共享的通信介质上进行数据交换,并不是采取有集中控制的方式解决发送信息的次序问题,而是让各个节点以随机的方式发送信息,竞争使用共享的通信介质。典型的协议主要有以下 3 种。

① ALOHA 协议。ALOHA 协议又称 ALOHA 技术或 ALOHA 网,是世界上最早的无线电计算机通信网。它是 1968 年美国夏威夷大学的一项研究计划的名字,是由该校 Norman Amramson 等为他们的地面无线分组网设计的,是 20 世纪 70 年代初研制成功的

一种使用无线广播技术的分组交换计算机网络，也是最早最基本的无线数据通信协议。ALOHA协议分为纯ALOHA协议（最初的ALOHA协议）和时隙ALOHA协议（改进的ALOHA协议）两种。

- 纯ALOHA协议。纯ALOHA协议的思想很简单，数据传输采用广播方式，用两个24kbps的信道分别传送数据和应答信号。它对用户发送数据时间不加任何限制，根据需要，任何时间都可以发送。但要求发送节点在发送数据后侦听一段时间，侦听时间等于电波传到最远的节点再返回本节点所需时间（信号的往返时间）。如果在侦听的时间段里收到接收节点发来的应答信号，说明本次发送成功。否则，说明发送失败，重发该数据帧。如果反复几次都失败，就停止发送。接收节点对收到的数据帧进行校验，如果正确无误，则立即发出应答（应答帧采用另一频率传输）；若收到的数据帧不正确，比如有噪音干扰，或其他节点同时也在发送数据，发生了冲突，破坏了这个数据帧，则接收节点丢弃该数据帧，不发送应答信息。发送节点在规定时间内收不到应答会自动重传。纯ALOHA方式虽然简单，但是性能并不理想。随着通信负载的增加，冲突机会也急剧增加，据统计，信道的最高吞吐率大约只有18%。
- 时隙ALOHA协议。时隙ALOHA协议是一种改进的ALOHA协议，又称为分槽ALOHA。其方法是将信道的使用划分为等长的时间片（slot，或称时槽），每个节点所发送的数据帧到达目的地的最大时延就等于时间片长度，网络采用集中同步方式，用统一的时钟来控制用户的数据发送时间。要发送数据帧的节点只能在各个时间片的起始时刻发送，避免了用户发送数据的随意性，也避免了两个数据帧部分冲突的情况，如果冲突，则在数据帧起始处就产生冲突，整个数据帧完全冲突，不会产生部分数据冲突，因而减少了数据帧冲突的概率。据统计，时隙ALOHA协议可将信道吞吐率提高到37%。

② CSMA协议。ALOHA协议的最大问题就是发送数据的盲目性，即发送数据前不知信道是否空闲，因此造成了很大一部分冲突，为了解决这一问题引入了CSMA协议。载波侦听多路访问（Carrier Sense Multiple Access，CSMA）协议在发送数据前使用了一种检测介质是否正在被使用的机制。如果一个要发送的节点“听到”在介质上有分组在传送，为避免冲突，该节点在发送之前必须等待。采用CSMA协议，需要有“侦听”到介质忙或闲时节点如何处理的算法。常用的有以下3种算法。

- 1-持续CSMA（1-persistent CSMA）。当一个节点要传送数据时，它首先侦听信道，看是否有其他节点正在传送。如果信道正忙，它就持续等待并一直侦听，直到侦听到信道空闲时，就立即将数据送出。若发生冲突，节点就等待一个随机长的时间，然后重新开始侦听信道。此协议被称为1-持续CSMA，因为节点一旦发现信道空闲，其发送数据的概率为1。
- 非持续CSMA（non-persistent CSMA）。在该协议中，节点发送数据之前，首先侦听信道的状态，如果没有其他节点在发送，它就开始发送。如果信道正在使用之中，则该节点不再继续侦听信道，而是等待一个随机时间后，再重新侦听信道的忙闲状态，它比1-持续CSMA“理智”。
- P-持续CSMA（P-persistent CSMA）。该协议主要用于时隙信道。与前两种协议一样，节点在发送数据之前，首先侦听信道，如果信道空闲，便以概率p发送数据，以概率q=1-p将本次数据发送推迟到下一个时隙。如果下一时隙仍然空闲，便再次以概率p发送数据而以概率q将本次发送推迟到下下个时隙。此过程一直重复,直到发送成功或者另外一个节点开始发送为止。在后一种情况下,该节点的动作与发生冲突时一样(即等待一个随机时间后重新开始)。若节点一开始就侦听到信道忙,它就等到下一个时隙,然后重新开始上述过程。

③ CSMA/CD协议。CSMA/CD(Carrier Sense Multiple Access/Collision Detect)是带有冲突检测机制的载波侦听多路访问协议。冲突检测机制(CD)是指在分组被发送到信道之后比较在介质上的能量的大小,如果能量值大于该发送设备所使用的能量,那么就可以断定信道中发生了冲突。反之也就可以认为没有发生冲突。采用CSMA/CD协议对最大物理介质长度有一定的限制,其原因之一就是要保证在传输介质上信号的强度足够强,以便能被检测到。如果两个节点距离太远,那么信号强度会因太弱而不能被检测出来,从而发现不了冲突。在星型物理网络中,冲突检测集中在集线器(Hub)上。如果集线器任意时刻在多于一个输入端口上检测到活动,那么就认为产生了冲突,然后集线器会向所有的端口发送称为冲突存在的特别信号(JAM信号,拥塞信号)。只要在介质上有多个活动存在,集线器就继续发送这种信号。当集线器上的其他设备接收到JAM信号时,它们暂停发送。除了检测冲突,CSMA/CD还能从冲突中恢复。一旦发生了冲突,参与冲突的两个发送设备紧接着再次发送是没有意义的。如果它们这样做,将会再次冲突,从而陷入发送→冲突→发送→冲突……的无休止的循环中。为了解决这个问题,CSMA/CD规定,首先检测到冲突的节点发送一个短的JAM信号,当所有的节点都检测到JAM信号时,它们立即停止发送尝试,然后参与冲突的设备,使用二进制指数后退算法,在再次尝试发送之前等待一个随机长度的时间。

所谓的二进制指数后退算法是指如果网络中发生了冲突,则参与冲突的节点后退,等待一个随机的时间长度后再发送,推迟的时间必须是时隙(slot time)的整数倍。时隙是冲突处理的时间单位,它大于物理层往返传输时间,其值跟网络的具体实现有关,如在基带类型10BASE5中,该值是512位。延长多少时隙取决于均匀分布的随机参数r,$0\leqslant r\leqslant 2^k$,其中$k=\min(n,10)$,$n$为重传次数。用来产生随机值$r$的算法应使任何两个节点产生相关值的可能性最小。每当该节点在重传数据之后又检测到冲突时,都要把后退的时间长度加倍,因此,称为指数后退。大多数后退算法例行程序的实现规定,一旦尝试发送的次数达到16,则节点就会放弃发送,并向上层报告错误。

CSMA/CD最普遍的实现是以太网和IEEE 802.3网络,它们都使用带有二进制指数后退算法的1-持续机制。

④ CSMA/CA协议。在某些网络(如无线局域网)上系统不能够检测冲突,因为发送设备的功率要比接收设备的功率强得多。在这种情况下,冲突检测不可行,那么设计一个能够帮助避免冲突的系统则更有意义。因此人们开发了一种带有冲突避免的CSMA协议,即CSMA/CA(Carrier Sense Multiple Access with Collision Avoidance)协议。当前流行的冲突避免方法主要有以下两种。

- 采用P-持续机制和空闲时间管理相结合的方法。当一个设备检测到传输介质空闲时,该设备在它可以竞争访问介质之前必须等待一个指定的帧际间隔(Inter Frame Space,IFS)时间。帧际间隔也可以用于传输优先级的确定,如果一个设备被分配一个较小的帧际间隔值,那么它就有更多的机会得到对传输介质的访问。
- 信道预约方法。发送方激发接收方,使其发送一个短帧,接收方覆盖范围的所有节点都会监测到这个短帧,知道接收节点有数据要传输。因此,接收方覆盖范围内的其他节点在接收方有数据帧到来期间不会发送自己的帧，相当于节点在发送数据帧前对信道进行了预约。

例 3-8 试举例说明什么是隐藏终端问题？试给出一种解决这一问题的办法。

解：如图 3-22 所示，画出了 4 个无线站点。其中 A 和 B 的无线电波范围相互重合并且可能相互干扰。C 可能干扰 B 和 D 但不会干扰 A。现在假定 A 向 B 发送数据，C 在侦听，因为 A 在 C 的电波范围之外，所以 C 听不到 A，它会错误地认为它也可以发送数据。如果 C 确实也在此时开始发送数据，它就会干扰 B，从而破坏了从 A 传到 B 的数据帧。由于可能的竞争者相距太远，导致基站不能监测到的问题有时被称为隐藏终端问题，即本例中 C 对 A 来说是它的隐藏终端。

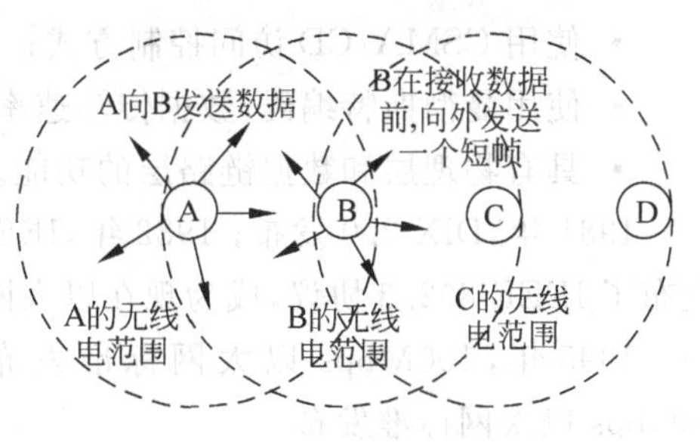

图 3-22 隐藏终端问题

为了解决这个问题，人们为无线局域网设计了称为“带有冲突避免的多路访问协议(CSMA/CA)”，它被采用为 IEEE 802.11 无线局域网标准的基础。其基本思想是：发送方发送之前先激发接收方，使其发送一短帧，因此在接收方周围的站点就会监测到这个短帧，从而使得它们在接收方有数据帧到来期间不会发送自己的帧来干扰接收方。

(3) 轮询访问型介质访问控制。

轮询访问型介质访问控制是一种利用令牌传递协议完成数据传输的机制。在令牌传递网络中，各节点访问共享介质不再是竞争访问，而是事先确定好一个顺序，按顺序依次访问。这个顺序就是一个逻辑连接环，并设置一个令牌，让其在环中依次移动。如果一个设备要发送数据帧，当它等到令牌到达时就可以发送数据，也就是持有令牌的设备允许发送数据，当该设备结束发送时，令牌被传递给环中的下一个设备。这种方法给了所有设备对介质访问的机会，并且消除了冲突。在一个令牌传递网络中，传输介质的物理拓扑不必是一个环，但是为了把对介质访问的许可从一个设备传递到另一个设备，令牌在设备之间的传递通路在逻辑上必须是一个环。所以，逻辑连接环指的是在不同设备之间令牌循环传递的过程。

2) 以太网及 IEEE 802.3

(1) 以太网概况。

以太网(Ethernet)指的是由 Xerox(施乐)公司创建并由 Xerox、Intel 和 DEC 公司联合开发的基带局域网规范，是应用最为广泛的局域网。

1972 年 Bob Metcalfe 在 Xerox 公司的 PARC 计算机实验室工作时，主要研究任务是如何将他们的第一台个人计算机 Alto 和第一台激光打印机 EARS 互连起来。1972 年底，Metcalfe 和同事 David Boggs 开发出第一个实验性的局域网系统，实验系统的数据传输速率达到 2.94Mbps。

1973 年 5 月 22 日，Metcalfe 与 Boggs 在 Alto Ethernet 中提出了以太网工作原理设计方案。他们受 19 世纪物理学家解释光在空间中传播的介质“以太(Ether)”的影响，将这种局域网命名为 Ethernet(以太网)，寓意为“无所不在的网络”。Ethernet 的核心技术是共享总线的介质访问控制方法 CSMA/CD，用于解决多个节点共享总线的发送权问题。

1977 年，Metcalfe 申请了相关专利，但他放弃收取专利费，任何人都可免费使用这些专利。

1980 年,Xerox、Intel、DEC 公司合作,制定了以太网物理层、数据链路层规范,命名为 DIX 规范。该规范规定:

- 以太网为总线拓扑结构的局域网;
- 使用同轴电缆作为传输介质,遵循同轴电缆组网的限制性规定;
- 使用 CSMA/CD 访问控制方式;
- 使用曼彻斯特编码,数据传输速率为 10Mbps;
- 具有物理层和数据链路层的功能。

1981 年,DIX 2.0 发布;1982 年,IEEE 802 委员会以 DIX 2.0 为基础(几乎未作修改),发布了 IEEE 802.3 协议,成为现在以太网的通用标准。

1995 年,100Mbps 以太网标准发布;1998 年,1Gbps 以太网标准发布;2002 年,10Gbps 以太网标准发布。

以太网的发展非常迅速,每隔几年就会发布新版本标准,但从 2002 年至今却一直没有新版本公布。除了技术原因外,有一个重要原因就是业界在讨论以太网该向哪个方向发展。目前有两种观点,一种观点认为,应该延续局域网的模式,向 100Gbps 方向发展;另一种观点认为,应该与广域网统一,向 40Gbps 方向发展。尽管如此,以太网仍得到了广泛的应用,现在已经成为局域网的代名词。而 Bob Metcalfe 对以太网的产生做出了重大贡献,被称为以太网之父。

(2) IEEE 802.3 协议。

IEEE 802.3 协议得到广泛使用,其内容基本上就是原来的以太网 DIX 2.0 规范,所以 IEEE 802.3 协议也常被称为以太网协议。

① 访问控制方式。IEEE 802.3 协议的拓扑结构为总线型,访问控制方式为 CSMA/CD,使用截断的二进制指数后退算法确定随机延迟时间,发送或重发时选择在时间片开始时刻进行,不跨越时间片,以减少冲突机会。时间片的长度为 51.2μs,总线长度不超过 2500m。

② 数据编码。IEEE 802.3 协议的物理层采用曼彻斯特编码,IEEE 802.3u(百兆)采用 4B/5B 编码;IEEE 802.3z(千兆)主要采用 8B/10B 编码;IEEE 802.3ae(万兆)主要采用 64B/66B 编码。

③ MAC 帧结构。早期 MAC 帧规定的载荷是 LLC 帧,但这种格式现在已不再使用。现在普遍使用的帧格式是直接封装 IP 包的格式,如图 3-23 所示。

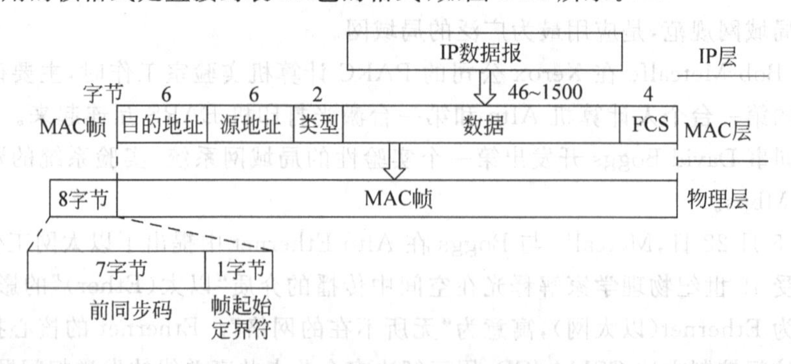

图 3-23 IEEE 802.3 帧格式

- 目的地址、源地址：6字节的物理地址，称为MAC地址或硬件地址。
- 类型：指出上层协议的类型或数据部分的长度。当该字段值=0800H时，表示数据部分是IP包；当该字段值=8137H时，表示数据部分是IPX包；当该字段值≥8000H时，表示帧的类型，其含义由高层定义和解释；当该字段值<0800H时，该字段值为数据部分的长度。
- 数据：上层传递下来的用户数据。由于CSMA/CD规定帧的最短长度为64B，而MAC帧的协议信息(MAC头部)为18B，所以数据部分最少46B，最多1500B。
- FCS：为CRC校验和。

当MAC帧交给物理层发送时，物理层首先发送8B的插入信号，包括7B的前同步码和1B的帧起始定界符。7B的前同步码的每个B都是10101010，帧开始定界符是10101011。接收方硬件在收到6位交替的1、0及2位1后，即判断为一个帧的开始，从下一位开始作为帧的正常内容接收并放到缓冲区中。

④ 帧校验和FCS。帧校验和(FCS)按CRC-32生成4B的CRC校验和。其生成多项式为：

$$G(x) = x^{32} + x^{26} + x^{23} + x^{22} + x^{16} + x^{12} + x^{11} + x^{10} + x^8 + x^7 + x^5 + x^4 + x^2 + x + 1$$

⑤ MAC地址结构。MAC地址是6B(尽管协议规定可以为2B，但2B地址基本无用)，其结构如图3-24所示。

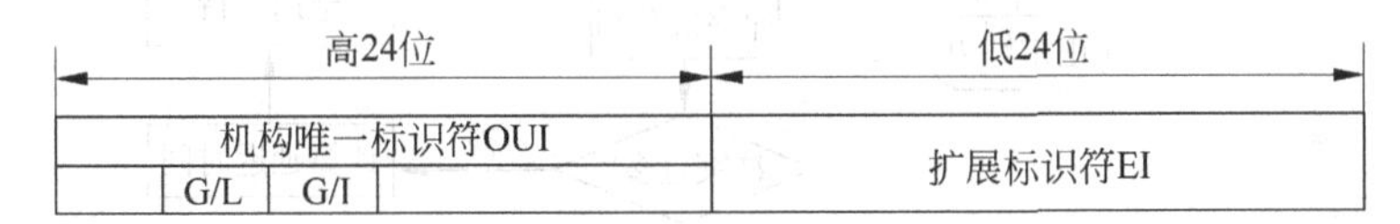

图3-24 MAC地址格式

MAC地址的高24位表示设备生产商，全球唯一，称为机构唯一标识符(OUI)。OUI由IEEE或ISO分配，并规定第一字节的最低位为G/I位，规定其值为0表示单播地址，为1表示组播地址，次低位为G/L位，其值为0，表示全局管理地址，为1表示本地管理地址。

MAC地址的低24位表示扩展标识符，由生产商自行分配，通常表示生产商生产的产品序号。

MAC地址通常用十六进制书写，记为XX-XX-XX-XX-XX-XX，如，

02-60-8C-12-03-5B

其中，02-60-8C是设备生产商标识号，12-03-5B是该设备的编号。

MAC地址一般封装到网卡或网络设备中，不能更改。

数据通信过程中，MAC帧结构中的MAC地址分为以下3类。

- 单播地址：目的地址为单播地址时，MAC帧发送给单一节点。
- 组播地址：目的地址为组播地址时，MAC帧发送给一组节点。
- 广播地址：目的地址为全1，表示MAC帧发送给所有节点。

⑥ 寻址方式。源节点以广播方式发送一个帧(若采用交换机，则由交换机使用交换方式发送)。目的节点的底层硬件(如网卡)首先无条件接收帧，然后根据目的地址来确定是否保留所接收的帧是否送给高层处理。其处理规则如下。

- 如果所接收的数据帧的目的地址为广播地址(为全1)，则保留该帧并送高层处理。
- 如果所接收的数据帧的目的地址为单播地址，且目的地址为本节点地址时，则保留该帧并送至高层处理；若目的地址不是本节点地址时，则丢弃该帧。

- 如果所接收的数据帧的目的地址为组播地址，且其 OUI 部分与本节点地址的 OUI 部分相同，则保留该帧并送至高层处理。

⑦ 帧的发送与接收流程。发送帧的处理流程如图 3-25 所示，接收帧的处理流程如图 3-26 所示。

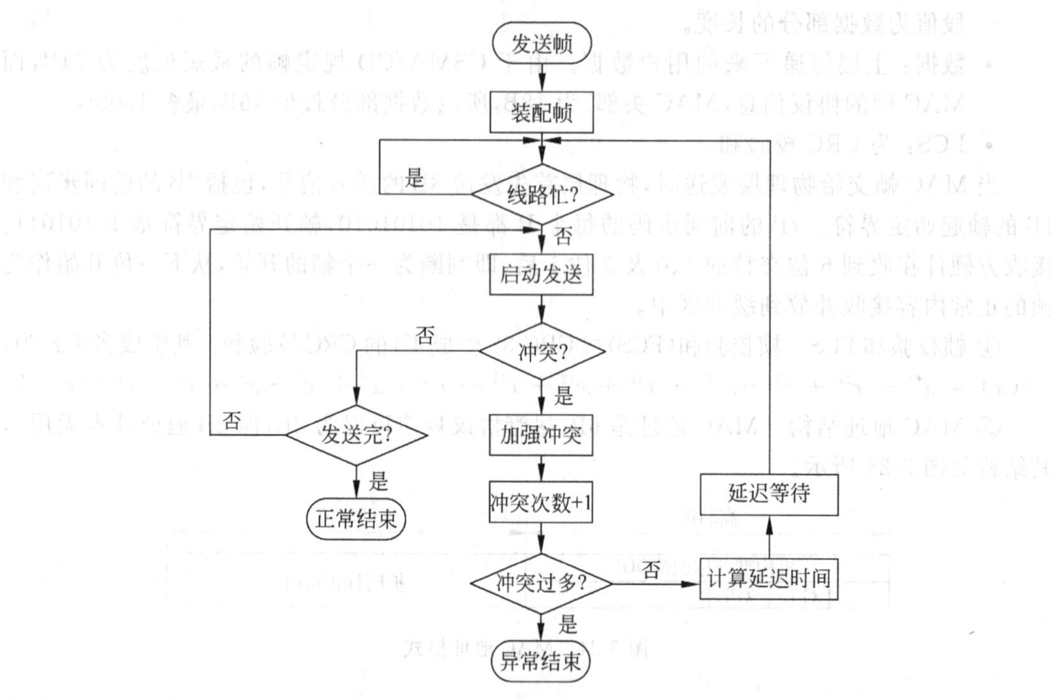

图 3-25 以太网发送数据流程

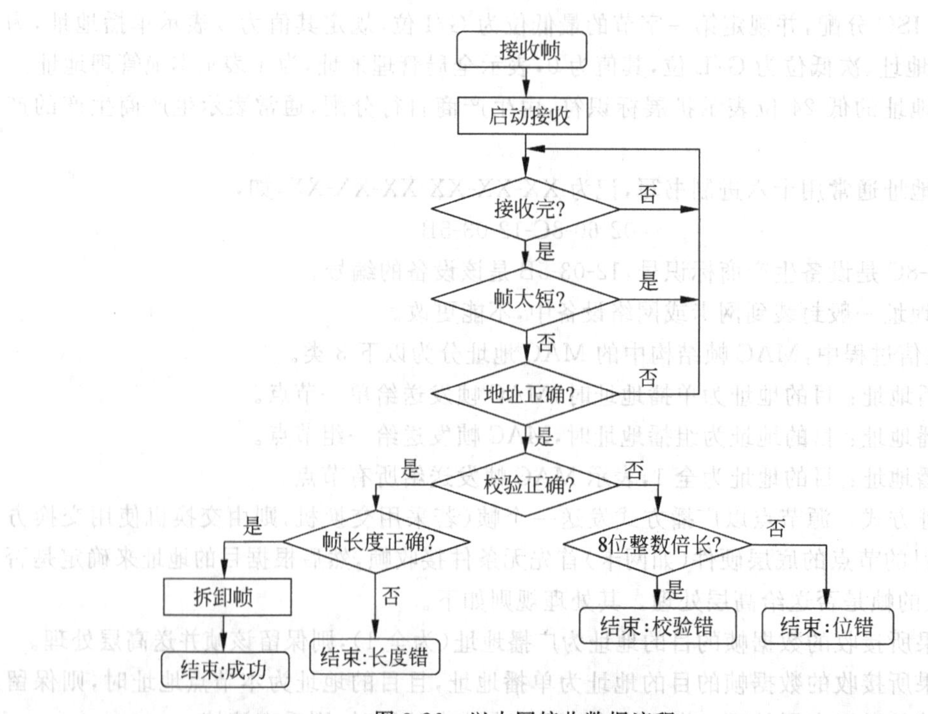

图 3-26 以太网接收数据流程

3.6 广域网协议

广域网(Wide Area Network,WAN)又称为远程网。从网络发展的过程看,首先出现的是广域网,其次是局域网,最后是其他类型的网络,如城域网、个域网等。由于出现的时间不同,各种网络设计的目标不同,因此所采用的技术不同,适用的环境也不同。

广域网是指将跨地区的计算机互联在一起组成的计算机网络。广域网除了直接连接分散的、独立的计算机外,常被用来连接多个局域网,而 Internet 是连接多个广域网、局域网和分散的计算机所组成的网际网。

广域网由通信子网和资源子网两部分构成。通信子网是由通信链路、通信节点等网络设备组成的通信网,主要使用分组交换技术。通常所说的广域网,不特殊指明时,一般指通信子网。广域网通常是由各个国家的电信部门运营和管理,在广大的地域内为不同单位的用户提供公共服务。广域网由一些节点交换机及连接链路组成,节点交换机执行分组的存储转发功能,它们并不关心数据的内容,只是提供在节点间移动数据的交换设施,直到它们到达目的地。进行通信的端点设备一般被称为站。站可以是计算机、终端、电话或其他通信设备,目前更多的是路由器。局域网可以通过路由器连接到电信部门管理的广域网交换机上。每个站都连接到一个通信节点,所有通信节点的集合称为通信网络。节点之间都是点到点的连接,但为了提高网络的可靠性,一个节点交换机往往与多个节点交换机相连。

常用的广域网协议有高级数据链路控制规程(HDLC)、点到点协议(PPP)和串行链路通信协议(SLIP)等。

3.6.1 高级数据链路控制规程

高级数据链路控制规程(High Level Data Link Control,HDLC)是由国际标准化组织 ISO 制定的面向位的有序的数据链路控制协议。HDLC 不仅使用广泛,而且还是其他许多重要数据链路控制协议的基础,它们的格式与 HDLC 中使用的格式相同或相似,使用的机制也相似。

1. HDLC 协议概述

为了适应不同配置、不同操作方式和不同传输距离的数据通信链路,HDLC 定义了 3 种站类型、两种链路配置和 3 种数据传输方式。

(1) HDLC 定义的 3 种站类型分别是主站、从站和复合站。

① 主站:主站控制数据链路(通道),负责控制链路上的操作。它向信道上的从站发送命令帧,并依次接收来自从站的响应帧。如果这条链路是多点共享的,则主站负责跟连接在该链路上的每一个从站维持一个单独的会话,即主站为链路上的每个从站维护一条独立的逻辑链路。

② 从站:又称为次站,在主站的控制下操作。从站不发送命令帧,只能响应主站的命令帧,以响应帧配合主站的工作,从站只维持一个与主站的会话。

③ 复合站:复合站复合了主站和从站双重功能,复合站既可以发送命令帧和响应帧,

也接收来自另一个复合站的命令帧和响应帧。它维持着一条与另一个复合站之间的会话。

(2) 两种链路配置是非平衡型配置和平衡型配置。

① 非平衡配置:由一个主站及一个或多个从站组成,以点对点或多点共享、半双工或全双工、交换型或非交换型等方式工作。主站负责控制每个从站,并负责建立设置方式。这种结构之所以称为非平衡的,是因为一个主站可以与多个从站互连,而一个从站只能与一个主站相连。

② 平衡配置:由两个复合站组成,两个复合站点对点互连,信道可以是半双工或全双工、可以是交换型或非交换型的。两个复合站在信道上处于同等的地位,可以互相发送未经邀请的数据帧。每个站都有同等的链路控制责任。

(3) 3 种数据传输方式是正常响应方式、异步响应方式和异步平衡方式。

① 正常响应方式(Normal Response Mode,NRM):用于非平衡配置,主站可以初始化到从站的数据传输,而从站只能通过传输数据来响应主站的命令。从站在得到主站明确的许可后启动一次可以包含数据的响应传输,在从站的响应传输期间,通道被从站占用,从站可以在此期间发送一个或多个帧。在发送完最后一个帧之后,从站必须再等待,直到得到主站明确的许可后才可以再次发送。

NRM 主要用于多点线路,多个终端连接到一个主计算机上的情况。主计算机对每个终端进行轮询(Polling),并采集数据。NRM 有时也可用于点对点的链路,特别是当计算机通过链路连接到一台终端或其他外设时。

② 异步平衡方式(Asynchronous Balanced Mode,ABM):用于平衡配置。异步平衡方式提供了在两个复合站之间的平衡型数据传输方式。一个复合站不需要得到另一个复合站的许可就能启动发送。对于点对点结构,异步方式比通常响应方式效率更高,因为异步方式不需要轮询。

ABM 是 3 种方式中使用最广泛的一种,由于没有用于轮询的额外开销,所以它利用全双工点对点链路,效率非常高。

③ 异步响应方式(Asynchronous Response Mode,ARM):用于非平衡配置。每当发现链路空闲时,不论是主站还是从站,都可以启动发送。也就是说,允许从站在未得到主站明确许可的情况下启动发送,但主站要对线路全权负责,包括初始化、差错恢复以及链路的逻辑断开等。传送可以包含一个或多个数据帧,也可以包含反映从站状态变化的控制信息。这种工作方式可以降低开销,因为从站不需要轮询序列就可以发送数据。多点配置时以一种竞争的方式进行操作,连接在一起的工作站都可以自由地发送,两个站同时传输将会引起数据破坏。当同时传输的可能性很小时,竞争方式才是一种成功的操作。显然,有一部分应用可能需要在多点配置的异步响应方式中操作,HDLC 并不禁止使用这种方式。ARM 很少被使用,它主要应用于从站需要发起传输的某些特殊场合。

HDLC 的站类型、链路配置及数据传输方式的关系如图 3-27 所示。

2. HDLC 帧格式

HDLC 帧格式如图 3-28 所示。

1) 标志(F)

标志字段值是 01111110,标识帧的开始和结束。标志位串在缓冲区中并不存在,是发

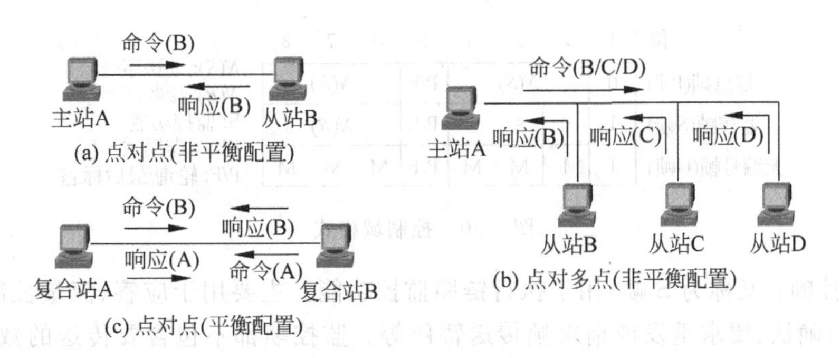

图 3-27 HDLC 的站类型、链路配置及数据传输方式的关系

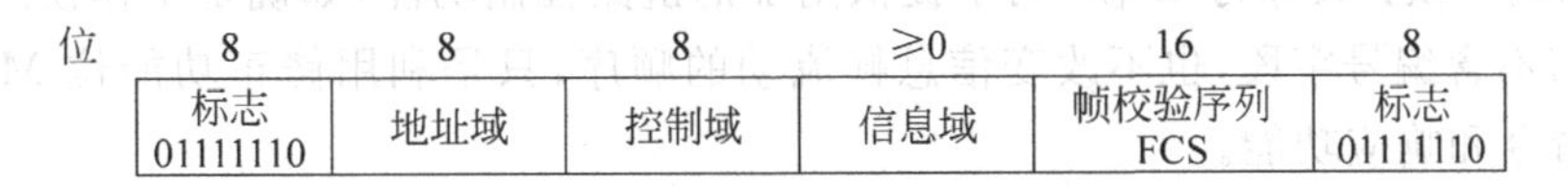

位	8	8	8	≥0	16	8
	标志 01111110	地址域	控制域	信息域	帧校验序列 FCS	标志 01111110

图 3-28 HDLC 帧格式

送方硬件设备在发送 HDLC 帧之前自动产生并发送的，只在传输过程中存在。

由于位串 01111110 有可能在帧中间出现，导致接收方错误地判断帧的结束。为了避免出现这种情况，需要使用位填充法(0 比特插入技术)对帧进行透明化处理。

2) 地址(A)

地址字段值为从站的地址。点对点的链路中不需要这个地址域，但是为了统一，所有帧都含有地址域。该值在命令帧中为接收方(从站)的地址，在响应帧中为发送方(从站)的地址。

地址域通常为 8 位，但可以扩展。扩展方式是：每个 8 位组中的第 1 位作为扩展标志，若是 0，表示后续的 8 位也是地址；若为 1，表示这是最后一个 8 位组。8 位组中的其他 7 位共同组成地址部分，如图 3-29 所示。

0	7位	0	7位	…	1	7位

图 3-29 扩展地址

全 1 的 8 位地址称为广播地址，表示该帧要发送到所有从站，所有从站都应接收这个帧。

3) 信息(INFO)

信息域为任意数据，长度可变，但其位数必须是 8 的整数倍。

4) 帧校验序列(FCS)

帧校验序列又称为帧校验和，它是按 CCITT-CRC-16(生成多项式为 $x^{16}+x^{15}+x^2+1$)生成的 CRC 校验和，FCS 只对地址、控制和信息 3 部分计算校验和。

5) 控制域(C)

HDLC 定义了 3 种类型的帧，每种类型都具有不同的控制域格式。3 种类型的帧分别是信息帧、监控帧和无编号帧，其格式如图 3-30 所示。

3 种帧类型由第一位或前两位确定。

(1) 信息帧：又称为 I 帧，用于发送数据。

位	1	2	3	4	5	6	7	8
信息帧(I帧)	0	N(S)			P/F	N(R)		
监控帧(S帧)	1	0	S	S	P/F	N(R)		
无编号帧(U帧)	1	1	M	M	P/F	M	M	M

N(S): 发送序号
N(R): 接收序号
S: 监控功能
M: 工作模式
P/F: 轮询/最后标志

图 3-30 控制域格式

(2) 监控帧：又称为S帧，用于执行链路监控功能。主要用于应答、流量控制和差错控制，如对帧的确认、要求重发或请求帧传送暂停等。监控帧都不包含要传送的数据信息，不需要发送序号 $N(S)$，但需要接收序号 $N(R)$。

(3) 无编号帧：又称为U帧，用于提供附加的链路控制功能，如确定工作模式和链路控制等。U帧不含编号字段，也不改变信息帧流动的顺序，只是利用修正功能位M来规定各种附加的命令和响应功能。

(4) 各部分的含义。

① $N(S)$：发送帧的序号。

② $N(R)$：接收序号，表示编号小于 $N(R)$ 的帧已正确收到，下一次期望接收帧的编号为 $N(R)$。

③ P/F：轮询/最后标志位，在主站发出的询问从站是否有信息发送的帧中，该位表示询问(Poll)；在从站发出的响应帧中，该位表示最后(Final)。P/F的值在正常响应方式下，主站发出的信息帧中P/F置1，询问从站有无数据发送。从站如果有数据发送，则开始发送，其中最后一个帧的P/F位置1，表示一批数据发送完毕，其他帧的P/F为0。在异步响应方式和异步平衡方式下，P/F位用于控制监控帧和无编号帧的交换过程，不表示询问和结束。

④ S：共2位，表示4种方式，如表3-3所示，列出了4种监控帧的名称和功能说明。

表 3-3 HDLC 的 4 种监控帧的名称及功能

监控帧中的S位		帧 名	功 能
第3位	第4位		
0	0	RR(接收准备就绪)	准备接收下一帧，确认已正确接收了序号为 $N(R)-1$ 及以前各帧
0	1	RNR(接收未就绪)	暂停接收下一帧，确认已正确接收了序号为 $N(R)-1$ 及以前各帧
1	0	REJ(拒绝)	从 $N(R)$ 开始的所有帧都被否认，确认已正确接收了序号为 $N(R)-1$ 及以前各帧
1	1	SREJ(选择拒绝)	只否认序号为 $N(R)$ 的帧，确认已正确接收了序号为 $N(R)-1$ 及以前各帧

REJ是一种否定应答NAK，REJ中的序号 $N(R)$ 表示所否认的帧号。这种否认帧捎带有确认信息，即确认 $N(R)-1$ 及其以前各帧均已正确收到。

RR帧和RNR帧具有流量控制的作用。RR表示已做好接收帧的准备，希望对方发送。RNR帧表示接收未准备好，希望对方暂停发送，当准备好接收后，再次发送RR帧通知发送方开始发送。

⑤ M：共5位，可定义32(2^5)种工作模式，目前只定义了其中一部分。如表3-4所示给出了命令帧控制域的设置，如表3-5所示给出了响应帧控制域的设置。

表3-4 无编号帧(U帧)命令帧控制域

1	1	M	M	P/F	M	M	M	名称	功能
1	1	0	0	P	0	0	1	SNRM	置正常响应方式
1	1	1	1	P	0	0	0	SARM	置异步响应方式
1	1	1	1	P	1	0	0	SABM	置异步平衡响应方式
1	1	1	1	P	0	1	1	SNRME	置扩充的正常响应方式
1	1	1	1	P	0	1	0	SARME	置扩充的异步响应方式
1	1	1	1	P	1	1	0	SABME	置扩充的异步平衡响应方式
1	1	1	0	P	0	0	0	SIM	置初始化方式
1	1	1	1	P	0	1	0	DISC	置断开连接
1	1	1	1	P	0	0	0	UI	无编号信息帧
1	1	1	1	P	1	0	0	UP	无编号探询
1	1	0	0	P	0	0	1	REST	复位
1	1	0	0	P	1	0	1	XID	交换标志命令

表3-5 无编号帧(U帧)响应帧控制域

1	1	M	M	P/F	M	M	M	名称	功能
1	1	0	0	F	1	1	0	UA	无编号确认
1	1	1	1	F	0	0	0	DM	断开连接应答
1	1	1	0	F	0	0	0	RIM	请求初始化
1	1	0	0	F	0	0	0	UI	无编号信息帧
1	1	1	0	F	0	0	1	FRMR	帧拒绝
1	1	1	1	F	1	0	1	XID	交换标志
1	1	1	0	F	0	1	0	RD	请求断开连接

3. HDLC的操作

HDLC提供的是面向连接服务，其操作包括在两个站之间交换的信息帧、监控帧和无编号帧。HDLC的操作涉及了以下3个阶段。

- 连接建立(初始化)：通信双方中的一方(主站)初始化数据链路，协商各种选项，使得帧能够以有序的方式进行交换。
- 数据传送：通信双方有序交换用户数据和控制信息，并实施流量控制和差错控制。
- 连接拆除：通信结束时，双方中一方发出结束信号来终止操作。

下面用一个例子来说明HDLC的工作过程。

1) 链路的建立与拆除

如图3-31所示，主机A向主机B发出设置异步平衡方式ABM命令，并启动定时器。主机B在收到ABM命令后，返回一个无编号应答帧UA，并设置必要的参数，如将局部变量和计数器设置为初值。主机A在接收到该无编号应答帧UA后，完成自身的变量和计数器设置，并停止定时器。这时逻辑连接建立完成，双方可以开始数据帧的传输。假定主机A

发送 ABM 命令，定时器超时后还没有收到主机 B 的响应，则主机 A 重新发送设置平衡方式命令 ABM 帧，这一过程将不断被重复，直至收到一个无编号应答帧 UA 或非连接方式响应帧 DM，或者在重传次数超过了规定的次数后，放弃尝试，并向管理实体报告操作失败。

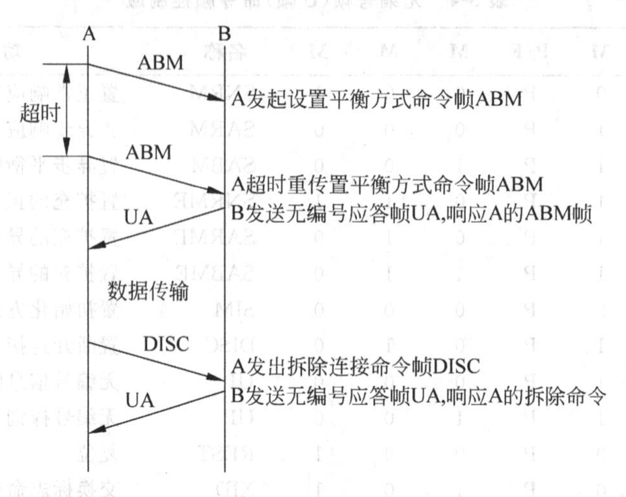

图 3-31 链路的建立和拆除过程示例

当数据发送完毕，主机 A 发出拆除连接命令帧 DISC，主机 B 用无编号应答帧 UA 来确认响应。链路的建立和拆除响应均采用无编号帧完成。

2）数据传输

数据传输一般采用信息帧来实现全双工的数据传输。如图 3-32 所示的是利用信息帧实现双向数据交换示例，图中标记为 I，$N(S)$，$N(R)$，其中 I 表示此帧为信息帧；$N(S)$表示发送数据帧的序号；$N(R)$表示希望接收数据帧的序号。如 I，1，2 表示发送一个信息帧，发送序号为 1，希望接收对方发送的数据帧序号为 2。

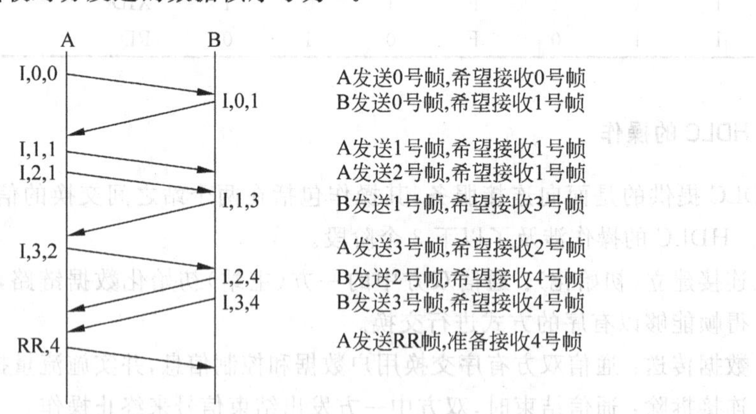

图 3-32 利用信息帧实现双向数据交换示例

当一方在没有收到对方发出的任何数据的情况下连续发送若干个信息帧时，它的接收序号只是在不断地重复(如从 A 到 B 的方向上有 I，1，1 和 I，2，1)。如果一方在没有发出任何数据帧的情况下连续收到若干个信息帧，那么它发出的下一帧中的接收序号必须反映出这一累积效果(如从 B 到 A 的方向上有 I，1，3，连续接收了 A 发出的两帧)。在此示例中，只是使用了信息帧，实际上数据交换时可能会涉及使用监控帧等。图 3-32 中主机 A 最后发送一个监控帧 RR,4 表示接收就绪,准备接收主机 B 的 4 号帧。

3) 流量控制

当接收方处理信息帧的速度或高层用户接收信息帧的速度小于发送方发送信息帧的速度时,就需要进行流量控制。HDLC 中实现流量控制的方法是接收方使用接收未就绪(RNR)命令来阻止发送方发送新的信息帧。

如图 3-33 所示是流量控制的一个示例,主机 A 发出了一个"RNR,4"帧,要求主机 B 暂停发送信息帧,并捎带确认已正确收到 3 号帧及以前的所有帧。主机 B 收到 RNR 帧后,通常会每隔一段时间就向忙站(图中的主机 A)发出询问,通过发送一个 P 位为 1 的 RR 帧来实现,请求对方用 RR 帧或者用 RNR 帧来响应。当忙状态清除后,主机 A 会返回一个 RR 帧,这时主机 B 就可以继续发送信息帧。

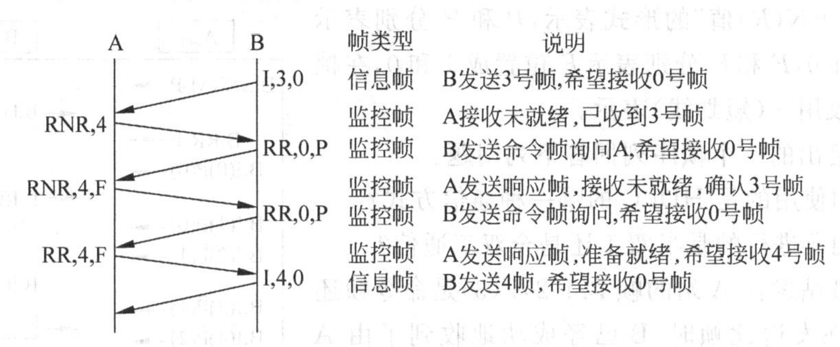

图 3-33 流量控制示例

4) 差错控制

差错控制主要有拒绝恢复和超时恢复两种。

(1) 拒绝恢复。如图 3-34 所示是拒绝恢复的示例,图中主机 A 连续发送了编号为 3、4、5 的信息帧,其中编号为 4 的信息帧出现差错或丢失;当主机 B 接收到编号为 5 的信息帧时,因为顺序不对(缺少 4 号信息帧),而将 5 号信息帧丢弃,并发送一个拒绝接收帧"REJ,4"。主机 A 收到 REJ 帧后将再次发送从编号 4 开始的所有信息帧。

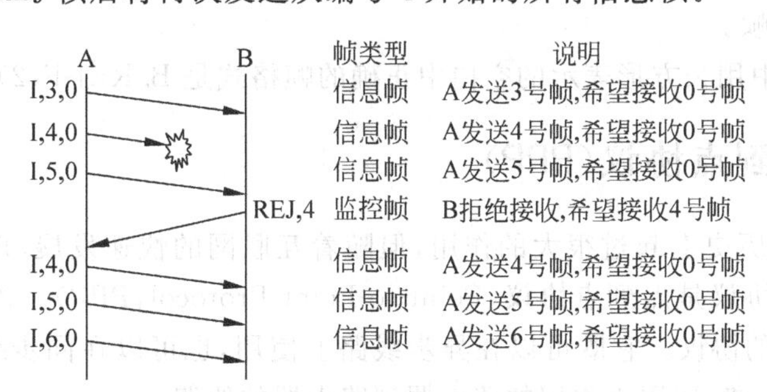

图 3-34 拒绝恢复示例

(2) 超时恢复。如图 3-35 所示是超时恢复的示例,主机 A 连续发送了 3 号和 4 号信息帧,但 4 号帧在传输过程中丢失。主机 A 在发送时启动了一个定时器,在等待应答时 t_{out} 时间到,超时启动恢复过程。主机 A 用 P 位为 1 的 RR 命令帧来询问主机 B,以判断主机 B 所处的状态。主机 B 收到该 RR 帧,由于 P 位为 1,因此需要强制应答,所以,主机 B 会发出一个包含 $N(R)$ 的响应帧(RR 帧或 RNR 帧)给主机 A,主机 A 根据它继续处理。

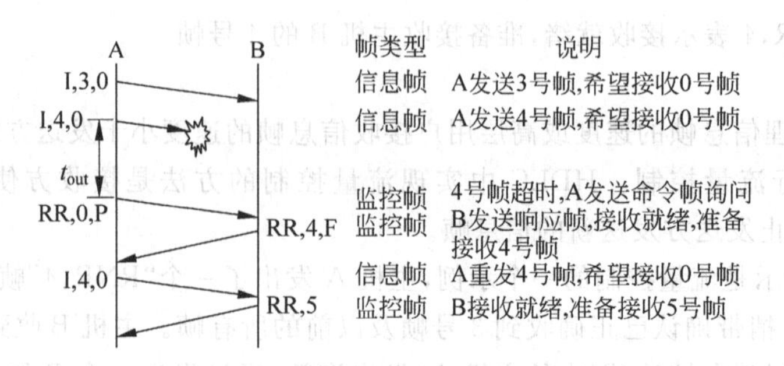

图 3-35 超时恢复示例

例 3-9 如图 3-36 所示,通信的两个站采用 HDLC 协议,交换的帧用"地址+帧名+$N(S)$值+P/F+$N(R)$值"的形式表示,P 和 $\bar{P}$ 分别表示 P 位置成 1 和 0,F 和 $\bar{F}$ 分别表示 F 位置成 1 和 0,在帧中不使用的段用—(短划线)表示。

请根据给出的一个帧序列回答下列问题:

(1) 它们使用的是 HDLC 的哪一种通信方式?

(2) 它们所进行的是半双工还是全双工通信?

(3) 由 B 站发往 A 站的帧 B. I(2)F(3)是命令帧还是响应帧?在发送此帧时,B 已经成功地收到了由 A 发往 B 的第几号帧?

(4) 在帧序列中用长方形表示的空白中正确的帧格式应该是什么?

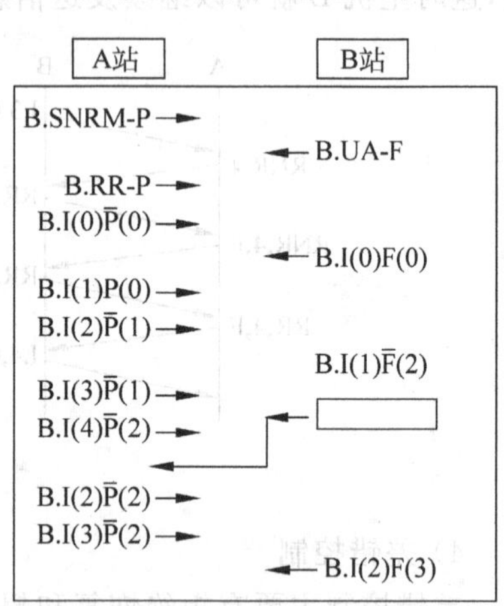

图 3-36 两个站采用 HDLC 协议交换的一个帧序列

解:(1) 它们使用的是 HDLC 的通常响应通信方式。

(2) 它们所进行的是全双工通信。

(3) 由 B 站发往 A 站的帧 B. I(2)F(3)是响应帧,在发此帧时,B 已经成功地收到了由 A 发往 B 的第 2 号帧。

(4) 在帧序列中用长方形表示的空白中正确的帧格式是 B. REJ-F(2)。

3.6.2 点到点协议(PPP)

HDLC 协议在历史上起过很大的作用,但随着互联网的快速发展,现在全世界使用得最多的数据链路层协议是点到点协议(Point-to-Point Protocol,PPP)。PPP 是使用串行线路通信的面向字节的协议。它既可以在异步线路上使用,也可以在同步线路上使用;不仅用于拨号 Modem 链路,还用于租用的路由器到路由器的线路。

1. PPP 协议概述

用户接入互联网的方法一般有两种:一种是孤立的计算机通过远程拨号或虚拟拨号方式接入互联网;另一种是通过局域网接入 Internet。前者包括电话拨号、xDSL、CableModem 等主要方式,后者包括以太网、WLAN 等主要方式。前一种接入方式现在普遍使用 PPP 协议。

PPP 协议是 IETF 于 1992 年制定的，针对 PPP 的应用环境，其应满足的条件如下。

(1) 简单。不需要复杂的流量控制、差错控制等功能，也不需要序号，只需要实现最基本的功能。

(2) 封装成帧。规定特殊的字符作为帧的开始和结束标志，同时保证能正确地区分数据与帧的定界标志，保证数据的透明传输。

(3) 支持多种网络层协议。能支持多种网络层协议。

(4) 支持多种类型链路。能在多种链路上运行，如同步或异步、高速或低速、电或光等链路。

(5) 差错检测。可进行差错检测，丢弃错帧。

(6) 检测连接状态。能及时自动检测链路的工作状态。

(7) 可设置最大传送单元。可针对不同的链路设置最大传送单元 MTU 的值(帧中数据部分的长度)。

(8) 支持网络层地址协商。支持网络层通过协商配置并识别网络地址。

(9)支持数据压缩协商。提供协商使用数据压缩算法的方法。

由于流量控制、差错控制已在 TCP 中实现，为使 PPP 协议简单化，因此 PPP 没有纠错功能；不进行流量控制；不需要帧序号；不支持多点链路；使用全双工方式传输数据。

2. PPP 协议的组成

PPP 协议由 3 个部分组成，即 HDLC 数据封装协议、链路控制协议和网络控制协议。它们分别提供下列 3 个方面的功能。

(1) 一种成帧方法。PPP 提供的成帧方法与 HDLC 相似，定义了将 IP 数据报封装到串行链路的方法，明确地定界一个帧的结束和下一个帧的开始，其帧格式允许进行差错检测。PPP 既支持异步链路(无奇偶检验的 8b 数据)，也支持面向位串的同步链路。IP 数据报是 PPP 中信息部分，其长度受最大传送单元 MTU 的限制，MTU 的默认值是 1500B。

(2) 一个链路控制协议(Link Control Protocol，LCP)。PPP 定义了一个链路控制协议(LCP)，LCP 负责线路的建立、配置、测试和协商选项，并在链路不再需要时，稳妥地释放。

(3) 一套网络控制协议(Network Control Protocol，NCP)。PPP 定义了一套网络控制协议(NCP)，NCP 是一组协议，其中的每一个协议支持不同的网络层协议，如 IP、IPX、Appletalk 等，它提供了协商网络层选项的方式。PPP 被设计成允许同时使用多个网络层协议，对于所支持的每一个网络层协议都有一个不同的网络控制协议，用来建立和配置不同的网络层协议。

3. PPP 协议的帧格式

PPP 协议的帧格式与 HDLC 帧格式相似，如图 3-37 所示。PPP 帧的前 3 个域和最后 2 个域与 HDLC 的格式是一样的。

字节	1	1	1	2或1	长度可变≤1500	2或4	1
	标志域 01111110	地址域 11111111	控制域 00000011	协议域	信息域	校验和域 FCS	标志域 01111110

图 3-37 PPP 协议的帧格式

(1) 标志域。标志为 0x7E,即 01111110,与 HDLC 相同。

(2) 地址域。固定为 0xFF,即 11111111,表示所有站都可以接收这个帧。因为 PPP 只用于点对点链路,地址域实际上不起作用。

(3) 控制域。设置为 0x03,即 00000011,表示 PPP 帧不使用编号。作为默认条件,PPP 不提供使用序列号和确认应答的可靠传输。在有噪声的环境中,如无线网络中,可以使用带编号方式的可靠传输(通过 LCP 协商确定)。

(4) 协议域。协议域的作用是说明在信息域中承载的是什么种类的分组。这是 PPP 与 HDLC 的不同之处。PPP 已经为 LCP、NCP、AppleTalk 和其他协议定义了相应的代码。常用的有:

① 0x0021:表示 PPP 帧的信息域是 IP 数据报。

② 0x002b:表示 PPP 帧的信息域是 IPX 数据。

③ 0x0029:表示 PPP 帧的信息域是 AppleTalk 数据。

④ 0xc021:表示 PPP 帧的信息域是 PPP 链路控制数据(LCP)。

⑤ 0x8021:表示 PPP 帧的信息域是 IP 控制协议。

⑥ 0x802b:表示 PPP 帧的信息域是 IPX 控制协议。

⑦ 0x8029:表示 PPP 帧的信息域是 AppleTalk 控制协议。

协议字段的默认长度是 2B,但可以通过 LCP 协商变成 1B。

(5) 信息域。信息域是网络层传送过来分组(如 IP 数据报等),长度是可变的,可以协商一个最大值。PPP 协议是面向字节的协议。因此,所有 PPP 帧的长度都是整数个字节。如果在线路建立期间没有协商长度,就采用默认长度 1500B。如果需要,在载荷的后面可以有填充。由于信息域中的内容有可能出现和标志域中一样的位串组合,因此需要使用一种方法避免出现这种情况。具体方法与传输方式有关。

① 字节填充法。当 PPP 使用异步传输时(面向字符),使用字节填充法来消除信息中可能出现的 0x7E 字节。具体方法如下:

- 将信息域中出现的每个 0x7E 字节转变成 2 字节序列:0x7D,0x5E。
- 若信息域中出现 0x7D 字节,则将其转变成 2 字节序列:0x7D,0x5D。
- 若信息域中出现 ASCII 码的控制字节(即数值小于 0x20 的字节),则在该字节前面加上一个 0x7D 字节,同时将该字节的编码加以改变。具体需要变换的字节及其变换规则如下。

  a. 0x03(ETX):变换为 0x7D,0x23。

  b. 0x11(XON):变换为 0x7D,0x31。

  c. 0x13(XOFF):变换为 0x7D,0x33。

② 位填充法。当 PPP 协议用于 SONET/SDH 链路时,使用同步传输而不是异步传输。此时,PPP 协议采用 0 比特插入技术来消除信息中可能出现的 0x7E,保证数据的透明传输。

(6) 校验和。校验和字段通常是 2B,但也可以通过协商使用 4B 的校验和。PPP 协议对收到的每一个帧,使用硬件进行 CRC 检验。若发现有差错,则丢弃该帧。因此,PPP 协议可保证链路级无差错接收。

在 PPP 中不提供使用序号和确认的可靠传输。主要原因如下。

① 若使用能够实现可靠传输的数据链路层协议，开销要增大。而在数据链路层出现差错的概率不大时，使用比较简单的PPP协议较为合理。

② 在互联网环境下，PPP的信息域中放入的数据是IP数据报。假设网络采用能实现可靠传输且十分复杂的数据链路协议，然而，当数据帧在路由器中从数据链路层递交到网络层后，还是有可能因网络拥塞而丢弃。因此，在数据链路层的可靠传输并不能保证网络层的传输可靠。

4. PPP协议的工作过程

当用户拨号接入ISP时，路由器对拨号做出确认，并建立一条物理连接，这时，主机向路由器发送一系列的LCP帧（封装成多个PPP帧）。这些帧及其响应帧选择了将要使用的PPP协议参数。然后进行网络层配置，NCP给新接入的主机分配一个临时的IP地址。此时，主机进入已连入的互联网中。

当用户通信完毕时，首先，NCP释放网络层连接，并收回原来分配出去的IP地址；其次，LCP释放数据链路层连接；最后，释放物理层的连接。

上述过程可用如图3-38所示的状态图来描述。“链路静止”是PPP链路的起始和终止状态，此时，物理层连接尚未建立。当PPP检测到调制解调器的载波信号，并建立物理连接后，PPP就进入“链路建立”状态。这时，LCP开始协商一些配置选项，即发送LCP的配置请求帧。这是一个PPP帧，其协议字段设置为0xc021（表示数据部分是LCP），信息域包含特定的配置请求。

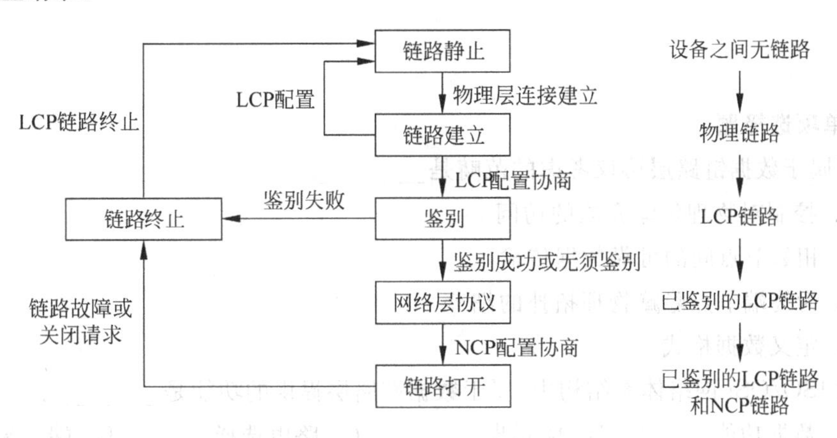

图3-38 PPP协议工作过程

链路的另一端可以发送以下3种响应。

（1）配置确认帧：所有选项都接受。

（2）配置否认帧：所有选项都理解，但不能接受。

（3）配置拒绝帧：选项有的无法识别或不能接受，需要协商。

LCP配置选项包括链路上的最大帧长度、所使用的鉴别协议，以及不使用PPP帧中的地址和控制字段等。

协商结束后就进入“鉴别”状态。若通信的双方鉴别身份成功，则进入“网络层协议”状态。

PPP链路的两端相互交换网络层特定的网络控制分组。如果在PPP链路上运行的是IP协议,则使用IP控制协议IPCP来对PPP链路的每一端配置IP协议模块(如分配IP地址)。与LCP帧封装成PPP帧一样,IPCP分组也封装成PPP帧(其中协议字段为0x8021)在PPP链路上传送。当网络层配置完毕后,链路就进入数据通信的"链路打开"状态。此时,两个PPP端点还可以发送回送请求LCP帧和回送应答LCP帧,以检查链路的状态。数据传输结束后,链路的一端发出终止请求LCP帧,请求终止链路连接,当收到对方发来的终止确认LCP帧后,就转入到"链路终止"状态,当载波停止后,则回到"链路静止"状态。

PPP是一个适用于Modem、HDLC位串行线路、SONET和其他物理层的多协议成帧机制。它支持错误检测、选项协商、头部压缩(可选)和使用HDLC成帧的可靠传输。

本章要点

本章主要阐述了数据链路层的基本概念及成帧机制,数据链路层的差错控制和流量控制,着重讲述了数据链路层的停止—等待ARQ协议、后退N帧ARQ协议和选择重传ARQ协议的工作原理。IEEE 802协议的LLC子层和MAC子层、以太网、HDLC协议、PPP协议的格式、工作原理及工作过程等内容。

习题

一、单项选择题

1. 不属于数据链路层协议考虑的范畴是________。
   A. 控制对物理传输介质的访问
   B. 相邻节点间的可靠数据传输
   C. 为终端节点隐藏物理拓扑的细节
   D. 定义数据格式
2. 在ISO/OSI网络体系结构中,属于数据链路层提供的功能是________。
   A. 数据功能　B. 帧同步　C. 路由选择　D. 端—端通信
3. 在通信过程中产生的传输差错是由随机差错与________共同组成的。
   A. 字节差错　B. 连接差错　C. 突发差错　D. 字符差错
4. 3比特连续ARQ协议,发送窗口的最大值为________。
   A. 2　B. 3　C. 7　D. 8
5. 最常用的差错检测方法有奇偶校验和________。
   A. 海明码　B. 纠错码　C. 循环冗余码　D. 归零码
6. 前向纠错的实现是________。
   A. 错误监测码　B. 按字节计算的错误编码
   C. 按位计算的错误编码　D. 差错纠正码

7. CRC-16 标准规定的生成多项式为 $G(x)=x^{16}+x^{15}+x^{2}+1$，它产生的校验码是________位。

A. 2　　B. 4　　C. 16　　D. 32

8. 若信息码字为 11100011，生成多项式为 $G(x)=x^{5}+x^{4}+x+1$，则计算出的 CRC 校验码为________。

A. 01101　　B. 11010　　C. 001101　　D. 0011010

9. 要检查出 d 位错，码字之间的海明距离最小值应为________。

A. d　　B. $d+1$　　C. $d-1$　　D. $2d+1$

10. 要纠正 d 位错，码字之间的海明距离最小值应为________。

A. d　　B. $d+1$　　C. $d-1$　　D. $2d+1$

11. 接收方发现有差错时，设法通知发送方重发，直到收到正确的码字为止，这种差错控制方法为________。

A. 前向纠错　　B. 冗余校验

C. 混合差错控制　　D. 自动重发请求

12. 在________差错控制方式中，只会重新传送出错的数据帧。

A. 连续工作　　B. 停止—等待

C. 选择重发　　D. 后退 N 帧

13. 采用简单的停止—等待协议时，应该采用________位来表示数据帧序号。

A. 不需要　　B. 1　　C. 2　　D. 8

14. 数据链路层采用后退 N 帧协议，发送方已经发送了编号为 0～7 的帧，当计时器超时时，若发送方只收到 0、2、3 号帧的确认，则发送方需要重传的帧数是________。

A. 2　　B. 3　　C. 4　　D. 5

15. 在 IEEE 802 标准中，LLC 层的标准是________。

A. IEEE 802.1　　B. IEEE 802.2　　C. IEEE 802.3　　D. IEEE 802.4

16. 下列地址中，正确的以太网物理地址是________。

A. 00-06-08-A6　　B. 202.196.1.1

C. 001　　D. 00-60-08-00-A6-38

17. IEEE 802.11 协议为提高信道利用率，采用________协议。

A. CSMA/CD　　B. ALOHA　　C. CSMA/CA　　D. 时隙 ALOHA

18. CSMA/CD 中一旦某个站点检测到冲突，它就立即停止发送，其他站点________。

A. 都处于待发送状态　　B. 都会相继竞争发送权

C. 都会接收到阻塞信号　　D. 仍有可能继续发送帧

19. HDLC 是一种________协议。

A. 面向比特的同步链路控制　　B. 面向字节的异步链路控制

C. 面向字符的同步链路控制　　D. 面向比特的异步链路控制

20. 在 HDLC 帧格式中标志序列(F)是________。

A. 1111 1111　　B. 1111 1110　　C. 0111 1111　　D. 0111 1110

21. HDLC 协议采用的帧同步方法为________。

A. 字节计数法　　B. 使用字符填充的首尾定界法

C. 使用比特填充的首尾定界法　　D. 违法编码法

22. 采用 HDLC 传输比特串 011111111000001,比特填充后输出为________。

A. 0101111111000001　　B. 0111110111000001

C. 0111101111000001　　D. 0111111011000001

23. 下列________不是 HDLC 帧格式中控制字段(C)定义的帧类型。

A. 数据帧　　B. 监控帧　　C. 无编号帧　　D. 编号帧

24. HDLC 的________域定义帧的起始和结束。

A. 标志　　B. 地址　　C. 控制　　D. FSC

25. ________是 HDLC 协议中的数据传输方式。

A. 通常响应方式　　B. 异步响应方式

C. 异步平衡方式　　D. 上面 3 项都是

26. PPP 协议是属于________的协议。

A. 物理层　　B. 数据链路层　　C. 网络层　　D. 运输层

27. 在 PPP 链路上建立连接的第一步是________。

A. 初始的 PPP 节点向最近的 PPP 邻居发送一个会话启动消息

B. 在 PPP 链路激活以前,路径上的路由器与身份验证程序进行协商

C. PPP 节点为动态地址分配进行通告或查询服务器为地址分配进行通告

D. 初始节点为配置数据链路而发送链路控制协议(LCP)帧

28. 在 PPP 帧中,________字段标识封装的是 IPX 还是 IP 数据报。

A. 标识　　B. 控制　　C. 协议　　D. 帧校验序列

29. PPP 会话的建立包括________个阶段。

A. 1　　B. 2　　C. 3　　D. 4

30. PPP 使用 NCP 的目的是________。

A. 识别不同的物理层协议　　B. 识别不同的数据链路层协议

C. 识别不同的网络层协议　　D. 身份验证

二、综合应用题

1. 数据链路层的主要功能有哪些?主要协议标准有哪些?

2. 假设数据位为 11011,生成多项式为 $G(x)=x^3+x+1$,计算 CRC 校验码。

3. 若 A 与 B 通信,双方协议中采用 CRC 校验,约定生成多项式是 $G(x)=x^6+x^5+x^3+x^2+1$,若 B 收到的信息是 1001100100110011,则该信息有无差错?为什么?

4. 由于传输信道的失真或噪声等影响,信号在传输过程中会发生差错。因此如何发现差错并进一步纠正差错是十分重要的,请描述检错、纠错的基本原理。设有一种编码,它有 m 个信息位和 r 个校验位,如果需要纠正所有单比特错,当 $m=7$ 时,r 最少应为多少?

5. 一个 12 位的海明码到达接收方时的十六进制值是 0xE4F,那么,原始发送方发送的信息的十六进制是多少?假定传输差错不超过 1 位。

6. 数据链路层协议几乎总是把 CRC 放在数据帧的尾部,而不是放在头部,为什么?

7. 卫星信道数据率为 1Mbps。取卫星信道的单程传播时延为 0.25s。每一个数据帧长都是 2000b。忽略误码率、确认帧长和处理时间,忽略帧首部长度对信道利用率的影响。试计算下列情况下的信道利用率:

(1) 停止—等待协议。

(2) 连续 ARQ 协议，$W_T=7$。

(3) 连续 ARQ 协议，$W_T=127$。

(4) 连续 ARQ 协议，$W_T=250$。

8. 证明：当用 n 个比特进行编号时，若接收窗口的大小为 1，则只有在发送窗口的大小 $W_T \leqslant 2^n-1$ 时，连续 ARQ 协议才能正确运行。

9. 试画图说明数据链路层流量控制的机制。

10. 试比较停止—等待 ARQ 协议、后退 N 帧 ARQ 协议和选择重传 ARQ 协议的异同。

11. 一个 2Mbps 的网络，线路长度为 1km，传输速度为 20m/ms，分组大小为 100B，应答帧大小可以忽略。若采用停止—等待协议，问实际速率是多少？信道利用率是多少？若采用滑动窗口技术，问最小序号位数多少？

12. 在选择重传协议中，当帧的序号字段为 3b，且接收窗口与发送窗口尺寸相同时，发送窗口的最大尺寸为多少？

13. 试分析 CSMA/CD 介质访问控制技术的工作原理。

14. 试分析 CSMA/CD 协议是否完全避免碰撞？为什么？

15. 试分析以太网发送数据和接收数据的流程是怎样的？

16. 画出 HDLC 帧格式并说明各字段的意义。

17. 试举例说明 HDLC 的工作过程。

18. 下面所示为 A 站与 B 站两个节点的通信过程，A 站和 B 站都是采用 HDLC 协议的复合站，交换的帧用“地址＋帧名＋$N(S)$值＋P/F＋$N(R)$值”的形式表示，P 和 $\bar{P}$ 分别表示 P 位置成 1 和 0，F 和 $\bar{F}$ 分别表示 F 位置成 1 和 0，在帧中不使用的段用—(短划线)表示。

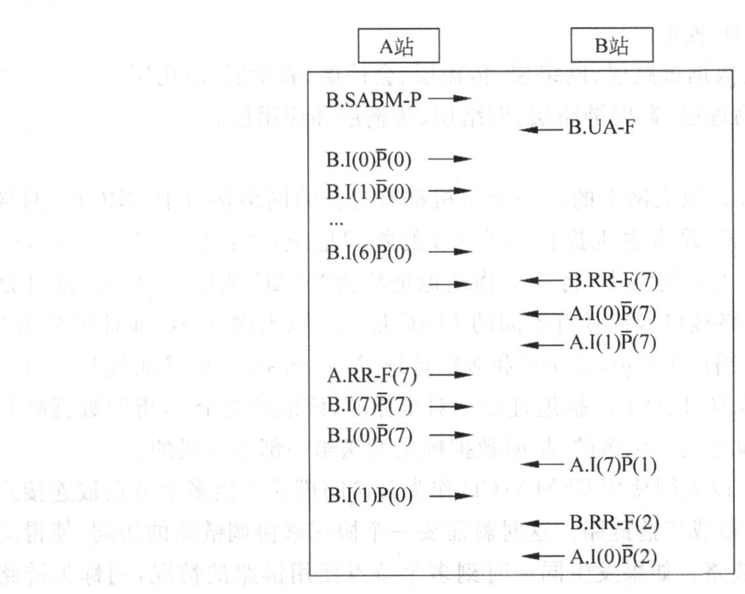

请根据给出的一个帧序列回答下列问题：

(1) 它们使用的是 HDLC 的哪一种通信方式？

(2) 序列中使用的I帧和RR帧是命令还是响应?

(3) 信息帧使用的编号规则的模数是几?

(4) 从发往A的帧A.I(1)$\overline{\text{P}}$(7)中可以推断在发此帧时,B已经成功地收到了由A发往B的第几号帧?

(5) 序列中属于无编号帧类型的有哪几个?

19. 试画图说明PPP协议的工作原理。

20. 一个PPP帧的数据部分(用十六进制写出)是7D 5E FE 27 7D 5D 7D 5D 65 7D 5E。试问真正的数据是什么(用十六进制写出)?

实验 验证以太网(IEEE 802.3)

一、实验目的

1. 掌握以太网的报文格式
2. 掌握MAC地址的作用
3. 掌握MAC广播地址的作用
4. 掌握LLC帧报文格式
5. 掌握协议编辑器和协议分析器的使用方法
6. 掌握协议栈发送和接收以太网数据帧的过程

二、实验准备

1. 实验环境

本实验采用网络结构一。各主机打开协议分析器,验证网络结构一的正确性。

2. OSI模型和TCP/IP协议族

(1) 层次模型的思想。

(2) OSI模型和TCP/IP模型。

① OSI模型:物理层、数据链路层、网络层、传输层、会话层、表示层、应用层。

② TCP/IP协议族:物理层、数据链路层、网络层、传输层和应用层。

3. 以太网

(1) 以太网的物理地址。以太网上的每一个主机都有自己的网络接口卡(NIC)。网络接口卡通常安装在主机内部,并为主机提供一个6B的物理地址,如:44-45-53-54-00-00。在遵循IEEE 802标准的以太网网络中,将这个物理地址称为“MAC地址”。MAC地址是唯一的,任意两个不同的网络接口卡都具有不同的MAC地址。以太网MAC地址可分为3类:单播地址(Unicast)、广播地址(Broadcast)和多播地址(Multicast)。单播地址是一对一的,该地址是特定主机的MAC地址;广播地址是一对全体的,该地址为全1,指明数据帧是发送给所有主机的;多播地址是一对多的,指明数据帧是发送给一部分主机的。

(2) 以太网访问模式。以太网使用CSMA/CD作为其访问模式。当多个节点被连接到一条链路上时,叫做多点链路或广播链路。这时就需要一个协议来协调链路的访问,使得同一时刻只有一个节点访问链路。如果发生同一时刻多个节点使用链路的情况,则称为链路发生了冲突。带有冲突检测的载波侦听多路访问(CSMA/CD)是这样一种方案。发送主机在传输过程中仍继续监听信道,以检测是否存在冲突。如果发生冲突,信道上可以检测到超过发送主机本身发送的载波信号的幅度，由此判断出冲突的存在。一旦检测到冲突，就立即停止发送，并向总线上发一串阻塞信号，用于通知总线上其他各有关主机。

(3) 以太网的帧格式有 MAC 帧格式、LLC 帧格式、LLC 地址与 MAC 地址。在 MAC 帧的帧首中，有目的 MAC 地址和源 MAC 地址，它们都是 6B 长。在 LLC 帧的帧首中，则设有 DSAP 和 SSAP，该地址是逻辑地址，表示的是数据链路层的不同访问服务点。LLC 地址与 MAC 地址是两个不同的概念，在局域网中，一个主机上的多个服务访问点可以利用同一条数据链路。从这一点可以看出，LLC 子层带有 OSI 网络层的某些功能。

三、实验内容

1. 领略真实的 MAC 帧
2. 理解 MAC 地址的作用
3. 编辑并发送 MAC 广播帧
4. 编辑并发送 LLC 帧

四、实验步骤

1. 领略真实的 MAC 帧

本实验主机 A 和主机 B(主机 C 和主机 D，主机 E 和主机 F)一组进行。

(1) 主机 B 启动协议分析器，新建捕获窗口进行数据捕获并设置过滤条件(提取 ICMP 协议)。

(2) 主机 A ping 主机 B，查看主机 B 协议分析器捕获的数据包，分析 MAC 帧格式。

(3) 将主机 B 的过滤器恢复为默认状态。

2. 理解 MAC 地址的作用

本实验主机 A、B、C、D、E、F 一组进行。

(1) 主机 B、D、E、F 启动协议分析器，打开捕获窗口进行数据捕获并设置过滤条件(源 MAC 地址为主机 A 的 MAC 地址)。

(2) 主机 A ping 主机 C。

(3) 主机 B、D、E、F 停止捕获数据，在捕获的数据中查找主机 A 所发送的 ICMP 数据帧，并分析该帧内容。

3. 编辑并发送 MAC 广播帧

本练习主机 A、B、C、D、E、F 一组进行。

(1) 主机 E 启动协议编辑器。

(2) 主机 E 编辑一个 MAC 帧。

① 目的 MAC 地址：FFFFFF-FFFFFF。

② 源 MAC 地址：主机 E 的 MAC 地址。

③ 协议类型或数据长度：大于 0x0600，但不要使用 0x0800，即不使用 IP 协议。

④ 数据字段：编辑一个长度为 46～1500B 之间的数据。

(3) 主机 A、B、C、D、F 启动协议分析器，打开捕获窗口进行数据捕获并设置过滤条件(源 MAC 地址为主机 E 的 MAC 地址)。

(4) 主机 E 发送已编辑好的数据帧。

(5) 主机 A、B、C、D、F 停止捕获数据，查看捕获到的数据中是否含有主机 E 所发送的数据帧。

4. 编辑并发送 LLC 帧

本实验主机 A 和 B(主机 C 和主机 D,主机 E 和主机 F)一组进行。

(1) 主机 A 启动协议编辑器,并编写一个 LLC 帧。

① 目的 MAC 地址:主机 B 的 MAC 地址。

② 源 MAC 地址:主机 A 的 MAC 地址。

③ 协议类型和数据长度:001F。

④ 控制字段:填写 02(注:回车后变成 0200,该帧变为信息帧,控制字段的长度变为 2B)。

⑤ 用户定义数据/数据字段:AAAAAAABBBBBBBCCCCCCCDDDDDD(注:长度为 27 个 B)。

(2) 主机 B 启动协议分析器并开始捕获数据。

(3) 主机 A 发送编辑好的 LLC 帧。

(4) 主机 B 停止捕获数据,在捕获到的数据中查找主机 A 所发送的 LLC 帧,分析该帧内容。

(5) 将第 1 步中主机 A 已编辑好的数据帧修改为“无编号帧”(前两个比特位为 1),用户定义数据/数据字段修改为 AAAAAAABBBBBBBCCCCCCCDDDDDDD(注:长度为 28 个 B),重做第(2)、(3)、(4)步。

五、思考题

1. 根据实验理解集线器(共享设备)和交换机(交换设备)的区别?
2. 如何编辑 LLC 无编号帧和 LLC 数据帧?
3. 为什么 IEEE 802 标准将数据链路层分割为 MAC 子层和 LLC 子层?
4. 为什么以太网有最短帧长度的要求?
5. MAC 帧字节数是多少?捕获的 MAC 帧长度为多少?为什么?
6. MAC 地址的作用是什么?

第4章 网络层协议

网络层是网络体系中通信子网的最高层。向高层提供合理的路由机制，完成路由选择，并负责将数据在合适的路径上传输到目的地，同时对高层屏蔽低层的传输细节，具有一定差错控制功能。

TCP/IP 的 IP 层相当于 OSI 的网络层，IP 层屏蔽了物理网络的差异，向传输层提供了无连接的 IP 数据报服务。在 TCP/IP 协议族中，网络层主要包含以下 5 个协议：IP、ARP、RARP、ICMP、IGMP。

IP 层实现了不同网络的互联。各个厂家生产的网络系统和设备，如以太网、分组交换网等，它们相互之间不能互通，其主要原因是它们所传送数据的基本单元（“帧”）格式不同。IP 协议实际上是一套由软件程序组成的协议软件，它把各种不同“帧”统一转换成“IP 数据报”格式，这种转换是 TCP/IP 协议族的一个最重要的特点，使各种遵守 TCP/IP 协议的计算机都能在 Internet 上实现互通，即具有“开放性”的特点。

4.1 IP 协议

网际协议（Internet Protocol，IP）是 TCP/IP 协议族中最核心的协议，提供无连接的 IP 数据报投递服务。如图 4-1 所示，给出了 IP 协议在 TCP/IP 协议族中的位置。

应用层	各种应用层协议 （如 HTTP，FTP，SMTP，DNS 等）
传输层	TCP，UDP
网络层（IP 层）	ICMP，IGMP IP ARP，RARP
网络接口层	与各种网络接口

图 4-1 IP 协议在 TCP/IP 协议族中的位置

IP 的特点包括以下 3 个方面。

（1）提供无连接的数据传递机制。IP 协议独立地对待要传输的每个数据报，在传输前不建立连接，从源主机到目的主机的多个数据报可能经由不同的传输路径。

（2）不保证数据报传输的可靠性。数据报在传输过程中可能会出错、丢失、延迟或乱序，但 IP 不会试图纠正这些错误，而是将其交由传输层解决。

（3）提供尽最大努力的投递机制。IP 不会轻易放弃数据报，只有当资源耗尽或底层网络出现故障时,才会迫不得已丢弃数据报。

4.1.1 IP 地址

地址是一种标识符,用于标识系统中的实体。Internet 地址称为 IP 地址,IP 地址用于标识 Internet 中的网络和主机,它应具有以下 3 个要素:一是标识的对象是什么;二是标识的对象在哪里;三是指示如何到达标识对象的位置。因此,IP 地址是 Internet 中一个非常重要的概念,IP 地址在 IP 层实现了对底层地址的统一,屏蔽了不同物理网络的差异,特别是不同网络编址方式的差异,使得 Internet 的网络层地址具有全局唯一性和一致性。

1. IP 地址及标识方法

这里讲的 IP 地址是指 IPv4 地址,由 32 位二进制数组成,其地址空间包含 2^{32} 个地址。IP 地址分成两部分,前一部分是网络号(netid),后一部分是主机号(hostid)。IP 地址体现了分层编址的思想,其分层结构满足了 IP 地址三要素中的后两个要素:网络号指出了主机所在的位置(网络),主机号指出了如何到达该主机,首先找到该主机所在的网络,然后再定位到该主机。同时需要注意,IP 地址所引用的并不是一台主机,而是某台主机中的一个网络接口,因此,若一台主机同时位于两个网络上(即具有两个网卡),它必须拥有两个 IP 地址。

IP 地址有 3 种常用的标识方法:二进制表示法、点分十进制表示法和十六进制表示法。

(1) 二进制表示法。直接用一个 32 位的二进制序列来表示 IP 地址。为了使 IP 地址有更好的可读性,通常在每个字节之间加上一个或多个空格作为分隔。例如,11001010 11000111 11100000 00010100。

(2) 点分十进制表示法。这是 IP 地址最常用的标识方法。用小数点将 IP 地址各字节分开,每个字节用一个十进制数表示。例如,11001010 11000111 11100000 00010100 点分十进制表示为 202.199.224.20。

(3) 十六进制表示法。就是将 IP 地址二进制表示转换成十六进制表示。例如,11001010 11000111 11100000 00010100 十六进制表示为 0xCAC7E014。

因此,IP 地址空间的范围是 0.0.0.0~255.255.255.255。

2. IP 地址的分类

一个 IP 地址由网络号和主机号两部分组成,其中网络号标识某个网络,主机号标识该网络上的某台主机。这种分级的标识方式可以方便主机地址的分配和管理。

Internet 中存在着不同规模的网络,各种规模网络的主机数量有很大的差异。为了适应这种情况,将 IP 地址划分为 5 类:A 类、B 类、C 类、D 类和 E 类,如图 4-2 所示。其中常用的是 A 类、B 类和 C 类地址。

(1) A 类地址。第 1 位为 0,网络号占用第 1 个字节余下的 7 位,主机号占用后 3 个字节。A 类地址范围是 1.0.0.0~126.255.255.255,适用于大型网络,每个 A 类网络的主机

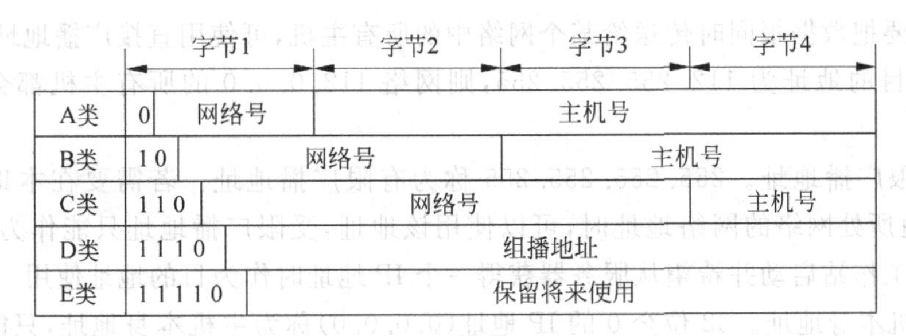

图 4-2　5 类 IP 地址

数量最多为 16777214($2^{24}-2$)台。

(2) B类地址。前2位为10,网络号占用前两个字节余下的14位,主机号占用后2个字节。B类地址范围是128.0.0.0～191.255.255.255,适用于中等规模网络,每个B类网络的主机数量最多65534($2^{16}-2$)台。

(3) C类地址。前3位为110,网络号占用前3个字节余下的21位,主机号占用最后1个字节。C类地址范围是192.0.0.0～223.255.255.255,适用于小规模网络,每个C类网络的主机数量最多是254($2^{8}-2$)台。

(4) D类地址。D类地址用于组播,又称为组播地址。前4位为1110,后28位为组播地址,D类地址范围是224.0.0.0～239.255.255.255,适用于IP数据报组播传播方式。

(5) E类地址。E类地址为保留地址,前5位为11110,E类地址范围是240.0.0.0～255.255.255.254,用于Internet实验。

为了保证IP地址的全局唯一性和一致性,IP地址的分配和管理由中央管理机构完成,但是为了减轻管理机构的管理负担,管理机构只负责分配A类、B类、C类地址的网络号。如一个组织加入Internet时,只需从InterNIC(Internet网络信息中心)获得网络号,然后由其自行在组织内部分配该网络号下的各主机号,同一组织内部可以具有一个网络号。

3. 特殊的IP地址

除了上述5类基本IP地址类型外,还存在一些特殊的IP地址,这些特殊地址通常并不是用来标识某个主机的,它们具有特殊意义,分别具有不同的用途。这些地址主要有网络地址、直接广播地址、有限广播地址、主机本身地址、回送地址等。

(1) 网络地址。Internet中的每个网络都有一个唯一的标识。在表示网络时,主机号部分设置为全0。例如,164.211.0.0标识了一个网络,这种地址称为网络地址。网络地址只用于标识一个网络,不能分配给主机,因此,不能作为数据的源地址和目的地址。

① A类网络的网络地址为"网络号.0.0.0",例如,100.0.0.0。

② B类网络的网络地址为"网络号.0.0",例如,179.139.0.0。

③ C类网络的网络地址为"网络号.0",例如,202.199.224.0。

(2) 直接广播地址。直接广播是指向某个网络上中的所有主机发送数据,直接广播地址是指网络号不动,主机号部分设置为全1的IP地址。

① A类网络的直接广播地址为"网络号.255.255.255",例如,100.255.255.255。

② B类网络的直接广播地址为"网络号.255.255",例如,179.139.255.255。

③ C类网络的直接广播地址为"网络号.255",例如,202.199.224.255。

如果需要把数据报同时传送给某个网络中的所有主机,可使用直接广播地址。例如,一个数据报的目的地址为 112.255.255.255,则网络 112.0.0.0 的所有主机都会收到该数据报。

(3) 有限广播地址。255.255.255.255 称为有限广播地址。若需要在本地网络上广播,又不知道所处网络的网络地址时,可以使用该地址,受限广播地址只能作为目的地址。通常在无盘工作站启动并希望从服务器获得一个 IP 地址时作为目的地址使用。

(4) 主机本身地址。32 位全 0 的 IP 地址(0.0.0.0)称为主机本身地址,只能作为源地址。通常用于无盘工作站启动且没有 IP 地址,希望从服务器获得一个 IP 地址时作为源地址使用。

(5) 回送地址。首字节为 127 的地址为回送地址。主要用于网络软件测试及本机进程之间通信使用。习惯上,将回送地址设置为 127.0.0.1。当使用回送地址作为目的地址发送数据时,数据不会被送到网络上,而是在数据离开网络层时将其回送给本机的有关进程。

例 4-1 设 IP 地址为 192.168.1.200,子网掩码为 255.255.255.224,要求计算其网络地址、主要地址和广播地址。

解:子网掩码为 255.255.255.224,说明该 IP 地址的前 27 位是网络地址和子网地址,后 5 位是主机地址。

计算方法:将 IP 地址和子网掩码都转换为二进制,并按位进行 AND 操作即可得到网络地址为 192.168.1.192;利用子网掩码的反码在 IP 地址上按位进行 AND 操作即可得到主机地址为 0.0.0.8;将网络地址的主机部分全部设置为 1 即可得到该子网广播地址为 192.168.1.223。

计算过程:

192.168.1.200 →	1100 0000	1010 1000	0000 0001	110	01000
255.255.255.224 →	1111 1111	1111 1111	1111 1111	111	00000
网络地址: →	1100 0000	1010 1000	0000 0000	110	00000
	(192)	(168)	(1)	(192)	
主机地址: →	0000 0000	0000 0000	0000 0000	000	01000
	(0)	(0)	(0)	(8)	
广播地址: →	1100 0000	1010 1000	0000 0001	110	11111
	(192)	(168)	(1)	(223)	

因此,网络地址为 192.168.1.192;主机地址为 0.0.0.8;广播地址为 192.168.1.223。

4.1.2 IP 数据报

1. IP 数据报格式

IP 数据报是 IP 的基本处理单元,由首部和数据两部分组成,其格式如图 4-3 所示。IP 首部的前 20B 固定,是所有 IP 数据报共有的;IP 选项字段可选,其长度也可变,但不会超过 40B。因此,IP 首部长度为 20～60B。

各字段含义说明如下:

<table>
<tr><td>0</td><td>3 4</td><td>7 8</td><td>15 16</td><td>31</td></tr>
<tr><td>版本</td><td>首部长度</td><td>区分服务</td><td colspan="2">总长度</td></tr>
<tr><td colspan="3">标识</td><td>标志</td><td>片偏移</td></tr>
<tr><td colspan="2">寿命TTL</td><td>协议</td><td colspan="2">首部校验和</td></tr>
<tr><td colspan="5">源IP地址</td></tr>
<tr><td colspan="5">目的IP地址</td></tr>
<tr><td colspan="4">IP选项(可选,长度可变)</td><td>填充</td></tr>
<tr><td colspan="5">数据部分</td></tr>
</table>

图 4-3 IP 数据报格式

(1) 版本。占 4 位,用于标识该数据报的 IP 协议的版本信息,对于 IPv4,该字段值为 4;对于 IPv6,该字段值为 6。无论是主机还是中间路由器,在处理每个接收到的 IP 数据报时,根据版本值以选择相应版本的 IP 协议模块来进行处理。

(2) 首部长度。占 4 位,用于表示 IP 数据报首部的长度,其值以 32 位(4B)为单位,因此,IP 首部的长度必须是 32 位的整数倍。当 IP 数据报首部长度不是 32 位的整数倍时,必须用填充字段加以填充以补齐 32 位。IP 数据报长度为 20B,该字段值为 5。

(3) 区分服务。占 8 位,用来获得更好的服务。这个字段在旧标准中称为服务类型(Type of Service,ToS)。它包括优先权字段(3 位,现在已不用)、ToS 字段(4 位,分别表示最小时延、最大吞吐量、最高可靠性和最小费用)、未用字段(1 位)。

(4) 总长度。占 16 位,总长度是指 IP 首部和数据部分长度之和,单位为字节。IP 数据报的最大长度为 $2^{16}-1=65\,535$ 字节。但是,这并不意味着 IP 数据报必须都按最大长度来组织。因为数据链路层存在着最大传送单元(Maximum Transfer Unit,MTU)或网络中可能存在其他因素的限制。例如,目前若 IP 数据报承载在以太网中,则 IP 数据报的总长度就应按照以太网帧的最大长度来设置,以太网的 MTU=1500 字节。因此,在构造 IP 数据报时,其总长度应该不超过 1500 字节。

(5) 标识。占 16 位。标识的作用是当 IP 数据报在传输过程中由于低层网络传输限制而需要分片时,同一个 IP 数据报的每个分片所共有的标记,表示这些分片属于同一个 IP 数据报,以便在目的主机重组这些分片时参照使用。标识的产生过程是在 IP 层维持着一个计数器,每产生一个 IP 数据报,计数器就加 1,并将该值赋给标识字段。但这个“标识”并不是序号,因为 IP 协议提供的是无连接服务,所以数据报不存在按序接收的问题。

(6) 标志。占 3 位。第 1 位保留;第 2 位为不分片标志,记为 DF(Don't Fragment),当 DF=1 时,表示此 IP 数据报不允许被分片;当 DF=0 时,表示此 IP 数据报允许被分片;第 3 位为更多分片标志,记为 MF(More Fragment),当 MF=1 时,表示此分片不是最后分片,其后还有更多分片;当 MF=0 时,表示此分片是最后分片,其后没有其他分片。

(7) 片偏移。占 13 位。片偏移的作用是指明此分片在原 IP 数据报(未分片前)中的绝对位置,其值以 8 字节为单位。因为 IP 数据报的传输受物理网络的最大传输单元 MTU 限制,当一个 IP 数据报较大,无法承载在数据链路层的一个帧中传输时,IP 协议需要将 IP 数据报划分成多个较小的分片,并为每个分片构造一个单独的 IP 数据报,以适应物理网络的传输。

IP 数据报使用标识、标志和片偏移 3 个字段对 IP 数据包的分片和重组进行控制。

例 4-2 假设一个数据报长度为 2000 字节(含固定首部),现经过一个网络传送,但此网络能够传送的最大数据长度为800字节。试问该数据报应该划分为几个短些的数据报片?各数据报片的数据字段长度、片偏移字段和MF标志应为何数值?

解:因为IP数据报受网络的最大传输单元(MTU)限制,根据需要进行分片传送。IP数据报分片后,每一片都需要加一个首部。IP数据报固定首部长度为20字节,因此每一片中数据的最大长度则为800－20＝780字节。另外,片偏移量是以8个字节为偏移单位,即分片大小应为8的整数倍。数据报分片中数据长度的最大值780字节不是8的整数倍,780/8＝97.5,取整为97,调整数据报分片中数据长度的最大值为776字节。因此,2000字节的数据报经过MTU＝800的网络传输时,分为3片,数据报片中数据大小分别为776字节、776字节、428字节,片偏量分别为0、97、194,分片后,除最后一片外,其他各片的MF标志都置为1,最后一片为0说明数据报分片结束。

计算结果如下:

	总长度(B)	数据长度(B)	片 偏 移	MF
原始数据报	2000	1980	0	0
数据报片1	796	776	0	1
数据报片2	796	776	97	1
数据报片3	448	428	194	0

(8) 寿命(Time to Live,TTL)。也称为生存时间,占8位。TTL以秒为单位设置了该IP数据报在互联网中允许存在的时间。当IP数据报经过主机或路由器时,它们将对数据报进行处理,根据时间的消逝,递减TTL的值。一旦TTL递减至0,路由器就丢弃该数据报,并向源主机发送一个ICMP超时差错报告报文。但是由于计算IP数据报延迟比较复杂,而且不准确,因此现在的路由器大多采用IP数据报所经过的路由器数量来计算TTL值,每经过一个路由器,TTL减1,直到减为0为止,这种计算方法又称为跳数(Hop)衡量法。

(9) 协议。占8位,用于指出IP数据报携带的数据属于哪一种高层协议,该字段的值是高层协议对应的编号。如IP数据报可以封装TCP、UDP、OSPF、ICMP、IGMP等协议的数据,协议字段对应的值分别为6、17、89、1、2。目的主机收到数据后,根据该字段的值决定应该把IP数据报中的数据递交给上层哪个协议模块进行处理。

(10) 首部校验和。占16位。用于保证IP数据报首部数据的完整性。其计算方法是将首部看作一个16位的整数序列,对每个整数分别进行二进制反码相加,然后再对计算的结果求反。计算时,首部校验和部分先取值为0。该字段只校验IP数据报的首部,不包括数据部分,其目的是减少路由器处理的开销,因为数据部分在IP层转发时并未发生变化,而且在高层协议中已经被校验,即数据部分的完整性由高层协议保证。因此,IP层只对发生变化的IP首部进行校验。校验和可以有二进制和十六进制两种计算方法。

发送方计算IP首部校验和的二进制计算方法步骤如下:

① 将校验和字段填入0;

② 将IP首部所有位划分为16位(2字节)的字,按需要增加填充,填充部分为全0;

③ 将所有16位的字进行二进制反码加法运算。

二进制反码加法运算过程为:从最低列开始,每一列相加,只留本位和,进位依次向前

进到相应位置，若最高位还有进位，则计算结束时与和值相加。例如，

```
 11001010 11000111
 00000011 00000001
 11001010 11000111
 00001010 00000111
(1)10100010 10010110
 ----------------->1 进位
 10100010 10010111 反码和
```

说明：本例中，最低列之和为4，即100(二进制)，则本位留最低位0，其余两位10分别进入第3列和第2列进行求和计算。以此类推。若最高位向前有进位，则与最后和值再相加。

④ 将得到的结果按位取反，将其插入到校验和字段。

接收方计算IP首部校验和的二进制计算方法步骤如下：

① 把所有位划分为16位(2B)的字，按需要增加填充；

② 把所有16位的字进行二进制反码加法运算；

③ 把得到的结果按位取反；

④ 若得到结果为全0，表示该IP报文正确，提交传输层，否则，表示该IP报文出错，丢弃该报文，并向源端返回一个ICMP报文。

十六进制计算方法与二进制相似，只是按十六进制加法计算。

例4-3 在发送端计算如图4-4所示的IP数据报的校验和。

4	5	0	28(IP总长度)	
1(标识)			0	0
4(TTL)		17(协议)	0(首部校验和)	
202.199.3.1(源IP地址)				
202.199.10.7(目的IP地址)				

图4-4 IP数据报

解：

(1) 采用二进制计算：

```
 01000101 00000000 →4、5和0
 00000000 00011100 →28
 00000000 00000001 →1
 00000000 00000000 →0和0
 00000100 00010001 →4和17
 00000000 00000000 →0
 11001010 11000111 →202.199
 00000011 00000001 →3.1
 11001010 11000111 →202.199
 00001010 00000111 →10.7
(1)11101011 11000100
 ----------------->1
 11101011 11000101 →反码加法
 00010100 00111010 →校验和
```

(2) 采用十六进制计算：

```
   4、5和0 →   4 5 0 0
       28 →   0 0 1 C
        1 →   0 0 0 1
     0和0 →   0 0 0 0
    4和17 →   0 4 1 1
        0 →   0 0 0 0
  202.199 →   C A C 7
      3.1 →   0 3 0 1
  202.199 →   C A C 7
     10.7 →   0 A 0 7
           (1) E B C 4
           ---------->1
  反码加法 →   E B C 5
    校验和 →   1 4 3 A
```

因此，IP数据报的校验和为00010100 00111010，十六进制为143A。

(1) 源IP地址和目的IP地址。各占32位，分别为发送主机的IP地址和接收主机的IP地址。IP数据报在传输过程中可能经过多个中间路由器，但这两个字段值在传送期间始终不变。

(2) IP选项。可选项，长度可变。常用于网络测试和调试。目前常用的IP选项有记录

路由选项、源路由选项和时间戳选项等。

- 记录路由选项：用来监视和控制互联网路由器如何路由数据报；
- 源路由选项：分为严格源路由选项和宽松源路由选项。严格源路由选项规定 IP 数据报必须严格按照指定的路径到达目的主机，否则报告错误；宽松源路由选项要求 IP 数据报必须沿着 IP 地址表中的地址序列传输，但允许表中相继两个地址之间经过其他的 IP 地址；
- 时间戳选项：用于测量 IP 数据报路由过程中所经过的每个路由器的时间，便于对路由的性能进行分析。

(3) 填充。可选项，长度可变，取决于 IP 选项的长度，其目的是保证数据报首部为 32 位的整数倍。填充时，填充内容为全 0。

2. IP 数据报的交付

网络层控制低层物理网络对数据报的处理过程称为交付，分为直接交付和间接交付。

直接交付指在一个物理网络上将数据报从一台主机直接传输到另一台主机；间接交付是指当源主机和目的主机分别处于不同的物理网络上时，数据报由源主机通过中间路由器间接地传输到目的主机的过程。

如图 4-5 所示，主机 A 和主机 B 均位于网络 1 上，主机 A 发送给主机 B 的数据报属于直接交付。主机 A 和主机 C 位于不同物理网络，主机 A 发送给主机 C 的数据报属于间接交付。

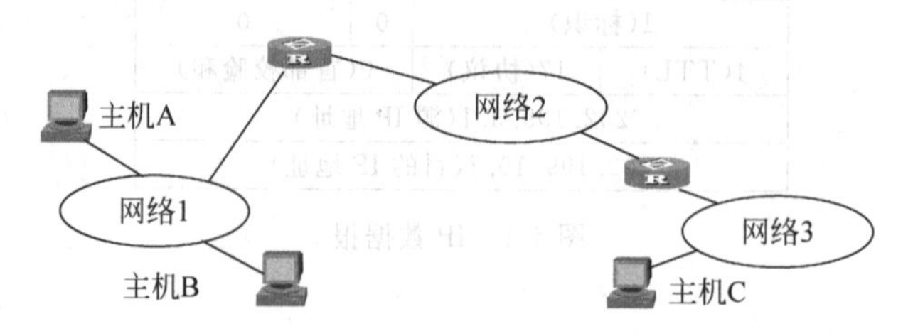

图 4-5 直接交付和间接交付

4.1.3 子网规划

1. 子网划分

由于 IP 地址数量有限，因此，一个机构或组织往往只拥有一个网络地址，但却拥有多个物理网络，于是需要一个网络地址跨越多个物理网络。另外，为了节省 IP 地址空间，也可能需要将一个网络地址中的地址块，分别分配给不同的机构，同时又保持不同机构的主机之间的相互独立性，尽管它们拥有相同的网络地址。这些问题可以采用子网划分技术来解决。

子网划分就是指在原有的将 32 位 IP 地址分成网络号和主机号(本地部分)的基础上，进一步将主机号划分为子网号(物理网络)和主机号部分。简单地说，就是将原来 IP 地址的两级结构变成三级结构，如图 4-6 所示。

子网划分可以采用定长子网划分和变长子网划分两种方式。定长子网划分是指将一个网络地址的本地部分统一划分固定比特长度作为子网号，其剩余部分作为新主机号。使用

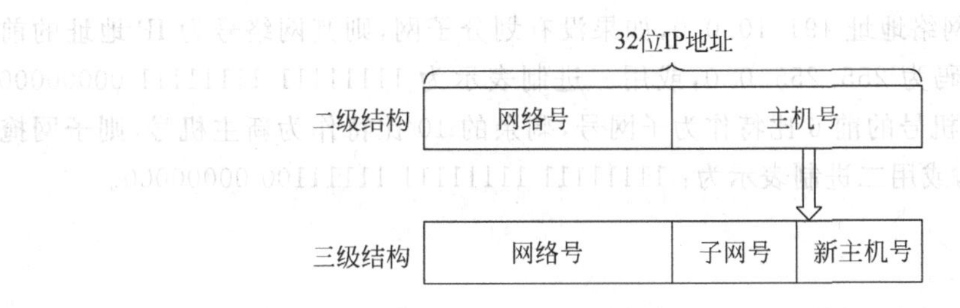

图 4-6 IP 地址的二级结构和三级结构

这种划分后，子网号和新主机号部分的全 0 和全 1 编码不能分配作为实际子网或主机的编号。

如果不同子网中主机数量相差很大，则可以采用变长子网划分方式。变长子网划分提供了更大的灵活性，允许以每个网络为基础来选择子网号的长度。如某单位拥有一个 C 类 IP 地址，其网络号为 202.199.137.0，现在有 4 个物理网络，需要将该 C 类地址划分成 4 个子网，但这 4 个物理网络所需的主机数量却相差很大，分别需要 70 台、50 台、45 台和 28 台，则可以采用变长子网划分方式，网络号分别为 202.199.137.0/25、202.199.137.128/26、202.199.137.192/26 和 202.199.137.32/27。其中，斜杠后面的数字表示网络号和子网号所占的位数。

2. 子网掩码

为了充分利用有限的 IP 地址，可以根据应用的需要划分子网，但划分子网的结果必须以某种方式通知 IP 协议，才能使 IP 协议在传送数据报时找到正确的目的地，这就是 IP 协议中定义的一种描述方法，称为子网掩码。

与 IP 地址一样，子网掩码也采用 32 比特。将 IP 地址中网络地址部分(包括网络号和子网号)对应的比特位在子网掩码中置为 1，而将划分后的新主机号对应的比特位在子网掩码中置为 0，如图 4-7 所示。

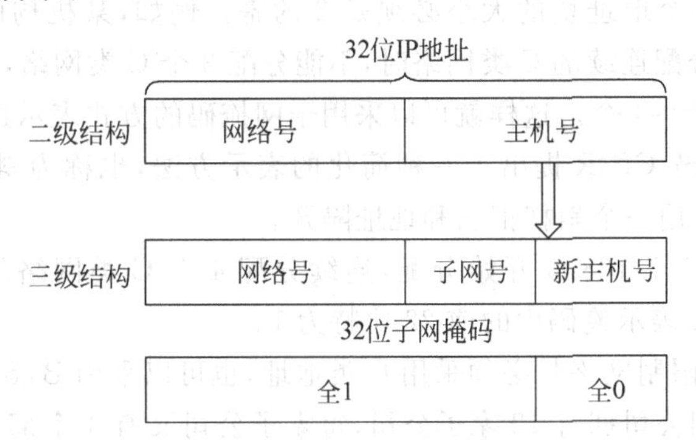

图 4-7 IP 地址和子网掩码

将子网掩码与 IP 地址进行二进制"与"运算，很容易得到划分后的网络地址(网络号和子网号)。

子网掩码的表示同样采用点分十进制表示法。在不划分子网时，A 类、B 类、C 类地址默认的子网掩码分别为 255.0.0.0、255.255.0.0、255.255.255.0。

例如,一个B类网络地址191.10.0.0,如果没有划分子网,则其网络号为IP地址的前16比特,于是子网掩码为255.255.0.0,或用二进制表示为11111111 11111111 00000000 00000000。如果把主机号的前6比特作为子网号,剩余的10比特作为新主机号,则子网掩码为255.255.252.0,或用二进制表示为:11111111 11111111 11111100 00000000。

3. 无类型编址

无类型编址也称为超网编址,是在变长子网掩码(Variable Length Subnet Mask, VLSM)基础上发展来的,它将两个或多个小型网络合并为一个大网络。采用无类型编址的主要原因如下:

(1) 常规的分类编址将网络分为A类、B类、C类3种类型,但是每种类型的网络数量差异很大,B类网络号只有1.7万,而C类网络号有200多万个;

(2) C类网络的申请非常缓慢,只有小部分被分配;

(3) B类网络地址面临在几年内分配完的问题。

一些中小规模的网络浪费了大量的IP地址。比如一个机构需要300个IP地址,然而一个C类网络只有254个IP地址,不能满足需要,于是该机构只能申请一个B类网络,然而B类网络拥有65 534个IP地址,这样绝大部分IP地址没有被有效利用。

超网编址的原理是,分配若干个连续C类网络号的地址块作为一个网络来管理。如果需要300个IP地址,可以分配2个连续的C类地址块,而不是分配一个B类网络。如果一个机构需要分配一个B类地址,也可以为该机构分配一个有256个连续C类号的块。

同样,对于无类型编址,TCP/IP中引入了一种无类型域间路由(Classless Inter-Domain Routing, CIDR)的技术来解决路由器的路由问题。如果采用连续分配多个C类网络的方式,则需要在路由器中存储每个C类网络的路由信息,并且要动态维护这些信息的一致性。如果连续分配了256个C类号,则需要记录256项路由信息。这样,就必然导致路由表规模很大,路由表查询效率降低。为了保持较小的路由表规模,CIDR沿用了子网掩码的表示方式,它要求每个地址块的大小必须是2的幂。例如,某机构的网络规模为600个IP地址,采用CIDR分配连续的C类网络时,不能分配3个C类网络,而必须分配2的幂大小的C类网络数,即$2^2=4$个。这样就可以采用子网掩码的方式表示这些连续的网络号了。

为了简化标识掩码,CIDR提出了一种简化的表示方法,也称为斜杠表示法,以十进制表示掩码的长度,并使用一个斜杠把它和地址隔开。

如果地址从198.211.168.0开始分配,连续分配4个C类网络的地址块可以表示为198.211.168.0/22,22表示掩码中的前22比特为1。

另外,CIDR并不限制网络号必须采用C类地址,也可以采用B类地址。

例4-4 设一集团公司拥有12家子公司,每家子公司又有4个部门。该集团公司申请得到一个172.16.0.0/16的网段,试该集团公司的12家子公司以及子公司的各部门分配网段。

分析:因为该集团公司拥有12家子公司,则需要划分12个子网段,而每家子公司又有4个部门,因此需要在每家子公司所属的网段中进一步划分4个子网分配给各部门。

解:

(1) 划分各子公司的所属网段。

设所需的子网号位数为 n，因有 12 家子公司，则有 $2^n \geqslant 12$，$n_{max}=4$。因此，网络位需要向主机位借 4 位作为各子公司的子网号。即可以将公司所得到的网段 172.16.0.0/16 进一步划分成 $2^4=16$ 个子网。

划分过程如下：

172.16.0.0/16 用二进制表示为：10101100.00010000.00000000.00000000/16

借 4 位后划分为 16 个子网如下：

10101100.00010000.**0000**0000.00000000/20【172.16.0.0/20】
10101100.00010000.**0001**0000.00010000/20【172.16.16.0/20】
10101100.00010000.**0010**0000.00100000/20【172.16.32.0/20】
10101100.00010000.**0011**0000.00110000/20【172.16.48.0/20】
10101100.00010000.**0100**0000.01000000/20【172.16.64.0/20】
10101100.00010000.**0101**0000.01010000/20【172.16.80.0/20】
10101100.00010000.**0110**0000.01100000/20【172.16.96.0/20】
10101100.00010000.**0111**0000.01110000/20【172.16.112.0/20】
10101100.00010000.**1000**0000.10000000/20【172.16.128.0/20】
10101100.00010000.**1001**0000.10010000/20【172.16.144.0/20】
10101100.00010000.**1010**0000.10100000/20【172.16.160.0/20】
10101100.00010000.**1011**0000.10110000/20【172.16.176.0/20】
10101100.00010000.**1100**0000.11000000/20【172.16.192.0/20】
10101100.00010000.**1101**0000.11010000/20【172.16.208.0/20】
10101100.00010000.**1110**0000.11100000/20【172.16.224.0/20】
10101100.00010000.**1111**0000.11110000/20【172.16.240.0/20】

从以上 16 个子网中选择前 12 个网络号分配给 12 家子公司，此时主机号由 16 位减为 12 位，则每个子公司最多容纳主机数目为 $2^{12}-2=4094$(台)。

(2) 划分子公司各部门的所属网段。

以第一家子公司获得子网段 172.16.0.0/20 为例，其他子公司的部门网段划分同第一家子公司。因为子公司有 4 个部门，则有 $2^n \geqslant 4$，$n_{max}=2$。因此，网络位需要向主机位借 2 位进一步作为各部门的子网号。那么就可以将该子公司所得到的子网段 172.16.0.0/20 进一步划分成 $2^2=4$ 个子网，分别分配给 4 个部门。

划分过程如下：

172.16.0.0/20 用二进制表示为，10101100.00010000.00000000.00000000/20

借 2 位后划分为 4 个子网如下：

10101100.00010000.0000**00**00.00000000/22【172.16.0.0/22】
10101100.00010000.0000**01**00.00000000/22【172.16.4.0/22】
10101100.00010000.0000**10**00.00000000/22【172.16.8.0/22】
10101100.00010000.0000**11**00.00000000/22【172.16.12.0/22】

将这 4 个网段分给第一家子公司的 4 个部门即可。每个部门最多容纳主机数目为 $2^{10}-2=1024$。

4.1.4 IP 地址转换

一个特定组织可能需要给组织内部私有网络中每一个网络节点分配一个 IP 地址,如果向 IP 地址分配机构申请地址(公有地址),会产生以下两个不利因素：其一,如果该组织规模很大,申请每一个 IP 地址都需要费用,总费用很高；其二,如果每一个组织都申请公有地址,则会加速有限的 IPv4 地址的耗尽过程。因此,从 A、B、C 三类地址中划分出一部分地址,称为私有地址,它们是不在公网中出现的地址。这些私有地址由任何组织内部使用,各组织或机构可以使用相同的私有地址,相互之间互不干扰。当使用私有地址的组织内部的主机需要访问公网时,由 IP 协议提供的地址转换技术完成私有地址到公有地址的转换。这样既解决了申请 IP 地址费用问题也延缓了 IPv4 地址耗尽问题。

1. 私有地址和公有地址

私有地址是指不会出现在公网上的内部网络或主机的地址；公有地址是指在 Internet 上全球唯一的 IP 地址,它由 ICANN 统一分配。ICANN 规定将下列 IP 地址保留用作私有地址。

(1) A 类：10.0.0.0～10.255.255.255。

(2) B 类：172.16.0.0～172.31.255.255。

(3) C 类：192.168.0.0～192.168.255.255。

这 3 个范围内的地址不会在因特网上被分配,它们仅在一个单位或公司内部使用,不同企业的内部网络地址可以相同。

2. 地址转换原理

很多组织或机构都希望自己的内部网络地址结构不为外界知晓,从而确保内部网络的安全性。从网络内部和外部网络互相访问的特性来看,希望对内部主机主动访问外部网络实施比较宽松的限制,而外部网络(以下简称外网)主动对内部网络(以下简称内网)的访问实施较为严格的限制。这些需求采用地址转换(Network Address Translation,NAT)技术可以得到很好的解决。

地址转换原理如下：首先,将公有地址 D 分配给将内网连接到 Internet 上并运行地址转换软件(NAT 软件)的路由器(称为 NAT 路由器)；其次,所有从内网传送到外网及从外网传送到内网的数据报都需经过该 NAT 路由器进行地址转换,即用 D 替换每个发送到外网的数据报中的源 IP 地址,用主机的私有地址替换从外网传入的数据报中的目的 IP 地址。这样,数据报在外网传递时使用的是公有地址,在内网传递时使用的是私有地址。从外部来看,所有数据报都来自该 NAT 路由器,所有响应也都返回到该 NAT 路由器,外网不知道内网的拓扑结构,也不知道内网的 IP 地址分配方式,从而保护了内部主机。

这种通过使用较少数量的公有 IP 地址,来代表较多数量的私有 IP 地址的方式有助于延缓可用 IPv4 地址空间枯竭的速度。

3. 地址转换技术(NAT 技术)

(1) 静态 NAT 技术。

静态 NAT 技术就是为每个内部私有 IP 地址都分配一个与之对应的唯一固定的公有

IP 地址。静态 NAT 技术并不灵活，且没有节省公有 IP 地址。采用这种技术的目的主要是从安全方面考虑，其主要功能是对外屏蔽内网结构。

(2) 动态 NAT 技术。

动态 NAT 技术是一种多对多的地址转换方式。它将一组内部私有 IP 地址(较多)映射到一组外部公有 IP 地址(较少)，并在运行过程中通过流量监控和定时器，根据实际需要动态建立一对一映射。其原理是：假设给 NAT 路由器分配了 n 个公有地址：$D1,D2,\cdots,Dn$。当第一台内部主机 A 需要访问外部网络时，NAT 路由器会选择地址 $D1$ 分配给主机 A；此时，若主机 B 也需与外部主机通信，NAT 路由器会选择地址 $D2$ 分配给主机 B。若主机 A 断开了与外网的联系，则 NAT 路由器将会及时回收地址 $D1$，并可根据需要将其分配给其他主机使用。这样，动态 NAT 技术最多允许 n 台内部主机同时进行外部访问。

(3) NAPT 技术。

动态 NAT 的灵活性虽然好，但它要求同时进行外部访问的内部主机数不能超过 NAT 路由器的公有 IP 地址数。因此，当有大量内部主机(如超过 NAT 路由器所拥有的公有 IP 地址数)同时访问外网时将会由于地址不够而造成拥塞。因此，提出了网络地址端口转换(Network Address Port Translation，NAPT)技术，它解决了同时访问外网主机数大于 NAT 路由器公有 IP 地址数的问题。

网络地址端口转换 NAPT 技术是指为内网中的每台主机分配私有 IP 地址的同时再分配一个端口号(注意，这里的端口号不是高层协议使用的端口号)，称为内部端口号，同一内网中所有主机的端口号互不相同。对每个公有 IP 地址也设置多个外部端口号，供 NAT 转换时使用。NAT 路由器在进行 IP 地址转换时，既能将其私有 IP 地址转换为一个公有地址，同时也能将其内部端口号转换成对应的外部端口号。这样即使多台主机同时共享一个公有 IP 地址，也可以根据其端口号的不同区分出到底是哪台主机在访问外网，从而解决了公有 IP 地址数量不足的问题，使多个内部主机可以共享一个公有 IP 地址，更加充分地利用了合法的公有 IP 地址。

NAPT 技术扩展了原来的 NAT 转换表。如表 4-1 所示，给出了一个 NAPT 转换表示例。

表 4-1　NAPT 转换表示例

私有地址	内部端口号	公有地址	外部端口号
172.36.109.28	1400	101.57.13.31	359
172.36.109.29	1401	101.57.13.31	360
172.36.109.12	1274	202.196.48.20	363
172.36.109.23	1200	202.196.48.23	365

表 4-1 包含的表项分别对应 4 台内部计算机。其中，内部主机 172.36.109.28 和内部主机 172.36.109.29 在同一时刻可以使用同一个公有地址 101.57.13.31 访问外部网络。当 NAPT 路由器收到从外网发来的数据报时，根据不同的目的端口号从 NAPT 转换表中找到正确的内部主机。例如，NAPT 路由器收到一个数据报，目的 IP 地址是 101.57.13.31，目的端口号是 360，通过查找转换表，NAT 路由器会将此数据报发送给内部主机 172.36.109.29。

例 4-5 网络地址转换实例。如图 4-8 所示,内网数据通过 A 和 B 送到外网(Internet),外网数据通过 C 和 D 送入内网。

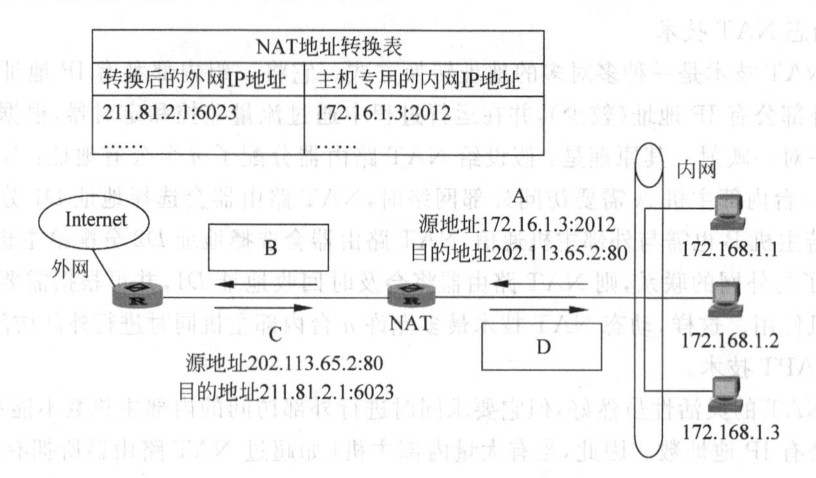

图 4-8 网络地址转换实例

已知 A 中内容:源 IP 地址为 172.16.1.3:2012(172.16.1.3 为 IP 地址,2012 为端口号,下同);目的 IP 地址为 202.113.65.2:80。C 中内容:源 IP 地址为 202.113.65.2:80;目的 IP 地址为 211.81.2.1:6023。试问 B、D 空格中源 IP 地址和目的 IP 地址分别为多少?

解:(1) 计算 B 中的源 IP 地址和目的 IP 地址。由已知,NAT 路由器收到内网发给外网的数据报 A 后,根据 NAT 地址转换表将数据报中的源 IP 地址 172.16.1.3:2012 转换为 211.81.2.1:6023,而目的地址保持不变。

则 B 中内容为:源地址 211.81.2.1:6023,目的地址 202.113.65.2:80。

完成将不能在公网上进行通信的内网地址转换成可以在公网上进行通信的外网地址。

(2) 计算 D 中的源 IP 地址和目的 IP 地址。由已知,当 NAT 路由器收到外网发给内网的数据报 C 后,根据 NAT 地址转换表将数据报中的目的 IP 地址 211.81.2.1:6023 转换为 172.16.1.3:2012;而源地址保持不变。

则 D 中内容为:源地址为 202.113.65.2:80,目的地址为 172.16.1.3:2012。

完成将可以在公网上进行通信的外网地址转换成不能在公网上进行通信的内网地址。

4.1.5 IP 路由表

1. IP 路由表

路由表存储有关目的站以及怎样到达目的站的信息。主机和路由器上都有 IP 路由表,路由软件在传输数据报时,需要查询路由表来决定把数据报发往何处。

如果路由表存储的信息包含所有可能目的地的地址信息,那么路由表将非常巨大,主机和路由器均无法存储。因此路由表设计的原则是用尽量少的信息来满足路由的需要。路由表的设计主要从以下 3 个方面来体现这个思想。

(1) 使用网络地址。由于 IP 地址的编址方法使用了网络地址,并且从一个主机到某个网络所有主机的路由通常是相同的,因此路由表中可以通过网络地址信息来标识路由的目的地址，而不是完整的 IP 地址。这样通过一项信息就能够表示一个网络中所有主机的路由信息，这种方式能够极大地缩小路由表的规模。此时路由表的大小取决于互联网中网络的数量，而与网络中的主机数量无关。

(2) 使用下一跳。目前大多数路由器采用了下一跳路由的思想。虽然从一个主机路由到另一个主机时，中间可能经过若干个路由器，但是路由表中并不包含完整的路径信息，而是仅记录从当前节点(主机或路由器)出发，下一个直接接收者的信息。因此无论一条路径有多长，每个路由器所记录的仅仅是下一个节点的信息。

(3) 使用默认路由。默认路由是指一种能够将多个表项统一到一个路由器的情况。IP 路由软件首先在路由表中查找目的网络，如果表中没有所需路由，则路由软件将数据报发送到一个默认的路由器，由默认路由器继续向下一个节点传递。

尽管一般的路由是基于网络而不是单个主机，但是在一些特殊场合，例如，需要对特定主机在网络中的路由进行控制，以便进行测试或安全控制时，可以采用特定主机路由方式，即对特定的主机 IP 地址指定相应的路由信息。

如表 4-2 所示，是一个路由表的示例。

表 4-2 路由表示例

Destination/Mask	Protocol	Preference	Cost	Nexthop	Interface
0.0.0.0/0	Static	60	0	120.0.0.2	Serial1/0
8.0.0.0/8	RIP	100	3	120.0.0.2	Serial1/0
9.0.0.0/8	OSPF	10	50	20.0.0.2	Ethernet0/0
9.1.0.0/16	RIP	100	4	120.0.0.2	Serial1/0
11.0.0.0/8	Static	60	0	120.0.0.2	Serial1/0
20.0.0.0/8	Direct	0	0	20.0.0.2	Ethernet0/0
20.0.0.1/32	Direct	0	0	127.0.0.1	LoopBack0

表 4-2 所示的路由表中各项的含义如下：

(1) 目的地址(Destination)。目的地址用来标识 IP 数据报的目的主机或目的网络。

(2) 网络掩码(Mask)。网络掩码与目的地址一起来标识目的主机或路由器所在的网段地址。将目的地址和网络掩码进行“逻辑与”后即可得到目的主机或路由器所在网段的地址。

(3) 路由的来源(Protocol)。Protocol 字段指明了路由的来源，即路由是如何生成的。路由的来源主要有以下 3 种：

① 直接路由。直接路由是指由链路层协议发现的路由，是路由器某接口直接相连的网段路由。在路由表中 Protocol 字段对应为 Direct，直接路由的优点是开销小、配置简单且无须人工维护；缺点是只能发现本接口所属网段的路由。

② 静态路由。静态路由是指人工手动配置的路由，强制指明了到达某目的地的路由。在路由表中 Protocol 字段对应于 Static，静态路由的优点是无开销、配置简单；缺点是不会自动修正，需要人工维护。因此，适合简单拓扑结构的网络。

③ 动态路由。动态路由是指由动态路由协议(如 RIP、OSPF 等)发现并自动配置和自动更新的路由。在路由表中 Protocol 字段对应于 RIP、OSPF 等。动态路由的优点是能自

动发现和修正路由,无须人工维护;缺点是开销大、配置复杂。因此,适合复杂拓扑结构的网络。

(4) 路由优先级(Preference)。到达相同的目的地,不同的路由协议(包括静态路由)可能会发现不同的路由。但这些路由并非都是最优的,而且在某一时刻,到某一目的地的当前路由只能由唯一的路由协议来决定,换句话说,某一时刻只能走一条路。因此,各路由协议(包括静态路由)都被赋予了一个优先级。当存在多个路由信息源时,具有较高优先级(数值越小优先级越高)的路由协议发现的路由将成为最优路由,并被加入到路由表中。不同厂家的路由器对于各种路由协议优先级的规定各不相同。除了直接路由(Direct)外,各动态路由协议的优先级都可根据用户需求,手工进行配置。另外,每条静态路由的优先级也可以不相同。

(5) 路由权(Cost)。路由权又称路由花费或路由代价,在路由表中用 Cost 字段指明。路由代价表示到达这条路由所指的目的地址的代价,通常会受到线路延迟、带宽、线路占有率、线路可信度、跳数、最大传输单元等因素的影响。不同的动态路由协议会选择以上的一种或几种因素来计算路由权值(如 RIP 只用跳数来计算权值),而且路由权值只在同一种路由协议内有比较意义,不同路由协议之间的路由权值没有可比性,也不存在换算关系。需要注意的是静态路由和直接路由的路由权值为 0。

(6) 下一跳 IP 地址(Nexthop)。下一跳 IP 地址指明到达某目的地的 IP 数据报所经由的下一个路由器的接口地址。

(7) 输出接口(Interface)。输出接口指明到达某目的地的 IP 数据报从该路由器哪个接口转发。

2. IP 路由算法

路由算法的核心是路由选择算法,设计路由算法时要考虑的技术要素有:

- 选择最短路由还是最佳路由。
- 通信子网是采用虚电路操作方式还是采用数据报的操作方式。
- 采用分布式路由算法还是采用集中式路由算法。
- 考虑网络拓扑、流量和延迟等网络信息的来源。
- 确定采用静态路由还是动态路由。

IP 路由算法是路由器接收到一个数据报以后,根据路由表的信息进行路由的具体步骤。其处理过程如下:

(1) 从数据报首部提取目的 IP 地址 D。

(2) 判断是否为直接交付。对与路由器直接相连的网络逐个进行检查:用各网络的子网掩码和 D 逐位相“与”(AND 操作),查看结果是否与相应的网络地址匹配。若匹配,则通过该网络把数据报直接交付到目的地。否则就是间接交付,执行(3)。

(3) 若路由表中包含有目的地为 D 的特定主机路由,则把数据报发送到表中指定的下一跳。否则执行(4)。

(4) 对路由表中的每一行,用其中的子网掩码和 D 逐位相“与”,其结果为 M。若 M 与该行的目的网络地址匹配,则把数据报传送给该行指明的下一跳路由器。否则执行(5)。

(5) 表中是否包含一个默认路由,若有则把数据报发送到表中指定的默认路由器。否则执行(6)。

(6) 报告路由出错。

3. 传入数据报的处理

当主机和路由器接收到传入的数据报时，它们的处理方式有相同的部分，但也存在区别。

(1) 公共部分。主机和路由器都可能存在多个网络连接，每个连接分别拥有一个 IP 地址。当一个 IP 数据报到达时，需要把目的 IP 地址与它的每一个网络连接的 IP 地址进行比较。如果匹配，则保留该数据报并对它进行处理。如果数据报的目的 IP 地址是有限广播地址或直接广播地址，接收节点也必须接收该物理网络上广播的数据报。

(2) 主机的处理过程。网络接口软件将数据报传给 IP 软件。如果数据报的目的地址与主机的 IP 地址匹配，则 IP 软件接受该数据报，并把它传递给合适的高层协议软件进一步处理。如果不匹配，则要求主机丢弃该数据报。

(3) 路由器的处理过程。当路由器收到数据报时，IP 软件首先检验数据报首部中各个字段的正确性，包括版本、校验和及长度等。如果发现错误，则将其丢弃；如果无错且目的地址是自身，则交给相应的协议模块，否则进行转发处理。

转发时，路由器的 IP 软件首先把 TTL 值减 1。TTL 值减 1 后若变为 0，则表明数据报超时，将其丢弃。否则路由器的 IP 软件会根据数据报首部中的目的 IP 地址查询路由表。若找到合适的路由，则重新计算校验和，并将数据报转发到下一跳。

如图 4-9 所示，给出了路由器处理传入的数据报的过程。

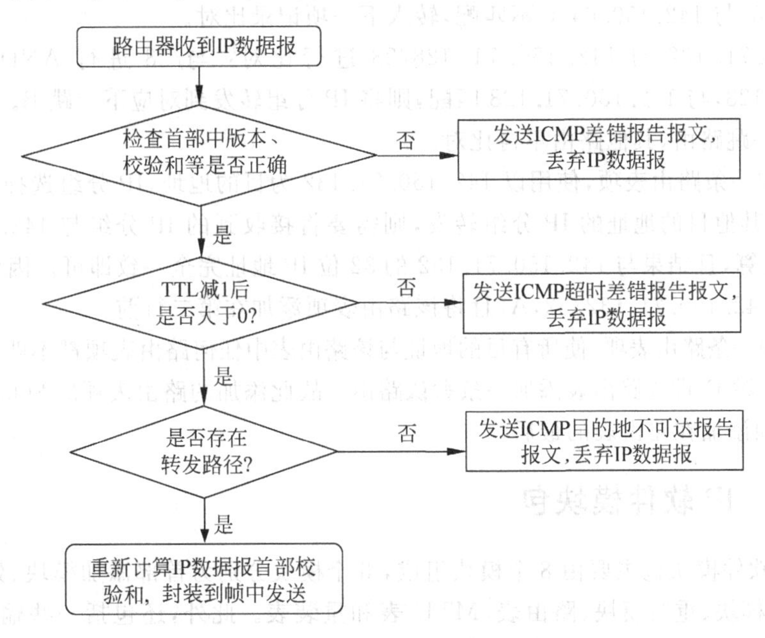

图 4-9 路由器处理传入的数据报的过程

例 4-6 假设某路由器具有如表 4-3 所示的路由表项。

问题：

(1) 假设路由器接收到一个目的地址为 142.150.71.132 的 IP 分组，请确定该路由器为该 IP 分组选择的下一跳，并说明理由。

(2) 在如表 4-3 所示的路由器表中增加一条路由表项，该路由表项使用以 142.150.71.132 为目的地址的 IP 分组，选择 A 作为下一跳，且不影响其他目的地址的 IP 分组转发。

(3) 在如表 4-3 所示的路由表中增加一条路由表项，使所有目的地址与该路由表中任何路由表项都不匹配的 IP 分组被转发到下一跳 E。

表 4-3 某路由器的路由表

网络前缀	下一跳	网络前缀	下一跳
142.150.64.0/24	A	142.150.0.0/16	D
142.150.71.128/28	B	142.150.71.128/29	A
142.150.71.128/30	C	……	……

解：

(1) 路由器接收到一个 IP 分组后，会读取出该 IP 分组的目的地址，从上至下依次与路由表中的每一个表项(每一行)的子网掩码进行 AND 运算，如果运算结果与子网地址相匹配，则将 IP 分组转发到该行的相应下一跳，若所有路由表项都不匹配则丢弃该 IP 分组。

因此，路由器在收到一个目的地址为 142.150.71.132 的 IP 分组后，提取其目的地址 142.150.71.132 逐条与路由表的各条记录的子网掩码进行 AND 运算，并将运算结果与对应的网络前缀比对，若结果一致则从相应端口转发。

142.150.71.132 与 142.150.64.0/24 进行比对：与/24 进行 AND 运算，得到 142.150.71.0，与 142.150.64.0 不匹配，转入下一项记录比对。

142.150.71.132 与 142.150.71.128/28 进行比对：与/28 进行 AND 运算，得到 142.150.71.128，与 142.150.71.128 匹配，则将 IP 分组转发到对应下一跳 B。

找到下一跳路由，其他路由不再比对。

(2) 增加一条路由表项，使用以 142.150.71.132 为目的地址，IP 分组选择 A 作为下一跳，且不影响其他目的地址的 IP 分组转发，则需要将接收到的 IP 分组与 142.150.71.132 进行 AND 运算，且结果与 142.150.71.132 的 32 位 IP 地址完全一致即可。因此，添加的路由表项应为 142.150.71.132/32，A，且将该路由表项添加在第二行前。

(3) 增加一条路由表项，使所有目的地址与该路由表中任何路由表项都不匹配的 IP 分组被转发到下一跳 E，即为路由表添加一条默认路由。故此添加的路由表项应为 0.0.0.0/0，E，且该路由表项添加在路由表的最后。

4.1.6 IP 软件模块包

IP 协议软件模块包主要由 8 个模块组成，8 个模块分别为首部添加模块、处理模块、转发模块、分片模块、重装模块、路由表、MTU 表和重装表。此外，还包括一些输入和输出队列。如图 4-10 所示为简化的 IP 软件模块组成及相互之间的关系。

在图 4-10 中，IP 协议接收来自数据链路层或高层协议的分组。如果分组是从高层协议来的，则它必须将其交付给数据链路层进行传输(使用环回地址 127.X.Y.Z 除外)。如果分组来自数据链路层，则它或者将其交付给数据链路层进行转发(在路由器中的情况)，或者交

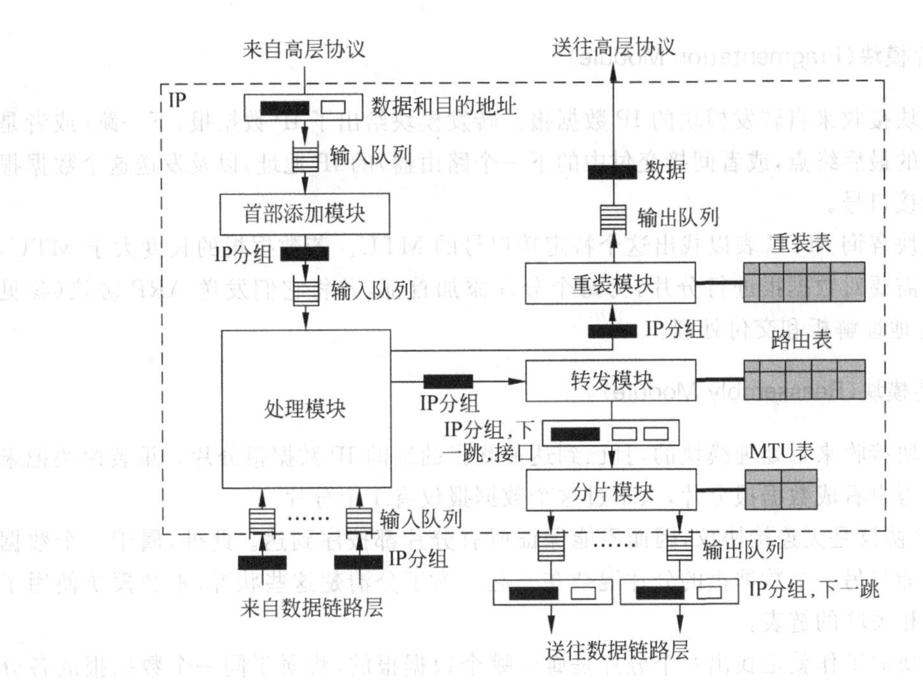

图 4-10 简化的 IP 软件模块包组成及相互关系

付给高层协议(如果分组的目的 IP 地址与本站的 IP 地址在同一网络内)。另外,在图 4-10 中使用了多个送往与来自于数据链路层的队列,因为路由器是连接多个网络的。

1. 首部添加模块(Header-adding Module)

首部添加模块接收来自高层协议的数据及其目的 IP 地址。它通过添加 IP 首部,将数据封装在一个 IP 数据报中。

2. 处理模块(processing Module)

处理模块是 IP 软件模块包的核心。处理模块接收来自一个接口或者来自首部添加模块的数据报。这两种情况的处理方式是一致的。不管数据报从何处来,它都必须被处理和转发。

处理模块首先检查这数据报是否已到达最后节点(终点)。如果已到达终点,则将 IP 分组传送给重装模块;如果未到达终点,即该节点是路由器,则将 IP 数据报中的生存时间(TTL)字段的值减 1,如果 TTL 值小于或等于零,则丢弃该 IP 数据报,并向发送端发送 ICMP 差错报文(参见 4.3 节);如果 TTL 值在减 1 后还大于零,则处理模块将该 IP 数据报传送给转发模块。

3. 转发模块(Forwarding Module)

转发模块接收来自处理模块的 IP 分组。如果分组需要被转发,则会将该分组传递给本模块。转发模块首先查找路由表找出下一跳的 IP 地址及转发该分组时的接口号;然后,将 IP 分组连同这些信息一起传递给分片模块。如果在路由表中找不到下一跳地址,则丢弃该 IP 分组,并向发送源发送 ICMP 差错报文。

4. 分片模块(Fragmentation Module)

分片模块接收来自转发模块的IP数据报。转发模块给出了IP数据报、下一跳(或者是直接交付中的最后终点,或者间接交付中的下一个路由器)的IP地址,以及发送这个数据报必须通过的接口号。

分片模块咨询MTU表以找出这个特定接口号的MTU。若数据报的长度大于MTU,则分片模块需要对数据报进行分片,为每个分片添加首部,并将它们发送ARP协议(参见4.2节)进行地址解析和交付处理。

5. 重装模块(Reassembly Module)

重装模块接收来自处理模块的,且已到达最终目的地的IP数据报分片。重装模块把未分片的数据报也看成数据报分片,只不过这个数据报仅有1个分片。

因为IP协议是无连接协议,因而不能保证所有分片都按序到达。此外,属于一个数据报的分片可能与另一个数据报的分片混杂在一起。为了分清楚这些状况,重装模块使用了重装表及其相关联的链表。

重装模块的工作就是找出一个分片是属于哪个数据报的,将属于同一个数据报的各分片进行排序,并且当所有的分片都到达时把它们重新组装成一个完整的IP数据报。如果预先设定的超时已到期,但还有分片没有到位,则重装模块将这些分片全部丢弃。

6. 路由表

转发模块利用路由表来确定分组的下一跳地址及转发接口。

7. MTU表

分片模块使用MTU表找出特定接口的最大传送单元MTU。MTU表可以仅含接口和MTU两列。

8. 重装表(Reassembly Table)

重装表是供重装模块确定所收到的数据报分片属于哪个IP数据报而设置的。重装表有状态、源IP地址、数据报标识符、超时以及分片5个字段。

(1) 状态字段的值可以是FREE(空闲)或IN-USE(使用中)。

(2) 源IP地址字段定义了数据报的源IP地址。

(3) 数据报标识符是个数字,它唯一定义了一个数据报以及属于该数据报的所有分片。

(4) 超时是一个预定义的时间,在这段时间内所有的分片都必须到达。

(5) 分片字段是指向分片链表的指针。

9. 队列

在图4-10中有两种类型的队列,即输入队列和输出队列。

(1) 输入队列(Input Queues)存放的是来自数据链路层或高层协议的数据报。

(2) 输出队列(Output Queues)存放的是将要发送到数据链路层或高层协议的数据。

处理模块从输入队列中取出数据报。分片和重装模块则向输出队列中添加数据报。

4.2 Internet 地址解析协议

4.2.1 地址解析协议(ARP)

网络中每个主机都用一个唯一的物理地址(又称为硬件地址)进行标识。TCP/IP 协议支持异构的物理网络相连,即每个物理网络可以采用各自的拓扑结构和低层编码规则。低层的差异由 IP 层屏蔽,即在 IP 层通过 IP 地址(又称逻辑地址)实现对主机的统一标识。换言之,IP 层通过 IP 地址来标识主机,而物理网络通过物理地址来标识主机。因此,物理地址与 IP 地址之间有了一定的对应关系,只要网卡不变,主机的物理地址则不变,而 IP 地址可以根据拓扑结构变化的需要来改变。

主机发送数据报时,在 IP 层需要在数据报的首部填写目的主机和源主机的 IP 地址,当数据报由 IP 层传到数据链路层通过物理网络发送时,数据链路层协议必须填写目的主机的物理地址。源主机需要通过某种方式事先知道目的主机的物理地址,这就是地址解析协议(ARP)的工作。

地址解析协议(Address Resolution Protocol,ARP)就是根据某主机的 IP 地址解析出其物理地址。它使主机能够在只知道同一物理网络上(也可是不同物理网络,这时称为跨网 ARP 协议)某个主机 IP 地址的情况下,获得该主机的物理地址。

1. ARP 工作原理

ARP 的基本思想是“询问”,由于目的物理地址未知,因此,必须用广播的方式提问,这种广播是物理广播,即把 MAC 帧的目的物理地址设置为广播地址。被“询问”的主机,收到该广播报文,从中提取询问方的物理地址,用单播方式返回应答。

例如,假设主机 A 准备向主机 B 发送数据,但它只知道主机 B 的 IP 地址,不知道其物理地址。因此,需要解析主机 B 的物理地址。工作过程如下:首先,主机 A 会广播一个 ARP 请求报文,请求主机 B 做出响应,给出其物理地址。该请求报文中携带主机 A 的 IP 地址、主机 A 的物理地址和主机 B 的 IP 地址,询问主机 B 这个 IP 地址所对应的主机的物理地址。同一网段上的所有主机都会接收到这个 ARP 请求报文(主机 B、C、D),但只有主机 B 做出响应。主机 B 从该 ARP 请求广播报文中取出主机 A 的 MAC 地址,以单播形式发送一个包含自身物理地址的 ARP 应答报文给主机 A。因此,主机 A 便获得了主机 B 的物理地址。具体过程如图 4-11 所示。

当跨网发送 ARP 请求,需要经过中间路由器时,解析物理地址需要利用路由器依次接力完成。由于 ARP 请求报文使用物理广播方式投递,而物理广播帧是不能跨越路由器转发的,因此,在完成 ARP 解析时,需要将 ARP 请求报文单播传送到路由器,然后由路由器像接力一样,一站一站地解析完成。例如,主机 A 与主机 B 分别位于网络 1 和网络 2 中,中间由路由器 R 连接,路由器 R 有两个接口 I_1 和 I_2 分别连接在网络 1 和网络 2 上,各设备的 IP 地址和 MAC 地址如图 4-12 所示。

在图 4-12 中,若主机 A 欲向主机 B 发送数据,但却不知道主机 B 的 MAC 地址,则需要

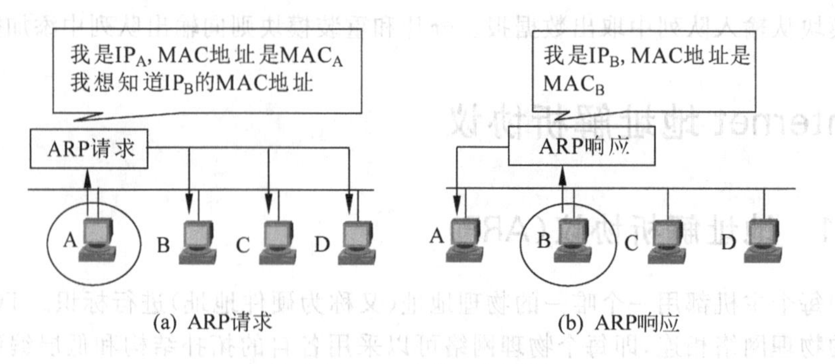

图 4-11 ARP 的工作原理

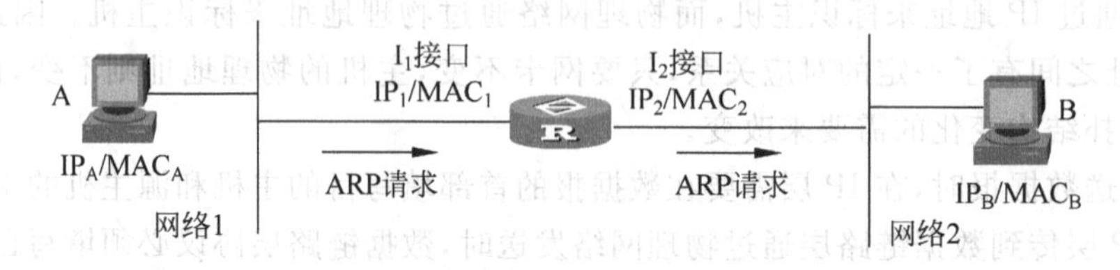

图 4-12 跨网 ARP 工作原理

解析出主机 B 的 MAC 地址。主机 A 向主机 B 发送数据过程(利用 ARP 请求)如下:

(1) 主机 A 利用 ARP 请求广播报文获取路由器 R 的 I_1 接口的物理地址 MAC_1;

(2) 主机 A 将 IP 数据报发送给路由器 R 的 I_1 接口。其中 IP 数据报中目的 IP 地址为 IP_B,但其 MAC 帧中的目的 MAC 地址为路由器 R 的 I_1 接口的 MAC 地址 MAC_1。

(3) 路由器 R 将数据报从 I_1 接口接收进来,然后利用 ARP 请求广播报文获取主机 B 的物理地址。

(4) 路由器 R 将 IP 数据报文从 I_2 接口投递给主机 B。其中 IP 数据报的源 IP 地址为 IP_A,其 MAC 帧中的源 MAC 地址为路由器 R 的 I_2 接口的 MAC 地址 MAC_2。

主机 B 回应时,源 IP 地址为 IP_B,MAC 地址为 MAC_B;目的 IP 地址为 IP_A,MAC 地址为 MAC_2,即主机 B 将报文在链路层递交给路由器 R,由 R 再转交给主机 A。这也说明路由器在转发数据报时 IP 地址不变,但 MAC 地址会发生变化。

2. ARP 的协议格式

ARP 协议的格式如图 4-13 所示。

物理网络类型(16 位)		协议类型(16 位)
物理地址长度(8 位)	协议地址长度(8 位)	操作(16 位)
发送端物理地址(48 位)		
发送端逻辑地址(32 位)		
目的端物理地址(48 位)		
目的端逻辑地址(32 位)		

图 4-13 ARP 协议的格式

ARP 的协议格式说明:

(1) 物理网络类型。占 16 位,用来指明运行 ARP 的物理网络类型。每一个物理网络根据其类型被指派一个整数。例如，以太网的物理网络类型为1。

(2) 协议类型。占16位，用来指明发送方提供的上层协议的类型。

(3) 物理地址长度和协议地址长度。各占8位，分别指明物理地址和上层协议逻辑地址的长度。

(4) 操作。占16位，用来指明ARP的操作类型。该值为1表示ARP请求，为2表示ARP响应。

(5) 发送端物理地址和发送端逻辑地址。均为可变长度字段，用来定义发送端的物理地址和逻辑地址。

(6) 目的端物理地址和目的端逻辑地址。均为可变长度字段，用来定义目的端的物理地址和逻辑地址。其中，对于ARP请求报文，目的端物理地址字段为全0。

ARP协议的设计充分体现了通用性和可扩展性。引入物理网络类型、协议类型、物理地址长度和协议地址长度后，可以适用于不同的物理网络技术、不同的网络层协议，而不仅仅局限于以太网和IP协议。

3. ARP的改进

ARP的改进主要是为提高ARP的效率，降低处理和网络带宽的开销。改进的策略主要有以下4种。

(1) 高速缓存机制。如果源主机每发送一个分组给目的主机均需进行一次地址解析时，效率太低。因此，为了提高通信效率，在实现ARP协议时，采用高速缓存机制，允许源主机将一次解析的结果保存在一个高速缓存表中，即在本地设置ARP缓存，用于存放最近解析得到的IP/MAC地址对。这样，以后发送分组时不必每次解析，可以直接通过高速缓存表获得目的主机的物理地址。其过程是：发送方发送数据之前，首先在本地缓存中查找目的主机物理地址，如果找到，则直接使用；否则发送ARP请求报文，进行地址解析。

(2) 捎带机制。在主机发送ARP请求报文时，将自己的IP/MAC地址对写到请求报文中。例如，当主机A向主机B发起地址解析请求时，主机B在给主机A应答时，同时将请求报文中主机A的IP/MAC地址对存储在自身的ARP缓存中。这样可以避免随后通信中主机B向主机A发起ARP请求。而且由于主机A向主机B发起地址解析请求时采用了广播机制，因此网络上其他的主机也能收到主机A的ARP请求报文。虽然其他主机对它不产生回应，但可以将请求报文中主机A的IP/MAC地址对存储在自身的ARP缓存中，也可以避免这些主机向主机A发起ARP请求。

(3) 主机广播机制。当一个主机连入网络或接口发生变化时，会主动发送一个ARP广播报文，使网络上其他主机及时存储其IP/MAC地址对信息，当其他主机和该主机通信时不必再发送ARP请求。

(4) 缓存定时刷新机制。为了适应目的主机IP地址可能发生的变化，使用ARP缓存时需考虑缓存记录的有效性问题，并尽量减少缓存条目的数量，以便提高查找效率。如某主机已经下线，并会长时间关机，在这段时间内没必要再维护该记录，因此，ARP使用了缓存定时刷新技术，即在给定时间内某IP/MAC地址对没有出现(被主机使用)，则相应的记录将会被删除。通常设置20分钟为一个有效时间，超过该时间后，ARP缓存信息将被重新刷新。

4.2.2 反向地址解析协议(RARP)

ARP实现IP地址到MAC地址的解析,反向地址解析协议(Reverse Address Resolution Protocol,RARP)的工作与ARP协议正好相反,实现MAC地址到IP地址的解析。RARP主要用于无盘工作站启动时根据自身的物理地址获取相应的IP地址。主机的IP地址通常保存在硬盘中,启动时由操作系统查找读取出来。而无盘工作站因为没有硬盘,无法保存IP地址,因此主机启动时由网卡中的启动芯片完成向服务器查询自身IP地址。

RARP工作原理与ARP相似,其原理也是"询问"。由于无盘工作站无法存储服务器的地址,因此,最直接的方法就是启动时使用广播方式提问。无盘工作站虽然不知道自己的IP地址,但其MAC地址固化在网卡中。假定网络上有一台带有硬盘的主机保存着IP/MAC地址对分配表,每台无盘工作站的物理地址对应着一个IP地址,称这台特殊的主机为RARP服务器。当无盘工作站需要获得自己的IP地址时,使用自己的MAC地址在本地网络上进行广播,该广播报文会到达RARP服务器,RARP服务器根据请求主机的物理地址查询IP/MAC地址对分配表获得相应的IP地址,并以单播形式发送应答给请求的无盘工作站。这样,请求主机就获得了自己的IP地址。具体过程如图4-14所示。

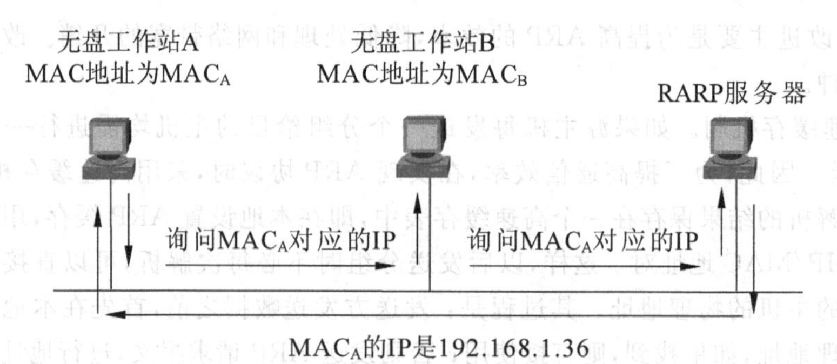

图4-14 RARP工作原理

RARP的报文格式与ARP报文格式相似。

4.3 Internet控制协议

IP协议是一种不可靠无连接的协议,在IP数据报由源主机投递到目的主机的过程中,可能需要经过多个路由器转发。数据报在整个传输过程中,也就可能出现各种问题,如数据报出现错误、目的网络不可达、目的主机不响应、数据报丢失、网络拥塞等。因此,IP层虽然不提供纠错机制,但应提供一种机制将出现的各种问题向源主机报告,即应有差错报告。另外,为了确保Internet的正常运行,TCP/IP的IP层在完成无连接数据报传输的同时,还应提供一些控制机制。为了处理IP层的差错问题和实现IP层控制,在IP层引入了Internet控制报文协议(Internet Control Message Protocol,ICMP)。

4.3.1 Internet控制报文协议

ICMP协议是IP协议的补充,用于IP层的差错报告和控制报告,它不是高层协议,是

IP 层的协议,ICMP 报文封装在 IP 数据报的数据部分进行传输。即 ICMP 报文作为 IP 数据报的数据部分,加上数据报的首部,组成 IP 数据报通过互联网传递。ICMP 报文由首部和数据两部分组成,首部为固定长度 8 个字节,数据部分长度可变。ICMP 报文格式如图 4-15 所示。

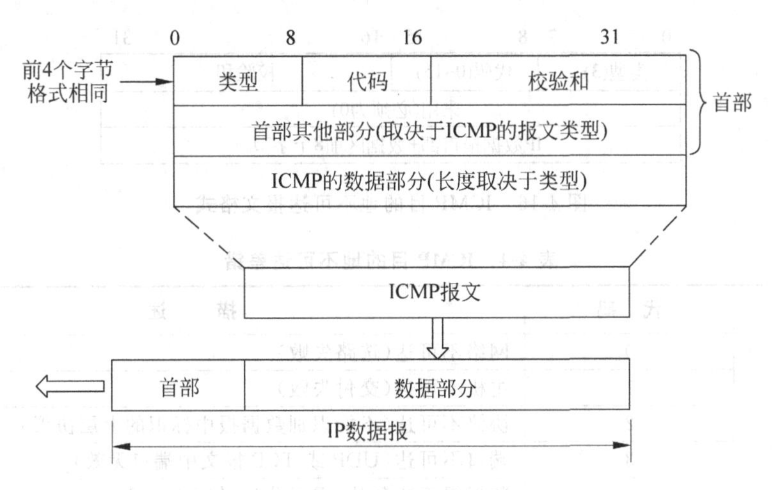

图 4-15 ICMP 报文格式

ICMP 报文首部的前 3 个字段为通用部分,它们是类型字段、代码字段、校验和字段。

- 类型:占 8 位,用于指示 ICMP 报文的类型。
- 代码:占 8 位,进一步描述某些 ICMP 报文的具体说明。
- 校验和:占 16 位,用于保证 ICMP 报文的完整性。覆盖范围为整个 ICMP 报文。

1. ICMP 报文类型

ICMP 报文主要有三种类型,即 ICMP 差错报告报文、ICMP 控制报文和 ICMP 请求应答报文。

1) ICMP 差错报告报文

ICMP 差措报告弥补了 IP 协议的不可靠问题。

(1) ICMP 差错报文的特点。

① ICMP 差错报文的数据区包括发生差错的 IP 数据报首部及数据的前 8 个字节数据(这段数据包含上层协议的首部)。这些信息能够使源主机找出差错的原因,以便采取差错控制。

② ICMP 差错报文只向源主机报告差错,不能向中间路由器报告差错。

③ ICMP 差错报文只报告差错,不负责纠正错误,纠错由高层协议处理。

④ 差错报告只作为一般数据进行传输,不享受特别的优先级及可靠性。

(2) 不产生 ICMP 差错报告报文的几种情况。

① 对 ICMP 差错报告报文不再发送 ICMP 差错报告报文。

② 对除第一个分片的数据报片外的所有后续数据报片都不发送 ICMP 差错报告报文。

③ 对具有多播地址的数据报都不发送 ICMP 差错报告报文。

④ 对具有特殊地址(如 127.0.0.0 或 0.0.0.0)的数据报不发送 ICMP 差错报告报文。

(3) ICMP差错报文的种类。

① 目的地不可达报文。当路由器无法根据路由表转发IP数据报或目的主机不能向上交付数据报时,IP将丢弃数据报,并向源节点发送目的地不可达报文。目的地不可达报文格式如图4-16所示。各种原因目的地不可达差错如表4-4所示。

0　　　7	8　　　15	16　　　31
类型(3)	代码(0~15)	校验和
未用(必须为0)		
IP数据报首部+数据区前8个字节		

图4-16 ICMP目的地不可达报文格式

表4-4 ICMP目的地不可达差错

类　型	代　码	描　　述
3	0	网络不可达(选路失败)
	1	主机不可达(交付失败)
	2	协议不可达(不能识别数据报中标识的上层协议)
	3	端口不可达(UDP或TCP报文中端口无效)
	4	数据报无法分片(需要分片,但DF=1)
	5	源路由失败
	6	目的网络未知
	7	目的主机未知
	8	源主机被隔离
	9	出于管理需要,与目的网络的通信被禁止
	10	出于管理需要,与目的主机的通信被禁止
	11	对所请求的特定服务类型(ToS),目的网络不可达
	12	对所请求的特定服务类型(ToS),目的主机不可达
	13	因管理者设置过滤,目的主机不可达
	14	因非法优先级,目的主机不可达
	15	因报文的优先级低于网络设置的最小优先级,目的主机不可达

② 超时报文。当路由器收到生存时间为零的数据报时,除丢弃该数据报外,还要向源节点发送ICMP超时报文;另外,IP数据报如果发生了分片,那么在目的主机处需要对分片进行重组,即收集一个数据报的所有分片。当数据报的第一个分片到达目的主机时,目的主机启动一个定时器,如果该数据报的所有分片不能在定时器超时前到达,就认为出现了差错。由目的主机向源主机发送一个分片重组超时的ICMP报文。

ICMP超时报文格式如图4-17所示。ICMP超时报文类型如表4-5所示。

0　　　7	8　　　15	16　　　31
类型(11)	代码(0~1)	校验和
未用(必须为0)		
IP数据报首部+数据区前8个字节		

图4-17 ICMP超时报文格式

表 4-5 ICMP 超时类型

类型	代码	描述
11	0	路由 TTL 超时(TTL=0)
	1	分片重组超时(数据报第一分片到达,后续分片中有未到达的)

③ 参数错误报文。当路由器或目的主机收到的数据报首部中存在某字段的值不正确时,丢弃该数据报,并向源节点发送 ICMP 参数错误报文。

ICMP 参数错误报文格式如图 4-18 所示。ICMP 参数错误报文类型如表 4-6 所示。

0 7	8 15	16 31
类型(12)	代码(0~1)	校验和
指针	未用(必须为0)	
IP数据报首部+数据区前8个字节		

图 4-18 ICMP 参数错误报文格式

表 4-6 ICMP 参数错误报文类型

类型	代码	描述
12	0	表示 IP 首部的某个字段中有差错或二义性。“指针”用于指示发生差错的第一个字节在数据报首部中的位置
	1	表示缺少所需的选项部分。此时,“指针”值为 0(无效)

2) ICMP 控制报文

(1) 源点抑制报文(Source Quench)。源节点和目的节点之间数据传输通常是由中间多个路由器转发,由于 IP 协议采用无连接方式发送数据报,而且数据传输过程中未采取任何流量控制机制。如果路由器在短时间内收到大量的数据报,超过自身的转发能力时,则会将后续到达的数据报进行缓存,但路由器的缓冲空间是有限的,如果数据报继续大量涌入,则会造成缓冲区溢出,路由器出现了拥塞。此时,路由器只能选择丢弃一些数据报来缓解拥塞。当路由器或者主机由于拥塞而丢弃数据报时,必须采用某种机制通知源点减慢数据报的发送速度,即进行拥塞控制。ICMP 提供的向源点发送抑制报文机制,目的是使源点知道放慢数据报的发送速率。ICMP 源点抑制报文的格式如图 4-19 所示。

0 7	8 15	16 31
类型(4)	代码(0)	校验和
未用(必须为0)		
IP数据报首部+数据区前8个字节		

图 4-19 ICMP 源点抑制报文格式

源点抑制一般分为 3 个阶段:发现拥塞阶段、解决拥塞阶段和恢复阶段。

① 发现拥塞阶段。路由器对缓冲区进行监测,一旦发现拥塞(即有大量的数据报被丢弃),则立即向相应的源点发送 ICMP 源点抑制报文。

② 解决拥塞阶段。源点收到 ICMP 源点抑制报文,则根据发回 ICMP 源点抑制报文的路由器或主机信息,降低发往该目的地的数据报的速度。

③ 恢复阶段。ICMP 并未提供专门的解除拥塞的通知机制,而是将拥塞解除判断工作交给源点完成,如果源点在一段时间内未再收到 ICMP 源点抑制报文,则认为拥塞解除,可以逐渐恢复发送速率。

(2) 改变路由(重定向 Redirect)报文。Internet 中的主机和路由器中都存储着一个路由表,路由表决定了去往目的地的下一跳路由器的地址。网络中的路由器会定期交换路由信息,以跟踪网络结构的动态变化,保证找出的路由是最佳的。主机在启动时,会根据配置文件对自身的路由表进行初始化,但是,为了提高网络运行的效率,主机都不参与路由表更新过程,因为网络中的主机数量远远大于路由器数量,如果主机参与路由更新,网络将不堪重负。因此,主机中的路由表未必是最佳路由,甚至可能是很糟的路由。为了解决这个问题,Internet 采取一种机制,必要时来更新主机中的路由表,这种机制就是 ICMP 的改变路由报文。路由器把改变路由报文发给主机,告知主机发往某一目的地的报文可以用新路由信息更新目前的路由信息。

工作过程如下:

主机通常在配置中设定一个默认的路由器,当主机需要将数据报传输到其他网络时,将数据报发送给该路由器。若默认路由器发现该数据报发送给同一网络上的其他路由器转发更加合理时,就会向主机发送一个 ICMP 的改变路由报文,通知主机将发送到该网络的数据报交付给新的路由器,而不是默认路由器。主机将记录该信息,并调整其路由。

ICMP 改变路由报文格式如图 4-20 所示。ICMP 改变路由报文类型如表 4-7 所示。

0 7	8 15	16 31
类型(5)	代码(0~3)	校验和
路由器IP地址		
IP数据报首部+数据区前8个字节		

图 4-20 ICMP 改变路由报文格式

表 4-7 ICMP 改变路由报文类型

类 型	代 码	描 述
5	0	对特定网络路由的改变
	1	对特定主机路由的改变
	2	基于指明的服务类型,对特定网络路由的改变
	3	基于指明的服务类型,对特定主机路由的改变

3) ICMP 请求/应答报文

ICMP 除了差错报告报文和控制报文外,还提供了请求/应答报文,通过该报文的一问一答过程,可以使网络管理人员对网络进行检测,对某些网络问题进行诊断,了解设备的可达性、时钟同步等。

ICMP 共提供 5 种请求/应答报文,分别是回送请求/应答报文、时间戳请求/应答报文、地址掩码请求/应答报文、路由器询问/通告报文、信息请求/应答报文。其中,信息请求/应答报文已不再使用。

(1) 回送请求/应答报文。ICMP 回送请求/应答报文是为网络诊断和测试而设计的。网络管理员可以通过这对报文来发现网络的问题,如是否可达、路由信息等。ICMP 回送请求报文是由主机或路由器向一个特定的目的主机发出的询问。收到该报文的主机必须发送回送应答报文。ICMP 回送请求/应答报文格式如图 4-21 所示。

0　　　　7 8	15 16	31
类型(8/0)	代码(0)	校验和
标识		序号
由请求报文发送,应答报文重复		

图 4-21　ICMP 回送请求/应答报文格式

说明：

① 类型为 8 时为请求报文,为 0 时为应答报文。

② 标识用于匹配请求和应答,成对的请求和应答使用相同的标识和序号。标识通常为发出回送请求进程的进程 ID。

(2) 时间戳请求/应答报文。网络中的设备一般都是独立运行的,各自的时钟也存在着差异,若在某些应用中需要各相关设备的时钟同步运行时,或需要估计两台主机之间传输数据报的往返时间(如为设置超时定时器使用等),为了满足这些需求,ICMP 提供了时间戳请求/应答报文。其格式如图 4-22 所示。

0　　　　7 8	15 16	31
类型(13/14)	代码(0)	校验和
标识		序号
初始时间戳(由源点给出)		
接收时间戳(由终点给出)		
发送时间戳(由终点给出)		

图 4-22　ICMP 时间戳请求/应答报文格式

说明：

① 类型。指明是时间戳请求(13)或应答报文(14)。

② 标识和序号。用于匹配时间戳请求和应答报文对。

③ 初始时间戳。用于记录发送者生成时间戳请求报文的时间。

④ 接收时间戳。用于记录接收者收到请求报文的时间。

⑤ 发送时间戳。用于记录接收者生成应答报文的时间。

各时间戳值是从午夜开始的世界时间,以毫秒(ms)为单位计数。

- 源点产生时间戳请求报文,报文中只给出初始时间戳值,接收时间戳和发送时间戳值均为 0。
- 终点产生对应的时间戳应答报文,报文中 3 个时间戳值均需给出,其中初始时间戳值重复使用请求报文中的时间值。

计算请求方和应答方的往返时间和估算双方的时间差公式如下：

假定请求方的初始时间戳值为 $t_{初始}$,应答方接收时间戳值为 $t_{接收}$,应答方发送时间戳值为 $t_{发送}$,请求方收到应答报文的时间为 $t_{终值}$。

$$往返时间 = (t_{接收} - t_{初始}) + (t_{终值} - t_{发送})$$

$$单程时间 = 往返时间/2$$

$$时间差 = t_{接收} - (t_{初始} + 单程时间)$$

这个时间差值只是一个估算的时间,前提条件是请求报文和应答报文的传输时间一样,因为这里的单程时间是由往返时间的一半得来的。

例如,若主机A与主机B通信,主机A向主机B发出ICMP时间戳请求报文,主机B向主机回送时间戳应答报文。

设:

主机A的时间戳请求报文:初始时间戳为100ms。

主机B的时间戳请求报文:接收时间戳为133ms、发送时间戳为138ms。

主机A收到主机B的应答报文时间为151ms。

则:

$$往返时间 = (t_{接收} - t_{初始}) + (t_{终止} - t_{发送}) = (133 - 100) + (151 - 138) = 46(ms)$$

$$单程时间 = 往返时间/2 = 46/2 = 23(ms)$$

$$时间差 = t_{接收} - (t_{初始} + 单程时间) = 133 - (100 + 23) = 10(ms)$$

因此,主机B比主机A快了大约10 ms。

(3) 地址掩码请求/应答报文。当网络根据需要进一步划分子网时,子网中的主机知道自身的IP地址,也许不知道子网号位数,即不知道子网掩码。因此,ICMP提供了地址掩码请求/应答报文,使主机可以向路由器发送地址掩码请求报文来了解自身的地址掩码,路由器用地址掩码应答报文作为响应告知其掩码。

如果主机在发送请求报文时已经知道路由器的IP地址,可直接将数据报以单播形式发送给路由器,否则,以广播方式发送。

ICMP地址掩码请求/应答报文格式如图4-23所示。

0　　　　7	8　　　　15	16　　　　31
类型(17/18)	代码(0)	校验和
标识		序号
地址掩码		

图4-23 ICMP地址掩码请求/应答报文格式

说明:

① 类型。指明是地址掩码请求报文(17)或是地址掩码应答报文(18)。

② 标识和序号。用于匹配不同的地址掩码请求/应答报文对。

③ 地址掩码。请求报文中该字段为全0,应答报文中该字段为真正的地址掩码。

(4) 路由器询问/通告报文。主机在向网络中其他主机发送数据之前,至少应知道本地网络中一台路由器的IP地址,这台路由器可以采用手工静态配置,也可采用DHCP动态配置。除此之外,主机还需要了解与其相连的路由器是否正常工作,哪些路由器有效,哪些已经失效等。这些问题可以通过ICMP提供的路由器询问/通告报文来解决。主机可以用广播方式发送路由器询问报文,收到询问报文的路由器使用路由器通告报文广播其路由信息。路由器在没有主机询问时,也可以周期性地发送路由器通告报文。这种机制是一种软状态技术,可以使主机对无效路由及时放弃。

ICMP路由器询问报文格式如图4-24所示。

0　　　　7	8　　　　15	16　　　　　　　　31
类型(10)	代码(0)	校验和
标识		序号

图 4-24　ICMP 路由器询问报文格式

ICMP 路由器通告报文格式如图 4-25 所示。

0　　　　7	8　　　　15	16　　　　　　　　31
类型(9)	代码(0)	校验和
地址数	地址项长度	生存期
路由器地址1		
地址优先级1		
路由器地址1		
地址优先级2		
……		

图 4-25　ICMP 路由器通告报文格式

说明：

① 地址数。表示可用路由器数量。

② 地址项长度。表示每个路由器地址项占报文中 32 位的个数(以 4B 为单位)，一般为 2，因为一个地址项由一个 IP 地址(路由器地址)和一个地址优先级(4B)组成。

③ 生存期。表示该通告中地址的有效时间，以秒(s)为单位，默认为 30m。路由器发送通告报文的默认时间间隔为 10m。

④ 地址优先级。表示该路由器地址作为默认路由器地址的优先等级，值越小优先级越高。

2. ICMP 的应用举例

1) 分组网间探测(Packet InterNet Groper，Ping)

当需要检测一个目的地是否可达时，可以使用 Ping 程序。Ping 使用 ICMP 回送请求/应答报文来测试两个主机之间的连通性。Ping 是应用层直接使用网络层 ICMP 的例子，它没有通过传输层的 TCP 或 UDP 协议。

在 Windows 命令行提示符下的用法：

```
Ping 目的地的 IP 地址或域名
```

例如：

```
Ping 202.199.224.18
Ping www.163.com
```

Ping 命令的工作原理：主机或路由器向指定目的地发送 ICMP 请求报文，接收回送请求的目的地形成一个回送应答，并返回给最初的发送者。回送请求包含一个可选数据区；回送应答包含了在请求中所发送数据的一份副本。这样，请求发送方就能据此判断目的站的可达性。

请求和应答成功的必要条件是：

(1) 源主机上的 IP 软件必须路由该数据报。

(2) 在源站和目的站之间的中间路由器必须正在运行，并对该数据报进行了正确的路由。

(3) 目的主机必须正在运行，并且 ICMP 和 IP 软件工作正常。

(4) 返回路径上的路由器正在运行，并且进行了正确的路由。

因此，请求和应答成功说明上述环节的设备和处理均是正常的。

如图 4-26 所示，给出了使用 Ping 命令的例子。

```
C:\Users\chh>ping 60.18.131.131

正在 Ping 60.18.131.131 具有 32 字节的数据:
请求超时。
来自 60.18.131.131 的回复: 字节=32 时间=120ms TTL=236
来自 60.18.131.131 的回复: 字节=32 时间=118ms TTL=236
来自 60.18.131.131 的回复: 字节=32 时间=109ms TTL=236

60.18.131.131 的 Ping 统计信息:
    数据包: 已发送 = 4, 已接收 = 3, 丢失 = 1 (25% 丢失),
往返行程的估计时间(以毫秒为单位):
    最短 = 109ms, 最长 = 120ms, 平均 = 115ms

C:\Users\chh>_
```

(a) 有数据包丢失的情况

```
C:\Users\chh>ping www.163.com

正在 Ping 163.xdwscache.glb0.lxdns.com [218.60.37.73] 具有 32 字节的数据:
来自 218.60.37.73 的回复: 字节=32 时间=68ms TTL=45
来自 218.60.37.73 的回复: 字节=32 时间=75ms TTL=45
来自 218.60.37.73 的回复: 字节=32 时间=68ms TTL=45
来自 218.60.37.73 的回复: 字节=32 时间=70ms TTL=45

218.60.37.73 的 Ping 统计信息:
    数据包: 已发送 = 4, 已接收 = 4, 丢失 = 0 (0% 丢失),
往返行程的估计时间(以毫秒为单位):
    最短 = 68ms, 最长 = 75ms, 平均 = 70ms

C:\Users\chh>_
```

(b) 无数据包丢失的情况

图 4-26　用 Ping 命令测试主机的连通性

2) 路由跟踪 Tracerout 程序

Traceroute(Tracert)用来跟踪一个分组从源点到终点的路径。在 Windows 操作系统中这个命令式 tracert。

Traceroute 程序的跟踪路由的思想是：根据约定，Traceroute 从源主机依次向目的主机发送生存周期 TTL 分别为 1、2、3、……的 IP 数据报，且每次发送的数据报中封装的是无法交付的 UDP 数据报。如目的主机与源主机之间相隔 8 个路由器，则前 8 个报文(TTL 分别为 1～8)由于生存周期短(不足以到达目的主机)，则到达目的主机之前 TTL 已经减为 0，IP 数据报无法到达目的地。因此，每个 TTL 减为 0 的路由器的 IP 协议都会向源主机发回一个 ICMP 超时报文，这些发送 ICMP 超时报文的路由器就是源主机到目的主机路径上的路由器(按序排列)。又由于 IP 数据报中封装的是无法交付的 UDP 数据报，所以，当数据报到达目的主机时却无法向高层交付，此时，目的主机会向源主机发送一个 ICMP 目的主机不可达报文，至此，Traceroute 程序结束。依次返回到源主机的 ICMP 差错报文（超时报文和目的地不可达报文）的路由器就构成了源主机到目的主机的路由。

如图 4-27 所示，给出了用 tracert 命令获得目的主机路由信息的例子。

```
命令提示符
Microsoft Windows [版本 6.1.7600]
版权所有 (c) 2009 Microsoft Corporation。保留所有权利。

C:\Users\chh>tracert mail.sina.com.cn

通过最多 30 个跃点跟踪
到 mail.sina.com.cn [202.108.43.230] 的路由:

  1     3 ms     3 ms     3 ms  bogon [192.168.1.1]
  2    19 ms    19 ms    18 ms  222.63.16.1
  3    10 ms    10 ms    11 ms  222.62.208.5
  4    10 ms    11 ms     9 ms  222.62.208.213
  5    14 ms    15 ms    14 ms  61.235.245.21
  6    14 ms    13 ms    14 ms  61.235.247.70
  7    15 ms    14 ms    14 ms  bogon [10.1.0.22]
  8    23 ms    23 ms    22 ms  bogon [192.168.99.1]
  9    23 ms    26 ms    24 ms  bogon [192.168.101.5]
 10    25 ms    24 ms    24 ms  bogon [192.168.100.1]
 11    27 ms    27 ms    27 ms  bogon [172.31.200.3]
 12    28 ms    27 ms    27 ms  218.68.249.189
 13    27 ms    27 ms    28 ms  117.8.1.233
 14    26 ms    26 ms    26 ms  61.181.25.141
 15    30 ms    29 ms    30 ms  219.158.12.57
 16    47 ms    47 ms    47 ms  123.126.0.18
 17    33 ms    29 ms    29 ms  202.106.193.121
 18    30 ms    29 ms    30 ms  61.148.154.146
 19    29 ms    30 ms    29 ms  61.135.143.145
 20    29 ms    30 ms    30 ms  61.135.148.154
 21    29 ms    29 ms    29 ms  mail.sina.com.cn [202.108.43.230]

跟踪完成。

C:\Users\chh>
```

图 4-27　用 tracert 命令获得目的主机的路由信息

4.3.2　Internet 组管理协议

网络数据交换可分为单播、广播和多播。单播是指一对一的通信，广播和多播是指一对多的通信。网络中很多应用需要使用一对多通信，如远程教学、电子课堂、视频会议、联网游戏、路由信息交换等，都是发送端只将数据报发送一次，可以被多个接收端同时接收。这些接收端可以是主机，也可以是路由器，可以在同一网段，也可以跨越多个网段。这里我们只讨论 Internet 组播。

1. 组播的概念

Internet 组播又称为 IP 组播（简称为组播），参与组播的节点称为组成员，组成员共同组成一个组播组。组播的主要特征如下：

(1) 组成员可跨越多个物理网络。

(2) 每个组播组共享一个 D 类地址，并将其作为群组的唯一标识。

(3) 组成员是动态的，一个节点任何时候都可以加入或退出一个群组，并且，一个主机可以加入多个群组。

组播技术实现了IP网络中点到多点的高效数据传输,大量节约网络带宽、降低网络负载。因为单播和广播都不能很好地解决单点传送多点接收的问题,单播情况下,发送节点需要多次发送而浪费带宽;广播情况下,会使信息发送给不需要的主机而浪费带宽,而且也可能由于路由回环而引起广播风暴。组播则是源主机发送一次数据报,组播组中的节点接收(组播中的节点都是需要接收该数据报的节点),充分有效地利用了网络带宽。

2. 组播地址

IP组播地址使用D类地址,其地址范围是:224.0.0.0~239.255.255.255。目前IP组播地址分为两类:永久分配的和临时使用的。

永久分配组播地址主要用于Internet上的主要服务及基础设施的维护,如224.0.0.2用于子网络中所有路由器,224.0.0.9用于RIPv2路由器。

常用的永久分配组播地址如表4-8所示。

表4-8 永久分配的组播地址

地 址	含 义
224.0.0.0	基地址,保留未用
224.0.0.1	本子网中所有参与组播的主机和路由器
224.0.0.2	本子网中所有参与组播的路由器
224.0.0.3	未分配
224.0.0.4	DVMRP(距离向量多播路由协议)路由器
224.0.0.5	所有OSPF(开放最短路径优先)路由器
224.0.0.6	指定OSPF(开放最短路径优先)路由器
224.0.0.7	ST(实验性的Internet流协议)路由器
224.0.0.8	ST(实验性的Internet流协议)主机
224.0.0.9	RIPv2所有路由器
224.0.0.10	所有IGRP路由器
224.0.0.11	移动代理(Mobile-Agents)
224.0.0.12	动态主机分配协议(DHCP)服务器/代理
224.0.0.13	所有协议无关多播(PIM)路由器
224.0.0.14	资源预留协议(Resource Reservation Protocol,RSVP)
224.0.0.15	所有基于核心树的组播路由协议(Core-Based Trees,CBT)路由器
224.0.0.16	指定的子网带宽管理(Subnetwork Bandwidth Management,SBM)
224.0.0.17	所有的子网带宽管理(Subnetwork Bandwidth Management,SBM)
224.0.0.18	虚拟路由冗余协议(Virtual Router Redundancy Protocol,VRRP)
224.0.0.22	IGMP成员关系报告
224.192.0.0~239.251.255.255	作用域限制在一个机构内
239.252.0.0~239.255.255.255	作用域限制在一个网络内
……	……

临时使用的组播地址是在需要时创建,当组成员数为0时自动放弃,系统收回。

3. Internet组管理协议(IGMP)

TCP/IP使用Internet组管理协议(Internet Group Management Protocol,IGMP)提供

对群组的管理,包括组成员的加入、退出、查询组成员是否存在等。其管理过程主要由组播路由器和组成员之间相互通信完成。目前,IGMP 有三个版本,分别是 IGMPv1、IGMPv2、IGMPv3,它们向后兼容。

主机可以动态地加入某个组播群组成为其组成员,参与组播的各种活动,如接收组播数据报,在群组内发送数据报等;在完成组播任务后可以及时退出群组。主机加入退出群组过程是由 IGMP 管理完成的。同时,IGMP 也会定期查询该群组是否还有组成员存在,以便及时撤销该群组。

IGMP 规定,当主机需要加入一个群组时,必须向本地组播路由器(可以是本地网络中支持组播的一般路由器)发送 IGMP 报文,其中包含该群组的地址,以宣布其组成员状态;本地组播路由器收到报文后,与其他组播路由器联系,发送组成员信息并建立必要的组播路由。组播路由器在传送组成员信息之前,必须确定本地网络上有一个或多个主机已经加入了某个组播群组。

为了适应组成员动态变化,组播路由器会周期性地轮询本地网络上的各主机,以确定现在各群组中有哪些主机存在(即查询组成员关系)。若经过多次轮询后,某个群组中始终没有主机应答,则认为该群组中已没有本地网络中的主机,停止向其他组播路由器通告该群组的成员信息。

IGMP 与 ICMP 一样也是通过 IP 数据报来携带报文。

4. IGMP 报文格式

每个 IGMP 报文包含 8B,IGMPv1 和 IGMPv2 的格式如图 4-28 所示。

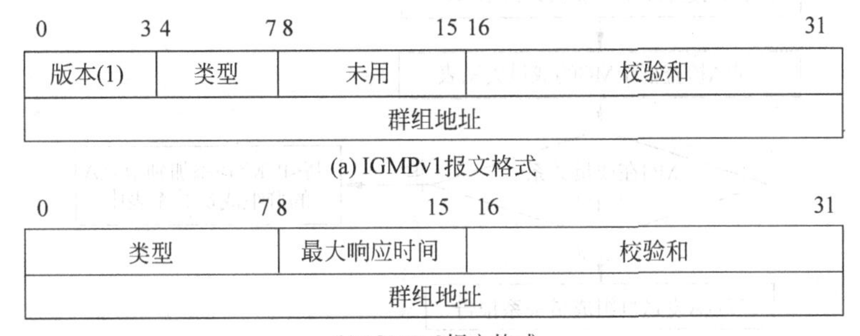

(a) IGMPv1报文格式

(b) IGMPv2报文格式

图 4-28　IGMP 报文格式

IGMP 报文各字段含义如下:

(1) 版本。占 1 位,只在 IGMPv1 中使用,值为 1。

(2) 类型。表示报文的类型。

① IGMPv1。占 4 位,提供 2 种类型的报文,值为 1 表示成员报告报文,值为 2 表示成员查询报文。

② IGMPv2。占 8 位,提供 4 种类型的报文,值为 0x11 表示成员查询报文(基本不用),值为 0x16 表示成员报告报文,值为 0x17 表示退出群组报文,值为 0x12 表示与 IGMPv1 兼容的成员报告报文。

(3) 最大响应时间。占 8 位,群组成员推迟响应查询的最大时间间隔,以 0.1s 为单位,默认的最大值为10s。该字段可以使群组成员在收到成员查询报文时,不必立即做出应答,而是随机选择一个延迟时间后再回答,其目的是节省带宽,因为当组播路由器发出查询报文时,只要群组中一个主机给出应答,就可以确定本网络中仍有该群组成员,如果底层网络支持硬件组播(如以太网),则任何一个组成员发送的帧都将被其他成员收到,这样其他成员不必再应答,因此,随机推迟响应查询技术可以达到节省带宽资源的目的。

(4) 校验和。占16位,IGMP报文的校验和,计算方法与IP首部校验和计算方法相同。

(5) 群组地址。占32位,特定的群组IP地址。若为0,表示所有群组。

5. IGMP的工作原理

网络上的每一个组播路由器中都有一个组播地址表,其中每一个组播地址对应着一个群组,且每个群组至少包含本地网络上的一个组成员,主机或路由器都可以是一个群组中的成员。组播路由器负责将组播分组分发给一个群组中的各个成员,即如果有多个组播路由器连接在同一个物理网络上,它们的组播地址表一定是互不相同的,因为任意一个组播地址不会同时属于同一个物理网络上的多个组播路由器。IGMP工作分为加入一个群组、退出一个群组(含删除一个群组)、查询群组成员关系等3个部分。

(1) 加入一个群组。

如图4-29所示,给出了某节点A(主机或路由器)中的某进程P申请加入一个群组MG的过程。

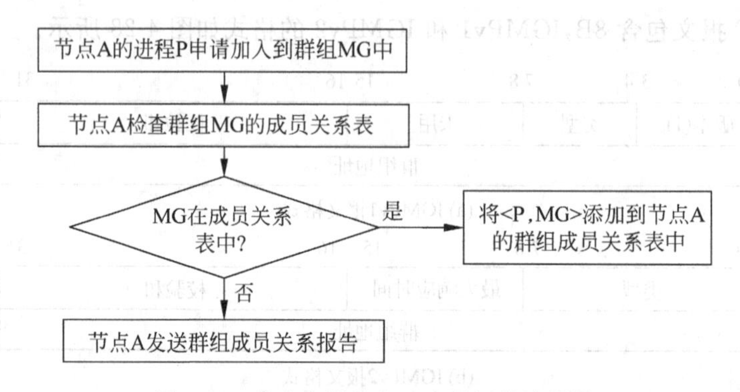

图4-29　节点申请加入一个群组的流程图

① 当节点A中的某进程P(对应一个应用程序)要加入到一个群组MG时,它就向存储着包含群组MG的组播地址表的节点A发出申请。

② 节点A检查它的群组成员关系表,成员关系表是包括＜进程名,群组名＞表项的集合。

③ 若申请加入的群组MG在群组成员关系表中,则将＜P,MG＞表项添加到该群组成员关系表中,因为节点A已经是群组MG的成员,节点也不必再发送群组成员关系报告;否则执行步骤④。

④ 节点A发送群组成员关系报告,即新节点加入的一个群组报告。

(2) 退出一个群组(含删除一个群组)。

如图4-30所示,给出了节点A退出一个群组MG,组播路由器根据需要判断是否删除群组 MG 的过程。

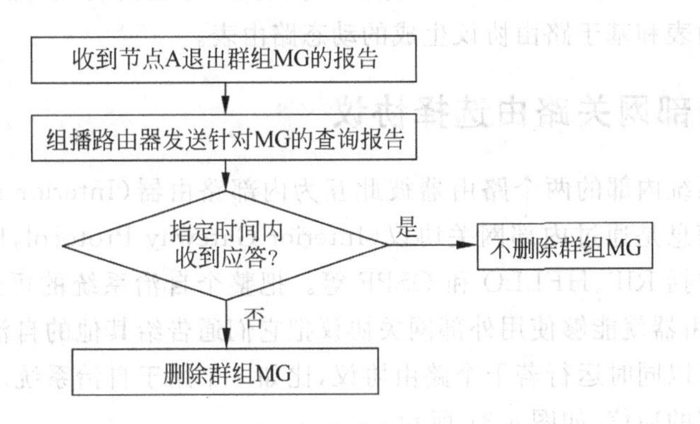

图 4-30 组播路由器删除群组 MG 的流程

① 当节点 A 发现在一个群组 MG 中已经没有进程时，就向组播路由器发送节点 A 退出群组 MG 的报告，组播路由器接收该报告。

② 组播路由器收到节点 A 退出群组报告时，并不立即删除群组 MG，而是发送针对 MG 的查询报文，查询群组 MG 中是否还有其他节点存在。

③ 若在指定时间内没有收到其他节点对群组 MG 的成员关系报告，则认为在本网络上已经没有群组 MG 的成员，删除群组 MG；否则执行步骤④。

④ 若在指定时间内收到其他节点对群组 MG 的成员关系报告，表示群组 MG 内仍有成员，则不删除群组 MG。

(3) 查询群组成员关系。

当仅有一个组成员(主机)留在一个群组中，如果这台主机由于某种原因离开了群组却未发送退出群组报告报文，则组播路由器将永远收不到该主机退出群组报告，它会以为这个群组中一直存在着这个忠实的成员，进而表述成该群组还有存在的必要，然而事实上这个群组中已经没有成员，应该删除该群组。为了解决这种问题，组播路由器应负责监视在本网络上的所有节点，以便知道它们是否还愿意继续留在一个群组中。

网络上的组播路由器周期性地(默认的时间间隔是 125s)发送一般查询报文，在这个报文中，组地址被设置成 0.0.0.0。查询涉及某个节点的所有群组，而不是一个特定的群组。组播路由器期望得到它的组表中的每一个群组的应答，甚至新组也可以应答，查询报文最长响应时间为 10s。当主机或路由器收到一般查询报文时，会查看与此相关的群组成员关系表，判断是否有该群组存在，即查看自身是否是该群组的成员，若是，则延迟响应(启动随机数计时器，并监听是否有其他节点对该群组的查询报文进行响应。若在计时器时间内，其他节点发送了群组成员关系报告，则结束计时，不发送对该群组的成员关系报告；若未收到其他节点对该群组的成员关系报告，则该节点发送群组成员关系报告)；若不是，则不做任何处理。

4.4 IP 路由选择协议

网络层的 IP 分组从源站传送到达最终目的站，需要经过一个具体的交付过程，即分组的转发过程。所谓路由选择就是要解决 IP 分组的转发问题，即为网络层的 IP 分组寻找路由,找出分组的下一跳地址。路由器基于路由表实现 IP 分组的转发,路由表可分为基于手工设置的静态路由表和基于路由协议生成的动态路由表。

4.4.1 内部网关路由选择协议

在一个自治系统内部的两个路由器彼此互为内部路由器(Interior router)。内部路由器之间交换路由信息是通过内部网关协议(Interior Gateway Protocol,IGP)实现的。典型的内部网关协议包括 RIP、HELLO 和 OSPF 等。把整个自治系统的可达信息汇集起来之后,系统中某个路由器就能够使用外部网关协议把它们通告给其他的自治系统。

一个路由器可以同时运行若干个路由协议,比如一个用于自治系统之间的通信,另一个用于自治系统内部的通信,如图 4-31 所示。

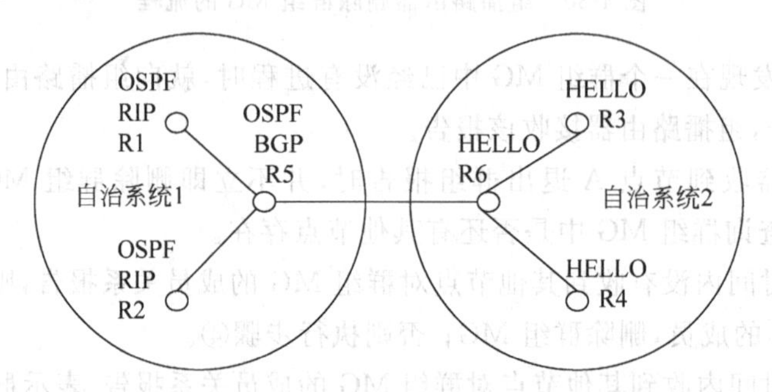

图 4-31 两个自治系统运行的协议

R1 和 R2 运行 RIP 和 OSPF 协议; R3 和 R4 运行 HELLO 协议; R5 运行 OSPF 和 BGP 协议; R6 运行 HELLO 和 BGP 协议。从图 4-31 中可以看出,每个自治系统内部的路由协议可以支持多个协议,不同自治系统内部的路由协议可以是不同的。R5 和 R6 通过 BGP 协议实现自治系统间的通信,R5 通过 OSPF 协议获得自治系统内部的路由信息; R6 通过 HELLO 协议获得自治系统内部的路由信息。

1. RIP 协议

路由信息协议(Routing Information Protocol,RIP)是应用最广泛的 IGP 协议,目前有两个版本,分别是 RIPv1 和 RIPv2。

RIP 协议采用矢量距离路由算法,并将参与通信的机器分为主动和被动两种方式。主动路由器向其他路由器通告其路由,而被动路由器接收通告并在此基础上更新其路由,但是它们自己不通告路由。路由器采用主动方式使用 RIP 协议,而主机则只能使用被动方式。

RIP 路由器每 30s 广播一个路由更新报文,并使用跳数(hop)来度量到达目的站的距离。为了防止路由在两个或多个费用相等的路径之间振荡不定,RIP 规定在得到费用更小的路径之前,保留原路由不变。路由器添加新路由时,需要启动一个定时器。如果 180s 之内都没有收到该路由的刷新报文,则将其设置成无效路由。

RIP 协议使用较小的数值来限制最大的距离值,来防止网络出现不稳定现象。RIP 协议采用的最大距离值为 15。如果超过该距离,RIP 协议将视为网络不可到达,距离值用 16 来表示。因此,RIP 协议只适用于小型的互联网。

RIP 协议存在的最大的问题是慢收敛问题，即路由更新报文在网络之间的传播速度很慢，容易引起路由的不一致。RIP 选择 16 作为距离无限正是为了限制慢收敛问题。

假设这样一种情况：路由器 R1 与网络 1 直接相连，因此距离为 1，R2 和 R3 通过网络 2 相连，距离分别为 2 和 3。假设 R1 与网络 1 的连接出现故障，我们来分析 R1、R2 和 R3 的路由刷新情况，如图 4-32 所示。

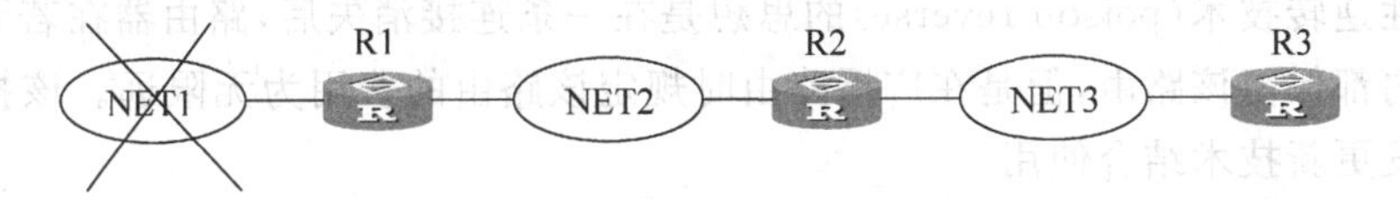

图 4-32　RIP 的慢收敛问题举例

当 R1 与网络 1 连接失效时，R1 立即更新其路由表，将该路由距离设置为 16(无限远)，并在下次路由报告时通告这个信息。但是除非采用了专门的预防机制，否则可能有其他路由器在 R1 通告之前先广播其路由。例如，R2 正好报告其到达网络 1 的距离为 2。但是 R1 并不知道这个距离值是依赖于 R1 到网络 1 的连接，因此会错误地将 R1 到网络 1 的距离更新为 3。在下一轮的路由刷新中，R2 将根据 R1 通告的路由信息把到达网络 1 的距离设置为 4。在下一轮的路由刷新中，R1 根据 R2 的路由信息将到达网络 1 的距离设置为 5。如此循环下去，直到距离值到达 16，即无限远。我们知道 RIP 路由器每 30s 广播一次路由报文，这就意味着自治系统要经过 240s 以后 R1 到网络 1 的距离才会收敛。3 个路由器中的路由表的变化如表 4-9 所示。

表 4-9　路由表的变化情况

	R1 路由表			R2 路由表			R3 路由表		
	目的网络	下一跳	距离	目的网络	下一跳	距离	目的网络	下一跳	距离
初始	NET1	—	1	NET1	R1	2	NET1	R2	3
1 次交换	NET1	—	16	NET1	R1	2	NET1	R2	3
2 次交换	NET1	R2	3	NET1	R1	2	NET1	R2	3
3 次交换	NET1	R2	3	NET1	R1	4	NET1	R2	3
4 次交换	NET1	R2	5	NET1	R1	4	NET1	R2	5
5 次交换	NET1	R2	5	NET1	R1	6	NET1	R2	5
……	……	……	……	……	……	……	……	……	……
16 次交换	NET1	—	16	NET1	—	16	NET1	—	16

有 4 种技术可以解决慢收敛问题，分别是分割范围技术、抑制技术、触发更新技术和毒性逆转技术。4 种技术的设计思想如下：

- 分割范围技术(split horizon update)要求路由器不会把关于某路由的信息传回到该路由的接口中。这样就避免了上面示例所出现的情况，但是，这种技术不能解决所有拓扑结构中的环路问题。
- 抑制技术(hold down)迫使参与 RIP 协议的路由器在收到关于某网络不可达信息后的一个固定时间段内，忽略任何关于该网络的路由信息，以确保所有机器都收到坏消息，而不会错误地接收内容过时的报文。抑制时间通常为 60s。该技术的缺陷是：如果出现路由环路，在抑制期内，错误的路由将保存下来。

- 触发更新技术(triggered update)的思想是在路由器接收到坏消息后立即广播，而不必等待下一个广播周期。通过立即发送更新信息，路由器减少了因为好消息而容易出错的时间。但是，该技术存在一个问题，一个广播可能改变其他相邻路由器的路由表，从而引发新一轮的广播。如果新的广播又引起路由表改变，则会导致更多的广播。这样就形成了广播雪崩。
- 毒性逆转技术(poison reverse)的思想是在一条连接消失后，路由器在若干个更新周期内都保留该路由，但是在广播路由时规定该路由的费用为无限远。该技术通常与触发更新技术结合使用。

(1) RIPv1 报文。

RIPv1 报文格式如图 4-33 所示。每行 32 位。

<table>
<tr><td>命令(1-5)</td><td>版本 1</td><td colspan="2">必须为 0</td></tr>
<tr><td colspan="2">网络 1 的协议族</td><td colspan="2">必须为 0</td></tr>
<tr><td colspan="4">网络 1 的 IP 地址</td></tr>
<tr><td colspan="4">必须为 0</td></tr>
<tr><td colspan="4">必须为 0</td></tr>
<tr><td colspan="4">到网络 1 的距离</td></tr>
<tr><td colspan="2">网络 2 的协议族</td><td colspan="2">必须为 0</td></tr>
<tr><td colspan="4">网络 2 的 IP 地址</td></tr>
<tr><td colspan="4">必须为 0</td></tr>
<tr><td colspan="4">必须为 0</td></tr>
<tr><td colspan="4">到网络 2 的距离</td></tr>
<tr><td colspan="4">……</td></tr>
</table>

图 4-33 RIPv1 报文的格式

其中，命令字段包含如表 4-10 所示，描述的各种操作。

表 4-10 命令字段的不同含义

命令	含　义	命令	含　义
1	请求部分或全部路由信息	5	保留由 SUN 公司内部使用
2	响应，包含发送方路由表内的网络距离序偶	9	更新请求(用于控制线路)
3	启动自动跟踪模式(已过时)	10	更新响应(用于控制线路)
4	关闭自动跟踪模式(已过时)	11	更新确认(用于控制线路)

RIP 协议采用的地址结构不仅仅局限于 IP 地址，也能适应其他网络协议族的地址规范，因此，其地址结构使用了 14 个 8 位组。IP 地址仅使用其中的 4 个 8 位组，其余部分填充为 0。RIP 通过网络的协议族类型字段来区分不同的协议族，TCP/IP 协议族类型编号为 2。

距离字段尽管使用了 32 比特，但是其取值范围限制为 1～16，其中 16 表示无限远。

RIPv1 没有包括明确的子网信息，如果接收方能够按照局部可用的子网掩码无二义性地对地址进行解释，RIPv1 才允许路由器发送子网路由。因此 RIPv1 只能用于分类地址或定长的子网地址。

(2) RIPv2 报文。

RIPv2 报文格式如图 4-34 所示。每行 32 位。

<table>
<tr><td>命令(1-5)</td><td>版本 2</td><td colspan="2">必须为 0</td></tr>
<tr><td colspan="2">网络 1 的协议族</td><td colspan="2">网络 1 的路由标记</td></tr>
<tr><td colspan="4">网络 1 的 IP 地址</td></tr>
<tr><td colspan="4">网络 1 的子网掩码</td></tr>
<tr><td colspan="4">网络 1 的下一跳</td></tr>
<tr><td colspan="4">到网络 1 的距离</td></tr>
<tr><td colspan="2">网络 2 的协议族</td><td colspan="2">网络 1 的路由标记</td></tr>
<tr><td colspan="4">网络 2 的 IP 地址</td></tr>
<tr><td colspan="4">网络 2 的子网掩码</td></tr>
<tr><td colspan="4">网络 2 的下一跳</td></tr>
<tr><td colspan="4">到网络 2 的距离</td></tr>
<tr><td colspan="4">……</td></tr>
</table>

图 4-34 RIPv2 报文的格式

RIPv2 对前一个版本的扩充体现在 3 个方面。

① 协议报文中为每个地址提供相应的一个子网掩码，解决了 RIPv1 不能传播变长子网的问题及用于 CIDR 的无类型编址。

② 通过提供明确的下一跳信息，防止出现路由环路和慢收敛。

③ 提供了 16 比特路由标记，在传输路由时，路由器发送和接收的标记必须相同，因此该标记提供了传播路由起点的额外信息，甚至可以传递自治系统编号。

因此，RIPv2 在功能上明显增强，并且提高了对错误的抵抗能力。

但是无论是 RIPv1，还是 RIPv2，由于采用最小跳数来计算最短路由，因此存在严重的缺点。它会使路由相对固定不变，而无法对网络负载的变化做出反应。

2. HELLO 协议

HELLO 协议是另一种 IGP 协议，它使用与 RIP 协议不同的方法来度量路由距离。该协议使用修改的矢量距离算法，但是距离值不再用跳数，而是用时延作为距离度量标准。

(1) HELLO 提供两个功能。

① 使许多机器的时钟同步。

② 使每台机器都能计算到目的站具有最短时延的路径。

(2) HELLO 的基本原理。

参加 HELLO 交换的每台机器维护着一个对邻站及其时钟最佳估算值的表。在传输一个分组之前，机器把当前时钟值复制到分组中作为其时间戳。分组到达之后，接收方计算这条链路的当前时延。为了做到这点，它估计出邻站及其当前时钟值，再减去传入分组的时间戳值。机器周期性地轮询邻站机器，以便重新估计时钟值。

采用时延作为距离存在一个不稳定性的问题。如果两条相互可替代的路由的延迟时间相差很小，那么，如果路由协议对于时延上的微小变异迅速做出反应，就会产生二阶段振荡(two-stage oscillation)的效应，通信量在两条路径之间来回切换，形成振荡。

避免振荡可以采用几种启发式方法：

① 使用抑制技术来防止迅速改变路由。

② 协议并不精确地测量并计算延迟时间，而是按照更高位的数进行舍入或采用一个阈

值,从而忽略小于该阈值的变化。

③ 协议不对每次测量的时延进行比较,而是保持最近值变化的平均值,或者应用“N 中取 K”的规则,最近 N 次时延测量中至少有 K 次小于当前时延,才能改变路由。

启发式方法对解决路由振荡的简单情况是有效的,但是当替代路径的试验和吞吐率特征不同时,启发式方法效率会很低。例如,卫星信道和串行线信道进行比较就面临振荡问题。

(3) HELLO 协议的报文格式。

HELLO 协议的报文格式如图 4-35 所示。

0	16	24 31
校验和	日期	
时间		
时间戳	本地项目	主机数
时延1	偏移1	
时延2	偏移2	
…		
时延x	偏移x	

图 4-35 HELLO 协议的报文格式

① 校验和(CHECKSUM)字段记录了整个报文的校验和。

② 日期(DATE)字段是发送者的当地日期,时间(TIME)字段是按照发送者的时钟记录下的当地时间,时间戳(TIMESTAMP)字段用于计算往返时延。

③ 主机数字段给出了主机列表中的项目数,本地项目(LOCAL ENTRY)字段标出本地网络使用的项目块。每个项目包括时延(DELAY)字段和偏移(OFFSET)字段,分别给出了到达目的主机的时延,以及发送方对该主机与自己时钟的偏差的当前估值。

3. OSPF 协议

在 IGP 协议类中,OSPF 是 IETF 最推崇的协议,它采用 SPF 算法计算最短路由,并且公开了各种规范,成为一个开放标准。

(1) OSPF 的特点。

① OSPF 包含服务类型路由。管理员可以设置某个目的站的多条路由,分别对应一种服务类型优先级。

② OSPF 提供负载均衡功能。如果管理员对于某个目的站规定了若干条费用相同的路由,OSPF 会把通信量均匀地分配给这几条路由。

③ 为了允许网点上的网络扩展并易于管理,OSPF 允许网点把网络和路由器划分为若干成为区域的子集。每个区域是自包含的,并对其他区域隐蔽其拓扑结构。

④ OSPF 协议规定,路由器之间交换的任何信息都可以鉴别。OSPF 支持各种鉴别机制,而且允许各个区域之间的鉴别机制互不相同。

⑤ OSPF 支持特定主机的路由、子网路由和特定网络的路由。在大型互联网中会需要这三类路由。

⑥ 为适应可多点接入的网络(如以太网),OSPF 扩展了 SPF 算法,让每个多点接入网拥有一个指定网关,这样能够尽可能利用硬件广播链路状态报文。

⑦ 为获得最大的灵活性,OSPF 允许管理员描述一个从物理连接中舍弃细节而抽象出来的虚拟网络拓扑结构。

⑧ OSPF 允许路由器之间交换从其他网点得到的路由信息。

(2) OSPF 的报文格式。

OSPF 报文首部由 24 个 8 位组构成,如图 4-36 所示。

<table>
<tr><td>版本号</td><td colspan="2">类型</td><td>报文长度</td></tr>
<tr><td colspan="4">源路由器 IP 地址</td></tr>
<tr><td colspan="4">区域标识符</td></tr>
<tr><td colspan="2">校验和</td><td colspan="2">鉴别类型</td></tr>
<tr><td colspan="4">鉴别(八位组 0～3)</td></tr>
<tr><td colspan="4">鉴别(八位组 4～7)</td></tr>
</table>

图 4-36 OSPF 的报文格式

版本字段指出协议的版本号。目前有 OSPFv1、OSPFv2 和 OSPFv3。类型字段指出报文类型,具体定义如表 4-11 所示。

表 4-11 类型字段的具体定义

类型	含义	类型	含义
1	HELLO(用于测试可达性)	4	链路状态更新
2	数据库的描述(拓扑)	5	链路状态确认
3	链路状态请求		

① 源路由 IP 地址字段给出了发送方的地址。

② 区域标识符字段给出了 32 比特的区域标识号。

③ 鉴别类型字段指定所采用的鉴别机制。目前 0 表示不加鉴别,1 表示使用口令进行鉴别。

(3) OSPF 报文的作用。

① OSPF 的 HELLO 报文用于周期性地测试邻站的可达性或建立新的可达性。

② OSPF 数据库描述报文用于路由器初始化网络拓扑数据库。

③ OSPF 链路状态请求报文用于路由器在与邻站交换了数据库描述报文之后,向邻站请求更新信息。

④ OSPF 链路状态更新报文用于广播链路状态。

(4) OSPF 的算法。

链路状态(Link Status,LS)算法,也称为最短路径优先(Shortest Path First,SPF)算法。算法要求每个路由器都有网络全部的拓扑结构信息,并依据这个信息以 Dijkstra 最短路径算法来求得该路由器到其他路由器的最短路径。因此,参与 SPF 算法的路由器不需要向外传输路由表的报文,而是完成两项工作:一是它必须负责监测所有相邻路由器的状态。如果两个路由器连接到同一个网络,则称为相邻;二是它要周期性的向其他所有的路由器广播链路状态的信息,例如连接或断开。

如图 4-37 所示为某网络拓扑的最短路径示例。

① 获得两个路由器的链路状态方法。

- 为了监测与之直接连接的相邻路由器的状态，路由器周期性地发送短报文，询问相邻路由器是否可以到达并处于活动状态。如果相邻路由器做出回答，说明两者之间的链接正常，否则认为链路故障。

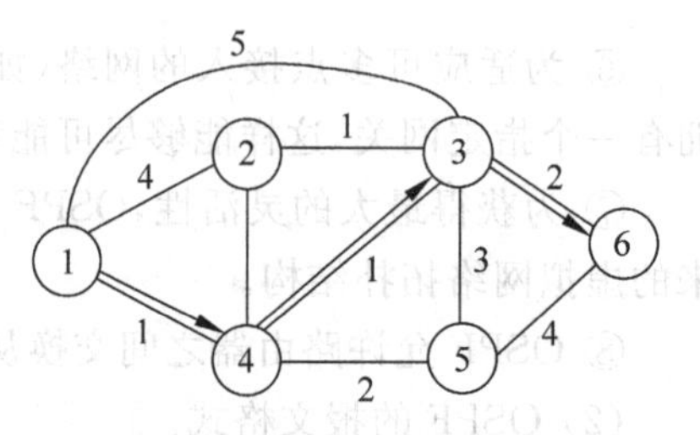

图 4-37 某网络拓扑的最短路径示例

- 为了避免在正常状态和故障状态之间来回抖动，需要采取 n 中取 k 原则，即占显著比例的检测报文得不到回答的情况下，链路状态才由正常转为故障，而且直到占显著比例的检测报文得到回答的情况下才又转为正常。

② SPF 算法的优点。

- 每个路由器使用相同的原始状态数据，不依赖中间节点的计算，可以独立计算出路由，确保了路由算法的收敛性；
- 每个链路状态报文仅包含单一路由器与相邻路由器的链接信息，报文长度与网络的规模无关，因此，算法适用于大型的互联网。

现在的路由器上常用的一个路由协议 OSPF 就采用了链路状态算法。

4. IS-IS 协议

IS-IS 属于内部网关路由协议，用于自治系统内部。IS-IS 是一种链路状态协议，与 TCP/IP 网络中的 OSPF 协议非常相似，使用最短路径优先算法进行路由计算。

ISO 网络和 IP 网络的网络层地址的编址方式不同。IP 网络的三层地址是常见的 IPv4 地址或 IPv6 地址，IS-IS 协议将 ISO 网络层地址称为网络服务接入点(Network Service Access Point，NSAP)，用来描述 ISO 模型的网络地址结构。

运行 IS-IS 协议的网络包含了终端系统(End System)、中间系统(Intermediate System)、区域(Area)和路由域(Routing Domain)。一个路由器是 Intermediate System(IS)，一个主机就是 End System(ES)。主机和路由器之间运行的协议称为 ES-IS，路由器与路由器之间运行的协议称为 IS-IS。区域是路由域的细分单元，IS-IS 允许将整个路由域分为多个区域，IS-IS 就是用来提供路由域内或一个区域内的路由。

(1) IS-IS 区域。

为了支持大规模的路由网络，IS-IS 在路由域内采用两级的分层结构。一个大的路由域被分成一个或多个区域(Areas)。并定义了路由器的 3 种角色：Level-1、Level-2、Level-1-2。区域内的路由通过 Level-1 路由器管理，区域间的路由通过 Level-2 路由器管理。下面简要说明一下这 3 类路由器角色。

① Level-1 路由器负责区域内的路由，它只与属于同一区域的 Level-1 和 Level-1-2 路由器形成邻居关系，维护一个 Level-1 的链路状态数据库，该链路状态数据库包含本区域的路由信息，到区域外的报文转发给最近的 Level-1-2 路由器。

② Level-2 路由器负责区域间的路由，可以与同一区域或者其他区域的 Level-2 和 Level-1-2 路由器形成邻居关系，维护一个 Level-2 的链路状态数据库，该链路状态数据库包含区域间的路由信息。所有 Level-2 路由器和 Level-1-2 路由器组成路由域的骨干网，负责

在不同区域间通信，路由域中的 Level-2 路由器必须是物理连续的，以保证骨干网的连续性。

③ 同时属于 Level-1 和 Level-2 的路由器称为 Level-1-2 路由器，可以与同一区域的 Level-1 和 Level-1-2 路由器形成 Level-1 邻居关系，也可以与同一区域或者其他区域的 Level-2 和 Level-1-2 路由器形成 Level-2 的邻居关系。Level-1 路由器必须通过 Level-1-2 路由器才能连接至其他区域。Level-1-2 路由器维护两个链路状态数据库，Level-1 的链路状态数据库用于区域内路由，Level-2 的链路状态数据库用于区域间路由。

每台路由器只能属于一个区域，区域边界在链路上。

(2) IS-IS 协议数据单元。

在路由器之间通信时，IS-IS 使用的是 ISO 定义的协议数据单元(PDU)。IS-IS 中使用的 PDU 类型主要有 IS-IS Hello PDU(IIH PDU)、链路状态 PDU(LSP)、完全序列号数据包(CSNP)、部分序列号数据包(PSNP)。

IIH PDU 类似于 OSPF 协议中的 HELLO 报文，负责形成路由器间的邻居关系，发现新的邻居，检测是否有邻居退出。

LSP 类似于 OSPF 协议中的 LSA，用于描述本路由器中所有的链路状态信息。

CSNP 包含了网络中每一个 LSP 的总结性信息，当路由器收到一个 CSNP 时，它会将该 CSNP 与其链路状态数据库进行比较，如果该路由器丢失了一个在 CSNP 中存在的 LSP 时，它会发送一个组播 PSNP，向网络中其他路由器索要其需要的 LSP。

PSNP 在点对点链路中用于确认接收的 LSP；在点对点链路和广播链路中用于请求最新版本或者丢失的 LSP。

IS-IS 利用这些 PDU 与周围的路由器进行信息收集和交换，用来计算出 IS-IS 路由条目。

(3) IS-IS 特点。

① 维护一个链路状态数据库，并使用 SPF 算法来计算最佳路径。

② 用 HELLO 包建立和维护邻居关系。

③ 使用区域来构造两级层次化的拓扑结构。

④ 在区域之间可以使用路由汇总来减少路由器的负担。

⑤ 支持 VLSM 和 CIDR。

⑥ 在广播多路访问网络通过选举指定 IS(DIS)来管理和控制网络上的泛洪扩散。

⑦ 具有认证功能。

(4) 地址类型。

IS-IS 具有两种地址类型：

① 网络服务访问点(NSAP)。SAP 地址用来标识网络层服务，每种服务对应一个 NSAP 地址。

② 网络实体标题(NET)。NET 地址用来标识网络层实体或过程，而不是服务。

每种设备可能不止含有一个地址，但是 NET 应该是唯一的，并且每个系统中 NSAP 的系统 ID 部分也必须是唯一的。

将 IS-IS 用作 IGP 时，大多数公司都是用最简单的 NSAP 格式，其组成如下。

- 区域地址：至少一个字节，由两部分组成。

a. AFI设置为49。表示AFI是本地管理,因此公司有权分配各个地址。

b. 区域标示符(ID)。是区域地址中位于AFI后面的字节。

同一区域中的路由器都必须使用相同的区域地址,这个地址定义了该区域。区域地址用于L2路由选择。ES只能识别同一子网中具有相同区域地址的IS和ES。

• 系统ID:在CISCO路由器中要求使用6字节的系统ID,且系统ID必须是唯一的,通常将路由器的MAC地址用作系统ID。然而综合IS-IS将IP地址用作系统ID的一部分。在整个AS中,系统ID都应该是唯一的,这样,将设备移到其他区域时,不会导致L1或L2冲突。
• NSEL:对于路由器总是为0。

(5) 协议认证。

IS-IS的认证只限于明文口令,Cisco的IOS支持以下3个级别的认证。

① 邻居认证。相互连接的路由器接口必须配置相同的口令,同时必须为L1和L2类型的邻居关系配置各自的认证,L1邻居认证的密码和L2邻居的认证的密码可以不同。邻居认证通过命令 isis password 配置。

② 区域认证。区域内的每台路由器必须执行认证,并且必须使用相同的口令。区域认证通过命令 area-password 配置。

③ 域认证。域内的每一个L2和L1/L2类型的路由器必须执行认证,并且必须使用相同的口令。域认证通过命令 domain-password 配置。

4.4.2 外部网关路由选择协议

外部网关协议是对自治系统之间传输路由信息的所有协议的一个分类,与之相对的内部网关协议则是指自治系统内部路由器间传输路由信息的所有协议。

在大多数TCP/IP互联网中使用了一个称为边界网关协议(Border Gateway Protocol, BGP)的外部网关协议。目前该协议发展到第4版,因此也称BGP-4。

如图4-38所示,当一对自治系统同意交换路由信息时,每个自治系统必须指定一个运行BGP协议的路由器负责自治系统间相互对等的通信,这个路由器相对于对方被称为BGP对等路由器。为了获得优化的传输效率,BGP对等路由器一般位于自治系统的边缘,因此也被称为边界网关(Border Gateway)或边界路由器(Border Router)。

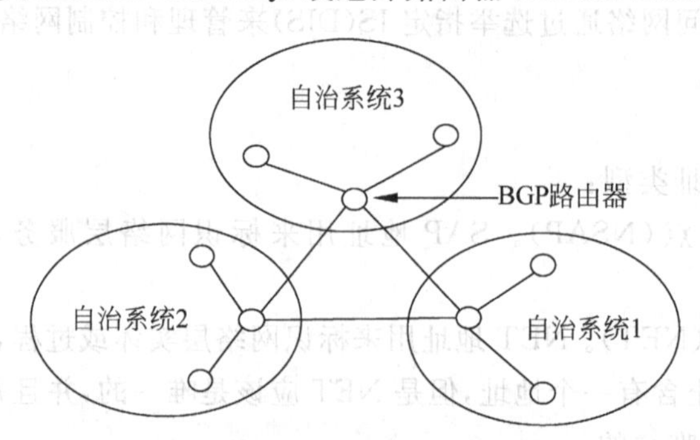

图4-38 BGP协议的运行环境

1. BGP的工作原理

BGP就是为TCP/IP网络设计的用于自治系统之间的路由协议。在一个BGP网络中有4种不同类型的路由器,不同位置的路由器有不同的名字。

- BGP发言人路由器:通过BGP进行直接通信的路由器称为BGP发言人路由器。
- 对等路由器:两个或多个进行直接通信的BGP发言人路由器称为对等路由器。其中一个路由器称作另一个的对等体或邻站。
- 内部对等路由器:在同一个自治系统中的BGP发言人路由器称作内部对等路由器。
- 外部对等路由器:自治系统间的BGP发言人路由器称作外部对等路由器。

BGP路由器之间的通信过程如下。

(1) 当两个BGP发言人路由器之间进行通信时,首先建立一条基于TCP的连接。然后,对等路由器之间通过交换BGP报文来打开连接并确认连接参数,例如要使用的BGP版本等。在连接建立过程中,如果邻站不同意,就发送出错通知并关闭连接。

(2) BGP对等路由器之间已建立起BGP连接时,它们在初始时交换所有的候选BGP路由。在初始路由交换之后,通常只在网络信息发生变化时才发送增量路由更新。增量路由更新比发送整个路由表效率要高得多。这对于BGP路由器来说尤其重要,因为它们可能包含完整的因特网路由表。

(3) 邻站路由器用路由更新报文通告经它们可达的目的站,这些报文中含有掩码长度、网络地址、自治系统路径和路径属性等信息。如果网络可达性信息发生了变化,如一条路由变得不可达或出现了一条更好的路由,BGP将通过撤销该无效路由并注入新路由信息来通告它的邻站。被撤销的路由是路由更新报文的一部分,这些路由已不再可用。BGP路由器保存着一个路由表版本号,它记录从每个邻站收到的BGP路由表的版本。

(4) 如果没有路由变化,则BGP路由器会周期性的发送保活(KEEPALIVE)报文来维持BGP连接。默认情况下,19B长的保活报文每隔60s被发送一次,它们对带宽和路由器CPU时间的占有往往可以忽略不计。

如图4-39所示是由4个自治系统AS100、AS200、AS300和AS400构成的互联网。处在不同自治系统中的BGP发言人路由器R1和R2是外部对等路由器,处在同一个自治系统AS100中的BGP发言人路由器R1和R5是内部对等路由器。路由器R1发送BGP更新报文,通知NET1的可达性。路由器R2收到这个报文,更新路由表。再把自治系统AS200加到路径中,并插入它自己作为下一个路由器,然后把报文发送给路由器R3。路由器R3收到这个报文,更新路由表,把R3作为下一个路由器,在路径中增加AS300,在改变后把报文发送给路由器R4。图中虚线箭头表示路径向量分组报文的传递方向。如表4-12所示,给出了如图4-39所示网络中路由器的路由表。

2. BGP的特点

BGP协议具有一些特殊性。首先它既不是纯粹的矢量距离协议,也不是纯粹的链路状态协议,它具有以下一些特点。

(1) 自治系统间通信。BGP协议专门用于自治系统间的路由信息通信。

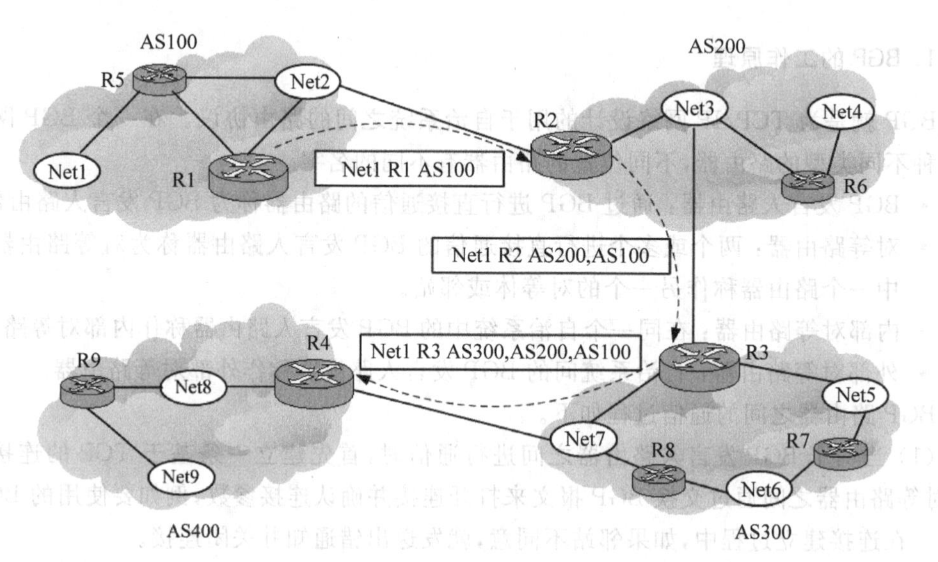

图 4-39 路径向量分组

表 4-12 网络中路由器的路由表

路由器 \ 路由表	目的网络	下一个路由器	路径
R2	NET1	R1	AS100
R3	NET1	R2	AS200、AS100
R4	NET1	R3	AS300、AS200、AS100

(2) 多个 BGP 路由器之间的协调。如果一个自治系统有多个路由器分别与外界自治系统中的对等路由器进行通信,BGP 可以协调这一系列路由器,使它们都能够传播一致的信息。

(3) 可达信息的传播。BGP 协议允许一个自治系统通告其内部可达的目的站,以及通过它可以到达的目的站。并且能够从另一个自治系统了解这些信息。

(4) 下一跳信息。BGP 为每个目的站提供下一跳信息。

(5) 策略支持。一般的矢量距离协议确切通告本地路由表中的信息,而 BGP 可以实现本地管理员选择的策略,区分自治系统内计算机可达的目的站和通告给其他自治系统的目的站。

(6) 可靠传输。BGP 传输的路由信息往往涉及网络主干的路由,因此对可靠性要求高。BGP 采用 TCP 协议传输。

(7) 路径信息。BGP 通告的路由信息不仅包含下一跳信息,而且包含到达目的站路径上的一系列自治系统信息。因此通告的是全路径信息。

(8) 增加更新。为了节约带宽资源,BGP 在第一次交换中提供完整的信息。后续报文只携带变化的信息。

(9) 支持无类型编址。协议不需要地址自标识,而提供了掩码和网络地址一起发送的方式。

(10) 路由聚集。BGP 通过路由聚集,将若干路由信息聚集在一起,并发送单一条目来表示多个相关的目的站。这样就节约了网络带宽。

(11) 鉴别。BGP 允许接收方对报文进行鉴别,验证发送方的身份。

BGP 对等路由器主要包含以下 3 项功能。

- 发起对等路由器探测和鉴别。两个对等路由器建立一个 TCP 连接并执行报文交换,这样就保证了双方同意进行通信。
- 每一方都发送肯定或否定的可达性信息,报告一个或多个目的站可达状态的变化,包括可以到达或不可到达。
- 提供对外发送数据的验证,表明对等路由器及它们之间的网络连接一切正常。

3. BGP 报文类型

BGP 使用了 4 种不同类型的报文,如表 4-13 所示为 BGP 报文类型。

表 4-13 BGP 报文类型

类型代码	报 文 类 型	说 明
1	打开(OPEN)	初始化通信
2	更新(UPDATE)	通告或撤销路由
3	通知(NOTIFICATION)	对不正确的报文的响应
4	保活(KEEPALIVE)	活动地测试对等路由器连接性

4.5 X.25 的网络层协议

CCITT 制定了 X.25 协议,着重解决数据终端设备(Data Terminal Equipment,DTE)和数据电路终端设备(Data Circuit-terminating Equipment,DCE)之间的接口和信息交换问题。这里的 DTE 通常是指 PC、路由器等用户设备,而 DCE 通常是指交换机、调制解调器 Modem 等设备。路由器也可以作为 DCE 设备。

X.25 协议的主要功能是描述如何在 DTE 和 DCE 之间建立虚电路、传输分组、建立链路、传输数据、拆除链路、拆除虚电路,同时进行差错控制、流量控制、情况统计等。

4.5.1 X.25 分组层简介

X.25 协议将数据网的通信功能划分为三个相互独立的层次,即物理层、数据链路层、分组层。其中每一层的通信实体只利用下一层所提供的服务,而不管下一层如何实现。每一层接收到上一层的信息后,加上控制信息(例如,分组头、帧头),最后形成在物理媒体上传输的比特流。

物理层用于定义主机和网络之间物理的、电子的和程序上的接口;链路层用于处理用户设备和公共网之间的电话线上的传输错误。

分组层则定义了分组的格式和在分组层实体之间交换分组的过程,同时也定义了如何进行流量控制、差错处理等规程。链路层和分组层都有窗口机制,保证了信息传输的正确性和流量控制的有效性。

当 IP 包传输到路由器后,路由器分析下一跳地址,决定通过某端口发送出去,这个接口封装了X.25协议。在路由器中IP包首先传到分组层,分组层将IP包放在一个数据区,在它前面加上分组头,构成X.25分组,然后传给链路层。链路层看到的只是一个分组,链路层将分组当作帧的信息字段,加上帧头和帧尾封装成一个帧,而最后在物理链路上传送的是二进制的比特流。数据通过X.25网络传送到对端的路由器,路由器的各层协议将收到的数据层层剥离,传给上层处理。

4.5.2 X.25的分组格式

1. 分组头格式

分组头由3个字节构成,即一般格式标识符、逻辑信道标识符和分组类型标识符,分组头格式如图4-40所示。

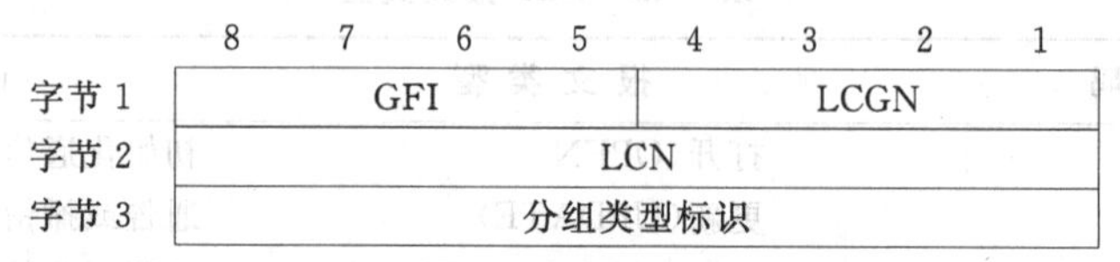

图4-40 分组头格式

(1) 一般格式标识符(GFI)。它占用第一个字节的第5~8比特,其含义对于不同类型的分组来说是不同的。GFI的格式为QDSS。其中Q比特是限定符比特,只在数据分组中使用,用来区分分组是包含用户数据的数据分组,还是包含控制信息的数据分组,前者Q为0,后者Q为1;D为0表示数据分组由本地确认(DTE-DCE接口之间确认),D为1表示数据分组进行端到端确认(DTE和DCE确认);SS为01表示分组的顺序编号按模8方式工作,SS为10表示按模128方式工作。

(2) 逻辑信道标识符。它由两部分组成,第一个字节的第1~4比特组成逻辑信道组号(LCGN),第二字节组成逻辑信道号(LCN),这样可以组成16组,每组256条逻辑信道,共4096条逻辑信道。其中0号LCN被保留,只开放4095条LCN。

(3) 分组类型标识符。如表4-14所示,给出了X.25分组类型和对应第三字节的编码。它可以分为6种类型。第三字节的第1比特为0时,为数据分组,用于传送用户信息;该比特为1时,为控制分组。

表4-14 X.25分组类型和对应第三字节编码

分组类型			第三字节编码							
类型	从DTE到DCE	从DCE到DTE	8	7	6	5	4	3	2	1
呼叫建立和清除	呼叫请求	呼叫指示	0	0	0	0	1	0	1	1
	呼叫接受	呼叫接通	0	0	0	0	1	1	1	1
	释放请求	释放指示	0	0	0	1	0	0	1	1
	DTE释放确认	DCE释放确认	0	0	0	1	0	1	1	1
数据和中断	DTE数据	DCE数据	*	*	*	*	*	*	*	0
	DTE中断请求	DCE中断请求	0	0	0	1	0	0	1	1
	DTE中断确认	DCE中断确认	0	0	1	0	0	1	1	1

续表

分组类型			第三字节编码							
类　型	从 DTE 到 DCE	从 DCE 到 DTE	8	7	6	5	4	3	2	1
复位	DTE 复位请求	DCE 复位请求	0	0	0	1	1	0	1	1
	DTE 复位确认	DCE 复位确认	0	0	0	1	1	1	1	1
重新启动	DTE 重新启动请求	DCE 重新启动请求	1	1	1	1	1	0	1	1
	DTE 重新启动确认	DCE 重新启动确认	1	1	1	1	1	1	1	1

2. 控制分组格式

控制分组的格式如图 4-41 所示。

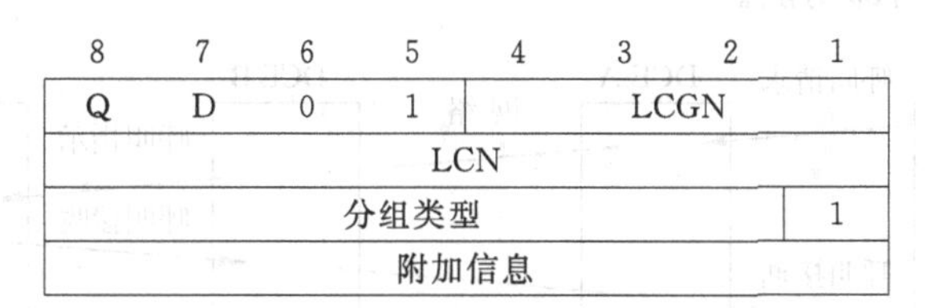

图 4-41　控制分组格式

3. 数据分组格式

数据分组格式如图 4-42 所示。

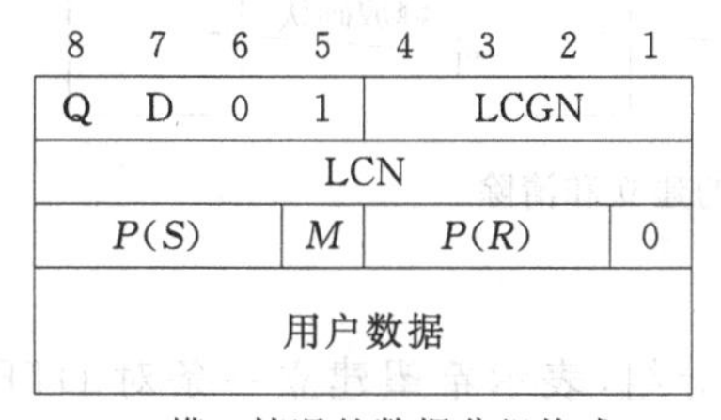

(a) 模 8 情况的数据分组格式

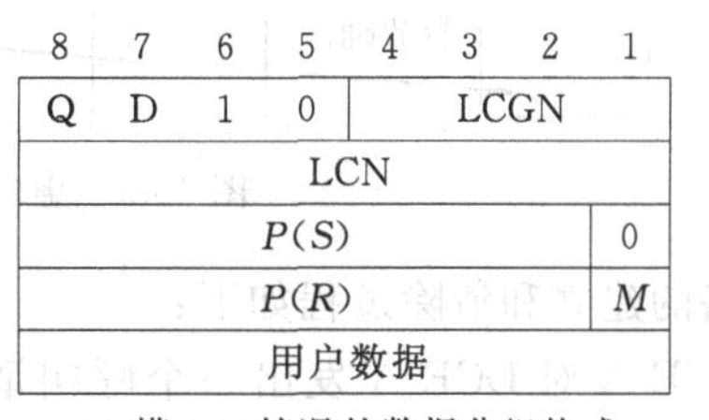

(b) 模 128 情况的数据分组格式

图 4-42　数据分组格式

图 4-42(a)为模 8 情况的数据分组格式，图 4-42(b)为模 128 情况的数据分组格式。模 8 和模 128 两种数据分组包含的内容基本相同，只是分组编号 $P(S)$的长度不同，模 8 情况占 3 比特，模 128 情况下占 7 比特，$P(R)$用于对数据分组的确认，它的长度与 $P(S)$相同。其中 $P(S)$为发送分组顺序号；$P(R)$为分组接收顺序号，它表示期望接收的下一个分组的编号，同时意味着编号为 $P(R)-1$ 及 $P(R)-1$ 以前的分组已经正确接收。M 比特称为后续比特，$M=0$ 表示该数据分组是一份用户报文的最后一个分组，$M=1$ 表示该数据分组之后还有属于同一份报文的数据分组。M 比特为 DTE 装配报文提供了方便。

4.5.3　虚电路的建立和清除

将 X.25 协议为两台通信的 DTE 之间建立的连接称为虚电路。之所以称其为虚电路，是因为这种“电路”只在逻辑上存在，与电路交换中的物理电路有着质的区别。一个接口最多可以配置 4095 条虚电路。虚电路可以分为交换虚电路(Switched Virtual Circuit,SVC)和永久虚电路(Permanent Virtual Circuit,PVC)。SVC 用于两端之间突发性数据的传输,PVC 用于两端之间频繁的、流量稳定的数据传输。

一旦在一对 DTE 之间建立了一条虚电路,这条虚电路便被赋予唯一的虚电路号,当其中的一台 DTE 要向另一台 DTE 发送一个分组时,它便给这个分组标上号(即虚电路号)交给 DCE 设备。DCE 根据分组所携带的这个号决定如何在交换网内部交换这个数据分组,使其正确到达目的地。X.25 第二层(LAPB)在 DTE/DCE 之间建立的一条链路被 X.25 第三层复用,最终呈现给用户的是可以使用的若干条虚电路。

如图 4-43 所示,给出了虚电路的建立和清除过程,图中左边部分显示了 DTE A 和 DCE A 之间分组的交换,右边部分显示了 DTE B 和 DCE B 之间分组的交换。DCE 之间分组的路由选择是网络内部功能。

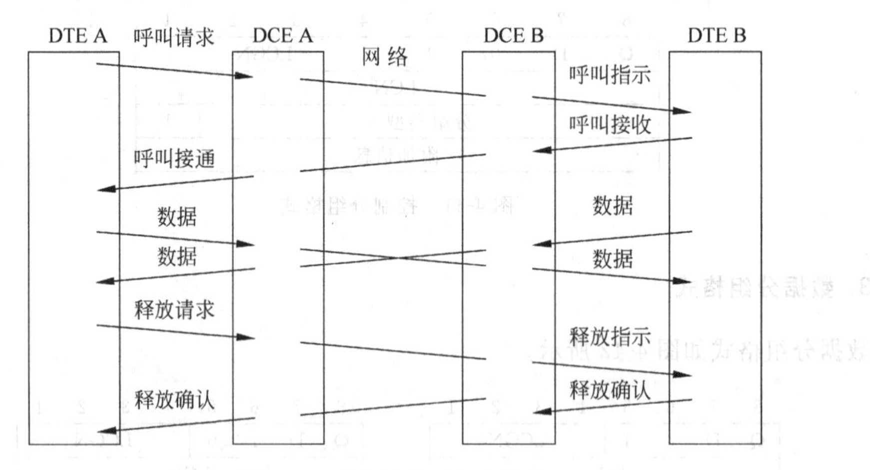

图 4-43 虚电路的建立和清除

虚电路的建立和清除过程如下:

(1) DTE A 对 DCE A 发出一个呼叫请求分组,表示希望建立一条对 DTE B 的虚电路。该分组中含有虚电路号,在此虚电路被清除之前,后续的分组都将采用此虚电路号。

(2) 网络将此呼叫请求分组传送到 DCE B。

(3) DCE B 接收呼叫请求分组,然后给 DTE B 送出一个呼叫指示分组,这一分组具有与呼叫请求分组相同的格式,但其中的虚电路号不同,虚电路号由 DCE B 在未使用的号码中选择。

(4) DTE B 发出一个呼叫接收分组,表示呼叫已经接受。

(5) DTE A 收到呼叫接通分组(该分组和呼叫请求分组具有相同的虚电路号),此时虚电路已经建立。

(6) DTE A 和 DTE B 采用各自的虚电路号发送数据和控制分组。

(7) DTE A(DTE B)发送一个释放请求分组,紧接着收到本地 DCE 的释放确认分组。

(8) DTE A(或 DTE B)收到释放指示分组,并传送一个释放确认分组。此时 DTE A 和 DTE B 之间的虚电路就清除了。

上述讨论的是交换虚电路 SVC,此外,X.25 还提供永久虚电路 PVC,永久虚电路是由网络指定的，不需要呼叫建立和清除。

本章要点

本章主要阐述了 TCP/IP 的网络层的 5 个协议（IP、ARP、RARP、ICMP、IGMP）和 X.25 协议的网络层协议。同时介绍了 4 个内部网关协议（RIP、HELLO、OSPF 和 IS-IS）和外部网关协议（BGP）。主要内容包括协议报文的格式、含义、工作原理及工作过程等。

习题

一、单项选择题

1. 在 ISO/OSI 参考模型中，网络层的主要功能是________。
   A. 提供可靠的端—端服务，透明地传送报文
   B. 路由选择、拥塞控制与网络互联
   C. 在通信实体之间传送以帧为单位的数据
   D. 数据格式变换、数据加密与解密、数据压缩与恢复
2. 关于数据报通信子网，下述方法________是正确的。
   A. 第一个分组需要路由选择，其他分组沿着选定的路由传输
   B. 第一个分组的传输延迟较大，其他分组的传输延迟很小
   C. 每个分组都包含源端和目的端的完整地址
   D. 分组可以按顺序、正确地传递给目的站点
3. 关于 IP 提供的服务，下列说法正确的是________。
   A. IP 提供不可靠的数据投递服务，因此数据报投递不能受到保障
   B. IP 提供不可靠的数据投递服务，因此它可以随意丢弃报文
   C. IP 提供可靠的数据投递服务，因此数据报投递可以受到保障
   D. IP 提供可靠的数据投递服务，因此它不能随意丢弃报文
4. IP 是一个________的协议。
   A. 面向连接　　B. 面向字节流　　C. 无连接　　D. 面向比特流
5. 在 IPv4 中，IP 数据报首部的长度可能为________。
   A. 16 字节　　B. 24 字节　　C. 26 字节　　D. 64 字节
6. IP 数据报的最大长度是________字节。
   A. 1500　　B. 65 535　　C. 1518　　D. 25 632
7. 下面的地址中，有效的 IP 地址是________。
   A. 202.280.130.45　　B. 130.192.290.45
   C. 192.202.130.45　　D. 280.192.33.45
8. 下列________地址可以作为 C 类主机 IP 地址。
   A. 127.0.0.1　　B. 192.12.25.255
   C. 202.96.96.0　　D. 192.3.5.1

9. 关于 IP 地址 192.168.0.0～192.168.255.255 的正确说法是________。

A. 它们是标准的 IP 地址，可以从 Internet 的 NIC 分配使用

B. 它们已经被保留在 Internet 的 NIC 内部使用，不能够对外分配使用

C. 它们已经留在美国使用

D. 它们可以被任何企业用于企业内部网，但是不能够用于 Internet

10. 若某子网中一主机 IP 地址为 120.14.22.16，掩码为 255.255.128.0，则子网地址是________。

A. 120.0.0.0　　B. 120.14.0.0　　C. 120.14.22.0　　D. 120.14.22.16

11. 某单位规划网络需要 1000 个 IP 地址，若采用无类型域间路由选择 CDIR 机制，起始地址为 194.24.0.0，则网络的掩码为________。

A. 255.252.0.0　　B. 255.255.192.0

C. 255.255.252.0　　D. 255.255.255.192

12. IP 工作在网络层，数据报可能跨越许多不同类型的物理网络，而每个网络的 MTU 值不同，因此 IP 协议采用了分片和重组的机制来解决。即当遇到 MTU 值更小的网络时就进行分片，进行重组的时机是________。

A. 数据报离开这个 MTU 值较小的网络时，就开始重组

B. 不立即进行重组，而是遇到较大 MTU 值的网络再进行重组

C. 不立即进行重组，而是遇到 MTU 值是此网络整数倍的网络再进行重组

D. 在途中不进行重组，而是由接收到数据包的目的主机完成重组

13. IP 数据报在穿越因特网过程中有可能被分片，在 IP 数据报分片以后，通常由________设备进行重组。

A. 源主机　　B. 目的主机　　C. 转发路由器　　D. 转发交换机

14. 在以太网上传输 IP 数据报，数据报的最大长度为________。

A. 1500 字节　　B. 1518 字节　　C. 65 535 字节　　D. 任意长度

15. 用十六进制表示为 C22F1582 的 IP 地址，用点分十进制表示为________。

A. 194.47.21.130　B. 194.47.211.30　C. 194.48.21.130　D. 194.48.211. 30

16. 以下 IP 地址中不能作为主机 IP 地址分配的是________。

A. 1.0.0.1　　B. 1.255.255.254　　C. 240.0.0.1　　D. 202.255.255.2

17. 与掩码为 255.255.255.224 的 IP 地址 12.113.14.29 属于同一网段的主机 IP 地址是________。

A. 12.113.14.0　　B. 12.113.14.31　　C. 12.113.14.30　　D. 12.113.14.32

18. IP 地址 191.201.0.158 的标准子网掩码是________。

A. 255.0.0.0　　B. 255.255.0.0

C. 255.255.255.0　　D. 255.255.255.255

19. 已知 Internet 上某个 B 类 IP 地址的子网掩码为 255.255.254.0，则该 B 类子网最多可支持________台主机。

A. 509　　B. 510　　C. 511　　D. 512

20. 以下给出的地址中，不属于子网 192.168.15.19/28 的主机地址是________。

A. 192.168.15.17　　B. 192.168.15.14

C. 192.168.15.16　　D. 192.168.15.31

21. 一个 IP 数据报首部长度字段的值为 1100，那么本数据报首部长度实际为________。

A. 48 字节　　B. 48b　　C. 12 字节　　D. 12b

22. 某公司网络的地址是 202.100.192.0/20，要把该网络分成 16 个子网，则对应的子网掩码应该是________。

A. 255.255.240.0　B. 255.255.224.0　C. 255.255.254.0　D. 255.255.255.0

23. 一个网络的地址为 172.16.7.128/26，则该网络的广播地址是________。

A. 172.16.7.255　B. 172.16.7.129　C. 172.16.7.191　D. 172.16.7.252

24. TCP/IP 参考模型的网际层用于实现地址转换的协议有________。

A. ARP　　B. ICMP　　C. UDP　　D. IGMP

25. 在 IPv4 中把________类地址作为组播地址。

A. A　　B. B　　C. C　　D. D

26. ARP 协议通过广播方式完成的映射是________。

A. 从域名到 IP 地址　　B. 从网卡地址到 IP 地址

C. 从 IP 地址到网卡地址　　D. 从 IP 地址到域名

27. Internet 的网络层含有四个重要的协议，分别为________。

A. IP，ICMP，ARP，UDP　　B. TCP，ICMP，UDP，ARP

C. IP，ICMP，ARP，RARP　　D. UDP，IP，ICMP，RARP

28. 下面关于 ICMP 协议的描述中，正确的是________。

A. ICMP 协议根据 MAC 地址查找对应的 IP 地址

B. ICMP 协议把公网 IP 地址转换为私网的 IP 地址

C. ICMP 协议根据网络通信的情况把控制报文传送给发送方主机

D. ICMP 协议集中管理网络中的 IP 地址分配

29. ICMP 协议属于 TCP/IP 网络中的网络层协议，在网络中起着差错和拥塞控制的作用。如果在 IP 数据报传送过程中，发现生存期（TTL）字段为零，则路由器发出________报文。

A. 超时　　B. 路由重定向　　C. 源端抑制　　D. 目的地不可达

30. ICMP 协议不具备以下哪种功能？________

A. 差错报告　　B. 状态询问　　C. 路由重定向　　D. 组播管理

31. 在以太网中，将 IP 地址映射为以太网卡地址的协议是________。

A. ARP　　B. ICMP　　C. UDP　　D. SMTP

32. 典型的内部网关协议有________和 OSPF。

A. ARP　　B. RIP　　C. PPP　　D. DHCP

33. ________属于因特网外部网关协议。

A. OSPF　　B. BGP　　C. RIP　　D. ARP

34. 关于 OSPF 协议，下面的描述中不正确的是________。

A. OSPF 是一种动态路由协议

B. OSPF 使用链路状态公告（LSA）扩散路由信息

C. OSPF 网络中用区域 1 来表示主干网段

D. OSPF 路由器中可以配置多个路由进程

35. BGP 协议的作用是________。

A. 用于自治系统之间的路由器之间交换路由信息

B. 用于自治系统内部的路由器之间交换路由信息

C. 用于主干网中路由器之间交换路由信息

D. 用于园区网中路由器之间交换路由信息

36. 关于 RIP,以下选项中错误的是________。

A. RIP 使用距离矢量算法计算最佳路由

B. RIP 规定的最大跳数为 16

C. RIP 默认的路由更新周期为 30s

D. RIP 是一种内部网关协议

37. 开放最短路径优先协议(OSPF)采用________算法计算最佳路由。

A. Dynamic-Search　B. Bellman-Ford　C. Dijkstra　D. Spanning-Tree

38. 关于链路状态协议与距离矢量协议的区别,以下说法中错误的是________。

A. 链路状态协议周期性地发布路由信息,而距离矢量协议在网络拓扑发生变化时发布路由信息

B. 链路状态协议由网络内部指定的路由器发布路由信息,而距离矢量协议的所有路由器都发布路由信息

C. 链路状态协议采用组播方式发布路由信息,而距离矢量协议以广播方式发布路由信息

D. 链路状态协议发布的组播报文要求应答,这种通信方式比不要求应答的广播通信可靠

39. X.25 协议是________设备进行交互的规程。

A. PSE、PSN　B. DCE、DTE　C. DCE、PSE　D. DTE、PSE

40. X.25 协议提供给用户的可用的逻辑信道最多为________条。

A. 16　B. 32　C. 4095　D. 4096

41. X.25 协议包含了三层________,是和 OSI 参考模型的三层一一对应的,它们的功能也是一致的。

A. 表示层、会话层、传输层　B. 会话层、传输层、分组层

C. 传输层、分组层、数据链路层　D. 分组层、数据链路层、物理层

二、综合应用题

1. 直接广播与有限广播有何不同?

2. 使用私有网络地址有什么优点?

3. 有一公司获得的网络 IP 地址为 120.0.0.0。该公司至少需要由 1000 个物理网络组成,作为网络设计者,试对公司的网络进行子网划分。

(1) 子网号的位长至少应该设计为多少位?

(2) 所设计的子网掩码是什么?采用该子网掩码,理论上支持多少个子网?

(3) 对于 IP 地址 120.14.220.16。如果子网掩码是 255.255.128.0,其子网地址是什

么？主机号是什么？

4. 一个单位有一个C类网络200.1.1.0。考虑到共有四个部门，准备划分子网。这四个部门内的主机数目分别是：A-72台，B-35台，C-20台，D-18台，即共有145台主机。

(1) 给出一种可能的子网掩码安排来完成划分任务。

(2) 如果部门D的主机数目增长到34台，那么该单位又该怎么做？

5. 某公司有4个部门，公司网络号为202.202.0.0，试问如果将4个部门分别划分到不同子网中，并且要使每个部门的主机数量最多，应该如何划分？子网掩码应如何表示？每个部门能容纳的主机数量是多少？

6. 若物理网络为以太网，其上运行TCP/IP协议，主机A的IP地址为202.199.20.2，物理地址为0x0026C76992F8，主机B的IP地址为202.199.20.5，物理地址为0x001CF05Fe965，试给出主机A对主机B进行地址解析的请求报文和应答报文的内容。

7. IP协议为什么只对IP数据报首部进行校验？不对IP数据报数据区进行校验？

8. 当IP数据报在路由器之间转发时，IP首部中哪些字段必定会发生变化？哪些字段可能发生变化？

9. 计算如图4-44所示的IP数据报的校验和(给出计算过程)。

<table>
<tr><td>4</td><td>5</td><td>0</td><td colspan="2">50</td></tr>
<tr><td colspan="3">100</td><td>0</td><td>0</td></tr>
<tr><td colspan="2">4</td><td>17</td><td colspan="2">0</td></tr>
<tr><td colspan="5">202.196.4.5</td></tr>
<tr><td colspan="5">202.96.64.68</td></tr>
</table>

图4-44 IP数据报

10. 一个IP数据报首部为20个字节，数据长度为3000字节，在MTU=800的网络中传输过程是怎样的？

11. 已知路由器R_1的路由表如表4-15所示，现在收到相邻路由器R_3发来的路由更新信息，如表4-16所示。试运用距离矢量算法更新路由器R_1的路由表。

表4-15 路由器R_1的路由表

目的网络	距离	下一跳路由器
Net2	3	R_3
Net3	4	R_5
Net6	2	R_2
Net4	6	R_3

表4-16 路由器R_3发来的路由更新信息

目的网络	距离	下一跳路由器
Net1	3	R_2
Net2	5	R_4
Net3	1	直接交付
Net6	2	R_5
Net4	4	R_7

12. 假定网络中的路由器B的路由表如表4-17所示，现在B收到从路由器C发来的路由信息如表4-18所示。试求出路由器B更新后的路由表。

表4-17 路由器B的路由表

目的网络	距离	下一跳路由器
N_1	7	A
N_2	2	C
N_6	8	F
N_8	4	E
N_9	4	F

表4-18 路由器B收到的路由信息

目的网络	距 离	目的网络	距 离
N_2	4	N_8	3
N_3	8	N_9	5
N_6	4		

13. 大多数IP数据报重组算法都有一个计数器来避免一个丢失的片段长期挂起一个重组缓冲区。假定一个数据报被分割成4个片段。开头的3个片段到达了，但最后一个被耽搁了，最终计数器超时，在接收方存储器中的3个片段被丢弃。过了一段时间，最后一个片段蹒跚而至。那么应该如何处置这个片段？

14. TCP/IP协议的可靠性已经由传输层保证，为什么还要有IP层设置ICMP进行差错控制报告？

15. 为什么ICMP只能向源站报告差错？

16. 试分析不产生ICMP差错报文主要有哪些情况？

17. Tracert程序如何跟踪路由？

18. 为什么主机不属于任何一个群组，但有时会收到组播数据报？

19. 路由信息协议RIP与开放最短路径优先OSPF协议有何不同？

20. OSPF为什么不会产生路由环路？

实验4-1 网际协议(IP)

一、实验目的

1. 掌握IP数据报的报文格式
2. 掌握IP校验和计算方法
3. 掌握子网掩码和路由转发
4. 理解IP报文分片过程
5. 理解IP地址与硬件地址的区别

二、实验准备

1. 实验环境

本实验采用网络结构二。各主机打开协议分析器，验证网络结构二的正确性。

2. IP 协议

IP(网际协议)是 TCP/IP 协议族中最核心的协议，它负责将数据报从源点交付到终点。所有的 TCP、UDP、ICMP 及 IGMP 数据都以 IP 数据报格式传输。IP 协议提供不可靠、无连接的数据报传送服务，即它对数据进行"尽力传输"，只负责将数据报发送到目的主机，不管传输正确与否，不做验证、不发确认、也不保证 IP 数据报到达顺序，将纠错重传问题交由传输层来解决。

IP 数据报是 IP 的基本处理单元，由首部和数据两部分组成，具体格式见 4.1.2 节介绍。

大多数 TCP/IP 协议族中的协议采用的差错检测方法是校验和。校验和能够识别数据报在传输过程中是否受到损伤。校验和是在数据报上附加的信息。在发送端先计算校验和，并把得到的结果与数据报一起发送出去。接收端对整个数据报重复进行同样的计算。若得到的结果正确，则接受这个数据报；否则就把它丢弃。

首部校验和的计算方法是把首部看作一个 16 位的整数序列，对每个整数分别进行二进制反码相加，再对计算的结果求反码。计算时，首部校验和取值为 0。该字段只校验数据报的首部，不包括数据部分，其目的是减少路由器处理的开销。数据区的完整性通过高层协议来校验。

三、实验内容

1. 编辑并发送 IP 数据报
2. 特殊的 IP 地址
3. IP 数据报分片
4. 子网掩码的作用

四、实验步骤

1. 编辑并发送 IP 数据报

本实验主机 A 和主机 B(主机 C 和主机 D，主机 E 和主机 F)一组进行。

(1) 主机 B 在命令行方式下输入 staticroute_config 命令，开启静态路由服务。

(2) 主机 A 启动协议编辑器，编辑一个 IP 数据报，其中：

① MAC 层。

目的 MAC 地址：主机 B 的 MAC 地址(对应于 172.16.1.1 接口的 MAC)。

源 MAC 地址：主机 A 的 MAC 地址。

协议类型或数据长度：0800。

② IP 层。

总长度：IP 数据报总长度。

生存时间：128。

源 IP 地址：主机 A 的 IP 地址(172.16.1.2)。

目的 IP 地址：主机 E 的 IP 地址(172.16.0.2)。

校验和：在其他所有字段填充完毕后计算并填充。

自定义字段：

数据：填入大于 1 字节的用户数据。

说明：先使用协议编辑器的“手动计算”校验和，再使用协议编辑器的“自动计算”校验和，将两次计算结果相比较，若结果不一致，则重新计算。

(3) 在主机 B(两块网卡分别打开两个捕获窗口)、E 上启动协议分析器，设置过滤条件(提取 IP 协议)，开始捕获数据。

(4) 主机 A 发送第(2)步中编辑好的报文。

(5) 主机 B、E 停止捕获数据，在捕获到的数据中查找主机 A 所发送的数据报。

(6) 将第(2)步中主机 A 所编辑的报文的“生存时间”设置为 1，重新计算校验和。

(7) 主机 A 发送第(6)步中编辑好的报文。

(8) 主机 B、E 重新开始捕获数据。

(9) 主机 B、E 停止捕获数据，在捕获到的数据中查找主机 A 所发送的数据报。

2. 特殊的 IP 地址

本练习将主机 A、B、C、D、E、F 一组进行。

1) 直接广播地址

(1) 主机 A 编辑 IP 数据报 1，其中，

目的 MAC 地址：FFFFFF-FFFFFF。

源 MAC 地址：A 的 MAC 地址。

源 IP 地址：A 的 IP 地址。

目的 IP 地址：172.16.1.255。

自定义字段数据：填入大于 1 字节的用户数据。

校验和：在其他字段填充完毕后，计算并填充。

(2) 主机 A 再编辑 IP 数据报 2，其中，

目的 MAC 地址：主机 B 的 MAC 地址(对应于 172.16.1.1 接口的 MAC)。

源 MAC 地址：A 的 MAC 地址。

源 IP 地址：A 的 IP 地址。

目的 IP 地址：172.16.0.255。

自定义字段数据：填入大于 1 字节的用户数据。

校验和：在其他字段填充完毕后，计算并填充。

(3) 主机 B、C、D、E、F 启动协议分析器并设置过滤条件(提取 IP 协议，捕获 172.16.1.2 接收和发送的所有 IP 数据报，设置地址过滤条件如下：172.16.1.2<->Any)。

(4) 主机 B、C、D、E、F 开始捕获数据。

(5) 主机 A 同时发送这两个数据报。

(6) 主机 B、C、D、E、F 停止捕获数据。

将实验结果记录在表 4-19 中。

表 4-19 直接广播地址实验结果

实验项目	主机号
收到 IP 数据报 1	
收到 IP 数据报 2	

2) 受限广播地址

(1) 主机 A 编辑一个 IP 数据报，其中，

目的 MAC 地址：FFFFFF-FFFFFF。

源 MAC 地址：A 的 MAC 地址。

源 IP 地址：A 的 IP 地址。

目的 IP 地址：255.255.255.255。

自定义字段数据：填入大于 1 字节的用户数据。

校验和：在其他字段填充完毕后，计算并填充。

(2) 主机 B、C、D、E、F 重新启动协议分析器并设置过滤条件(提取 IP 协议，捕获 172.16.1.2 接收和发送的所有 IP 数据报，设置地址过滤条件如下：172.16.1.2<->Any)。

(3) 主机 B、C、D、E、F 重新开始捕获数据。

(4) 主机 A 发送这个数据报。

(5) 主机 B、C、D、E、F 停止捕获数据。

将实验结果记录在表 4-20 中。

表 4-20 受限广播地址实验结果

实验项目	主机号
收到主机 A 发送的 IP 数据报	
未收到主机 A 发送的 IP 数据报	

3) 环回地址

(1) 主机 F 重新启动协议分析器开始捕获数据并设置过滤条件(提取 IP 协议)。

(2) 主机 E ping 127.0.0.1。

(3) 主机 F 停止捕获数据。

3. IP 数据报分片

本练习将主机 A、B、C、D、E、F 作为一组进行。

(1) 在主机 B 上使用“实验平台上工具栏中的 MTU 工具”设置以太网端口的 MTU 为 800 字节(两个端口都设置)。

(2) 主机 A、B、E 启动协议分析器，打开捕获窗口进行数据捕获并设置过滤条件(提取 ICMP 协议)。

(3) 在主机 A 上，执行命令 ping -l 1000 172.16.0.2。

(4) 主机 A、B、E 停止捕获数据。

将 IP 报文分片信息填入表 4-21 中，分析表格内容，理解分片的过程。

表 4-21 IP 数据报分片实验结果

字段名称	分片序号1	分片序号2	分片序号3
"标识"字段值			
"还有分片"字段值			
"分片偏移量"字段值			
传输的数据量			

(5) 主机 E 恢复默认过滤器。主机 A、B、E 重新开始捕获数据。

(6) 在主机 A 上，执行命令 ping -l 2000 172.16.0.2。

(7) 主机 A、B、E 停止捕获数据。查看主机 A、E 捕获到的数据，比较两者的差异，体会两次分片过程。

(8) 主机 B 上使用"实验平台上工具栏中的 MTU 工具"恢复以太网端口的 MTU 为 1500B。

4. 子网掩码的作用

本练习将主机 A、B、C、D、E、F 作为一组进行实验。

(1) 所有主机取消网关。

(2) 主机 A、C、E 设置子网掩码为 255.255.255.192，主机 B(172.16.1.1)、D、F 设置子网掩码为 255.255.255.224。

(3) 主机 A ping 主机 B(172.16.1.1)，主机 C ping 主机 D(172.16.1.4)，主机 E ping 主机 F(172.16.0.3)。

将实验结果记录在表 4-22 中。

表 4-22 子网掩码实验结果

实验项目	是否 ping 通
主机 A——主机 B	
主机 C——主机 D	
主机 E——主机 F	

(4) 主机 B 在命令行方式下输入 recover_config 命令，停止静态路由服务。

(5) 所有主机恢复到网络结构二的配置。

五、思考题

1. IP 在计算校验和时包括哪些内容？
2. 结合实验结果，简述直接广播地址的作用。
3. 结合实验结果，简述受限广播地址的作用。
4. 主机 F 是否收到主机 E 发送的目的地址为 127.0.0.1 的 IP 数据报？为什么？
5. 什么情况下两主机的子网掩码不同，却可以相互通信？

实验 4-2 地址解析协议(ARP)

一、实验目的

1. 掌握 ARP 协议的报文格式
2. 掌握 ARP 协议的工作原理
3. 理解 ARP 高速缓存的作用
4. 掌握 ARP 请求和应答的实现方法

二、实验准备

1. 实验环境

本实验采用网络结构二。各主机打开协议分析器,验证网络结构二的正确性。

2. ARP 协议

ARP 协议(地址解析协议)是 Address Resolution Protocol 的缩写。所谓“地址解析”就是主机在发送帧前将目的逻辑地址转换成目的物理地址的过程。在使用 TCP/IP 协议的以太网中,ARP 协议完成将 IP 地址映射到 MAC 地址的过程。ARP 报文的格式见 4.2.1 节。

三、实验内容

1. 领略真实的 ARP(同一子网)
2. 练习编辑和发送 ARP 报文
3. 跨路由地址解析(不同子网)

四、实验步骤

本实验主机 A、B、C、D、E、F 一组进行。

1. 领略真实的 ARP(同一子网)

(1) 主机 A、B、C、D、E、F 启动协议分析器,打开捕获窗口进行数据捕获并设置过滤条件(提取 ARP、ICMP)。

(2) 主机 A、B、C、D、E、F 在命令行下运行 arp -d 命令,清空 ARP 高速缓存。

(3) 主机 A ping 主机 D(172.16.1.4)。

(4) 主机 E ping 主机 F(172.16.0.3)。

(5) 主机 A、B、C、D、E、F 停止捕获数据,并立即在命令行下运行 arp -a 命令查看 ARP 高速缓存。

2. 练习编辑和发送 ARP 报文

(1) 在主机 E 上启动协议编辑器,并编辑一个 ARP 请求报文。其中,

① MAC 层。

目的 MAC 地址:设置为 FFFFFF-FFFFFF。

源 MAC 地址:设置为主机 E 的 MAC 地址。

协议类型或数据长度:0806。

② ARP层。

发送端硬件地址：设置为主机E的MAC地址。

发送端逻辑地址：设置为主机E的IP地址(172.16.0.2)。

目的端硬件地址：设置为000000-000000。

目的端逻辑地址：设置为主机F的IP地址(172.16.0.3)。

(2) 主机B、F启动协议分析器，打开捕获窗口进行数据捕获并设置过滤条件(提取ARP协议)。

(3) 主机B、E、F在命令行下运行arp -d命令，清空ARP高速缓存。主机E发送已编辑好的ARP报文。

(4) 主机B、F停止捕获数据，分析捕获到的数据，进一步体会ARP报文交互过程。

3. 跨路由地址解析(不同子网)

(1) 主机B在命令行方式下输入staticroute_config命令，开启静态路由服务。

(2) 主机A、B、C、D、E、F在命令行下运行arp -d命令，清空ARP高速缓存。

(3) 主机A、B、C、D、E、F重新启动协议分析器，打开捕获窗口进行数据捕获并设置过滤条件(提取ARP、ICMP)。

(4) 主机A ping主机E(172.16.0.2)。

(5) 主机A、B、C、D、E、F停止数据捕获，查看协议分析器中采集到的ARP报文。

(6) 主机B在命令行方式下输入recover_config命令，停止静态路由服务。

五、思考题

1. ARP高速缓存表由哪几项组成？

2. 结合协议分析器上采集到的ARP报文和ARP高速缓存表中新增加的条目，简述ARP协议的报文交互过程以及ARP高速缓存表的更新过程。

3. 单一ARP请求报文是否能够跨越子网进行地址解析？为什么？

4. ARP地址解析在跨越子网的通信中能起到什么作用？

实验4-3 Internet控制报文协议(ICMP)

一、实验目的

1. 掌握ICMP协议的报文格式

2. 理解不同类型ICMP报文的具体意义

3. 了解常见的网络故障

二、实验准备

1. 实验环境

本实验采用网络结构二。各主机打开协议分析器，验证网络结构二的正确性。

2. ICMP协议

IP协议是一种不可靠无连接的协议，当数据报经过多个网络传输后，可能出现错误、目的主机不响应、包拥塞和包丢失等问题。为了处理这些问题，在IP层引入了另一个协议ICMP(Internet控制信息协议)。ICMP报文有两种类型：差错报文和查询报文。ICMP报文封装在IP报文里传输。ICMP报文可以被IP协议、传输层协议(TCP或UDP)和用户进程使用。ICMP与IP一样，都是不可靠传输，ICMP的信息也可能丢失。为了防止ICMP报文无限制的连续发送，对于ICMP报文在传输中发生的问题，将不再发送ICMP差错报文。

3. ICMP报文格式

ICMP数据报由8B的首部和可变长度的数据部分组成。ICMP报文格式参见4.3.1节。

4. ICMP封装

ICMP报文封装在IP数据报中。

5. ICMP报文类型

ICMP报文可分为两大类：差错报文和查询报文。

差错报文报告路由器或主机在处理IP数据报时遇到的问题。

查询报文是成对出现的，它帮助主机或网络管理员从一个路由器或另一个主机得到特定的信息。例如，主机使用ICMP回显请求和回显应答报文发现它们的邻站。

1) ICMP查询报文

ICMP查询报文能够获得特定主机或路由器的信息，能够对某些网络问题进行诊断。ICMP查询报文包括4对不同类型的报文，分别为回显请求和应答报文、时间戳请求和应答报文、地址掩码请求和应答报文以及路由器询问和通告报文。

(1) 回显请求和应答。

① 回显请求报文和回显应答报文用来确定了两个节点(主机或路由器)之间是否能够正常通信。用户可以使用这对报文来发现网络问题。

② 回显请求和回显应答报文可用来确定是否在IP这级能够通信。

③ 回显请求和回显应答报文还可以用于检查另一个主机是否可达。

④ 回显请求和回显应答报文也可以用来验证某个节点是否正常工作。

(2) 时间戳请求和应答。

两个机器(主机或路由器)可使用时间戳请求和时间戳应答报文来确定IP数据报在这两个机器之间传输所需要的时间，也可以用作两个机器时钟的同步。

2) ICMP差错报文

ICMP差错报文用来报告差错。ICMP不能纠正差错，它只是报告差错，差错纠正留给高层协议去做。ICMP使用源IP地址把差错报文发送给数据报的源点(发出者)。

一共有5种差错报文：目的端不可达、源点抑制、超时、参数问题以及改变路由。

差错报文的数据字段包括原始数据报(引起差错的报文)的首部和原始数据报数据部分的前8个字节。包括原始数据报首部的目的是为了向差错报文的原始信源给出关于数据报本身的信息，以及数据的前8个字节，是因为这前8个字节提供了关于端口号(UDP和TCP)和序号(TCP)的信息。根据这些信息，源点可以把差错情况通知给上层协议。

(1) 目的端不可达。当路由器不能够为数据报找到路由或主机，就丢弃这个数据报，然后向发出这个数据报的源主机发送目的端不可达报文。

(2) 源点抑制。IP协议是无连接协议，因此通信缺乏流量控制。ICMP源点抑制报文就是为了给 IP 增加一种流量控制而设计的。当路由器或主机因拥塞而丢弃数据报时,它就向数据报的发送端发送源点抑制报文。第一,它通知发送端,数据报已被丢弃。第二,它警告发送端,在路径中的某处出现了拥塞,因而源端必须放慢发送过程。

(3) 超时。超时报文是在以下两种情况下产生的。

① 数据报的生存时间字段值被减为 0 时,路由器丢弃这个数据报,并向发送端发送超时报文。

② 当组成报文的所有分段未能在某一时限内到达目的主机时,也要产生超时报文。当第一个分段到达时,目的主机就启动计时器。当计时器的时限到了,目的主机就将所有分段丢弃,并向发送端发送超时报文。

三、实验内容

1. ICMP 查询报文
2. ICMP 差错报文

四、实验步骤

本实验主机 A、B、C、D、E、F 一组进行。

1. ICMP 查询报文

(1) 主机 A 启动协议编辑器,编辑一个 ICMP 时间戳请求数据帧发送给主机 C (172.16.1.3)。

① MAC 层。

目的 MAC 地址:C 的 MAC 地址。

源 MAC 地址:A 的 MAC 地址。

协议类型或数据长度:0800。

② IP 层。

总长度:包含 IP 层和 ICMP 层长度。

高层协议类型:1。

校验和:在其他字段填充完毕后计算并填充。

源 IP 地址:A 的 IP 地址。

目的 IP 地址:C 的 IP 地址。

③ ICMP 层。

类型:13。

代码字段:0。

校验和:在 ICMP 层其他字段填充完毕后,计算并填充。

其他字段使用默认值。

(2) 主机 C 启动协议分析器进行数据捕获,并设置过滤条件(提取 ICMP 协议)。

(3) 主机 A 发送已编辑好的数据帧。

(4) 主机 C 停止捕获数据。查看主机 C 捕获到的数据,并填写在表 4-23 中。

表 4-23 ICMP 查询报文实验结果

时间戳请求报文		时间戳应答报文	
ICMP 字段名	字段值	ICMP 字段名	字段值
类型		类型	
标识号		标识号	
序列号		序列号	
发起时间戳		发起时间戳	
接受时间戳		接受时间戳	
传送时间戳		传送时间戳	

2. 捕捉 ICMP 差错报文

(1) 目的端不可达。

主机 A、B、C、D、E、F 启动协议分析器捕获数据，并设置过滤条件(提取 ICMP)。

在主机 A、C、D、E 上 ping 172.16.2.10(不存在的 IP)。

主机 A、B、C、D、E、F 停止捕获数据。查看捕获到的数据。

(2) 超时。

在主机 E 上启动协议编辑器，编写一个发送给主机 D(172.16.1.4)的 ICMP 数据帧。其中，

① MAC 层。

目的 MAC 地址：主机 B 的 MAC 地址(172.16.0.1 接口的 MAC)。

源 MAC 地址：E 的 MAC 地址。

协议类型或数据长度：0800。

② IP 层。

总长度：包含 IP 层和 ICMP 层长度。

TTL：0。

高层协议类型：1。

校验和：在其他字段填充完毕后，计算并填充。

源 IP 地址：E 的 IP 地址。

目的 IP 地址：D 的 IP 地址。

③ ICMP 层。

类型：8。

代码字段：0。

校验和：在 ICMP 其他字段填充完毕后，计算并填充。

其他字段使用默认值。

主机 B(172.16.0.1 的接口)、F 启动协议分析器捕获数据，并设置过滤条件(提取 ICMP 协议)。

主机 E 发送已编辑好的数据帧。

主机 B、F 停止捕获数据，查看并分析捕获到的数据。

主机 B 在命令行方式下输入 recover_config 命令，停止静态路由服务。

五、思考题

1. 能否根据时间戳计算出当前的时间?
2. 使用时间戳得到的时间比从系统得到的时间有什么好处?
3. 为什么要设置 TTL 字段?
4. 为什么要限制由失效的 ICMP 差错报文再产生一个 ICMP 报文?

实验 4-4 Internet 组管理协议(IGMP)

一、实验目的

1. 掌握 IGMP 协议的报文格式
2. 掌握 IGMP 协议的工作原理
3. 理解多播组地址到以太网地址的映射

二、实验准备

1. 实验环境

本实验采用网络结构二。各主机打开协议分析器,验证网络结构二的正确性。

2. 单播、多播与广播

① 单播。在单播通信中,源点和终点是一对一的。IP 数据报中的源 IP 地址和目的 IP 地址分别代表了发送端主机和目的端主机。

路由器收到数据报后,会根据路由表的路由信息,选择一个最佳接口转发这个数据报。如果路由器根据路由表找不到合适的路由,那么就可以丢弃这个数据报。

② 多播。在多播通信中,源点和终点是一对多的关系。在这种类型的通信中,源地址是单播地址,而目的地址是组地址(D 类)。组地址定义这个组的成员。

③ 广播。在广播通信中,源点和终点是一对多的关系。源点只有一个,但所有其他的主机都是终点。

3. 组播的地址

多播使用组地址,国际因特网地址分配委员会(IANA)把 D 类地址空间用于 IP 组播地址。所以,IP 组播地址的范围是:224.0.0.0~239.255.255.255。

① 动态的组成员:多播组中的成员是动态的。一个进程可请求其主机参加某个特定的组,或在任意时间退出该组。

② 使用硬件进行多播:当数据报传送到以太网时,以太网就利用硬件进行多播,交付给属于该组成员的主机。

4. IGMP 报文格式

IGMP 协议目前有 3 个版本 IGMP、IGMPv2 和 IGMPv3。其中 IGMPv2 有 3 种报文类型:查询报文、成员关系报告报文和退出报告报文。查询报文共有两种:一般和特殊。IGMPv3 有两种报文类型:查询报文和成员关系报告报文。

5. IGMP 封装

IGMP 报文被封装在 IP 数据报中。

在 IGMP 数据报封装过程中，IP 层有 3 个字段需要注意，分别是高层协议类型字段、生存时间字段和目的 IP 地址字段。

① 高层协议类型字段。对于 IGMP 协议，IP 的高层协议类型字段值是 2。高层协议类型字段值为 2 的所有 IP 数据报，其数据部分都交付给 IGMP 协议处理。

② 生存时间字段。当 IGMP 报文封装成 IP 数据报时，生存时间的值必须是 1。因为 IGMP 的作用范围是局域网，IGMP 报文不能够发送到局域网以外的地方。生存时间值为 1 保证了这个报文不离开这个局域网，因为到了下一个路由器这个数值就减小到零，因而这个数据报要被丢弃。

③ 目的 IP 地址字段。目的 IP 地址字段一般固定，两种不同类型 IGMP 报文的目的 IP 地址如下。

- 查询报文：目的 IP 地址为 224.0.0.1，表示该子网中所有节点。
- 成员关系报告报文：目的 IP 地址为 224.0.0.22，向该子网中所有节点报告成员关系。

6. 多播组成员的加入与退出

一个主机或路由器能够加入一个组。每一个主机要维护一个有组内成员关系的进程表。当一个进程要加入到一个新组时，它就向主机发送请求。这个主机就在它的表中增加这个进程的名字和所请求组的名字。如果所请求的组在表中不存在，这个主机就发送成员关系报告报文；如果所请求的组在表中已经存在，那就没有必要发送成员关系报告报文，因为这个主机已经是这个组的成员了，它已经开始接收发送给这个组的所有数据。

在 IGMPv2 中，当主机发现在一个特定组中已经没有感兴趣的进程，它就发送退出报告报文。同样地，当路由器发现在一个特定组中已经没有连接在它的接口上感兴趣的网络，它就发送退出这个组的报告。

但是，当多播路由器收到退出报告时，它并不能立即从它的表中清除这个组，因为这个退出报告仅仅是从一个主机或路由器发送来的，可能还有其他的主机或路由器仍然对这个组感兴趣。这时，这个路由器要发送一个特殊的查询报文，在这个报文中使用这个组的多播地址，并允许任何主机或路由器在指定的响应时间内回答。如果在这段时间内没有收到这个组的成员关系报告报文，这个路由器就认为在这个网络上没有忠实成员，因而就从表中清除这个组。

在 IGMPv1 和 IGMPv3 中，并没有退出报告报文，当使用 IGMPv1 和 IGMPv3 的主机要退出多播组时，它不发送任何报文。路由器会定期的发送查询报文，如果一段时间内路由器没有收到成员关系报告报文，那么路由器就清除这个组。

三、实验内容

1. 观察 IGMP 报文
2. 利用 IGMP 加入一个多播组

四、实验步骤

本实验主机A、B、C、D、E、F一组进行。

1. 观察IGMP报文

(1) 在主机B的172.16.1.1对应的接口和172.16.0.1对应的接口分别启动协议分析器捕获数据，并设置过滤条件(提取IGMP)。

(2) 在主机B上启动IGMP协议。

在主机B的命令行下使用igmp_config命令启动IGMP协议。

在主机B的命令行下使用“igmp_config 172.16.1.1的接口名route”命令将172.16.1.1接口设置为“IGMP路由器”。

在主机B的命令行下使用“igmp_config 172.16.0.1的接口名route”命令将172.16.0.1接口设置为“IGMP路由器”。

(3) 观察主机B的协议分析器所采集到的数据。

找到“成员关系查询”报文，并填写在表4-24中。

表4-24 IGMP报文实验结果

数据内容	含义
目的MAC地址	
目的IP地址	
生存时间	
组地址	

2. 利用IGMP加入一个多播组

(1) 在主机A、B、C、D、E、F上启动协议分析器捕获数据，并设置过滤条件(提取IGMP)。

(2) 在主机A、C、D、E上启动“组播工具”(方法：实验平台工具栏中的组播工具)，并加入多播组(使用224.0.1.88作为多播地址)。

(3) 在主机A、B、C、D、E、F上观察协议分析器上采集到的数据。

(4) 查看主机B的组表信息(在命令行方式下，输入igmp_config showgrouptable)，理解“组播工具”使用IGMP协议加入一个多播组的过程。

(5) 在主机A、C、D、E上单击“离开组播”按钮，退出多播组。

3. 多播通信

(1) 在主机B、F上启动协议分析器捕获数据，并设置过滤条件(提取IGMP和UDP)。

(2) 在主机A、C、E上启动“组播工具”，并加入到同一个多播组(如：224.0.1.88)。

查看主机B上的组表信息(在命令行方式下，输入igmp_config showgrouptable)，记录其中条目。

(3) 主机A发送数据，同时观察主机C、E上“组播工具”接收到的数据。

(4) 在主机E上单击“离开组播”按钮退出多播组。

等待一段时间后查看主机B上的组表信息。

① 在命令行方式下，输入igmp_config showgrouptable。

② 查看主机 B 上的“路由和远程访问/IGMP/显示组表格”。

(5) 在主机 A、C 上单击“离开组播”按钮退出多播组。

等待一段时间后查看主机 B 上的组表信息。

① 在命令行方式下，输入 igmp_config showgrouptable。

② 查看主机 B 上的“路由和远程访问/IGMP/显示组表格”。

(6) 主机 B、F 停止捕获数据，观察协议分析器所捕获的数据。

(7) 主机 B 在命令行下输入 recover_config 命令，停止 IGMP 协议。

五、思考题

1. 一个组的多播地址是 231.24.60.9，当局域网在使用 TCP/IP 时，其 48 位的以太网地址是什么？

2. IGMP 在多播通信过程起什么作用？绘制出多播组成员和 IGMP 路由器的报文交互过程(包括 IGMP 和 UDP)。

3. 通过目的 MAC 地址和目的 IP 地址，简述组播 IP 地址到 MAC 地址的映射方式。

实验 4-5 路由信息协议(RIP)

一、实验目的

1. 掌握路由协议的分类，理解静态路由和动态路由
2. 掌握动态路由协议 RIP 的报文格式、工作原理及工作过程
3. 掌握 RIP 计时器的作用
4. 理解 RIP 的稳定性

二、实验准备

1. 实验环境

该实验采用网络结构三。各主机打开协议分析器，验证网络结构三的正确性。

2. 静态路由与动态路由

巨大的互联网是由许多小网络组成的，这些小网络使用路由器连接起来。在从源点到终点的通信过程中，数据报可能经过多个路由器，直到到达连接目的网络路由器为止。

路由器从一个网络接收数据报，并把数据报转发到另一个网络。一个路由器通常和多个网络相连。当路由器收到数据报时，它应当将数据报转发到哪一个网络取决于路由表的信息。

路由表可以是静态的也可以是动态的，静态路由拥有静态的路由表，动态路由拥有动态的路由表。静态路由表的路由信息是管理员设置的，并由管理员手动进行更新。动态路由表的路由信息是随着互联网的变化而自动更新的。现在只要互联网中有一些变化，路由器就应该尽快更新路由表，所以现在互联网中的路由器大多使用动态路由表。例如，某条链路不能正常工作了，路由器就应该找到另一条路由，并把路由表进行更新。

由于互联网需要动态路由表的支持，因此就产生了多种路由选择协议。路由选择协议是一些规则和过程的组合。规则使得路由器之间能够共享它们所知道的互联网情况和邻站

信息,而过程用来合并从其他路由器收到的信息。

3. 内部和外部路由选择

互联网非常庞大,仅仅使用一种路由选择协议是无法处理所有路由器的路由表更新任务的,为此,互联网划分为多个自治系统(AS)。自治系统是在单一的管理机构管辖下的一组网络和路由器。在自治系统内部的路由选择叫做域内路由选择;在自治系统之间的路由选择叫做域间路由选择。每一个自治系统使用一种域内路由选择协议(例如,RIP或OSPF)处理本自治系统内部的路由选择。而对于自治系统之间的路由选择一般只能使用"域间路由选择协议(BGP)"来进行路由选择。

4. 距离向量路由

距离向量路由选择协议得到的路由是任何两个节点之间代价最小的路由。在协议中,每一个节点维护一个到其他节点的最小距离向量表。在这个表中还指出路径的下一跳地址,以便把数据报发送到目的节点。

5. RIP协议简介

路由信息协议(RIP)是应用较早、使用较普遍的内部网关协议,适用于小型同类网络,是典型的距离向量路由协议。

RIP通过广播UDP协议520端口封装成的报文来交换路由信息,默认每30s发送一次路由信息更新报文。RIP提供跳跃计数(hop count)作为尺度来衡量路由距离,跳跃计数是一个数据报到达目标设备所必须经过的路由器数目。RIP最多支持的跳数为15,即在源和目的网络之间所要经过的最多路由器的数目为15,跳数16表示不可达。

6. RIP报文格式

RIP报文的格式参见4.4节。

7. RIP的缺点及改进

(1) RIP协议的缺点。

① 缓慢收敛。缓慢收敛是RIP的缺点之一,它是指在互联网上某处发生的变化要传播到互联网的其他部分是很慢的。解决RIP缓慢收敛的方法是限制跳数为15。这样可防止数据报无休止地在网络中兜圈子而阻塞了互联网。因此,数值16被认为是无穷大,并表示不可达的网络。

② 不稳定性。RIP的另一个缺点是不稳定性,不稳定性表示运行RIP的互联网中数据报可能在一个回路中从一个路由器到另一个路由器兜圈子。把跳数限制为15能够改进稳定性,但不能解决所有的问题。

(2) RIP协议的改进。

① 触发更新。触发更新可提高稳定性。若网络中没有变化,路由器按30s的间隔发送更新信息。但若网络有变化,路由器就立即发送它的更新信息,这个过程叫做触发更新。

② 水平分割。水平分割也可以提高稳定性,在发送路由选择报文时增加了选择性,路由器必须区分不同的接口。如果路由器从某个接口已经收到了路由更新信息,那么这个同样的更新信息就不能再通过这个接口回送过去。如果某个接口通过了给某个路由器更新的信息,那么这个更新信息就不能再发送回去,这是已经知道了的信息,因而是不需要的。

③ 毒性反转。路由中毒是指路由信息在路由表中失效时,先将度量值变为无穷大,而

不是马上从路由表中删掉这条路由信息。毒性反转与路由中毒概念是不一样的，它是指收到路由中毒消息的路由器，不遵守水平分割原则，而是将中毒消息转发给所有的相邻路由器，也包括发送中毒信息的源路由器，也就是通告相邻路由器这条路由信息已失效了。毒性反转的主要目的是加快收敛。

三、实验内容

1. 静态路由与路由表
2. 领略动态路由协议 RIPv2
3. RIP 的稳定性

四、实验步骤

1. 静态路由与路由表

本实验主机 A、B、C、D、E、F 一组进行。

(1) 主机 A、B、C、D、E、F 在命令行下运行 route print 命令，查看路由表，掌握路由表由哪几项组成。

(2) 从主机 A 依次 ping 主机 B(192.168.0.2)、主机 C、主机 E(192.168.0.1)、主机 E(172.16.1.1)，观察现象，记录结果。通过在命令行下运行 route print 命令，查看主机 B 和主机 E 路由表。

将实验结果记录在表 4-25 中。

表 4-25　查看路由表实验结果

实验项目	是否 ping 通	原　因
主机 A——主机 B (192.168.0.2)		
主机 A——主机 C		
主机 A——主机 E (192.168.0.1)		
主机 A——主机 E (172.168.1.1)		

(3) 主机 B 和主机 E 启动静态路由。

主机 B 与主机 E 在命令行下使用 staticroute_config 命令来启动静态路由。

在主机 B 上，通过在命令行下运行 route add 命令手工添加静态路由(route add 172.16.1.0 mask 255.255.255.0 192.168.0.1 metric 2)。

在主机 E 上，也添加一条静态路由(route add 172.16.0.0 mask 255.255.255.0 192.168.0.2 metric 2)。

从主机 A 依次 ping 主机 B(192.168.0.2)、主机 E(192.168.0.1)、主机 E(172.16.1.1)，观察现象，记录结果。

通过在命令行下运行 route print 命令，查看主机 B 和主机 E 路由表。

将实验结果记录在表 4-26 中。

表 4-26 手工添加静态路由实验结果

实验项目	是否 ping 通	原因
主机 A——主机 B (192.168.0.2)		
主机 A——主机 E (192.168.0.1)		
主机 A——主机 E (172.168.1.1)		

(4) 在主机 B 上，通过在命令行下运行 route delete 命令(route delete 172.16.1.0)；在主机 E 上，运行 route delete 命令(route delete 172.16.0.0)删除手工添加的静态路由条目。

2. 领略动态路由协议 RIPv2

本实验主机 A、B、C、D、E、F 一组进行。

(1) 在主机 A、B、C、D、E、F 上启动协议分析器，设置过滤条件(提取 RIP 和 IGMP)，开始捕获数据。

(2) 主机 B 和主机 E 启动 RIP 协议并添加新接口：

① 在主机 B 上启动 RIP 协议：在命令行方式下输入 rip_config。

② 在主机 E 上启动 RIP 协议：在命令行方式下输入 rip_config。

③ 添加主机 B 的接口。

- 添加 IP 为 172.16.0.1 的接口：在命令行方式下输入“rip_config "172.16.0.1 的接口名" enable”。
- 添加 IP 为 192.168.0.2 的接口：在命令行方式下输入“rip_config "192.168.0.2 的接口名" enable”。

④ 添加主机 E 的接口。

- 添加 IP 为 192.168.0.1 的接口：在命令行方式下输入“rip_config "192.168.0.1 的接口名" enable”。
- 添加 IP 为 172.16.1.1 的接口：在命令行方式下输入“rip_config "172.16.1.1 的接口名" enable”。

(3) 主机 B 在命令行方式下，输入 rip_config showneighbor 查看其邻居信息。

主机 E 在命令行方式下，输入 rip_config showneighbor 查看其邻居信息。

(4) 所有主机人员通过协议分析器观察报文交互，直到两台主机的路由表达到稳定态。在主机 B、E 上使用 netsh routing ip show rtmroutes 查看路由表，记录稳定状态下主机 B 和主机 E 的路由表条目。

(5) 主机 B 和主机 E 在命令行下输入命令 recover_config，停止 RIP 协议。观察协议分析器报文交互，并回答问题：IGMP 报文在 RIP 交互中所起的作用是什么？

3. RIP 的计时器

本实验主机 A、B、C、D、E、F 一组进行。

(1) 在主机 A、B、C、D、E、F 上重新启动协议分析器，设置过滤条件(提取 RIP)，开始捕获数据。

(2) 主机B和主机E重启RIP协议并添加新接口(同练习二的步骤2),同时设置“周期公告间隔”为20s。

① 在主机B命令行方式下,输入“rip_config "172.16.0.1 的接口名" updatetime 20”、“rip_config "192.168.0.2 的接口名" updatetime 20”。

② 在主机E命令行方式下,输入“rip_config "192.168.0.1 的接口名" updatetime 20”、“rip_config "172.16.1.1 的接口名" updatetime 20”。

③ 所有主机人员用协议分析器查看报文序列,并回答问题。

- 将“周期公告间隔”设置为0s可以吗?为什么操作系统对“周期公告间隔”有时间上限和时间下限?上限和下限的作用是什么?
- 通过协议分析器,比较两个相邻通告报文之间的时间差,是20s吗?如果不全是,为什么?

(3) 将“路由过期前的时间”设置为30s。

① 在主机B命令行方式下,输入“rip_config"172.16.0.1 的接口名" expiretime 30”、“rip_config "192.168.0.2 的接口名" expiretime 30”。

② 在主机E命令行方式下,输入“rip_config"192.168.0.1 的接口名" expiretime 30”、“rip_config "172.16.1.1 的接口名" expiretime 30”。

③ 禁用主机E的192.168.0.1的网络连接。在30s内观察主机B的路由条目变化,并回答,“路由过期计时器”的作用是什么?

(4) 恢复主机E的192.168.0.1的网络连接。

(5) 主机B和主机E在命令行下输入命令 recover_config,停止RIP协议。

4. RIP的稳定性

本实验将主机A、B、C、D、E、F作为一组进行。

(1) 在主机A、B、C、D、E、F上重新启动协议分析器捕获数据,并设置过滤条件(提取RIP)。

(2) 主机B和主机E重启RIP协议并添加新接口,同时去掉“启用水平分割处理”和“启用毒性反转”选项。

① 主机B在命令行方式下输入“rip_config "172.16.0.1 的接口名" splithorizon disable”、“rip_config "192.168.0.2 的接口名" splithorizon disable”。

② 主机E在命令行方式下输入“rip_config "192.168.0.1 的接口名" splithorizon disable”、“rip_config "172.16.1.1 的接口名" splithorizon disable”。

③ 等待一段时间,直到主机B和主机E的路由表达到稳定态。

(3) 主机B和主机E在命令行下使用 netsh routing ip show rtmroutes 查看路由表。

(4) 查看未启用毒性反转的效果。

① 拔掉主机E与主机F相连的网线。

② 主机A,主机C查看协议分析器捕获的数据。

观察:主机A收到度量为16的RIP报文了吗?

主机C收到度量为16的RIP报文了吗?

(5) 主机 B 和主机 E 在命令行下输入 recover_config 停止 RIP 协议。

五、思考题

1. 简述静态路由的特点以及路由表在路由期间所起到的作用。
2. 跳数限制如何缓解 RIP 的问题?
3. 试列举 RIP 的缺点及其相应的补救办法。

传输层协议

传输层是网络层次模型中举足轻重的层次，它是低层通信子网与高层资源子网的接口与桥梁。传输层向高层用户屏蔽了低层通信子网的细节（如网络的拓扑、所采用的协议等），它使应用进程看见的就好像是在两个传输层实体之间有一条端到端的逻辑通信信道。在TCP/IP参考模型中，传输层位于IP层和应用层之间，源主机的应用层进程与目的主机的应用层进程通信时，需要使用传输层提供的服务，传输层需要使用IP层提供的服务来完成本层功能。因此，传输层在应用层和IP层之间起着承上启下的作用。它应该满足以下3个要求。

(1) 传输层需提供比IP层质量更高的服务。传输层基于IP层工作，而IP是一个无连接的不可靠的投递系统，IP数据报在投递过程中可能会出现数据报丢失、延迟和乱序到达等情况。因此，尽管IP会尽最大努力投递数据报，但它提供的服务仍是不可靠的，其可靠性需由传输层保证。

(2) 传输层需提供识别应用层不同进程的机制。相互通信的两个主机在IP层传递的对象是IP数据报，IP层使用目的IP地址作为传递的目的地，但一个IP地址标识的只是到某一个主机的连接，不是主机中的应用程序，即仅靠IP地址传输层无法区分同一主机上的多个应用程序。因此，传输层需要使用比IP地址更具体的标识符来标识应用层的应用程序。

(3) 传输层需针对不同尺寸的应用层数据进行适当的处理。传输层应对大尺寸的应用层数据，如大型文件、音频或视频等数据进行适当划分，以便在网络上传输；相反，对于小尺寸的数据则应进行适当合并以提高网络的利用率。

TCP/IP协议族提供的两个传输层协议是传输控制协议（TCP）和用户数据报协议（UDP）。

5.1 传输层概述

5.1.1 传输层提供的服务

传输层在两个应用实体之间实现可靠的、透明的、有效的数据传输，其主要功能为以下几个方面。

(1) 连接管理。连接管理包括端到端连接的建立、维持和释放。传输层可支持多个进程同时连接,即可将多个进程连接复用在一个网络层连接上。

(2) 优化网络层提供的服务质量。传输层优化网络层服务质量包括检查低层未发现的错误,纠正低层检测出的错误,对接收到的数据报重新排序,提高通信可用带宽,防止无访问权的第三者对传输的数据进行读取或修改等。

(3) 提供端到端的透明数据传输。传输层可以弥补低层网络所提供服务的差异,屏蔽低层网络的操作细节,对数据传输进行控制,包括数据报文分段和重组、端到端差错检测和恢复、顺序控制和流量控制等。

(4) 多路复用和分离。当传输层用户进程的信息量较少时,可以将多个传输连接映射到一个网络连接上,以便充分利用网络连接的传输速率,减少网络连接数。

(5) 状态报告。状态报告可以使用户获得一些有关传输层实体或传输连接的状态或属性等信息,如吞吐量、平均延迟、地址、使用的协议类别、当前计时器值、所请求的服务质量等。

(6) 安全性。传输层实体可以提供多种安全服务。以发送方的本地证实和接收方的远程证实形式提供对接入的控制,必要时也可提供加密和解密、选择经过安全的链路传输及节点的服务等。

(7) 加速交付。在接收方,传输层实体可以主动中断用户当前工作,通知它接收到了紧急数据,不需要等待后续数据到达而立即提交。

5.1.2 传输层寻址与端口

1. 传输层寻址

根据OSI的观点,传输层应在用户之间提供可靠、有效的端到端传输服务,它必须具有将一个用户进程和其他用户进程相互区分的能力。在一个主机中可能有多个应用进程同时分别与另一个主机中的多个应用进程通信。因此,为了减少网络连接数,提高网络传输效率,传输层的一个很重要的功能就是对连接的复用和分离。传输层通过建立传输层地址来实现该功能,这里的传输层地址是指传输层服务访问点TSAP,它是传输层与应用层之间交换信息的抽象接口。传输层与应用层、网络层之间关系如图5-1所示。传输层寻址就是利用传输层地址区分应用进程的过程。

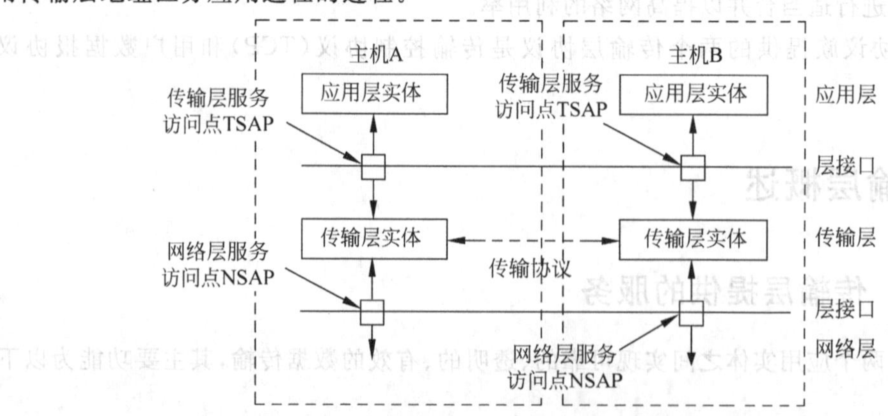

图 5-1 传输层与应用层、网络层之间的关系

2. 端口

所谓的端口也是指传输层服务访问点 TSAP，即传输层地址。应用层不同进程的报文通过不同的端口向下递交到传输层，由传输层复用到一条传输连接上后递交给网络层。当这些报文到达目的主机后，目的主机的传输层使用分离功能，通过不同的端口将报文分别向上提交给相应的应用进程处理。因此，端口的作用就是让应用层的各种应用进程都能把各自数据通过端口向下递交给传输层，同时也让目的主机的传输层知道将收到的数据通过哪个端口向上提交给应用层的相应进程。因此，可以说端口是用来标识应用层进程的。

TCP/IP 协议族提供了两个典型的传输层协议：用户数据报协议(UDP)和传输控制协议(TCP)。每个应用进程都有一个标识号(即端口)，无论应用进程选择 TCP 协议还是 UDP 协议传输，在应用进程将数据递交给传输层时，均需告知其端口号，在 TCP 报文段和 UDP 数据报的头部都有源端口号和目的端口号。接收方的传输层收到由 IP 层提交的数据后，同样根据其目的端口号决定应当在哪一个端口向上提交给目的应用进程。因此，描述一个应用进程的标识一般采用如下的五元组：

<源 IP 地址，源端口号，协议，目的 IP 地址，目的端口号>

其中：

- 源 IP 地址和目的 IP 地址用于区分不同主机；
- 源端口号和目的端口号用于区分不同主机中的不同应用进程；
- 协议是指传输层协议，用于区分该数据报是基于 UDP 协议还是 TCP 协议传输的。

不同协议的端口之间没有任何联系，不会相互干扰。目前，Internet 中通信进程之间的相互作用模式采用的主要是客户端/服务器(C/S)模式或浏览器/服务器(B/S)模式，其过程一般为：用户向服务器发出服务请求，服务器完成用户所要求的操作，然后将结果回送给用户。

为了让客户端(或浏览器)能够找到服务器，服务器必须使用一个客户熟知的地址(固定的 IP 地址)及熟知端口号。不同主机上相同服务器的端口号是相同的。例如，WWW 服务器(使用 HTTP 协议)的端口号是 80、Telnet 服务器的端口号是 23、SMTP 服务器的端口号是 25 等，这些都是熟知端口号。客户进程一般采用临时端口号，而不采用熟知端口号，临时端口是指由操作系统统一管理和分配的端口号。用户需要时临时向操作系统申请，操作系统根据一定策略将其分配给用户使用，通信结束后操作系统立即收回。

TCP 和 UDP 协议的端口号长度为 16 位，可以使用的端口号为 0～65 535。互联网编号分配机构(The Internet Assigned Numbers Authority，IANA，负责对 IP 地址分配规划以及对 TCP/UDP 公共服务的端口定义)将端口号划分为以下 3 类。

- 熟知端口号：又称为公认端口号，由 IANA 统一分配及定义其含义，用于指明特定的进程或功能，一般在服务器端使用，其范围是 0～1023。
- 注册端口号：又称为登记端口号，是用户根据需要在 IANA 注册的端口号，以避免重复使用而发生冲突，其范围是 1024～49 151。

- 临时端口号：由操作系统管理，客户端程序自己定义和使用的端口号，可随机分配，其范围是49 152～65 535。

IP地址与端口号合在一起称为套接字(Socket)，它唯一标识了网络中一个主机中的某一个应用(进程)。

5.1.3 无连接服务与面向连接服务

传输层提供两类传输服务：无连接传输服务和面向连接传输服务。

1. 无连接传输服务

无连接传输服务比较简单，发送数据之前不需要事先建立连接。

2. 面向连接传输服务

面向连接的传输服务要求两个用户(或进程)相互通信之前，必须先建立连接。一次完整的数据传输包括建立连接、传输数据、释放连接3个阶段。

(1) 建立连接。

在连接建立过程中，根据用户对服务质量的要求，相互协商服务的功能和参数，如选择合适的网络服务，协商传输协议数据单元的大小，确定是否使用多路复用和流量控制等。

连接建立可以分为二次握手和三次握手机制。"二次握手"机制是指一个传输实体(源主机)向目的主机发送一个连接请求报文后，接收到对方发回的连接建立肯定应答时则表示连接已建立的过程。但是当网络传输出现重复分组、丢失分组等情况时，"二次握手"机制很不可靠。因此，提出了"三次握手"的传输连接建立机制。"三次握手"的过程是：首先发送方发送一个连接请求报文到接收方；然后接收方回送一个接收请求报文到发送方；最后发送方再回送一个确认报文到接收方的过程。

(2) 传输数据。

一旦双方建立了连接，两个传输层对等实体就可以开始交换数据。传输层实体交换的数据称为报文，报文的大小有一定的限制，如果用户数据超过了最大报文尺寸，则发送方传输实体需要将数据分成大小合适的报文段，每一个报文段都有一个序列号，这样，接收方就能按照正确的顺序还原数据。

(3) 释放连接。

当双方传送数据结束后，应妥善释放传输连接。释放连接过程可以使用"三次握手"或"四次握手"机制。

释放连接可分为正常释放和非正常释放(突发性终止)两种情况。前者是指数据传输结束时，双方自愿释放连接的过程；后者是指传输过程中遇到异常情况时双方被迫终止连接的过程，这种情况非常突然，可能会导致数据丢失。

按释放连接的方式，又可分为对称释放和非对称释放两种。对称释放方式是指在两个方向上分别释放连接，一方释放连接后，不能再发送数据，但可以继续接收数据，直到对方发送完毕释放连接；非对称释放是指单方面终止连接。

5.2 用户数据报协议(UDP)

用户数据报协议(User Datagram Protocol,UDP)是一个无连接的不可靠的传输层协议。UDP在传送数据之前不需要先建立连接,远程主机的传输层收到UDP报文后,也不需要给出任何确认。它在IP之上仅提供两个附加服务:多路复用和对数据的错误检查。UDP可以(可选)检查整个UDP数据报的完整性。由于UDP比较简单,其执行速度就比较快,实时性好。使用UDP的应用主要有简单文件传送协议(TFTP)、简单网络管理协议(SNMP)和实时协议(RTP)等。应用进程可根据其对可靠性和传输效率的不同要求,选择不同的传输层协议。

5.2.1 UDP概述

1. UDP的功能及特点

UDP提供了应用程序之间传输数据的基本机制,它只在IP数据报服务之上增加了很少的功能,即端口功能和差错检测功能。UDP几乎就是一种包装协议,为应用进程提供一种访问IP的手段,即接收应用进程的数据,添加8字节的首部封装成UDP报文,交给IP传送出去。UDP不需要创建连接,传输是不可靠的,没有确认机制来确保报文的到达,没有对传入的报文进行排序的机制,也不提供反馈信息来控制端到端报文传输的速度。因此,UDP报文可能出现丢失、重复或乱序到达等现象。而且,报文到达的速率可能会大于接收进程能够处理的速率。

从可靠性的角度来看,虽然TCP优于UDP,但UDP仍然是必要的,UDP有其特殊的优点。

(1) 提供无连接的服务,简单、快速。

(2) UDP主机不需要维持复杂的连接状态表,资源开销少。

(3) UDP报文只有8B的首部开销,报文短小,控制简单。

(4) 即使网络出现拥塞也不会使源主机的发送速率降低,因为UDP不提供反馈机制,源主机无法知道网络状况。但这对某些实时应用很方便也很重要,如视频点播,由于偶尔丢失几个分组而影响画面质量是可以忍受的(只要不是大量丢失分组),这时适宜使用UDP。

使用UDP协议的应用程序可根据自己的需求来设计相应的可靠性机制,如简单文件传输协议(TFTP)承载在UDP协议上,其可靠性由应用层完成。

2. UDP常用端口

在5.1节中已经讲解了UDP通过使用端口号来区分应用层进程,不同的端口号代表着应用层不同的协议和进程。TCP/IP协议族中UDP常用的端口号主要有以下几类。

(1) 53:DNS(域名服务)。

(2) 69:TFTP(简单文件传输协议)。

(3) 123:NTP(网络时间协议)。

(4) 161:SNMP(简单网络管理协议)。

(5) 162：SNMP(简单网络管理协议：陷阱)。

(6) 520：RIP(路由信息协议)。

3. UDP的主要应用场合

虽然UDP是无连接传输协议，但由于UDP有其自身独特的特点，如简单、快速等，因此仍有很多应用适合采用UDP传输数据，主要有以下几种。

(1) 对传输数据少量丢失可以容忍的应用，如传输视频或多媒体流数据，少量丢失数据帧不影响画面质量时就可以采用UDP传输。

(2) 每次发送数据量很少的应用，适宜用UDP来快速传输。

(3) 由于UDP没有严格的差错控制机制，因此对于自身有全套差错控制机制的程序(或高层协议)来说，可以使用UDP作为传输层协议。

(4) 实时性要求较高，但差错控制要求不高的应用领域比较适宜用UDP协议。

5.2.2 UDP报文格式

UDP协议工作简单，因此，UDP的报文格式也比较简单。UDP报文由UDP首部和数据两部分组成。其中UDP首部只有固定的8B，由源端口、目的端口、长度、校验和组成。UDP报文结构如图5-2所示。

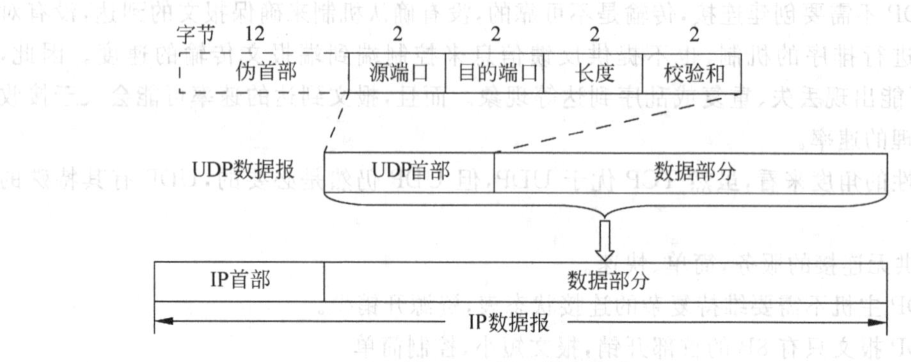

图5-2 UDP报文格式

UDP首部各字段说明如下。

(1) 源端口和目的端口。源端口和目的端口字段各为16位(2B)，它是UDP协议的端口号，其中源端口是可选的(因为UDP不需要反馈信息，因此源端口基本不起作用)，目的端口必须填写。若源端口不选，则取值为0。

(2) 长度。长度字段为16位(2B)，它是指UDP报文的总长度，包括UDP首部和用户数据两部分，长度以字节为单位。

(3) 校验和。校验和字段为16位(2B)，UDP的校验和字段是保证UDP数据正确的唯一手段。计算UDP校验和时需包括UDP伪首部、UDP首部和用户数据三部分。

5.2.3 UDP伪首部

UDP校验和覆盖的内容超出了UDP数据报本身的范围。除了UDP报文本身，UDP

还引入一个长度为12B的UDP伪首部(pseudo-header),UDP伪首部的结构如图5-3所示。

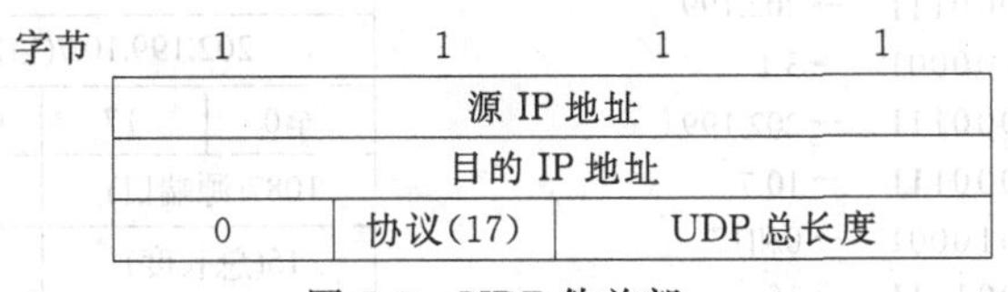

图5-3 UDP伪首部

UDP报文只含有端口号,不含源IP地址和目的IP地址,如果没有UDP伪首部,则无法检验出UDP报文是否到达了正确的目的地。因此,UDP伪首部的作用只是用于检验UDP数据报是否已经到达正确的目的地,即正确的主机。尽管IP数据报首部已经包含了必要的校验和,但是,它并不能保证检验出所有的首部错误,因此,UDP为了确保数据传输的正确性,在UDP的报文验证时,通过增加伪首部信息校验,再次对IP数据报中的源IP地址、目的IP地址、协议类型和数据长度等信息进行校验。

需要注意的是,UDP伪首部在报文传输时是不需要传送的,它只用于发送报文时计算校验和以及接收报文时验证校验和。当用户将UDP数据报交付IP时,应把伪首部和填充去掉。

1. 发送方计算校验和的步骤

(1) 将伪首部填加到UDP用户数据报上。

(2) 将校验和字段填入0。

(3) 将所有位划分为16位(2B)的字,若字节总数不是偶数,则增加一个字节(填充,全0)。填充只是为了计算校验和,计算结束后将其丢弃。

(4) 将所有16位的字进行二进制反码加法运算。

(5) 将得到的结果按位取反,将其插入到校验和字段。

(6) 将伪首部和填充去掉。

计算UDP校验和,需要加上UDP的伪首部。它是一个可选字段,该字段如果设置为全0,则表示不计算校验和(主要用于需要高效率传输的场合)。如果校验和本身计算结果为全0,UDP使用全1来表示校验和值为0。

2. 接收方计算校验和的步骤

(1) 把伪首部填加到UDP用户数据报上。

(2) 把所有位划分为16位(2B)的字,按需要增加填充。

(3) 把所有16位的字进行二进制反码加法运算。

(4) 把得到的结果按位取反。

(5) 若得到结果为全0,表示该UDP报文正确,丢弃伪首部和增加的填充,提交应用层,否则,表示该UDP报文出错,丢弃该报文。

例 5-1 在发送端计算如图 5-4 所示的 UDP 数据报的校验和。

解：UDP 校验和计算如下：

```
    11001010 11000111   →202.199
    00000011 00000001   →3.1
    11001010 11000111   →202.199
    00001010 00000111   →10.7
    00000000 00010001   →0和17
    00000000 00001111   →15
    00000100 00111111   →1087
    00000000 00011000   →24
    00000000 00001111   →15
    00000000 00000000   →0
    01010101 01000100   →U和D
    01010000 01000100   →P和D
    01000001 01010100   →A和T
    01000001 00000000   →A和0
 (10) 11001110 11111000
                        →10
    11001110 11111010   →反码加法
    00110001 00000101   →校验和
```

<table>
<tr><td colspan="4">202.199.3.1(源IP地址)</td><td></td></tr>
<tr><td colspan="4">202.199.10.7(目的IP地址)</td><td></td></tr>
<tr><td>全0</td><td>17</td><td colspan="2">15(UDP总长度)</td><td></td></tr>
<tr><td colspan="2">1087(源端口)</td><td colspan="2">24(目的端口)</td><td></td></tr>
<tr><td colspan="2">15(总长度)</td><td colspan="2">0(校验和)</td><td></td></tr>
<tr><td>U</td><td>D</td><td>P</td><td>D</td><td rowspan="2">数据</td></tr>
<tr><td>A</td><td>T</td><td>A</td><td>0(填充)</td></tr>
</table>

图 5-4 简单的 UDP 数据报

5.2.4 UDP 软件模块包

UDP 软件模块包一般应包括以下 5 个部分：一个控制块表、若干个输入队列(每个端口一个输入队列)、一个控制模块、一个输入模块和一个输出模块。UDP 软件模块包的这 5 个部分之间的关系如图 5-5 所示。

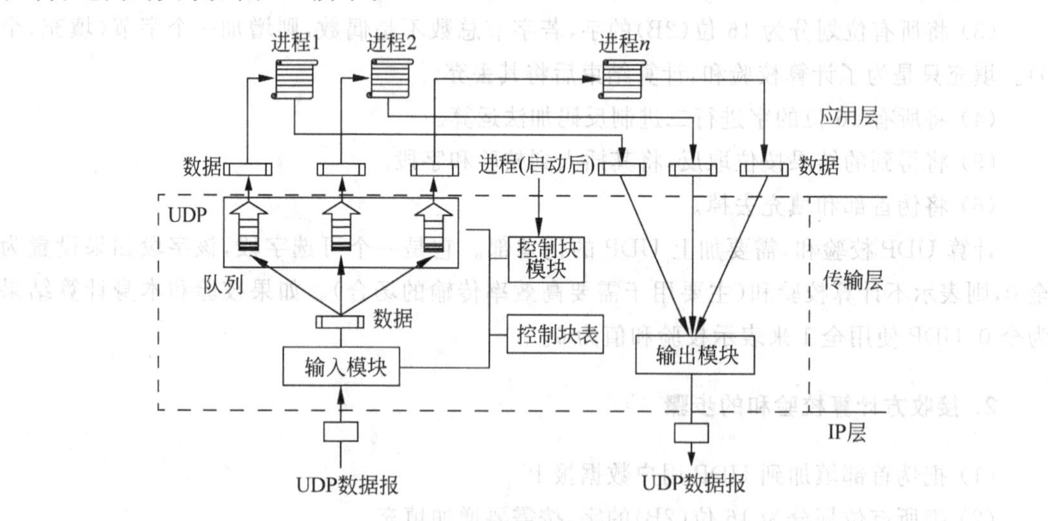

图 5-5 UDP 软件模块包的组成及相互关系

1. 控制块表

控制块表负责记录被 UDP 打开的端口，表中的每一项就是一个端口，具有 4 个字段：状态(值为 FREE 或 IN_USE)、进程 ID、端口号、相应的队列号。

2. 输入队列

UDP为每个进程创建一个输入队列，并分配不同的队列号。

3. 控制块模块

控制块模块负责管理控制块表。当进程启动时，该模块负责接收进程ID和端口号（从操作系统申请一个临时端口号）；然后查找控制块表中状态为FREE的表项（空闲表项），若找到，则将其状态改为IN_USE（占用），并将进程ID和端口号写入控制块表的该项中，表示占用该表项；若未找到，则表示目前已无空闲表项，此时，启用事先定义的删除策略查找一个已存在的、可被删除的、状态为IN_USE的表项，再将本进程ID和端口号写入该表项中。

4. 输入模块

输入模块负责从IP接收用户数据报。查找控制块表，找出与该用户数据报的端口号相同的表项。若找到，则模块将该数据报放入相应的输入队列中；若未找到，则丢弃报文，并向源主机发送一个"端口不可达"的ICMP报文。

5. 输出模块

输出模块负责创建和发送用户数据报。

例5-2 若一个应用程序使用UDP协议传输，到了IP层将数据报再划分为4个数据报片发送出去。结果前两个数据报片丢失，后两个到达目的节点。过了一段时间应用程序重传该UDP报文，而IP层仍然将其划分为4个数据报片来传送。结果这次前两个数据报片到达目的节点而后两个丢失。

试问：在目的节点能否将收到的来自这两次传输的4个数据报片组装成为完整的数据报？假定目的节点第一次收到的后两个数据报片仍然保存在目的节点的缓存中。

解：不能。因为第一次传输和第二次重传的IP数据报片的标识是不同的，重组时仅当标识字段相同的IP数据报片才能组装成一个IP数据报。而前两个IP数据报片的标识与后两个数据报片的标识不同，因此，不能组装成一个完整的IP数据报。

5.3 传输控制协议

传输控制协议（Transmission Control Protocol，TCP）是面向连接的可靠的传输层协议，要求在传送数据之前必须先建立连接，数据传送结束后再妥善释放连接。TCP不提供广播或组播服务。由于TCP提供面向连接的可靠的传输服务，因此不可避免地增加了许多开销，如确认、流量控制、计时器以及连接管理等。这不仅使协议数据单元的头部增大很多，还要占用许多处理机资源。

5.3.1 TCP概述

TCP/IP模型中IP层提供的服务虽然是尽最大努力交付，但仍是不可靠的分组交付服务。当传输过程中出现错误、网络硬件失效或网络负载过重时,分组可能会丢失,数据可能被破坏。动态路由策略可能导致分组到达目的网络时顺序混乱、延迟太大或重复交付等问题出现。为了解决上述问题,为上层的应用程序提供一个可靠的端到端传输服务,在TCP/IP模型的传输层引入了可靠的端到端协议——TCP协议。

1. TCP协议的功能

TCP协议的主要功能如下。

(1) 寻址和复用。对来自不同应用进程的数据进行复用,同时利用端口进行寻址,标识出不同的应用进程。

(2) 负责建立、管理和终止端到端的连接。

(3) 处理并打包数据。将应用层用户进程的数据进行分解和封装,打包成适当的报文。

(4) 传输数据。按照端到端对等层协议的要求,形式上将数据传输给对方对等层,实际操作中是交给所依赖的下层完成具体的传输操作。

(5) 提供端到端的可靠性及传输质量的保证。

(6) 提供端到端的流量控制和拥塞控制等。

2. TCP协议的特点

TCP是面向连接的协议,提供可靠的、全双工的、面向字节流的、端到端的服务。TCP主要从以下5个方面来提供可靠的交付服务。

(1) 面向数据流。当两个应用程序传输数据时,TCP将这些数据当作一个比特流。从应用的角度来看,发送者(应用程序)发出的数据与接收者(应用程序)接收到的数据完全一致。

(2) 虚电路连接。接收和发送应用程序在进行数据传输前,首先需要建立一个逻辑连接,以确保双方均已做好数据传输的准备,并在数据传输过程中,使发送方和接收方之间所有的数据传输均在这个逻辑连接上按序传输。数据传输结束后,需要释放这种逻辑连接关系。这一过程从用户的角度来看,与电路交换的形式相似,因此,称为“虚电路”(Virtual Circuit)。

(3) 带有缓冲的传输。应用程序传输数据时,可以根据需要来确定发送数据片的大小,最小可以为1B。但是,过小的数据片传输会导致传输效率低下,因此,TCP在发送方和接收方分别建立缓存区,发送方产生数据,接收方消耗数据。发送方的TCP通常会对产生的数据进行缓存,等缓存的数据达到一定数量以后再将它们组成大小合适的数据报传送给接收方,接收方的TCP会将它们整个接收到缓冲区,然后依次消耗数据(提交给应用层)。

(4) 无结构的数据流。数据流是指无报文丢失、重复和失序的正确的数据序列,相当于一个管道,从一端流入,从另一端流出。TCP报文中的数据按照无结构的数据流处理。应用程序之间交互的数据通常以某种数据结构的格式组织,但是这些结构数据传输给TCP协议后,都统一作为没有结构的数据流处理。这种机制既统一了TCP数据传输机制,又不影响应用层的程序对不同数据格式的数据进行交互。

(5) 全双工连接。TCP的流服务是全双工的(Full Duplex)。即每个TCP连接包括两个独立的、流向相反的数据流。这种机制的优点是一个方向的传输不受另一个方向传输的影响，并且可以将流控制信息捎带(Piggy Backing)在相反方向的报文中带回到源主机。

3. TCP 常用的端口号

TCP 与 UDP 一样，也是使用端口号提供进程到进程的通信，TCP 常用的熟知端口号主要有以下几种。

(1) 7：Echo(把收到的数据报回送到发送端)。

(2) 20：FTP，数据连接(文件传输协议——数据连接)。

(3) 21：FTP，控制连接(文件传输协议——控制连接)。

(4) 23：Telnet(远程登录)。

(5) 25：SMTP(简单邮件传输协议)。

(6) 53：DNS(域名服务)。

(7) 67：BOOTP(引导程序协议)。

(8) 80：HTTP(超文本传输协议)。

(9) 110：POP3(邮件协议)。

(10) 111：RPC(远程过程调用)。

TCP 连接实质就是两个套接字(IP 地址＋端口号)之间的连接。

5.3.2 TCP 报文格式

TCP 报文是 TCP 层传输的数据单元，又称为 TCP 报文段(TCP segment)。TCP 报文段由 TCP 首部和 TCP 数据两部分组成，TCP 首部固定部分为 20B，可以根据需要添加选项扩展成最多 60B。TCP 报文段的结构如图 5-6 所示。

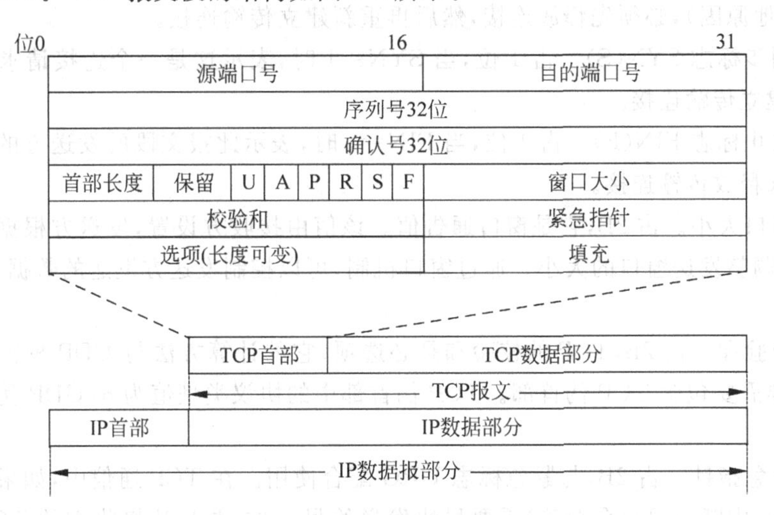

图 5-6 TCP 报文格式

图 5-6 所示的 TCP 报文段的首部结构说明如下。

(1) 源端口号和目的端口号。各占 2B，分别表示发送方和接收方的应用程序端口号。

(2) 序列号。占 4B，指派给该报文段第一个数据字节的一个号，表示该数据在发送方的数据流中的位置。初始序列号一般并不是从 1 开始的，而是根据采用某些算法计算出的一个数值作为起始序列号(5.3.3 节讲述)。这样做的目的是为避免出现重复序列号。

(3) 确认号。占 4B,确认号是接收方期望收到对方的下一个报文段数据的第一个字节的序号,也就是期望收到对方的下一个 TCP 报文段首部序列号字段的值。如果接收方成功接收了对方发送的序列号为 x 的报文,则它会将确认号设置为 $x+1$,然后和数据一起捎带送回发送方。由于序列号字段为 32 位,因此,发送方可以对 4GB(2^{32})的数据进行编码。就目前 Internet 传输速率来说,可以保证当序列号重复使用时,旧序号数据在网络中已消失了。如在传输速率为 1Gbps 的网络中,确认号回绕时间约为 4s,在 100Mbps 网络中,确认号回绕时间约为 40s。

(4) 首部长度。占 4 位,表示 TCP 报文首部信息的长度。由于首部可能含有选项内容,因此 TCP 首部的长度是不确定的。首部长度的单位不是字节而是 32 位字(以 4B 为计算单位),其范围是 5～15,对应首部的长度是 20～60B。首部长度也指示了数据区在报文段中的起始偏移值。

(5) 保留。占 6 位,保留为今后使用。目前为全 0。

(6) 紧急标志 URG(U)。占 1 位,当 URG=1 时,表示紧急指针字段有效。通知发送方本数据报文段中含有紧急数据,需要马上传输,这时发送方不会等到缓冲区满再发送,而是直接优先将该报文段发送出去。

(7) 确认标志 ACK(A)。占 1 位,当 ACK=1 时,表示确认号字段有效。

(8) 推送标志 PSH(P)。占 1 位,PSH=1 时,表示当前报文段需要请求推送(Push)操作,即接收方 TCP 收到推送标志为 1 的报文时,就立即提交给接收的应用进程,而不必等到整个缓存都填满后再向上提交。

(9) 复位标志 RST(R)。占 1 位,当 RST=1 时,表示 TCP 连接中出现严重差错(如主机崩溃或其他原因),必须先释放连接,然后再重新建立传输连接。

(10) 同步标志 SYN(S)。占 1 位,当 SYN=1 时,表示这是一个连接请求或连接接收报文,用于建立传输连接。

(11) 终止标志 FIN(F)。占 1 位,当 FIN=1 时,表示此报文段的发送方的数据已发送完毕,并要求释放传输连接。

(12) 窗口大小。占 2B,它是窗口通告值。该值由接收方设置,发送方根据接收到的窗口通告值来调整发送窗口的大小。通过窗口机制,可以控制发送方发送的数据量,实现流量控制。

(13) 校验和。占 2B,TCP 的校验和是必选项,它的计算方法与 UDP 校验和的计算方法相同,同样需要包含 TCP 伪首部。TCP 伪首部中的协议类型值为 6(UDP 伪首部中的协议类型为 17)。

(14) 紧急指针。占 2B,与紧急标志 URG 配合使用。在 TCP 通信中,如果一方有紧急的数据(例如,中断或退出命令等)需要尽快发送给另一方,并且让接收方的 TCP 协议尽快通知相应的应用程序时,可以将 URG 位置 1,并通过紧急指针指示紧急数据在报文段中的结束位置。

(15) 选项。长度可变,可以是一个或多个字节,规定相应的功能。每个选项由类型、长度、数据 3 部分组成。如表 5-1 所示,列出了 TCP 定义的选项。

表 5-1 TCP 定义的选项

类 型	长度(字节)	数 据	解 释
0	1	—	标志所有选项结束
1	1	—	无操作,用于后续选项对齐 32 位边界
2	4	MSS	告诉对方希望接收的最大报文段长度
3	3	窗口扩大因子	表示窗口字段值乘以 2^n,n 为扩大因子
4	2	—	允许使用选择性确认
5	可变	选择确认数据块	指出无须重传的数据块
8	10	时间戳值	用于估算往返时间 RTT

① MSS。用于 TCP 连接双方在建立连接时相互告知对方期望的最大报文段长度(Maximum Segment Size,MSS)值。TCP 报文的长度是包括首部和数据部分的总长度(不包括伪首部),以字节为单位,数据部分的最大长度 MSS 值为 65 535 字节(64KB)。但事实上,TCP 报文一般没有这么大,TCP 报文的典型长度(MSS 的默认值)是 556 字节,其中数据部分的长度为 556－20＝536 字节(标准长度)。将 TCP 报文封装进 IP 后,IP 的典型长度是 556＋20＝576 字节,这也是 IPv6 的包长度。

② 窗口扩大因子。当 TCP 希望发送更多数据时,可以使用窗口扩大因子来扩大窗口,使发送方连续发送更多的数据。

③ 选择确认数据块。当接收方收到的数据块序列号不连续,中间有缺失时,为节省网络开销,不必全部重传,可以通过该字段告知发送方哪些数据块不需要重传。

④ 时间戳值。目的是为了防止序列号回绕,即用于处理 TCP 序列号超过 4GB(2^{32})的情况。例如,前面讲过在传输速率为 1Gbps 的网络中,序列号回绕时间约为 4s,为了使接收方能够把新的报文段和迟到很久的同序列号的报文段区分开,可以在报文段中加上时间戳。

(16) 填充。为了使选项字段对齐 32 位,可以采用若干 0 作为填充数据。

另外,若 TCP 报文段的数据部分长度不是 $4N$(N 为整数)字节的整数倍,也需要填充全 0 以达到长度要求。

根据协议分层原则的要求,TCP 报文段只涉及本层的内容。但要在两个进程(或主机)之间建立连接,则必须知道双方的 IP 地址,而这并没有在 TCP 报文中体现出来。因此,TCP 与 UDP 一样,定义了一个 TCP 伪首部来解决这一问题。TCP 伪首部的作用也与 UDP 伪首部相同,只是为了计算校验和,以确定报文到达了正确的目的地。TCP 伪首部的格式如图 5-7 所示。

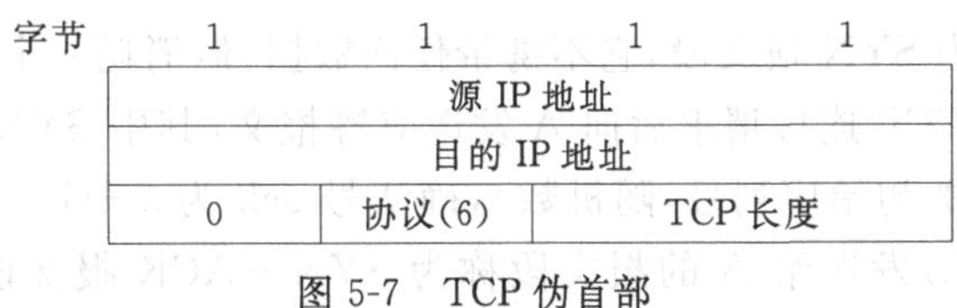

图 5-7 TCP 伪首部

例 5-3 假设一台主机将 500B 的应用层数据给传输层进行处理,序列号为 4 位,最大的 TPDU 生存周期是 30s。考虑传输层首部为 20B,若使序列号不回绕,该线路的最大数据率是多少?

解：由题意，知 TPDU 的大小为：500＋20＝520(B)

序列号为 4 位，则序列号个数为：$2^4=16$，即在生存周期 30s 内可发送 16 个 TPDU。

线路的最大数据率是 520×8×16÷30＝22 186(bps)，即 22.186kbps。

因此，该线路的最大数据率是 22.186kbps。

5.3.3 TCP 连接管理

TCP 是一个面向连接的协议，因此，无论哪一方向另一方发送数据之前，都必须先在双方之间建立一条连接。TCP 连接是指通信双方之间维系的基于 TCP 协议的一种逻辑关系，它对应的是一个虚电路连接，属于一个应用报文的所有报文段都沿着这条虚电路传输。每个连接都是由源主机 IP 地址和端口号及目的主机 IP 地址和端口号(两对套接字)4 个要素组成。

例如，若主机 192.168.0.1 通过 1069 号端口与另一个网络的主机 10.211.20.34 的 53 号端口建立 TCP 连接，则该连接的定义是(192.168.0.1，1069)和(10.211.20.34，53)。

1. TCP 连接建立机制

1) 三次握手机制

TCP 使用三次握手机制来建立连接。其具体过程如图 5-8 所示，客户端应用程序希望与另一端服务器的应用程序建立 TCP 连接，建立过程一般由客户端发出连接请求，称为主动打开；而服务器通常是已经准备好被连接，当它接到连接请求时，会通知它的 TCP 完成连接，称为被动打开。

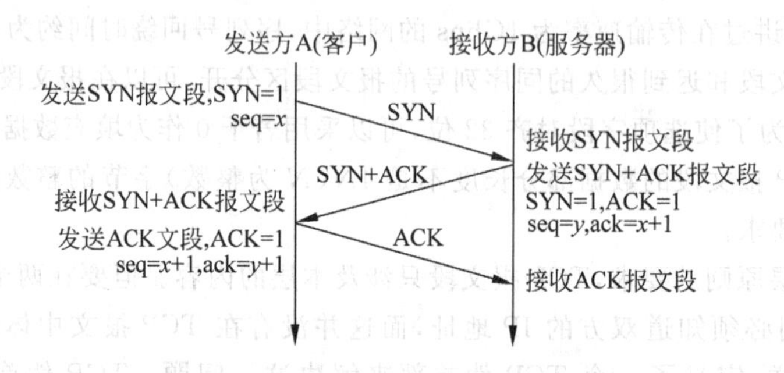

图 5-8　TCP 三次握手机制连接建立过程

(1) A(客户端)希望与 B(服务器)建立 TCP 连接，首先向 B 发送一个 TCP 报文，其中 SYN 标志＝1，序列号 seq＝x(x 为 A 的初始序列号，随机数)，然后启动计时器，等待接收 B 的应答。该报文段称为 SYN 报文段，它不携带任何数据，但消耗一个序列号。

(2) B 收到 A 的 TCP 连接请求后向 A 发送应答报文，其中 SYN 标志、ACK 标志都为 1，序列号为 y(y 为 B 的初始序列号，随机数)，确认号 ack 为 $x+1$。B 也启动计时器，等待接收 A 的应答。这里 B 发送给 A 的报文段称为 SYN＋ACK 报文段，它也不携带任何数据，但消耗一个序列号。

(3) 若 A 在计时器超时之前收到 B 的应答报文，判断其中的确认号 ack 是否为 $x+1$，若是，表明是 B 的正确应答，则向 B 发送一个确认报文，其中 ACK 标志为 1，确认号 ack 为 $y+1$。至此，A 认为连接已经建立。本阶段 A 发给 B 的报文段称为 ACK 报文段，它若不携带数据，就不消耗序列号。

(4) 若B在计时器超时之前收到A的应答报文，判断其中的确认号ack是否为$y+1$，若是，表明是A的正确应答。至此，B也认为连接已经建立。

在上述连接建立过程中一共交换了3个报文，如果其中某些报文丢失或出错，则连接失败。

如果第一个报文(SYN报文段)丢失，则B不会应答，A在超时前收不到应答，最终超时失败。

如果第二个报文(SYN+ACK报文段)丢失，则A收不到应答，导致B也收不到应答，双方都会超时失败。

如果第三个报文(ACK报文段)丢失，则B收不到应答，超时失败。但此时A认为已经建立了连接(即分配了资源)，B却认为没有建立连接，这种情况称为半连接。解决半连接问题的一种可能的方案是：若A在设定的一段时间内没有通过所建立的半连接成功发送或接收数据，则释放该连接。

2) 初始序列号的确定

建立连接的发起方在发送建立连接的报文时，要选择一个初始序列号(ISN)填入序列号字段，该序列号是要发送的数据块的第一个字节的编号。从概念上来说，ISN可以选择1(或者0)。但事实证明，这种选择在某些条件下，容易导致混淆。例如，现在建立了一个TCP连接，发送了一个包含1～30B的报文，但该报文在传输过程中因故被延迟了，该TCP连接也被终止了。然后重新建立连接，恰在此时，原来的那个报文到达了目的地。因为序列号相同，所以目的主机就会把该报文当成新连接发送的数据而加以使用，而新连接发送的第一个报文未必就是以前的那个报文，导致目的主机使用了错误的数据。

TCP确定ISN的一种方法是：设定一个计数器，初始值为0，每4μs加1，直到记满32位后归0，这一过程需要4个多小时。任何时候建立TCP连接时，都选择当前ISN计时器的值作为初始序列号值。这种方式可避免前面所说的问题，但这种方式选择ISN仍具有一定的规律性，也存在着安全隐患。所以，现在有些TCP连接使用随机数作为ISN。

3) 三次握手机制的安全隐患

三次握手机制仍存在着一定隐患，主要有SYN洪泛攻击和冒充主机窃取数据。

(1) SYN洪泛攻击。SYN洪泛攻击是指恶意攻击者向一个服务器发送大量的SYN报文段，而每一个报文段都来自不同的客户，并在IP数据报中使用虚假的源IP地址，即大量主机冒充合法主机与服务器建立连接，而服务器以为这些客户在发出主动打开请求，于是服务器就分配必要的资源，如创建TCB表、设置计时器等。同时，TCP服务器会向这些虚假的客户发送SYN+ACK报文段，由于IP地址都是虚假的，因此服务器发出的这些报文段全部丢失，即建立的都是半连接。在这段时间内，服务器中大量的资源被占用却没有被使用，如果恶意攻击者发送的SYN报文段数量足够大，则会使服务器最终因资源耗尽而瘫痪，不能提供正常的服务。这种SYN洪泛攻击属于拒绝服务的安全攻击，即攻击者用很大数量的服务请求垄断了一个系统，使该系统瘫痪，并且拒绝其他每一个正常的服务请求。

目前，TCP的某些实现采取一些策略来减轻SYN攻击的影响。如给出在特定的时间内限制连接请求的次数；过滤掉非法源地址发来的数据报；使用Cookie，在整个连接没有建立好之前，先不分配资源(即不建立半连接)等。

(2) 冒充主机窃取数据。TCP 中的冒充主机窃取数据是指这样一种情况：一个恶意的主机 C 冒充主机 A(客户端)与主机 B(服务器)建立连接，并向 B 发送数据，导致 B 进行了不应当进行的操作。这一过程中的关键是 C 要设法知道 B 应答时的序列号。

例如，首先，C 向 B 发送一个建立连接的请求(C 用自己的 IP 地址)，并从 B 收到一个包含 ISN(初始序列号)的应答，获得了 B 的 ISN，C 可以据此推测 B 下次再建立连接时可能使用的 ISN(C 此时并不对 B 的应答进行回应，刚才的连接请求只是为了获得 B 此时建立连接的初始序列号，以便猜测使用)；其次，C 用 A 的 IP 地址作为源地址向 B 发送建立连接的请求，此时 B 会向 A 发送应答(同意建立连接)，该应答会正常送到 A，但 A 并未向 B 发送连接请求，因此 A 不会对 B 做出任何响应，只是简单地丢弃该报文。虽然 C 收不到 B 发送给 A 的应答报文，但 C 因为先前的测试(用自己的 IP 地址向 B 发送过一个建立连接的请求)，猜测出 B 可能的确认序列号，这时，C 会再次冒充 A(用 A 的 IP 地址做源地址)向 B 发送应答；最后，B 收到了来自 A(C 冒充的)的应答，B 认为连接已经建立(假如猜测的序列号正确)，可以进行正常传输了。此时，C 可以进行以下两种操作：一是向 B 发送数据(如恶意网页、命令)，破坏 B 的正常运行或让 B 用收到的数据更新自己数据库(如银行账号)里的数据；二是 C(冒充 A)可以让 B 发送某些数据给 A，C 利用监听方式截获 B 发给 A 的数据(A 会全部丢弃)，而这可能是绝密信息。

例 5-4 TCP 使用三次握手机制来建立连接，其作用是什么？握手与死锁之间有何关系？

解：TCP 使用三次握手机制来建立连接的主要功能有两个：一是双方做好发送数据的准备工作(即双方都知道彼此已经准备好)；二是允许双方就初始序列号进行协商，初始序列号在握手过程中被发送与确认。

握手与死锁之间的关系：若握手信息丢失，则可能发生死锁。如 B 给 A 发送连接请求分组，A 收到分组并发送确认的应答分组，此时 A 认为连接已经成功建立，可以开始发送数据分组。若 A 发送给 B 的应答分组丢失，则 B 将认为连接还未建立成功，并等待接收 A 的确认应答分组。而 A 发送给 B 的数据分组将超时并且 A 将重复发送同样的数据分组，这样即形成了一个死锁。

2. TCP 连接释放机制

参加数据交换的双方中的任何一方(客户端或服务器)都可以关闭连接，当一个方向的连接被终止时，另一个方向仍可继续传输数据。TCP 连接释放分为正常释放和非正常终止两种。

1) TCP 连接正常释放

TCP 连接的正常释放主要有以下 3 种方式。

(1) 四次握手方式。

TCP 的释放分为半关闭和全关闭两个阶段。半关闭阶段是当 A 没有数据向 B 发送时，A 向 B 发出释放连接请求，B 收到后向 A 发回确认。这时 A 向 B 的 TCP 连接就关闭了。但 B 仍可以继续向 A 发送数据。当 B 再也没有数据向 A 发送时，这时 B 就向 A 发出释放连接的请求，同样，A 收到后向 B 发回确认。至此 B 向 A 的 TCP 连接也关闭了。当 B 收到来自 A 的确认后，就进入了全关闭状态。这种释放连接是一个四次握手的过程，其流程如下。

① 主动关闭：A 向 B 发送释放连接请求报文，标志 FIN＝1，序列号 seq＝u。

② B 收到 A 的释放请求后向 A 发送确认报文，标志 ACK＝1，序列号 seq＝v，确认号 ack＝u＋1，B 通知己方应用程序关闭。

③ 被动关闭：B 接收到己方主机应用程序关闭的信息，向 A 发送被动关闭请求和确认报文，标志 FIN＝1，ACK＝1，序号 seq＝w，确认号 ack＝u＋1。

④ A 收到 B 发送的 FIN＋ACK 报文后向 B 发送确认报文，标志 ACK＝1，序列号 seq＝u＋1，确认号 ack＝w＋1。

四次握手释放连接的过程如图 5-9 所示。

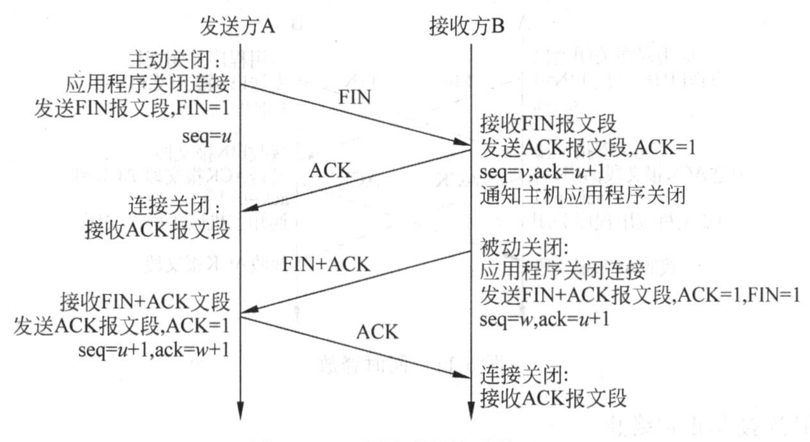

图 5-9 四次握手释放连接过程

（2）三次握手方式。

三次握手是指当 A 向 B 发出释放连接请求后，B 确认并向 A 发出释放连接的请求，A 再向 B 发回确认。

其流程如下：

① A 向 B 发送 FIN 报文，标志 FIN＝1，序列号 seq＝u。

② B 收到 A 的释放请求后，通知己方主机应用程序关闭，然后向 A 发送确认报文，标志 FIN＝1，ACK＝1，序列号 seq＝v，确认号 ack＝u＋1。

③ A 收到 B 的确认报文后向 B 发送确认报文，标志 ACK＝1，序列号 seq＝u＋1，确认号 ack＝v＋1。

三次握手释放连接的过程如图 5-10 所示。

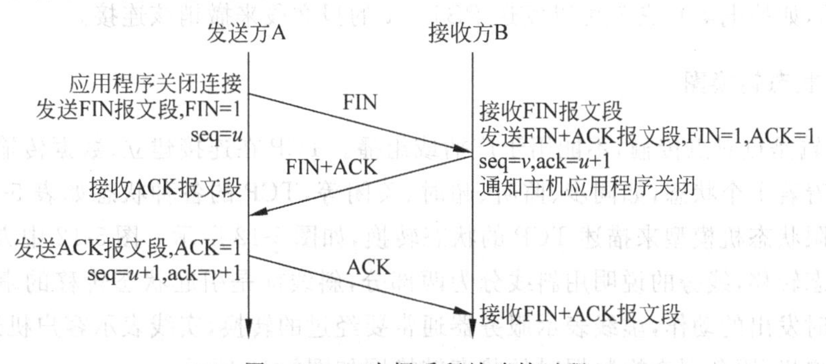

图 5-10 三次握手释放连接过程

(3) 双方同时释放连接。

所谓同时释放,是指双方在没有收到对方的释放连接请求时向对方发送释放连接的请求。同时释放连接的结果是全关闭。其流程如下。

① A 向 B 发送释放连接请求报文,标志 FIN=1,序列号 seq=u。

② B 向 A 发送释放连接请求报文,标志 FIN=1,序列号 seq=v。

③ B 收到 A 的连接释放请求后,向 A 发送确认报文,ACK=1,确认号 ack=u+1。

④ A 收到 B 的连接释放请求后,向 B 发送确认报文,ACK=1,确认号 ack=v+1。

双方同时释放的过程如图 5-11 所示。

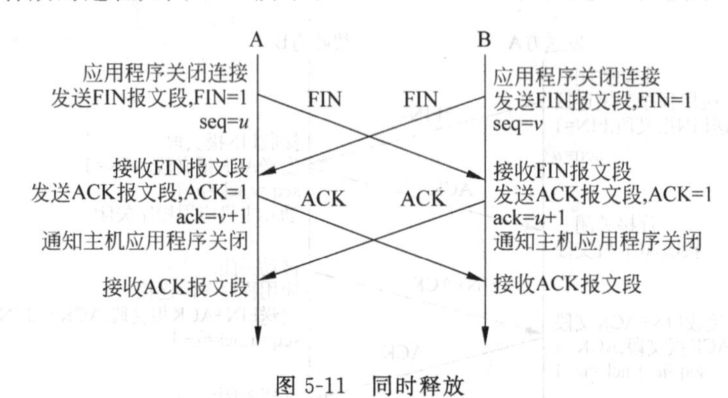

图 5-11 同时释放

2) TCP 连接非正常终止

在正常情况下,应用程序传输数据完成之后才使用关闭操作来结束一个连接,因此关闭操作可以看成是正常使用的一部分。但有时会出现异常情况使得应用程序或网络软件被迫中断这个连接,这种关闭称为异常关闭,即 TCP 连接被非正常终止了。TCP 连接异常终止操作需要通过 RST(复位)标志来完成,即 TCP 发送 RST 位为 1 的报文段来执行异常关闭,连接双方立即停止传输,关闭连接,并释放所用的缓冲区等有关资源。

TCP 连接非正常终止主要有以下几种情况。

(1) 拒绝连接请求。假定某一方 TCP 收到另一方 TCP 发送的 TCP 请求,表示希望与己方并不存在的某端口进行连接,则该 TCP 可以发送 RST=1 的报文段拒绝该连接请求。

(2) 异常终止连接。假定连接过程中出现异常情况,若某一方 TCP 愿意异常终止该连接,就可以发送 RST=1 的报文段来关闭该连接。

(3) 长时间空闲。假定某一方的 TCP 发现连接的另一方的 TCP 已经空闲了很长时间(未发送数据,如掉电等),它就可以发送 RST=1 的报文段来撤销该连接。

3. TCP 状态转换图

TCP 传输是点对点传输,不能用于广播或组播。TCP 在连接建立、数据传输、连接释放过程中存在着若干个状态,如同步、监听、超时、关闭等,TCP 的各种状态如表 5-2 所示。可以用一个有限状态机模型来描述 TCP 的状态转换,如图 5-12 所示。图 5-12 中方框为状态,箭头表示状态转移,线旁的说明用斜线分为两部分,斜线前是引起状态转移的事件,斜线后是状态转移时发出的动作,虚线表示服务器通常要经过的转换,实线表示客户机通常要经过的转换。客户机/服务器交换数据时的状态转换图如图 5-13 所示。

表 5-2 TCP 的各种状态

状　　态	说　　明
CLOSED	无连接状态
LISTEN	侦听状态，收到了被动打开请求，等待连接请求 SYN
SYN-SENT	已发送连接请求 SYN，等待确认 ACK 状态
SYN-RCVD	已收到连接请求 SYN，并发送了 SYN+ACK，等待 ACK 状态
ESTABLISHED	已建立连接状态，数据传送中
FIN-WAIT-1	应用程序要求关闭连接，断开请求的 FIN 已发出，等待 ACK 状态
FIN-WAIT-2	已关闭半连接状态，等待对方关闭另一个半连接，即对第一个 FIN 的确认 ACK 已收到，等待第二个 FIN 状态
CLOSE-WAIT	收到第一个 FIN，已发送 ACK，等待来自应用程序的关闭请求
TIME-WAIT	收到第二个 FIN，已发送 ACK，等待超时状态
LAST-ACK	已发送第二个 FIN，等待关闭确认 ACK
CLOSING	双方同时决定关闭连接状态

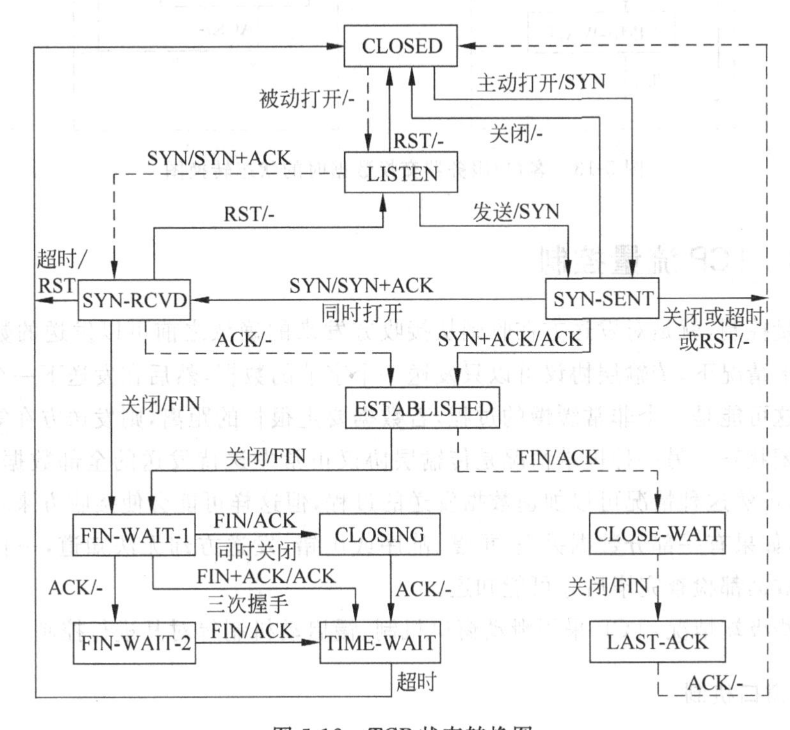

图 5-12 TCP 状态转换图

例 5-5 在图 5-9 所示的四次握手连接释放过程中，主机 B 能否先不发送 ack＝u＋1 的确认报文？因为后面要发送的连接释放报文段中仍有 ack＝u＋1 这一信息。

解：不可以。因为在四次握手连接释放过程中，主机 B 接收到初始的 FIN 报文段后，TCP 并不是立即产生第二个 FIN 报文段，而是先发送一个应答报文段，然后将关闭连接的请求通知高层应用程序。将请求通知应用程序并获得高层响应可能需要相当长的时间(如可能涉及人机交互作用或等待未到达数据报等)，为避免在等待期间发生主机 A 因超时而重传初始的 FIN 报文段，所以主机 B 应先发送确认报文 ack＝u＋1 的报文段。

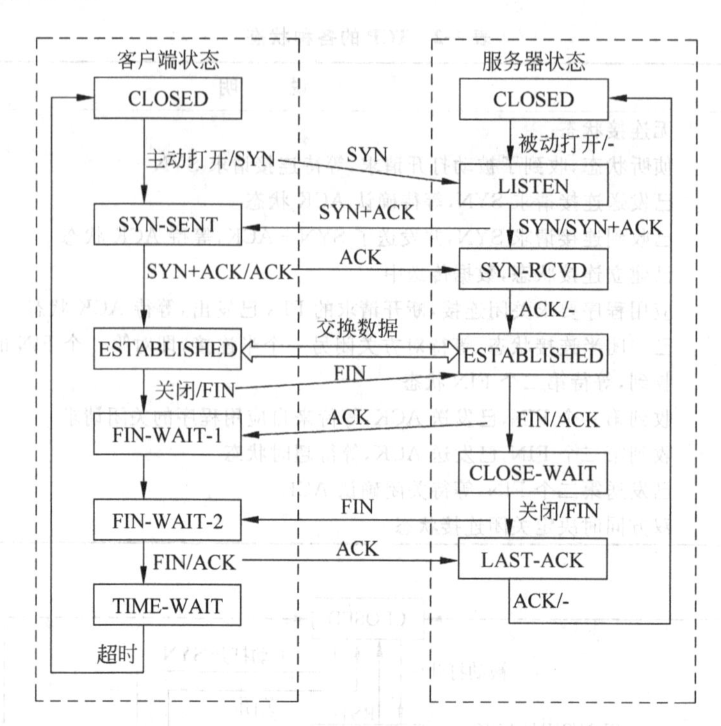

图 5-13　客户/服务器交换数据时的状态转换图

5.3.4 TCP 流量控制

所谓流量控制,就是对发送方在收到从接收方发来的确认之前可以发送的数据量进行控制。在极端情况下,传输层协议可以只发送一个字节的数据,然后在发送下一个字节之前等待确认。这可能是一个非常缓慢的过程,若数据要走很长的距离,则发送方在等待确认时一直处于空闲状态。另一种极端情况是传输层协议正常发送待发送的全部数据,而不必等待确认信息,虽然这种情况可以加速数据发送的过程,但这样可能会使接收方来不及接收而溢出。另外,如果有一部分数据丢失、重复、乱序或出错,发送方却无法知道,一直要等到接收方将全部数据都检查完毕后才可能知道。

对于这些极端情况,TCP 采用滑动窗口机制、慢启动机制等对其进行控制。

1. 滑动窗口机制

TCP 采用滑动窗口方式传输数据(与数据链路层的滑动窗口机制相似),TCP 的滑动窗口机制不仅能够提高网络的吞吐率,而且还解决了端到端流量控制的问题,它允许接收方根据自己接收数据的能力来限制发送方数据传输的速度,在实现可靠传输的同时实现流量控制。TCP 的滑动窗口是面向字节的。

在通信的一端,窗口大小取决于接收窗口(rwnd)和拥塞窗口(cwnd)之中的较小值。接收窗口是对方发送的包含确认的 TCP 报文段中的窗口字段值,它表示另一端在缓存溢出和数据被丢弃之前所能接受的字节数。拥塞窗口(参见 5.3.5 节)是由网络为避免拥塞而确定的值。

TCP 滑动窗口工作过程如下。

(1) 双方在建立连接时确定发送和接收的字节序号,确定最大段长度 MSS 的值为标准长度(确定发送和接收的窗口)。

(2) 发送方发送一个报文(其数据长度为MSS)后启动计时器,转到步骤(4)等待接收方应答。

(3) 接收方收到报文后给出应答,其中包含的窗口值即为可以接收的字节数,调整可接收的序列号(接收窗口)。

(4) 发送方等待接收方应答。如果收到对方的应答,则根据接收到的应答报文段中的窗口值更新自己的 MSS 值,转到步骤(2)。

(5) 发送方如果超时未接收到对方应答,则重传该报文段后启动计时器,转到步骤(4)。

2. 糊涂窗口综合症

在滑动窗口的操作中可能出现一个严重的问题——发送方的应用程序产生数据很慢,或者接收方的应用程序消耗数据很慢,或者两者都有。不管是哪种情况,都会使得发送数据的报文段很小,引起操作效率的降低。例如,在 Internet 的某些应用(如 Telnet 应用)中,发送方每次仅产生一个字节的数据,却需要与对方建立一次 TCP 连接。连接建立后只发送 1 字节的数据,却需带上 20 字节的 TCP 首部和 20 字节的 IP 首部等,这意味着为了传送 1 字节的数据所发送的 IP 数据报是 41 个字节,开销为 41∶1,效率很低,发送窗口很小,这就是所谓的糊涂窗口综合症。糊涂窗口综合症可能在发送方产生,也可能在接收方产生,下面将分别讨论。

1) 发送方产生的症状及解决

如果发送方 TCP 在为产生数据很慢的应用程序服务,则可能会使发送方产生糊涂窗口,导致网络效率极低。例如,一次产生 1 个字节的数据,则该应用程序一次把 1 字节的数据写入发送方 TCP 的缓存,如果发送方 TCP 没有任何特定的指令,它就会产生只包含 1 字节数据的报文段,其结果是很多 41 字节的报文段在网络中传送,导致网络效率极低。

解决方法是采用 Nagle 算法。为防止发送方 TCP 每次只发送 1 字节数据的报文,强迫发送方 TCP 等待,让它收集数据存放在发送方缓存中,当积累到一定数量后再发送。

Nagle 算法如下:

(1) 发送方 TCP 把它从发送应用程序收到的第一块数据发送出去(即使是 1 字节也发送);

(2) 在发送完第一个报文段后,发送方 TCP 就在输出缓存中积累数据并等待,直到接收方 TCP 发出确认或者已积累到足够多的数据可以装成最大长度的报文段时,发送方就可以发送该报文段;

(3) 对剩下数据的传输,重复步骤(2)。

Nagle 算法简单,它既考虑到应用程序产生数据的速率,也考虑到网络传输速率。若应用程序产生数据比网络传输快,则报文段就大(最大长度报文段),若应用程序产生数据比网络传输慢,则报文段就较小(小于最大长度报文段),由于有数据积累过程,报文段不至于过小。

2) 接收方产生的症状及解决方法

如果接收方的 TCP 是在为消耗数据很慢的应用程序服务,则可能会使接收方产生糊涂窗口,导致网络效率极低。例如,假定接收方一次只消耗1字节,发送应用程序每次产生1KB的数据块;再假定接收方TCP的输入缓存为4KB。因此,发送方积累了4KB的数据后发送给接收方,此时,接收方将其存储在缓存中,然后发送一个窗口为0的TCP确认报文给发送方,发送方收到该确认报文后停止发送数据。接收方应用程序缓慢地从它的缓存中吸收了1字节数据,现在缓存中有了1字节的空间。因此,接收方又向发送方发出一个窗口为1的TCP报文段,发送方收到该报文后,解除等待继续发送,但却只能发送1字节数据的报文段,这样的过程会一直持续下去,消耗1字节,发送1字节,消耗1字节,发送1字节,……,效率极低。

解决方法主要有以下两种。

(1) Clark算法。Clark算法是只要有数据到达就发送确认报文,但在缓存有足够大的空间存放最大长度报文段之前或者一半缓存空间变空之前,接收方发送的TCP确认报文段中的窗口将一直为0,即阻止发送方发送。

(2) 推迟确认方法。推迟确认方法是指当报文段到达时接收方并不立即发送确认报文,而是将接收的数据提交给高层应用,直到接收方输入缓存有足够的空间时,才发送一个确认报文。推迟确认的优点是减少了通信量,也防止了发送方TCP在收到确认报文前滑动它的窗口;缺点是推迟确认有可能使发送方超时重传未被确认的报文段。因此,TCP规定发送推迟确认时间不能超过500ms,以免引起发送方超时重传。

3. 死锁问题

假定有这种情况:接收方收到报文,但不能继续接收新的报文,就发送一个“窗口=0”的确认报文。发送方收到确认报文后停止发送,等待接收方发送一个“窗口≠0”的确认报文后再启动发送。一段时间后,接收方发送了一个“窗口≠0”的确认报文,但若该确认报文丢失了,即发送方未收到,其结果是发送方会一直等待不能发送,接收方也会一直等待接收不到新的报文,致使双方互相等待,导致死锁发生。

解决方法是TCP为每一个连接设计一个持续计时器。只要TCP连接的一方收到对方的“窗口=0”的确认报文,就启动持续计时器。若持续计时器设置的时间到期时仍未收到对方发送的“窗口≠0”的确认报文时,就发送一个“窗口=0”的探测报文(仅携带1字节的数据),对方则在发送的该探测报文的确认报文中给出现在的窗口值。若窗口仍然是0,则收到这个报文的一方再重新设置持续计时器继续等待;若“窗口≠0”,则开始发送数据。

5.3.5 TCP拥塞控制

网络中的另一个重要问题就是拥塞。如果网络上的负载(发送到网络的分组数)大于网络的容量(网络能够处理的分组数),网络中就可能发生拥塞。一般来说,拥塞是由于一个或多个交换节点(如路由器)的数据报过载而出现严重延时的现象。TCP是端到端的传输,而拥塞却是路由器需要解决的问题(通常属于网络层,由IP协议完成),但在传输中如果发生了拥塞,端点通常不知道因何原因或在何处发生了拥塞,所以在端点的表现只是延时增加。

当系统出现轻度拥塞时,路由器队列中会有大量的数据报排队等待路由;当系统严重拥塞时,数据报的总数会大大超过路由器的容量,路由器只能丢弃数据报。由于TCP协议使用超时重传机制,即TCP对延时增加(超时)的反应是重传数据,而重传数据又会进一步加剧拥塞，周而复始，如果不加以控制，可能导致大量的报文被重传，并再度引起大量的数据报被丢弃，直到整个网络瘫痪。这种现象称为拥塞崩溃(Congestion Collapse)。为了避免拥塞崩溃，仅靠IP协议已不能应对了，TCP必须在拥塞发生时能够及时减少传输才能避免拥塞崩溃的发生。

1. 网络性能

拥塞控制涉及判断网络性能的两个因素：延时和吞吐量。

(1) 延时和负载之间的关系。当负载远小于网络容量时，延时为最小值；当负载接近网络容量时，延时会急剧增大；当负载大于网络容量时，延时将变为无穷大，这时数据报将无法到达目的地，源节点收不到确认就会重传分组，促使延时和拥塞更加恶化。分组延时与网络负载之间的关系如图5-14所示。

(2) 吞吐量和负载之间的关系。所谓网络的吞吐量是指单位时间内通过网络的分组数。当负载低于网络容量时，吞吐量随着负载的增大而增大；当负载达到网络容量时，吞吐量会急剧下降，因为网络发生了拥塞(也许是轻度的)，使得路由器开始丢弃数据报；当负载超过网络容量时，路由器队列中会有大量的分组排队等候转发，而路由器也会进一步丢弃一部分分组，试图缓解拥塞。但事与愿违，丢弃分组并不会减少网络中的分组数，因为当被丢弃的分组未能到达目的地时，源端会使用超时机制重传这些被丢弃的或在路由器中等待转发的分组，加重路由器的负担。吞吐量和网络负载之间的关系，如图5-15所示。

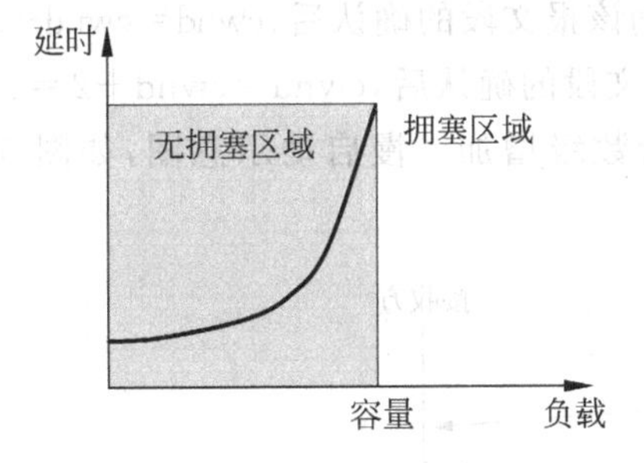

图5-14 延时和网络负载之间的关系示意图

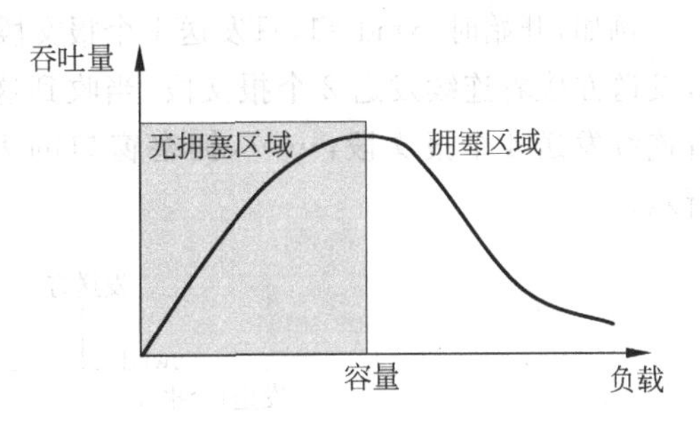

图5-15 吞吐量和网络负载之间的关系示意图

2. 拥塞控制机制

拥塞控制是一种使网络负载低于网络容量的机制和技术。由于网络往返延时波动很大，因此必须设计一种有效避免拥塞的算法。5.3.4节中的滑动窗口方法可以实现端到端的流量控制。而网络的拥塞控制主要采用慢启动、拥塞避免、快速重传、快速恢复和随机早期检测RED等方法。

3. 慢启动和拥塞避免

(1) 慢启动。

当主机开始发送数据时，由于还不清楚网络的状况，如果立即将大量数据注入到网络，有可能引起网络拥塞。经验证明，较好的方法是试探，即由小到大逐渐增加发送的数据量。这就是所谓的慢启动。

慢启动策略定义了以下 3 个窗口。

① 拥塞窗口(congestion window,cwnd):由发送方根据网络的状态确定的可能发生拥塞的数据量,大小取决于网络的拥塞程度,动态变化。

② 发送窗口(send window,swnd):由发送方确定的可发送的数据量。

③ 接收窗口(receive window,rwnd):由接收方通告的可接收的数据量。

控制拥塞窗口的基本原则是:只要网络没有出现拥塞,拥塞窗口就再增大一些,以便把更多的分组发送出去;若网络出现拥塞,拥塞窗口就减小一些,以减少发送到网络中的分组数。

发送窗口 swnd 的上限值=min{rwnd,cwnd}

当 rwnd<cwnd 时,可发送的数据量受接收能力限制。

当 rwnd>cwnd 时,可发送的数据量受网络拥塞限制。

窗口的大小可以是报文数,也可以是字节数。这里用报文数表示。

慢启动算法可描述为:

- 主机刚刚开始发送报文时,设置拥塞窗口 cwnd=1,报文大小为最大报文段的大小 MSS;
- 每收到一个确认报文都使拥塞窗口 cwnd=cwnd+1,当一个传输轮次结束时,拥塞窗口将加倍;
- 重新计算发送窗口,按新计算的发送窗口的大小连续发送报文。

例如,开始时 cwnd=1,只发送 1 个报文段,当收到该报文段的确认后,cwnd=cwnd+1=2,发送方接着连续发送 2 个报文段,当收到这 2 个报文段的确认后,cwnd=cwnd+2=4,接着连续发送 4 个报文段,……,拥塞窗口的大小以指数级增加。慢启动示意图,如图 5-16 所示。

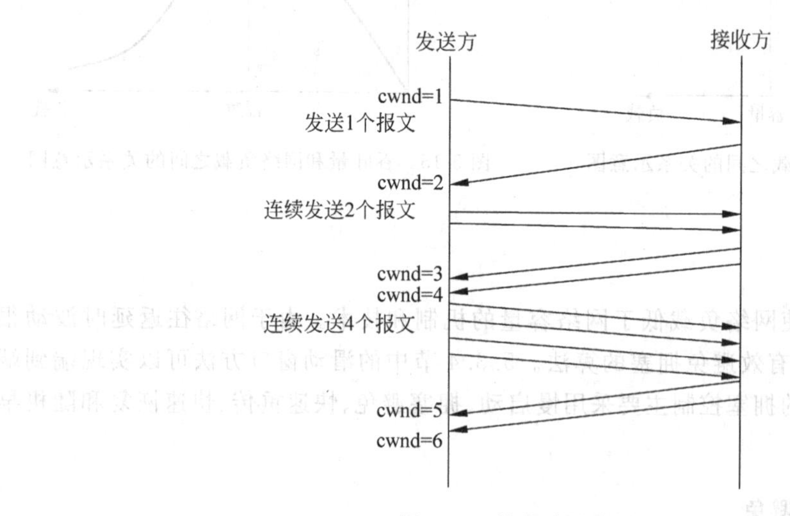

图 5-16 慢启动示意图

使用慢启动算法后,每经过一个传输轮次,拥塞窗口 cwnd 就加倍。所谓传输轮次,是指把拥塞窗口 cwnd 所允许发送的报文段都连续发送出去,并收到对已发送报文的最后一个字节的确认。一个传输轮次所经历的时间就是往返时间 RTT。例如,若拥塞窗口 cwnd=4,这时的往返时间RTT就是发送方连续发送4个报文段,并收到这4个报文段确认总共经历的时间。

(2) 拥塞避免。

慢启动算法会使得拥塞窗口一直成倍增长,但这一过程不可能一直持续。需要设置一个慢启动门限值(阈值)ssthresh,当拥塞窗口达到此值时,就不再加倍,而是改为按线性增长,一旦出现数据传输超时,就将拥塞窗口值重新设回到1,并再次开始慢启动算法。这就是拥塞避免的原始思想。

为了避免和消除拥塞,TCP周而复始地使用三种策略来控制拥塞的发生。

初始设置:cwnd=1个报文段,ssthresh=65 535字节(也可转换成报文段)。

① 当cwnd<ssthresh时,使用慢启动策略,cwnd以指数形式快速增加。

② 当cwnd≥ssthresh时,停止使用慢启动策略,启用拥塞避免策略。每收到一个确认,拥塞窗口cwnd增加1/cwnd,即cwnd=cwnd+1/cwnd,即每经过一个传输轮次,cwnd增加1(cwnd=cwnd+1)。这虽是一个线性增加过程,但拥塞窗口仍在增长,最终导致拥塞。

③ 拥塞发生,使发送方重传定时器超时,进入拥塞解决阶段,采取拥塞解决策略。首先把慢启动门限值ssthresh设置为出现拥塞时的拥塞窗口cwnd的一半(但不能小于2),即ssthresh=cwnd/2;然后将拥塞窗口cwnd重新设置为1(cwnd=1),重新开始慢启动策略。

慢启动—拥塞避免的工作原理示意图如图5-17所示。

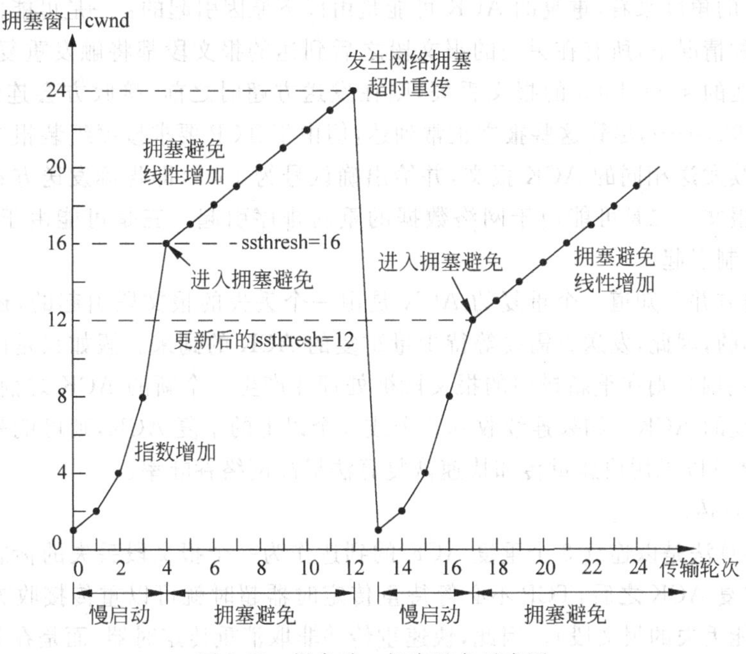

图5-17 慢启动—拥塞避免示意图

从图5-17中可以看出,拥塞避免算法能够迅速减少主机发送到网络中的分组数,使得发生拥塞的路由器有时间把队列中积压的分组处理完毕。其中,进入拥塞避免阶段,拥塞窗口按线性增长,一旦出现拥塞,就将门限值变成拥塞窗口的一半。

例5-6 考虑在一条具有10ms来回路程时间的线路上采用慢启动拥塞控制而不发生

网络拥塞的情况下的效应，接收窗口为 24KB，且最大段长为 2KB。则需要多长时间才能够发送第一个完全窗口？

解：因为慢启动拥塞控制考虑了两个潜在的问题，即网络容量和接收方容量，并且分别处理每一个问题。为此，每个发送方都维持两个窗口，即接收方允许的窗口和拥塞窗口。发送方可以发送的字节数是这两个窗口中的最小值。

当建立一条连接的时候，发送方将拥塞窗口初始化为在该连接上使用的 1 个最大报文段尺寸，接着它发送 1 个最大报文段，然后以指数形式增长，直到超时发生，或者到了接收方窗口的边界。

由题意，最大的段长为 2KB，接收窗口为 24KB，则发送方开始发送的报文段的突发量分别为 2KB、4KB、8KB、16KB(4 个报文段)，接着是 24KB，即完成第一个完全窗口。

所需时间为 10ms×4＝40ms。

因此，需要 40ms 才能发送第一个完全窗口。

4. 快速重传和快速恢复

慢启动和拥塞避免算法是 TCP 最早使用的拥塞控制算法，快速重传和快速恢复是 TCP 拥塞控制机制中为了进一步提高网络性能而对慢启动和拥塞避免算法的改进算法。

当一个乱序报文段到达时，TCP 接收方迅速发送一个重复的 ACK，目的是通知发送方收到了一个失序的报文段，并告诉发送方自己期望收到的报文序号。

从发送方的角度来看，重复的 ACK 可能是由以下原因引起的：一是可能由报文段的丢失引起，在这种情况下，所有在丢失的报文段之后到达的报文段都将触发重复的 ACK。例如，发送方发送的 seq＝1500 的报文丢失，则在发送方超时之前，接收方会连续收到 seq＝1501，seq＝1502，……，尽管这些报文正常到达，但由于 TCP 要求按序组装报文，因此，接收方 TCP 会连续发送相同的 ACK 报文，并给出确认号为 1500，即告诉发送方希望接收序列号为 1500 的报文。二是可能由于网络数据的重新排序引起。三是可能由于网络对 ACK 或报文段的复制引起。

由于发送方并不知道一个重复的 ACK 是由一个丢失的报文段引起的，还是由于其他网络原因引起的，因此，发送方需要等待少量重复的 ACK 的到来。假如只是由于一些报文段的重新排序引起，则在重新排序的报文段被处理并产生一个新的 ACK 之前，可能只会产生 1～2 个重复的 ACK。如果连续收到 3 个或 3 个以上的重复 ACK，则可能是一个报文段丢失了。TCP 可以采用快速重传和快速恢复算法提高网络吞吐率。

(1) 快速重传。

快速重传算法是以连续 3 个重复 ACK 的到达作为一个报文段丢失的标志，并且规定，在收到 3 个重复 ACK 之后，TCP 不必等待重传定时器超时就可以重传接收方希望接收的报文段(即可能丢失的报文段)。因此，快速重传并非取消重传定时器，而是在某些情况下可以更早地重传丢失的报文，从而提高网络吞吐率。

快速重传算法规定如下：

① 接收方每收到一个失序的报文段后就立即发出重复确认，以便让发送方及早知道有报文段未到达接收方。

② 发送方只要连续收到 3 个重复的 ACK 即可断定有报文段丢失了，立即重传丢失的

报文段而不必继续等待为该报文段设置的重传定时器的超时。

(2) 快速恢复。

与快速重传配合使用的还有快速恢复算法。当发送方收到重复的 ACK 时，不仅说明一个报文段可能丢失，也说明已经有另一个报文段离开了网络并进入了接收方的缓存，因为接收方只有在收到另一个报文段时才会产生重复的 ACK。因此，发送方 TCP 可以继续发送新的报文段而不必使用慢启动来突然减少数据流。

快速重复与快速恢复算法配合使用过程如下：

① 当发送方收到连续 3 个重复的 ACK 时，就将慢启动门限值 ssthresh 设为 cwnd/2，并重传丢失的报文段。

② 将拥塞窗口 cwnd 设置为 ssthresh＋3(因为已经有 3 个报文段离开网络到达目的地，若收到重复的 ACK 数为 *n*，则拥塞窗口设置为 ssthresh＋*n*)，执行拥塞避免算法。

③ 每次收到另一个重复的 ACK 时，cwnd 加 1，只要发送窗口允许，就发送 1 个报文段。

④ 当下一个确认新数据的 ACK 到达时，将 cwnd 设置为 ssthresh(该 ACK 应该是对步骤①中重传报文段的确认)。

快速恢复的执行过程如图 5-18 所示。

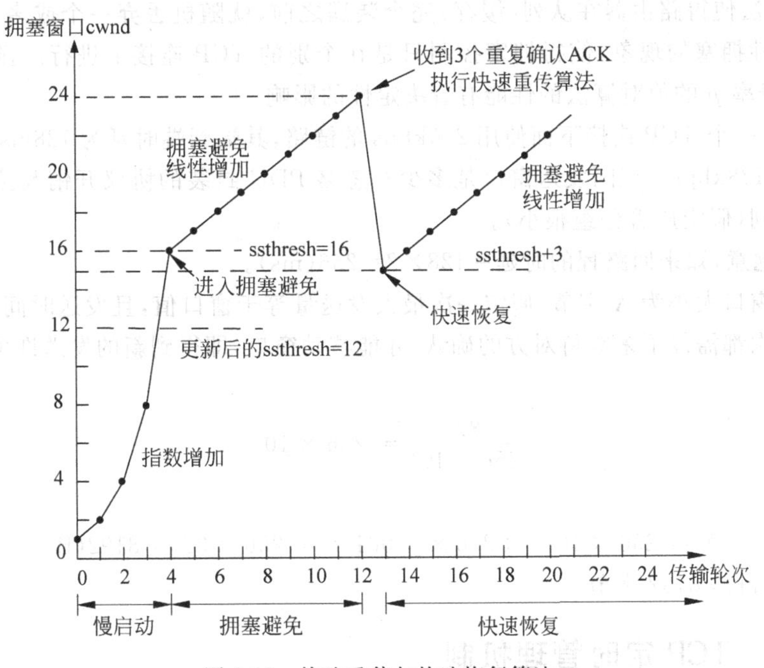

图 5-18 快速重传与快速恢复算法

5. 随机早期检测 RED

前面介绍的方法都是在拥塞已经出现后采取的措施，TCP 拥塞控制的另一种方法是在拥塞还未出现，或者在检测到网络拥塞的早期征兆时就采取预防性措施，实施预防性分组丢弃，典型方法是随机早期检测 RED。

(1) RED产生的背景。

当网络出现拥塞时,路由器的缓存由于充满而开始丢弃分组。对于TCP通信量,这是进入慢启动阶段的一个信号,但在这种情况下有两个困难。

① 丢失的分组必须重传,这又增加了网络的负载,并导致TCP流增加了明显的时延。

② 全局同步的现象。由于出现拥塞而丢弃很多分组,可能出现的结果是有许多的TCP连接受到影响,接着进入了慢启动。这样会引起网络通信量的急剧下降,所以在一段时间内,网络处于不必要的低利用率的状况。又因为许多TCP连接在大约同一时刻进入慢启动,它们也将在大约同一时刻脱离慢启动,而这会引起另一个大的突发,最终导致"大通信量—小通信量"的循环。

(2) RED算法。

为解决上述困难,RED算法首先为路由器的输出队列设置两个参数:队列长度最小门限值THmin和最大门限值THmax。RED算法如下:

① 对每一个到达的报文都先计算平均队列长度L_{AV};

② 若L_{AV}<THmin,则将新到达的报文放入队列进行排队;

③ 若L_{AV}>THmax,则将新到达的报文丢弃;

④ 若THmin≤L_{AV}≤THmax,则按照某一概率p将新到达的报文丢弃。

RED算法使得路由器在队列(缓存)完全装满之前,就随机丢弃一个或多个报文,避免了发生全局性拥塞的现象,使得拥塞控制只是在个别的TCP连接上进行。显然,THmin、THmax和概率p的值对算法的性能有着决定性的影响。

例5-7 一个TCP连接下面使用256kbps的链路,其端到端时延为128ms,经测试发现吞吐量只有128kbps。试问发送窗口是多少?忽略PDU封装的协议开销及接收方应答分级的发送时间(假定应答分组很小)。

解:由题意,知来回路程的时延=128×2=256(ms)。

设发送窗口大小为X字节,假定一次最大发送量等于窗口值,且发送时间等于256ms,则每发送一次都需停下来等待对方的确认,才能移动窗口,即得到新的发送许可。

得:

$$\frac{8X}{256\times10^3}=256\times10^{-3}$$

解得:

$$X=256\times1000\times256\times0.001/8=256\times32=8192(\text{B})$$

所以,发送窗口是8192字节。

5.3.6 TCP定时管理机制

重传机制是保证TCP可靠性的重要措施。TCP每发送一个报文,就对这个报文启动计时。只要计时器设置的重传时间已到但还没有收到确认,就要重传这一报文。超时重传时间设置的长短、恰当与否关系到网络的工作效率。如果设置太短,会引起很多报文段的重传,增大网络的负载;如果设置太长,则会增大网络的空闲时间,降低网络的传输效率。

TCP采用下面的方法计算超时重传时间。

计算中所涉及的参数主要有报文段的往返时间RTT,报文段的加权平均往返时间

RTT_S,超时重传时间 RTO,RTT 偏差的加权平均值 RTT_D。

具体步骤如下:

(1) 计算出第一个 RTT。

(2) 把第一个 RTT 值设置为 RTT_S 的初始值。以后再计算新的 RTT_S 时采用如下公式:

$$新的\ RTT_S=(1-\alpha)\times(旧的\ RTT_S)+\alpha\times(新的\ RTT\ 样本)$$

其中,α 值通常取为 1/8。

(3) 计算 RTO 值:

$$RTO=RTT_S+4\times RTT_D$$

其中,RTT_D的初始值为 RTT 样本值的一半,以后再计算 RTT_D时采用如下公式:

$$新的\ RTT_D=(1-\beta)\times(旧的\ RTT_D)+\beta\times|RTT_S-新的\ RTT\ 样本|$$

其中,β 值通常取为 1/4。

RTT 的测量是一个很复杂的过程。其中一个问题是确认的多义性问题。假定一个报文被重发,由于重发的报文中没有携带任何关于重发的信息,因此接收方收到报文后发送确认报文,发送方收到该确认报文无法确定其是针对原始报文还是重传报文的。因为在两种情况下,RTT 的时间相差很大。如果假定应答是针对首次发送的报文的,则可能 RTT 太大,如果假定应答是针对重发报文的,则可能 RTT 太小。这些都是 TCP 定时管理机制需要解决的问题。

例 5-8 如果 TCP 来回程时间 RTT 的当前值是 30ms,随后应答分别在 26ms、32ms 和 24ms 到来,则新的 RTT 估算值是多少?假设 $\alpha=0.1$。

解:由题意,知 $RTT_S=30ms$

而

$$RTT_S=(1-\alpha)\times(旧的\ RTT_S)+\alpha\times(新的\ RTT\ 样本)$$

其中,$\alpha=0.9$,旧的 $RTT_S=30ms$,新的 RTT 样本=26ms、32ms、24ms。

所以,

$$RTT_{S1}=(1-0.1)\times30+0.1\times26=29.6(ms)$$

$$RTT_{S2}=(1-0.1)\times29.6+0.1\times32=29.84(ms)$$

$$RTT_{S3}=(1-0.1)\times29.84+0.1\times24=29.256(ms)$$

新的 RTT 估算值分别是 29.6ms、29.84ms、29.256ms。

5.3.7 TCP 软件模块包

TCP 软件模块包主要包括主模块、输入处理模块、输出处理模块、几个传输控制块的表(TCBs)和一组计时器。简化的 TCP 软件模块包的核心结构如图 5-19 所示,图中给出 TCP 软件包各组成模块及其交互关系。

1. 传输控制块(TCB)

TCP 是面向连接的传输协议,为了控制维持传输连接,TCP 采用传输控制块(TCB)来保存每条连接的相关信息。另外,同一时刻可能存在多条连接,则需要多个 TCB,因此,

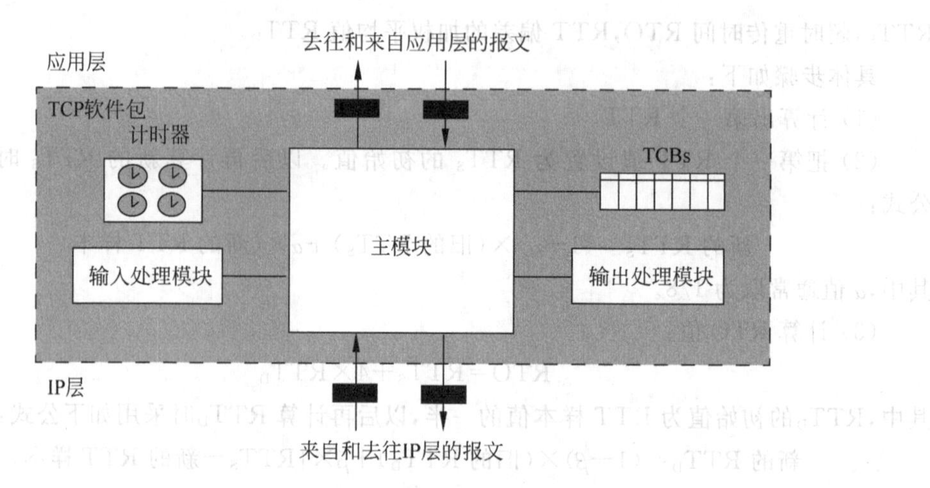

图 5-19　TCP 软件模块包组成及相互关系

TCP 以表的形式保存多个 TCB 数据。TCB 的结构如图 5-20 所示。

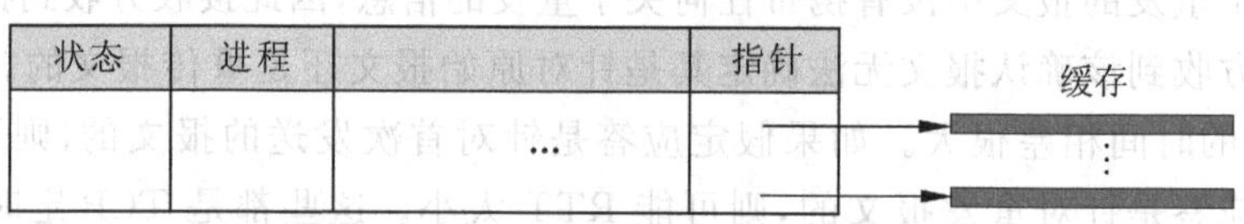

状态	进程		指针
		…	

缓存

图 5-20　传输控制块(TCB)

每个 TCB 中包含许多字段。最常用的字段如下：

(1) 状态——按照 TCP 状态转换图而定义的 TCP 连接所处的状态。

(2) 进程——本机上使用该 TCP 连接的进程(作为客户或服务器)。

(3) 本地 IP 地址——TCP 连接使用的本机 IP 地址。

(4) 本地端口号——TCP 连接使用的本地端口号。

(5) 远程 IP 地址——TCP 连接的远程主机的 IP 地址。

(6) 远程端口号——TCP 连接使用的远程端口号。

(7) 接口——本地接口。

(8) 本地窗口——可以包括多个子字段,用来保持本地 TCP 的窗口信息。

(9) 远程窗口——可以包括多个子字段,用来保持远程 TCP 的窗口信息。

(10) 发送序号——保持 TCP 连接的发送序号。

(11) 接收序号——保持 TCP 连接的接收序号。

(12) 发送 ACK 号——保持已发送的 ACK 号。

(13) 往返时间——包括多个字段,用来保持关于 RTT 的信息。

(14) 窗口超时值——包括多个字段,用来保持不同的超时值,如重传超时、持续超时、保活超时等。

(15) 缓存大小——定义本地 TCP 的缓存大小。

(16) 缓存指针——指向缓存的指针,接收到的数据都存放在缓存中,直到它们被应用程序读出。

2. 计时器

TCP 协议需要几个计时器来监视其操作，如重传计时器、持续计时器、保活计时器等。

3. 主模块

主模块主要处理 TCP 报文段的到达、超时事件的发生或来自应用程序的报文等。控制 TCP 各状态之间的转换。

4. 输入处理模块

当 TCP 处于 ESTABLISHED 状态时，输入处理模块完成接收来自 IP 层的数据或确认后需要做的进一步处理。该模块在需要时会发送 ACK，并负责宣布窗口大小、进行差错检查等。

5. 输出处理模块

当 TCP 处于 ESTABLISHED 状态时，输出处理模块将来自于应用程序数据进行相应的处理并发送到 IP 层。该模块同时处理重传超时、持续超时等。

本章要点

本章主要阐述 TCP/IP 协议族中传输层的两个重要协议 TCP 和 UDP 的报文格式、工作原理等。重点是 TCP 的连接管理、流量控制、拥塞控制和定时管理机制等。

习题

一、单项选择题

1. 在 UDP 报文中，伪首部的作用是________。

   A. 数据对齐　　B. 计算校验和　　C. 数据加密　　D. 填充数据

2. 下列说法错误的是________。

   A. 用户数据报协议 UDP 提供了面向非连接的，不可靠的传输服务

   B. 由于 UDP 是面向非连接的，因此它可以将数据直接封装在 IP 数据报中进行发送

   C. 在应用程序利用 UDP 协议传输数据之前，首先需要建立一条到达主机的 UDP 连接

   D. 当一个连接建立时，连接的每一端分配一块缓冲区来存储接收到的数据，并将缓冲区的尺寸发送给另一端

3. 在 TCP/IP 协议簇中，若要在一台计算机的两个用户进程之间传递数据报，则所使用的协议是________。

   A. TCP　　B. UDP　　C. IP　　D. FTP

4. 在网络上传输语音和影像,传输层一般采用________。

A. HTTP　　B. TCP　　C. UDP　　D. FTP

5. 如果用户应用程序使用UDP协议进行数据传输,那么________必须承担可靠性方面的全部工作。

A. 数据链路层程序　　B. 互联网层程序　　C. 传输层程序　　D. 用户应用程序

6. 关于无连接的通信,下面的描述中正确的是________。

A. 由于为每一个分组独立地建立和释放逻辑连接,所以无连接的通信不适合传送大量的数据

B. 由于通信对方和通信线路都是预设的,所以在通信过程中无须任何有关连接的操作

C. 目标地址信息被加在每个发送的分组上

D. 无连接的通信协议UDP不能运行在电路交换或租用专线网络上

7. 面向连接的传输有三个过程:连接建立、________和连接释放。

A. 连接请求　　B. 连接应答　　C. 数据传输　　D. 数据共享

8. 下列关于TCP和UDP描述正确的是________。

A. TCP和UDP均是面向连接的

B. TCP和UDP均是无连接的

C. TCP是面向连接的,UDP是无连接的

D. UDP是面向连接的,TCP是无连接的

9. 下列关于UDP的描述中正确的是________。

A. UDP使用TCP传输协议

B. 给出数据的按序投递

C. 不允许使用多路复用

D. 提供普通用户可直接使用的数据报服务

10. 通信子网不包括________。

A. 物理层　　B. 数据链路层　　C. 传输层　　D. 网络层

11. 关于TCP和UDP端口,下列说法中正确的是________。

A. TCP和UDP分别拥有自己的端口号,二者互不干扰,可以共存于同一台主机

B. TCP和UDP分别拥有自己的端口号,但二者不能共存于同一台主机

C. TCP和UDP的端口号没有本质区别,二者互不干扰,可以共存于同一台主机

D. TCP和UDP的端口号没有本质区别,但二者相互干扰,不能共存于同一台主机

12. UDP数据报首部不包括________。

A. UDP源端口号　　B. UDP检验和

C. UDP目的端口号　　D. UDP数据报首部长度

13. 在TCP/IP协议簇中,UDP协议工作在________。

A. 应用层　　B. 传输层　　C. 网络互联层　　D. 网络接口层

14. 在TCP/IP协议簇中,传输层负责向________提供服务。

A. 网络层　　B. 传输层　　C. 会话层　　D. 应用层

15. 在 TCP/IP 协议中，为了使通信不致发生混乱，引入了所谓套接字的概念，这里，套接字由 IP 地址和________两部分组成。

A. 端口号　　B. 域名　　C. 接口　　D. 物理地址

16. 下面信息中________包含在 TCP 头中而不包含在 UDP 头中。

A. 目标端口号　　B. 顺序号　　C. 发送方端口号　　D. 校验和

17. TCP 是一个面向连接的协议，它提供连接的功能是________的。

A. 全双工　　B. 半双工　　C. 单工　　D. 单方向

18. 在 TCP 报文段格式中，TCP 首部的固定长度是________。

A. 20 字节　　B. 24 字节　　C. 32 字节　　D. 36 字节

19. TCP 采用滑动窗口机制可对网络进行拥塞控制，在慢启动过程中 4 次成功发送报文段后，拥塞窗口的大小为________。

A. 4　　B. 8　　C. 9　　D. 16

20. 一个 TCP 连接总是以 1KB 的最大段长发送 TCP 段，发送方有足够的数据要发送。当拥塞窗口为 16KB 时发生了超时，如果采用慢启动算法，接下来的 4 个 RTT(往返时间)时间内的 TCP 段的传输是成功的，那么当第 4 个 RTT 时间内发送的所有 TCP 段都得到肯定应答时，拥塞窗口大小是________。

A. 7 KB　　B. 8 KB　　C. 9 KB　　D. 16 KB

21. 在 TCP 协议中，发送方的窗口大小决定于________。

A. 仅接收方允许的窗口

B. 接收方允许的窗口和发送方允许的窗口

C. 接收方允许的窗口和拥塞窗口

D. 发送方允许的窗口和拥塞窗口

22. TCP 报文中，确认号为 1000 表示________。

A. 已收到 999 字节　　B. 已收到 1000 字节

C. 报文段 999 已收到　　D. 报文段 1000 已收到

23. 下列说法中错误的是________。

A. TCP 协议可以提供面向非连接的数据流传输服务

B. TCP 协议可以提供可靠的数据流传输服务

C. TCP 协议可以提供面向连接的数据流传输服务

D. TCP 协议可以提供全双工的数据流传输服务

24. TCP 的主要功能是________。

A. 进行数据分组　　B. 保证可靠传输

C. 确定数据传输路径　　D. 提高传输速度

25. TCP 是一个面向连接的可靠传输协议，它具有面向数据流、虚电路连接、有缓冲的传输、________ 5 大特点。

A. 有结构的数据流、全双工连接　　B. 无结构的数据流、全双工连接

C. 有结构的数据流、半双工连接　　D. 无结构的数据流、半双工连接

26. 在 TCP 协议中，采用________来区分不同的应用进程。

A. 端口号　　B. IP 地址　　C. 协议类型　　D. MAC 地址

27. 当一个应用程序通知 TCP 数据已传送完毕时,TCP 将________地关闭这个程序,报文段码位字段的 FIN 位均被置 1,指示发送方已发送完数据。

A. 单向　　B. 双向

C. 以上说法都正确　　D. 以上说法都不正确

28. TCP 使用三次握手协议来建立连接,设甲乙双方发送报文的初始序号分别为 X 和 Y,甲方发送________的报文给乙方,乙方接收报文后发送 SYN=1,序号=Y;ACK=1,确认序号=$X+1$ 的报文给甲方,然后甲方发送一个确认报文给乙方便建立了连接。

A. SYN=1,序号=X　　B. SYN=1,序号=$X+1$

C. SYN=1,序号=Y　　D. SYN=1,序号=$Y+1$

29. TCP 协议中发送窗口、接收窗口和拥塞窗口三者之间的关系是________。

A. 发送窗口上限值=MAX(接收窗口,拥塞窗口)

B. 发送窗口上限值=MIN(接收窗口,拥塞窗口)

C. 接收窗口上限值=MAX(发送窗口,拥塞窗口)

D. 接收窗口上限值=MIN(发送窗口,拥塞窗口)

30. 主机 A 与主机 B 之间已建立一个 TCP 连接,主机 A 向主机 B 发送了两个连续的 TCP 段,分别包含 300 字节和 500 字节的有效载荷,第一个段的序列号为 200,主机 B 正确接收两个段后,发送给主机 A 的确认序列号是________。

A. 500　　B. 700　　C. 800　　D. 1000

31. 在采用 TCP 连接的数据传输阶段,如果发送端的发送窗口值由 1000 变为 2000,那么发送端在收到一个确认之前可以发送________。

A. 2000 个 TCP 报文段　　B. 2000 个字节

C. 1000 个字节　　D. 1000 个 TCP 报文段

32. 为保证数据传输的可靠性,TCP 协议采用了对________确认的机制。

A. 报文段　　B. 分组　　C. 字节　　D. 比特

33. TCP 是一个面向连接的协议,它采用________技术来实现可靠数据流的传送。

A. 超时重传

B. 肯定确认(捎带一个分组的序号)

C. 超时重传和肯定确认(捎带一个分组的序号)

D. 丢失重传和重复确认

34. TCP 协议使用的流量控制协议是________。

A. 固定大小的滑动窗口协议　　B. 可变大小的滑动窗口协议

C. 后退 N 帧 ARQ 协议　　D. 选择重发 ARQ 协议

35. 在 TCP 协议中,建立连接需要经过________阶段,终止连接需要经过________阶段。

A. 直接握手,二次握手　　B. 二次握手,四次握手

C. 三次握手,四次握手　　D. 四次握手,二次握手

36. TCP 和 UDP 都是传输层协议,其服务访问点是________。

A. MAC 地址　　B. IP 地址　　C. 端口号　　D. 进程号

37. 虽然 TCP 协议中并没有解决拥塞问题,但在实际的使用中发现如果不进行控制将

会出现拥塞崩溃现象。因此，TCP的标准推荐了两种技术，即加速递减和________。

A. 快启动　　B. 慢启动　　C. 拥塞检测　　D. 拥塞恢复

38. 下面关于加速递减技术的描述中，正确的是________。

A. 一旦发现丢失报文段，立即将拥塞窗口大小减半，直到减到1为止

B. 一旦发现丢失报文段，立即将拥塞窗口减 $2n$（其中 n 为累计次数），直到减到1为止

C. 在开始新连接的传输或在拥塞之后增加流量时，仅以一个报文段作为拥塞窗口初值，每收到一个确认将窗口值加1

D. 在开始新连接的传输或在拥塞之后增加流量时，仅以一个报文段作为拥塞窗口初值，每收到一个确认将窗口值加1倍

39. 当TCP连接建立经过三次握手后，TCP的状态应该是________。

A. CLOSED　　B. LISTEN

C. ESTABLISHED　　D. SYN SENT

40. 当TCP连接释放时，在关闭了一个连接之后将进入________状态，并当停留时间达到最长报文段寿命的两倍时，将删除这个连接的记录。

A. CLOSED　　B. FIN WAIT-1　　C. FIN WAIT-2　　D. TIME WAIT

二、综合应用题

1. 试述UDP校验和的计算过程。

2. 一个UDP用户数据报的数据字段为8192B，要使用以太网来传送。试问应当划分为几个IP数据报片？说明每一个IP数据报片的数据字段长度和片段偏移字段的值。

3. UDP是面向无连接的，而IP同样也是面向无连接的，通过只让用户进行发送原始的IP分组来实现无连接传输，而丢弃UDP协议，这样做是否可以？为什么？

4. 利用TCP的PUSH标志可以执行什么样的功能？

5. 在使用TCP传送数据时，如果有一个确认报文段丢失了，也不一定会引起与该确认报文段对应的数据重传。试说明理由。

6. 请作图说明TCP连接建立的三次握手过程。

7. 当TCP连接初始化时，把拥塞窗口cwnd置为1，慢启动门限的初始值设置为16。假设当拥塞窗口值为24时，发生拥塞。试运用慢启动和拥塞避免算法画出拥塞窗口值与传输轮次的关系曲线。

8. 在TCP的拥塞控制中，什么是慢启动、拥塞避免、快速重传和快恢复算法？

9. 试述三次握手的过程（包括异常情况）。如果在面向连接的传输层使用二次握手，将会出现什么样情况？为什么？

10. 一台采用TCP协议的机器正在单向延迟为10ms的1Gbps的线路上发送65 535字节的窗口数据。可得到的最大数据吞吐量是多少？该线路的效率为多少？

11. 为什么重置释放TCP连接可能会丢失用户数据，而使用TCP的妥善释放连接方法就可保证不丢失数据？

12. 数据报的分片和重组由IP控制，并且对于TCP不可见。这是不是意味着TCP不必担心到达数据的失序问题？

13. 为什么在TCP头部有一个表示头部长度的偏移段,而UDP的头部就没有这个段?

14. 假如收到的报文段无差错,只是未按序号,则TCP对此未作明确规定,而是让TCP的实现者自行确定。试讨论两种可能方法的优劣:

(1) 将不按序的报文段丢弃。

(2) 先将不按序的报文段暂存于接收缓存内,待所缺序号的报文段收齐后再一起上交应用层。

实验5-1 用户数据报协议(UDP)

一、实验目的

1. 掌握UDP协议的报文格式
2. 掌握UDP协议校验和的计算方法
3. 理解UDP协议的优缺点
4. 理解协议栈对UDP协议的处理方法
5. 理解UDP上层接口应满足的条件

二、实验准备

1. 实验环境

本实验采用网络结构一。各主机打开协议分析器,验证网络结构一的正确性。

2. UDP的基本概念

(1) 进程之间的通信。

① 端口号。在网络中,主机是用IP地址来标识的。而要标识主机中的进程,就需要第二个标识符,这就是端口号。在TCP/IP协议族中,端口号是0~65 535的整数。

在客户机/服务器模型中,客户程序使用端口号标识自己,称为临时端口号,一般把临时端口取为大于1023的整数。

服务器进程也必须用一个端口号标识自己,这个端口号不能随机选取,已经分配,服务器进程称为熟知端口号。

② 套接字地址。一个IP地址与一个端口号合起来称为套接字地址。

(2) 面向连接服务与无连接服务。

① 面向连接服务在进行数据交换前,先建立连接。当数据传输结束后,释放这个连接。

② 无连接服务在数据交换前不必事先建立一个连接。面向无连接服务灵活方便且快速,但它不能防止报文的丢失、重复和乱序。

3. UDP报文格式

UDP协议直接位于IP协议的上层。根据OSI参考模型,UDP和TCP都属于传输层协议。UDP协议不提供端到端的确认和重传功能,它不保证数据报一定能到达目的地,因此是不可靠协议。

UDP报文格式参见图5-2。每个UDP报文称为一个用户数据报(User Datagram),用户数据报分为两个部分:UDP首部和UDP数据。首部被分为4个16位的字段,分别代表源端口号、目的端口号、报文的长度以及 UDP 校验和。

4. UDP 封装

当应用进程有报文要通过 UDP 发送时，就将该报文连同一对套接字地址以及数据的长度传递给 UDP。UDP 收到数据后加上 UDP 首部，然后 UDP 将该用户数据报连同套接字一起传递给 IP。

5. UDP 校验和

UDP 校验和校验的范围包括 3 部分：伪首部、UDP 首部以及从应用层来的数据。

三、实验内容

1. 编辑并发送 UDP 数据报
2. UDP 单播通信
3. UDP 广播通信

四、实验步骤

1. 编辑并发送 UDP 数据报

本实验主机 A 和主机 B(主机 C 和主机 D，主机 E 和主机 F)一组进行。

(1) 主机 A 打开协议编辑器，编辑发送给主机 B 的 UDP 数据报。

① MAC 层。

目的 MAC 地址：接收方 MAC 地址。

源 MAC 地址：发送方 MAC 地址。

协议类型或数据长度：0800，即 IP 协议。

② IP 层。

总长度：指 IP 层、UDP 层及数据的长度之和。

高层协议类型：17，即 UDP 协议。

首部校验和：其他所有字段填充完毕后填充此字段。

源 IP 地址：发送方 IP 地址。

目的 IP 地址：接收方 IP 地址。

③ UDP 层。

源端口：1030。

目的端口：大于 1024 的端口号。

有效负载长度：UDP 层及其上层协议长度。

其他字段默认，计算校验和。

(2) 在主机 B 上启动协议分析器捕获数据，并设置过滤条件(提取 UDP 协议)。

(3) 主机 A 发送已编辑好的数据报。

(4) 主机 B 停止捕获数据，在捕获到的数据中查找主机 A 所发送的数据报。

2. UDP 单播通信

本实验主机 A、B、C、D、E、F 一组进行。

(1) 主机 B、C、D、E、F 上启动实验平台工具栏中的“UDP 工具”，作为服务器端，监听端口号设置为 2483，“创建”成功。

(2) 主机 C、E 上启动协议分析器开始捕获数据,并设置过滤条件(提取 UDP 协议)。

(3) 主机 A 上启动实验平台工具栏中的“UDP 工具”,作为客户端,以主机 C 的 IP 地址为目的 IP 地址,以 2483 为端口号,填写数据并发送。

(4) 查看主机 B、C、D、E、F 上的“UDP 工具”接收的信息。

问题:哪台主机上的“UDP 工具”能够接收到主机 A 发送的 UDP 报文?

(5) 查看主机 C 协议分析器上的 UDP 报文。

(6) 主机 A 上使用协议编辑器向主机 E 发送 UDP 报文,其中:

① 目的 MAC 地址:主机 E 的 MAC 地址。

② 目的 IP 地址:主机 E 的 IP 地址。

③ 目的端口:2483。

④ 校验和:0。

⑤ 发送此报文。

问题:主机 E 上的 UDP 通信程序是否接收到此数据报?UDP 是否可以使用 0 作为校验和进行通信?

(7) 主机 B、C、D、E、F 关闭服务端,主机 A 关闭客户端。

3. UDP 广播通信

本实验主机 A、B、C、D、E、F 一组进行。

(1) 主机 B、C、D、E、F 上启动实验平台工具栏中的“UDP 工具”,作为服务器端,监听端口号设为 2483。

(2) 主机 B、C、D、E、F 启动协议分析器捕获数据,并设置过滤条件(提取 UDP 协议)。

(3) 主机 A 上启动实验平台工具栏中的“UDP 工具”,作为客户端,以 255.255.255.255 为目的地址,以 2483 为端口号,填写数据并发送。

(4) 查看主机 B、C、D、E、F 上的“UDP 工具”接收的信息。

问题:哪台主机能够接收到主机 A 发送的 UDP 报文?

(5) 查看协议分析器上捕获的 UDP 报文。

问题:主机 A 发送的报文的目的 MAC 地址和目的 IP 地址的含义是什么?

五、思考题

1. UDP 是基于连接的协议吗?
2. UDP 报文交互中含有确认报文吗?

实验 5-2 传输控制协议(TCP)

一、实验目的

1. 掌握 TCP 协议的报文格式
2. 掌握 TCP 连接的建立和释放过程
3. 掌握 TCP 数据传输中编号与确认的过程
4. 掌握 TCP 协议校验和的计算方法

5. 理解 TCP 重传机制

二、实验准备

1. 实验环境

本实验采用网络结构一。各主机打开协议分析器,验证网络结构一的正确性。

2. TCP 报文格式

TCP 报文的格式及各字段含义参见 5.3.2 节。

3. TCP 封装

TCP 报文封装在 IP 数据报中,然后再封装成数据链路层中的帧,送物理层发送。

4. TCP 连接建立与释放

(1) TCP 连接建立。

TCP 以全双工方式传送数据。当两个进程建立 TCP 连接后,它们能够同时向对方发送数据。在传送数据之前,双方都要对通信进行初始化,得到对方的认可。

TCP 的连接建立过程采用三次握手机制。服务器程序首先准备好接受 TCP 连接(被动打开请求)。这时,服务器的 TCP 就已准备好接受任何一台主机的 TCP 连接了。客户程序发出 TCP 连接请求的过程称为主动打开。连接建立的三次握手过程如下。

① 客户发送第一个报文,这是一个 SYN 报文,在这个报文中只有 SYN 标志置为 1。这个报文的作用是使序号同步。

② 服务器发送第二个报文,即 SYN+ACK 报文,其中 SYN 和 ACK 标志被置为 1。这个报文有两个目的。首先,它是一个用来和对方进行通信的 SYN 报文。服务器使用这个报文同步初始序号,以便从服务器向客户发送字节。服务器还使用 ACK 标志确认已从客户端收到了 SYN 报文,同时给出期望从客户端收到的下一个序号。另外,服务器还定义了客户端要使用的接收窗口的大小。

③ 客户发送第三个报文。这仅仅是一个 ACK 报文,它使用 ACK 标志和确认号字段来确认收到了第二个报文。

(2) TCP 连接释放。

通信双方中的任何一方都可以关闭连接。当一方的连接被释放时,另一方还可继续向对方发送数据。TCP 的连接释放有两种方式:三次握手和具有半关闭的四次握手。

① 三次握手方式释放连接。

- 当客户端想关闭 TCP 连接时,它发送一个 TCP 报文,把 FIN 标志位设置为 1。
- 服务器端在收到这个 TCP 报文后,把 TCP 连接即将关闭的消息发送给相应的进程,并发送第二个报文——FIN+ACK 报文,以证实从客户端收到了 FIN 报文,同时也说明,另一个方向的连接也关闭了。
- 客户端发送最后一个报文以证实从 TCP 服务器收到了 FIN 报文。这个报文包括确认号,它等于从服务器收到的 FIN 报文的序号加 1。

② 半关闭的四次握手方式释放连接。

在 TCP 连接中,一方可以终止发送数据,但仍然保持接收数据,称为半关闭。半关闭通常是由客户端发起的。客户发送 FIN 报文,半关闭了这个连接。服务器发送 ACK 报文接受这个半关闭。但是,服务器仍然可以发送数据。当服务器已经把所有处理的数据都发送完毕时,就发送 FIN 报文,客户端发送 ACK 报文给予确认。

在半关闭一条连接后,客户端仍然可以接收服务器发送的数据,而服务器也可以接收客户端发送的确认。但是,客户端不能传送数据给服务器。

5. 流量控制

TCP 使用滑动窗口协议进行流量控制。窗口覆盖了缓存的一部分,在这个窗口中的数据是可以发送而不必考虑确认的。

窗口有 3 种动作:展开、合拢或缩回。这 3 种动作受接收端的控制而不是发送端的控制。

窗口大小由接收窗口和拥塞窗口两者中的较小者决定。接收窗口大小由接收方发送的确认报文中的窗口大小字段值所确定。这是接收端在缓存溢出导致数据被丢弃之前所能接收的最大字节数。拥塞窗口大小是由网络根据拥塞情况而确定的。

6. 差错控制

TCP 是可靠的传输层协议。应用程序把数据流交付给 TCP 后,就依靠 TCP 把整个数据流交付给接收端的应用程序,并且保证数据流是按序的、没有差错的、也没有任何一部分是丢失的或重复的。

TCP 使用差错控制提供可靠性。差错控制包括以下的一些机制:检测受到损伤的报文、丢失的报文、失序的报文和重复的报文。差错控制还包括检测出差错后纠正差错的机制。TCP 的差错检测和差错纠正是通过校验和、确认以及超时重传三种机制实现的。

(1) 校验和。每一个 TCP 报文都包括校验和字段,用来检查报文是否损坏。若报文损坏,接收端就将报文丢弃,并认为这个报文丢失了。

(2) 确认。TCP 采用确认报文的方法来证实收到了数据报文。确认报文不携带数据,但消耗一个序号。除了 ACK 报文之外,确认报文也需要被确认。

(3) 重传。差错控制的核心是报文的重传机制。当一个报文损坏、丢失或延迟时,就需要重传这个报文。有两种情况需要对报文进行重传:当重传超时计时器时间到期时,或当发送端收到了 3 个重复的确认报文时。

三、实验内容

1. 查看 TCP 连接的建立和释放
2. 利用协议编辑器编辑并发送 TCP 数据报
3. TCP 的重传机制

四、实验步骤

1. 查看 TCP 连接的建立和释放

本实验主机 A、B、C、D、E、F 一组进行。

(1) 主机 B、C、D 启动协议分析器捕获数据,并设置过滤条件(提取 TCP 协议)。

(2) 主机 A 启动“TCP 工具”连接主机 C。

① 主机 A 启动实验平台工具栏中的“地址本工具”。单击“主机扫描”按钮获取组内主机信息,选中主机 C 单击“端口扫描”按钮获取主机 C 的 TCP 端口列表。

② 主机 A 启动实验平台工具栏中的“TCP 工具”。选择“客户端”→“地址”选项,填入主

机C的IP地址，选择“端口”选项，填入主机C的一个TCP端口，单击“连接”按钮进行连接。

(3) 查看主机B、C、D捕获的数据，填写表5-3。

表5-3 主机B、C、D捕获的实验数据

字段名称	报文1	报文2	报文3
序列号			
确认号			
ACK			
SYN			

(4) 主机A断开与主机C的TCP连接。

(5) 查看主机B、C、D捕获的数据，填写表5-4。

表5-4 主机B、C、D捕获的实验数据

字段名称	报文4	报文5	报文6	报文7
序列号				
确认号				
ACK				
SYN				

2. 利用协议编辑器编辑并发送TCP数据报

本实验主机A和主机B(主机C和主机D，主机E和主机F)一组进行。

(1) 说明。

① 在本实验中由于TCP连接有超时时间的限制，故分别负责协议编辑器和协议分析器的两位同学要默契配合，某些步骤(如计算TCP校验和)要求熟练、迅速。

② 为了实现TCP三次握手过程的仿真，发送第一个连接请求帧之前，编辑端主机应该使用TCP屏蔽功能来防止系统干扰(否则计算机系统的网络会对该请求帧的应答帧发出拒绝响应)。

③ 通过手工编辑TCP数据报实验，要求理解实现TCP连接建立、数据传输以及连接释放的全过程。在编辑过程中注意体会TCP首部中的序列号和标志位的作用。

(2) 实验过程。

首先选择服务器主机上的一个进程作服务器进程，并向该服务器进程发送一个建立连接请求报文，对应答的确认报文和断开连接的报文也编辑发送。其步骤如下。

① 主机B启动协议分析器捕获数据，设置过滤条件(提取HTTP协议)。

② 主机A启动协议编辑器，在界面初始状态下，程序会自动新建一个单帧，可以利用协议编辑器打开时默认的以太网帧进行编辑。

③ 填写该帧的以太网协议首部，其中，

- 源MAC地址：主机A的MAC地址。
- 目的MAC地址：服务器的MAC地址。
- 协议类型或数据长度：0800(IP协议)。

④ 填写IP协议首部信息，其中，

- 高层协议类型：6(上层协议为 TCP)。
- 总长度：40(IP 首部＋TCP 首部)。
- 源 IP 地址：主机 A 的 IP 地址。
- 目的 IP 地址：服务器的 IP 地址(172.16.0.254)。

其他字段任意。

⑤ 填写 TCP 协议信息，其中，

- 源端口：任意大于 1024 的整数，不要使用下拉列表中的端口。
- 目的端口：80(HTTP 协议)。
- 序列号：选择一个序号 ISN(假设为 1942589885)，以后的数据都根据它来填写。
- 确认号：0。
- 首部长度：50(长度 20 字节)。
- 标志位：02(标志 SYN＝1)。
- 窗口大小：任意。
- 紧急指针：0。

使用协议编辑器的“手动计算”方法计算校验和；再使用协议编辑器的“自动计算”方法计算校验和。将两次计算结果相比较，若结果不一致，则重新计算。

⑥ 将设置完成的数据帧复制 3 份。

- 修改第二帧的 TCP 层的“标志”位为 10(即标志位 ACK＝1)，TCP 层的“序列号”为 1942589885＋1。
- 修改第三帧的 TCP 层的“标志”位为 11(即标志位 ACK＝1、FIN＝1)，TCP 层的“序列号”为 1942589885＋1。
- 修改第四帧的 TCP 层的“标志”位为 10(即标志位 ACK＝1)，TCP 层的“序列号”为 1942589885＋2。

⑦ 在发送该 TCP 连接请求之前，先 ping 一次目标服务器，让目标服务器知道自己的 MAC 地址。

⑧ 启动实验平台工具栏中的“启动 TCP 屏蔽”，为 TCP/IP 协议栈过滤掉收到的 TCP 数据。

⑨ 单击“发送”按钮，在弹出对话框中选择发送第一帧。

⑩ 在主机 B 上捕获相应的应答报文，这里要求协议分析器一端的同学及时准确地捕获应答报文并迅速从中获得应答报文的接收字节序列号，并告知协议编辑器一端的同学。

⑪ 假设接收字节序号为 3246281765，修改第二帧和第三帧 TCP 层的“确认号”的值为 3246281766。

⑫ 计算第二帧的 TCP 校验和，将该帧发送。对服务器的应答报文进行确认。

⑬ 计算第三帧的 TCP 校验和，将该帧发送。

⑭ 在主机 B 上观察应答报文，要及时把最后一帧“序列号”告知协议编辑器一端的同学。

⑮ 修改第四帧的 TCP 层“确认号”为接收的序列号＋1(即 3246281767)。

⑯ 计算第四帧的 TCP 校验和，将该帧发送。断开连接，完成 TCP 连接的全过程。

⑰ 协议分析器一端截获相应的请求及应答报文并分析，注意观察“会话分析”中的会话

过程。

⑱ 编辑端主机启动实验平台工具栏中的“停止 TCP 屏蔽”，恢复正常网络功能。

3. TCP 的重传机制

本实验主机 A 和主机 B(主机 C 和主机 D，主机 E 和主机 F)一组进行。

(1) 主机 B 上启动实验平台工具栏中的“TCP 工具”，作为服务端，监听端口设置为 2483。

(2) 主机 B 启动协议分析器开始捕获数据并设置过滤条件(提取 TCP 协议)。

(3) 主机 A 启动“TCP 工具”连接主机 B。

① 主机 A 启动实验平台工具栏中的“TCP 工具”。

② 选择“客户端”选项。

③ 选择“地址”选项，填入主机 B 的 IP 地址。

④ 选择“端口”选项，填入主机 B 的 TCP 监听端口(2483)。

⑤ 单击“连接”按钮进行连接。

(4) 主机 A 向主机 B 发送一条信息。

(5) 主机 B 启动实验平台工具栏中的“启动 TCP 屏蔽”，过滤掉接收到的 TCP 数据。

(6) 主机 A 向主机 B 再发送一条信息。

(7) 主机 B 刷新捕获显示，当发现“会话分析视图”中有两条以上超时重传报文后，启动实验平台工具栏中的“停止 TCP 屏蔽”，恢复正常网络功能。

(8) 主机 A 向主机 B 再发送一条信息，之后断开连接。

(9) 主机 B 停止捕获数据。依据“会话分析视图”显示结果，绘制本练习的数据报交互图。

五、思考题

1. 为什么在 TCP 连接过程中要使用三次握手？如不这样做可能会出现什么情况？

2. 解释 TCP 协议的释放过程。

3. TCP 连接建立时，前两个报文的首部都有一个“最大字段长度”字段，它的值是多少？作用是什么？

第6章 应用层协议

6.1 域名系统(DNS)

6.1.1 DNS 名字空间

IP 地址是采用数字化的方式在 Internet 上唯一地标识一台计算机,而 Internet 的域名系统(Domain Name System,DNS)是用名字来标识主机。DNS 包含两个方面的含义,一方面指明了名字语法和名字的授权管理规则;另一方面指明了一个分布式计算机系统的实现,它能够高效地将名字映射为 IP 地址。

DNS 的逻辑结构是一个分层的域名树,Internet 网络信息中心(Internet Network Information Center,InterNIC)管理域名树的根,成为根域。根域没有名称,用句号"."表示,这是域名空间的最高级别。在 DNS 的名称中,有时在末尾附加一个".",就是表示根域,但经常是省略的。

根域下面是顶级域(Top-Level Domains,TLD),分为国家顶级域(country code Top Level Domain,ccTLD)和通用顶级域(generic Top Level Domain,gTLD)。国家顶级域名包含 243 个国家和地区代码,例如,cn 代表中国,uk 代表英国等。最初的顶级域有 7 个,如表 6-1 所示,这些顶级域名原来主要供美国使用,随着 Internet 的发展,com、org、gov 和 net 等成为全世界通用的顶级域名,就是所谓的"国际域名"。

表 6-1 通用顶级域名

域名	含义
com	商业机构等盈利性组织
edu	教育机构、学术组织和国家科研中心等
gov	美国非军事性的政府机关
mil	美国的军事组织
net	网络信息中心(NIC)和网络操作中心(BIC)等
org	非盈利组织,例如,技术支持小组、计算机用户小组等
int	国际组织

顶级域下面是二级域，这是正式注册给组织和个人的唯一名称，例如，www. microsoft. com中的microsoft就是微软注册的域名。

在二级域之下，组织机构还可以划分子域，使其各个分支部门获得一个专用的名称标识。例如，www. sales. microsoft. com中sales是微软销售部门的子域名称。划分子域的工作可以一直延续下去，直到满足组织机构的管理需要为止。标准规定，一个域名的长度通常不超过63个字符，最多不能超过255个字符。

DNS命名标准还规定，域名中只能使用ASCII字符集的有限子集，包括26个英文字母（不区分大小写）和10个数字，以及连字符"-"，并且连字符不能作为子域名的第一个和最后一个字母。现在的标准对字符集有所扩大。

各个子域由地区NIC管理。如图6-1所示，是中国互联网络管理中心（China Internet Network Information Center，CNNIC）规划的CN下第二级子域名和域名树系统。其中AC为中科院系统的机构；EDU为教育的院校和科研单位；GOV为政府机关；COM为商业机构；ORG为非盈利性民间组织和协会；BJ为北京地区；SH为上海地区；ZJ为江浙地区等。

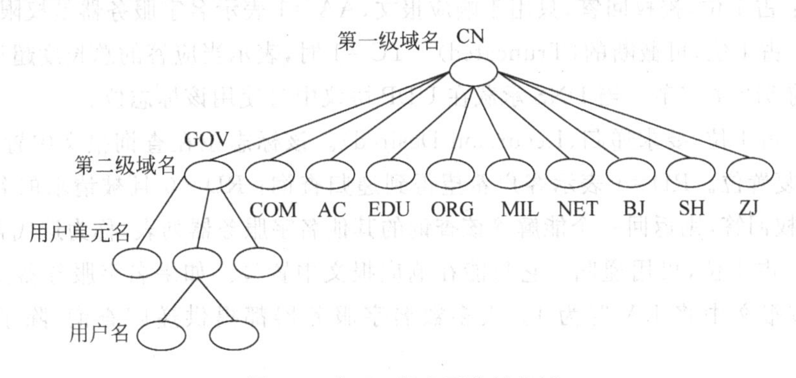

图6-1 在CN域名下的域名树

6.1.2 DNS报文格式

DNS定义了一个用于查询和响应的报文格式。DNS报文由12字节长的首部和4个长度可变的字段组成。如图6-2所示，显示DNS报文的一般格式。

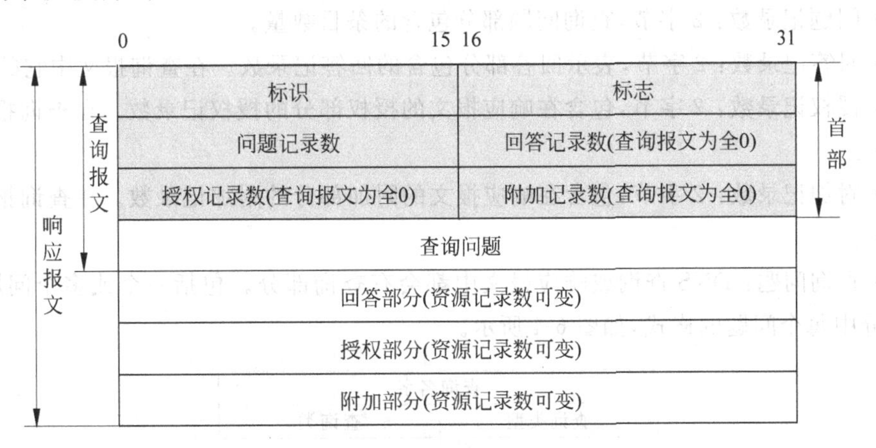

图6-2 DNS查询和响应的一般格式

(1) 标识：2字节，由客户程序设置并由服务器返回。客户程序通过它来确定响应与查询是否匹配。客户在每次发送查询时使用不同的标识号，服务器在相应的响应中重复该标识号。

(2) 标志：2字节，标志的作用是完成DNS的控制。16位的标志字段被划分为若干子字段，如图6-3所示。

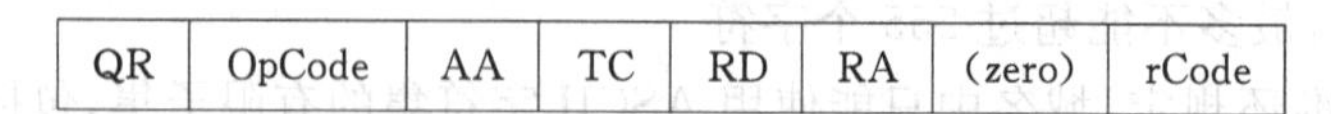

图6-3 DNS报文首部中的标志字段

其中，

① QR：占1位，查询或响应，QR=0表示查询报文，QR=1表示响应报文。

② OpCode：占4位，查询或响应的类型，OpCode=0表示标准查询；OpCode=1表示反向查询；OpCode=2表示服务器状态请求。

③ AA：占1位，授权回答，只用于响应报文，AA=1表示名字服务器是权限服务器。

④ TC：占1位，可截断的(Truncated)。TC=1时，表示当应答的总长度超过512字节时，只返回前512个字节。当DNS承载在UDP协议中时使用该标志位。

⑤ RD：占1位，要求递归(Recursion Desired)。该标志位在查询报文中置位，并在响应报文中重复置位。RD=1表示客户希望得到递归查询；RD=0且被请求的名字服务器没有一个授权回答，则返回一个能解答该查询的其他名字服务器列表，称为迭代查询。

⑥ RA：占1位，可用递归。它只能在响应报文中置位。如果名字服务器支持递归查询，则在响应报文中将RA置为1。大多数名字服务器都提供递归查询，除了某些根服务器。

⑦ zero：占3位，保留位，该值=000。

⑧ rCode：占4位，返回码，表示在响应中的差错状态。rCode=0表示无差错；rCode=1表示格式差错；rCode=2表示域名差错；rCode=3表示域参照差错；rCode=4表示查询类型不支持；rCode=5表示在管理上被禁止，其他值保留。名字差错只能从一个授权名字服务器上返回，它表示在查询中制定的域名不存在。

(3) 问题记录数：2字节，查询问题部分包含的条目数量。

(4) 回答记录数：2字节，表示回答部分包含的回答记录数。在查询报文中它的值是0。

(5) 授权记录数：2字节，包含在响应报文的授权部分的授权记录数。在查询报文中它的值是0。

(6) 附加记录数：2字节，包含在响应报文的附加部分的附加记录数。在查询报文中它的值是0。

(7) 查询问题：DNS查询或响应报文中都会有查询部分。包括一个或多个问题记录。查询部分中每个问题的格式，如图6-4所示。

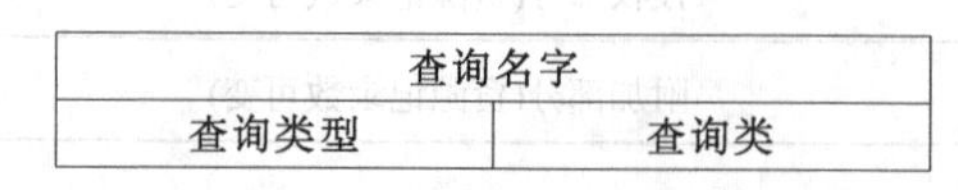

图6-4 DNS查询问题字段格式

其中，

① 查询名字：表示要查找的名字，它是一个或多个标识符序列，长度可变。

② 查询类型：2字节，表示查询问题的类型。常用的查询类型如表6-2所示。

表6-2 常用的查询类型

类型值	别 名	名 称	说 明
1	A	IPv4地址	将域名转换为IPv4地址
2	NS	名字服务器	标识区域的权限服务器
5	CNAME	规范名称	定义主机正式名字的别名
6	SOA	授权开始	标识授权的开始，通常是一个区域文件的第一个记录
11	WKS	熟知服务	定义主机提供的网络服务
12	PTR	指针	将IP地址转换为域名，通常指向其他域名空间
13	HINFO	主机信息	标识出主机使用的硬件(CPU)和操作系统
15	MX	邮件交换	将邮件改变路由送到邮件服务器
28	AAAA	IPv6地址	将域名转换为IPv6地址
252	AXFP	区域传输	传送整个区域的请求
255	ANY	全记录请求	请求所有的记录

③ 查询类：2字节，表示查询的类别。其值通常为1，表示Internet网络。

(8) 回答部分、授权部分和附加部分均由一组资源记录组成，仅在应答报文中出现。一条资源记录描述一个域名，其格式如图6-5所示。

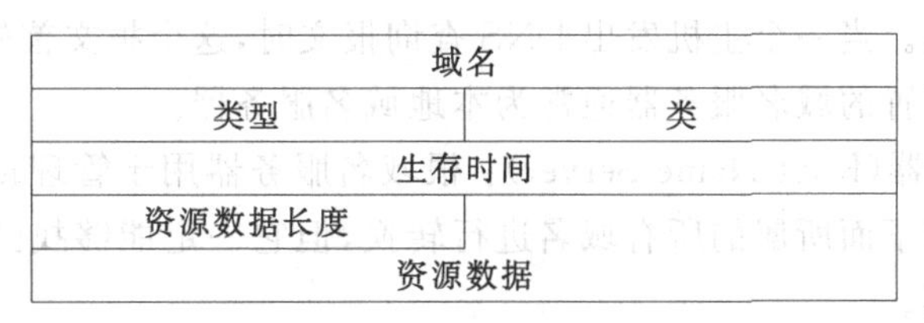

图6-5 DNS资源记录格式

其中，

① 域名：长度可变，表示记录中资源数据对应的名字。其格式和查询名字字段格式相同。

② 类型：表示资源记录的类型。它的值和查询类型的值相同。

③ 类：表示资源记录的类别。它的值和查询类的值相同。

④ 生存时间：表示客户程序保留该资源记录的秒数，通常为两天。

⑤ 资源数据长度：表示资源数据的字节数。

⑥ 资源数据：表示该资源数据的内容，可以是IP地址、域名、指针或其他字符串。

- 回答部分包括从服务器到客户(解析程序)的回答。
- 授权部分为该查询给出关于一个或多个授权服务器的信息(域名)。
- 附加部分提供有助于解析程序的附加信息。

6.1.3 资源记录

资源记录包含域名系统(DNS)区域维护的有关该区域所包含的资源(如主机)的信息。

典型的资源记录包括资源记录所有者的名称(主机)、有关资源记录可在缓存中保留的时间信息、资源记录类型(如主机 A 或 AAAA 资源记录)以及特定于记录类型的数据(如主机的地址)。可以直接添加资源记录,也可以在启用 DHCP 的客户端加入网络时自动添加资源记录。

DNS 资源记录主要为授权开始、序列号、刷新、重试、超时、生存周期、地址资源记录、域名服务(NS)资源记录、规范名字(CNAME)记录、指针(PTR)记录和授权域等。

例如:

```
;Star to fAuthority (SOA) record                   授权开始
 dns.com.INSOAdns1.dns.comowner.dns.com            域名
 (0000001; serial # (counter)                      序列号
 10800; refresh(3 小时)                            刷新
 3600; retry(1 小时)                               重试
 604800; expire(1 星期)                            超时
 86400); TTL(1 天)                                 生存时间
```

6.1.4 域名服务器

Internet 中的域名服务器系统是按照域名的层次来组织的,每个域名服务器只对域名系统中的一部分进行管辖。主要有以下 3 种不同类型的域名服务器,分别是:

(1) 本地域名服务器(Local Name Server):每个网站都拥有一个本地域名服务器,又称为默认域名服务器。当一个主机发出 DNS 查询报文时,这个报文首先被发送到本地域名服务器。计算机上配置的域名服务器通常为本地域名服务器。

(2) 根域名服务器(Root Name Server):根域名服务器用于管理顶级域。根域名服务器并不直接对顶级域下面所属的所有域名进行转换,但它一定能够找到管辖范围内所有二级域名的域名服务器。

(3) 授权域名服务器(Authoritative Name Server):每个主机都必须在授权域名服务器上注册登记。通常,一个主机的授权域名服务器就是本地的一个域名服务器。授权域名服务器总是能够将其管辖的主机名转换为对应的 IP 地址。

6.1.5 域名解析服务

域名解析(Domain Name Resolution)是指将域名转换成对应的 IP 地址的过程。域名解析实际是一个 IP 地址查询的过程。域名解析一般是自上而下进行的,从根域名服务器开始直到末端的域名服务器。在 Internet 中,域名解析一般采用递归解析和迭代解析两种方式进行,递归解析和迭代解析是可以发送到域名服务器的两种请求。

1. 递归解析和迭代解析

(1) 递归解析。递归解析是最常见的由客户端发送到本地域名服务器的请求。当本地域名服务器接受了客户机的查询请求时,本地域名服务器将力图代表客户机来找到答案,而在域名服务器执行所有查询工作的时候,客户机只是等待。如果本地域名服务器不能直接回答,则它将在域名树中的各分支上下递归搜索来寻找答案。对于一个递归解析,DNS 服务器将持续搜索直到收到回答。这种回答可以是主机的 IP 地址，也可以是“主机不存在”。不论是哪种结果，递归域名服务器将把最终结果返回给客户机。通常情况下，主机向本地域名服务器的查询一般都是采用递归查询。如果主机所询问的本地域名服务器不知道被查询域名的 IP 地址，那么本地域名服务器就以 DNS 客户的身份，向其他根域名服务器继续发出查询请求报文。

(2) 迭代解析。迭代解析是指当某域名服务器接收到域名解析请求时，如果本域名服务器中没有请求中所需的 IP 地址，则该域名服务器会指出下一步可查询的域名服务器 IP 地址，使其自己去向另一个域名服务器进行搜索。当某本地域名服务器向根服务器提出域名解析请求时，根服务器并不会代替本地域名服务器进行继续查询的任务(即根服务器不接受递归查询)，但根服务器会指引本地域名服务器到另一台域名服务器中进行查询，这种做法通常称为重指引，也是期望得到的迭代查询的结果。例如，当根服务器被要求查询 www.isi.edu 的地址时，根服务器不会到 ISI 域名服务器查询 www 主机的地址，它只是给本地域名服务器返回一个提示，告诉本地域名服务器到 ISI 域名服务器去继续查询和得到结果。通常情况下，本地域名服务器向根域名服务器的查询采用迭代查询。

2. 域名解析命令

Windows 系统下，使用 nslookup 命令查询当前本机解析域名所依赖的 DNS 服务器，即本地 DNS 服务器。如图 6-6 所示，该客户机当前默认的 DNS 解析服务器是 cache5-sy，对应的 IP 地址为 211.98.2.4。即在该主机运行的访问 Internet 的程序，如果需要使用 DNS 域名解析，都会将解析请求发送到该域名服务器上，寻求解析。

```
命令提示符 - nslookup
Microsoft Windows [版本 6.1.7600]
版权所有 (c) 2009 Microsoft Corporation。保留所有权利。

C:\Users\CHH>nslookup
默认服务器:  cache5-sy
Address:  211.98.2.4

>
```

图 6-6 域名解析命令示例

3. 域名解析过程

(1) 客户机发出域名解析请求，并将该请求发送给本地域名服务器。

(2) 当本地域名服务器收到该请求后，首先查询本地缓存，如果有该记录项，则本地域名服务器直接将查询结果返回给客户。

(3) 如果本地缓存中没有该记录，则本地域名服务器直接将请求发送给根域名服务器，根域名服务器再返回给本地域名服务器一个查询域(根的子域)的主域名服务器地址。

(4) 本地服务器向第(3)步返回的主域名服务器发送请求，接受请求的主域名服务器查询自己的缓存，如果没有该记录，则返回相关的下级域名服务器的地址。

(5) 重复第(4)步，直到找到正确的记录为止。

(6) 本地域名服务器将返回的查询结果返回给客户，同时也将其保存到缓存中，以备下一次使用。

例 6-1 假设客户机想要访问的网络为 www.abc.com,试给出域名解析过程。

解:客户机浏览器访问 www.abc.com 的域名解析过程如图 6-7 所示,图中 Q1～Q10 是查询(用实箭线表示),A1～A10 是查询应答(用虚箭线表示)。步骤如下:

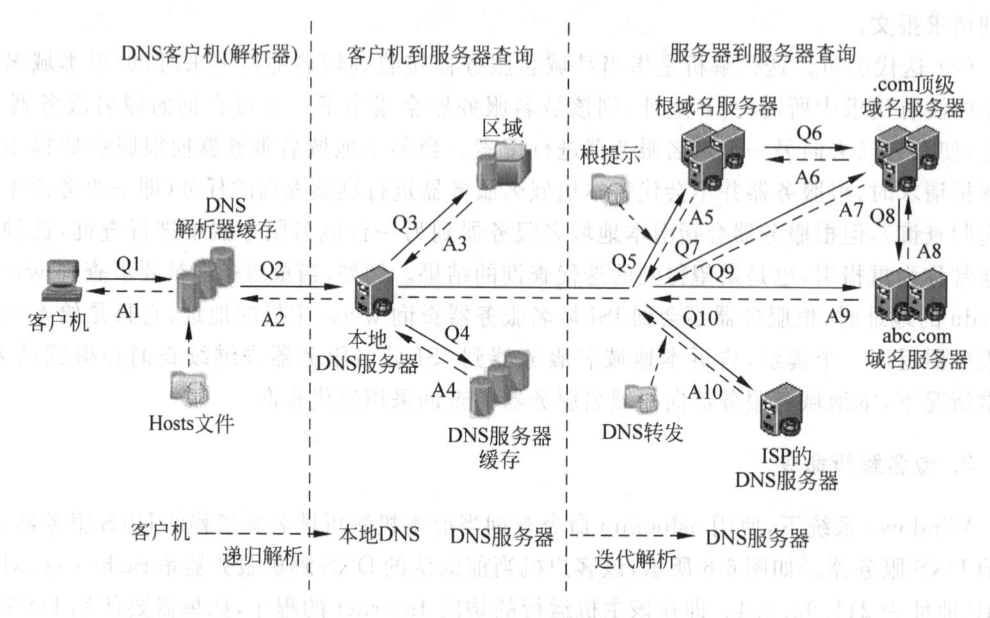

图 6-7 www.abc.com 的域名解析过程

(1) 在浏览器中输入 www.abc.com 域名,操作系统首先检查自己本地的 Hosts 文件是否有该网址的映射关系,如果有,则调用该 IP 地址映射,完成域名解析,即 Q1/A1 过程。

(2) 如果 Hosts 里没有该域名的映射,则查找本地 DNS 解析器缓存,是否有该网址映射关系,如果有,直接返回,完成域名解析,即 Q1/A1 过程。

(3) 如果 Hosts 与本地 DNS 解析器缓存都没有相应的网址映射关系,则查找 TCP/IP 参数中设置的首选 DNS 服务器(即本地 DNS 服务器)。该本地 DNS 服务器收到查询命令时,如果要查询的域名,包含在本地配置区域资源中,则返回解析结果给客户机,完成域名解析,此解析具有权威性,即 Q2/A2 和 Q3/A3 过程。

(4) 如果要查询的域名,不由本地 DNS 服务器区域解析,但该服务器已缓存了此网址映射关系,则调用该 IP 地址映射,完成域名解析,此解析不具有权威性,即 Q4/A4 过程。

(5) 如果本地 DNS 服务器本地区域文件与缓存解析都失效,则根据本地 DNS 服务器的设置(是否设置转发器)进行查询。

① 如果未用转发模式,本地 DNS 则将请求发到根 DNS 服务器,根 DNS 服务器收到请求后会判断该域名(.com)由谁来授权管理(即 Q6/A6 过程),并会返回一个负责该顶级域名服务器的 IP 地址给本地 DNS 服务器,即 Q5/A5 过程;本地 DNS 服务器收到 IP 信息后,将会联系负责.com 域的域名服务器,负责.com 域的域名服务器收到请求后,如果可以解析,则将解析结果返回给本地 DNS 服务器,即 Q7/A7 过程;如果自己无法解析,则继续寻找一个管理.com 域的下一级 DNS 服务器地址(abc.com)给本地 DNS 服务器(即 Q8/A8 过程)。当本地 DNS 服务器收到 abc.com 域名服务器 IP 地址后,向 abc.com 域服务器发

出域名解析请求，即Q9/A9过程，重复上述动作，直至找到www.abc.com主机。

② 如果采用转发模式，则此DNS服务器会将请求转发至上一级DNS服务器，由上一级服务器进行解析，上一级服务器如果不能解析，或找根DNS或把转请求转至上上级，以此循环，即Q10/A10过程。

③ 不管是本地DNS服务器采用的是根提示模式或转发模式，最后都会将查询结果返回给本地DNS服务器，由本地DNS服务器再返回给客户机。

从客户机到本地DNS服务器属于递归解析，而DNS服务器之间的交互查询属于迭代解析。

4. 域名高速缓存

如图6-7所示的域名解析使用了DNS高速缓存机制来优化查询的开销。每个域名服务器都维护着一个高速缓存，存放最近解析过的名字以及相关信息的记录。当客户请求域名服务器解析名字时，服务器首先检查它是否被授权管理该名字。若未授权，则查看高速缓存，检查该名字是否最近被解析过。如果能够从高速缓存中获得相应的解析结果，服务器将直接返回解析的IP地址，而不必进行真正的解析。这样就大大地提高了解析效率，降低了名字解析的开销。

为了保持高速缓存内容的正确性，域名服务器对每项高速缓存的内容设置一个合理的生存时间TTL。当超过了这个时间后，域名服务器将清除这项高速缓存的内容，下一次对该域名的解析将进行真正的解析操作，并且域名服务器将缓存新的解析结果。因此，也能提高域名解析的准确性。

6.2 文件传输协议

6.2.1 TCP/IP文件传输协议

文件传输协议(File Transfer Protocol，FTP)是互联网上使用最广泛的文件传送协议，它具有以下几个特点。

(1) FTP提供交互式的访问，使得用户更容易通过操作命令与远程系统交互。

(2) 允许客户指定存储文件的类型与格式。

(3) 具备鉴别控制能力，允许文件具有存取权限。

(4) FTP屏蔽了计算机系统的细节，因而适合于在异构网络中任意计算机之间传送文件。

6.2.2 FTP模型

FTP使用TCP协议在传输文件的主机之间建立TCP连接。当用户建立一个连接时，客户端使用一个临时分配的端口号，与服务器端的熟知端口21联系。但是由于文件传输中两个主机之间传输的数据除文件本身外，还包括控制文件传输的其他信息，因此，FTP协议约定服务器所在机器的数据传输进程使用熟知端口20，控制信息传输使用端口21，以区分控制信息和数据的传输。因此,采用FTP协议实现文件传输时,客户机与服务器需要建立两个TCP连接,一个用于传输控制信息,另一个用于传输数据。FTP客户/服务器模型如图6-8所示。

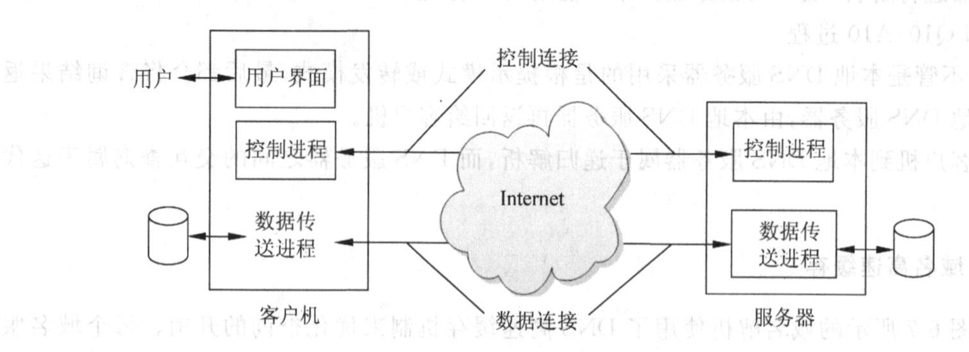

图6-8 FTP客户/服务器模型

6.2.3 FTP命令与应答

1. FTP命令

FTP命令与应答在客户机和服务器的控制连接上以NVT ASCII码形式传送。命令都是3或4个字节的大写ASCII码,其中一些带选项参数。从客户向服务器发送的FTP命令超过30种。如表6-3所示,给出了一些常用命令。

表6-3 常用的FTP命令

命　令	说　明
ABOR	放弃先前的FTP命令和数据传输
LIST filelist	列表显示文件或目录
OPEN host	与远程主机连接(用户名和口令)
PASS password	服务器上的口令
PORT n1,n2,n3,n4,n5,n6	客户端IP地址(n1,n2,n3,n4)和端口(n5×256+n6)
QUIT	从服务器注销
RETR filename	读取文件:文件从服务器传送到客户端
STOR filename	存储文件:文件从客户端传送到服务器
SYST	询问服务器使用的操作系统
TYPE type	说明文件类型:A表示ASCII码,I表示图像等
USER username	服务器上用户名

FTP的命令行格式为:ftp -v -d -i -n -g [主机名],其中,

(1) -v　显示远程服务器的所有响应信息;

(2) -i　传送多个文件时禁用交互提示;

(3) -n　限制ftp的自动登录,即不使用;

(4) -d　使用调试方式;

(5) -g　取消全局文件名。

2. FTP 应答

每个 FTP 命令产生至少一个响应。响应由两部分组成，即 3 位数字的数以及跟随其后的文本。数字部分定义代码，文本部分定义所需的参数或额外的解释，文本部分由人工处理。一个交互的用户可以通过阅读文本（不必记忆所有数字回答代码的含义）来确定应答的含义。

应答代码用 xyz（3 位数字）形式表示，其中每一位数字都有不同的含义。其中，x 取值为 1～5；y 取值为 0～5；z 表示提供一些附加信息。如表 6-4 所示，给出了应答代码中第 1 位（x）和第 2 位（y）的简明含义。

表 6-4　应答代码 3 位数中第 1 位和第 2 位的含义

应答	说　明
1yz	肯定预备应答。动作已经开始，服务在接受另一个命令之前将发送另一个回答
2yz	肯定完成应答。动作已经完成，服务器将接受另一个命令
3yz	肯定中间应答。命令已被接受，但需要进一步信息
4yz	暂时否定完成应答。请求的动作没有发送，但差错状态是暂时的，所以命令可以过后再发送
5yz	永久性否定完成应答。命令不被接受，并且不再重试
x0z	语法错误
x1z	信息
x2z	连接。应答用于控制或数据连接
x3z	鉴别和记账。应答用于注册或记账命令
x4z	未指明
x5z	文件系统状态

下面是一些常用的典型应答，其后都带有一个可能的文本说明。

(1) 120 服务不久即将就绪。

(2) 125 数据连接已经打开，数据传输不久即将开始。

(3) 150 文件状态就绪，数据连接不久即将打开。

(4) 200 命令就绪。

(5) 211 系统状态或求助应答。

(6) 212 目录状态。

(7) 213 文件状态。

(8) 214 帮助报文（面向用户）。

(9) 220 服务就绪。

(10) 221 服务关闭。

(11) 225 数据连接打开。

(12) 226 数据连接关闭。

(13) 227 进入被动方式，服务器发送它的 IP 地址和端口号。

(14) 230 用户登录成功。

(15) 250 请求文件动作成功。

(16) 331 用户名就绪，要求输入口令。

(17) 332 需要登录账号。

(18) 425 不能打开数据连接。

(19) 426 连接关闭,不能识别的命令。

(20) 450 未采取文件动作,文件不可用。

(21) 451 动作异常终止,本地差错。

(22) 452 动作异常终止,存储器不足。

(23) 500 语法错误,不能识别的命令。

(24) 501 参数或变量的语法错误(无效参数)。

(25) 502 命令未实现。

(26) 503 错误命令序列。

(27) 504 命令参数未实现。

(28) 530 用户未登录。

(29) 550 动作未完成,文件不可用。

(30) 553 未采取请求动作,文件名不允许。

3. FTP 示例

FTP 提供了访问控制机制。在客户端向服务器发出连接请求后,服务器将提示客户端输入用户名和口令。

以下是一次典型的 FTP 交互过程。

220-服务器使用 Serv-U6.0 搭建

```
C:\Documents and Settings\ljd\> ftp 10.20.176.11
220 - ========================================
Connected to 10.20.176.11
220 - 欢迎光临
220 ========================================
220 ========================================
220 - 您来自于:10.20.237.140
220 - 服务器当前时间为: 22:26:30,本服务器在过去 24 小时内共有 10000 个用户访问!

220 - 服务器当前状态显示:
220 - 已经登录用户: 1000 total
220 - 当前登录用户: 您是第一个访问者
220 - 共下载: 9487745  Kb
220 - 共上传: 8897883  Kb
220 - 下载文件数目: 32768
220 - 上传文件数目: 478
220 ========================================
User(10.20.176.11: (none)): anonymous
331 User name okey,please send complete E - mail address as password.
230 User logged in,proceed
ftp > dir
200 Port Command successful.
150 Opening ASCII mode data connection for /bin/ls.
Drw - rw - rw -     1  user   group    0 May 15 2005.
```

```
Drw-rw-rw-     1  user   group     0 May 15 2005..
Drw-rw-rw-     1  user   group     0 Nov 22 2006    网络协议
226-Maximum disk quota limited to Unlimited kBytes Used disk quota 2000000 kBytes,available
Unlimited kBytes
226 Transfer complete
ftp:458 bytes received in 0.00 Seconds 3244Kbytes/sec
ftp>quit
221-Good bye!
```

在上述例子中，服务器地址10.20.176.11。连接成功后，服务器返回多个220对应的状态信息，说明同意使用FTP。然后提示客户端输入用户名，这里使用匿名登录，用户名anonymous。用户名验证通过，返回状态码331。之后提示输入口令，使用空口令。口令认证通过，返回状态码230。

口令认证成功后，客户就可以使用FTP命令与服务器交互，使用了dir命令。由于要返回所有文件夹信息，因此必须建立数据连接。此处客户端在后台使用了PORT命令，把自己的数据连接本地端口号告诉服务器，成功后返回状态码200。在返回ASCII文件时，设置状态码为150，最后服务器通过状态码226，说明数据已经传输完成。quit命令退出FTP客户端程序，退出成功后，返回状态码221。

6.2.4 匿名FTP

匿名FTP是指用户通过控制连接登录时，用户名为专用的anonymous，口令用自己的电子邮件地址，即可完成匿名FTP登录的功能。登录成功后即可从该服务器上下载文件。Internet中有很多匿名FTP服务器，提供一些免费软件或有关Internet的电子文档。

匿名FTP是Internet网上发布软件的常用方法。Internet中很多标准服务程序都是通过匿名FTP发布的，任何人都可以存取它们。

Internet中有数目巨大的匿名FTP主机以及更多的文件，如何确定某一特定文件位于哪个匿名FTP主机上的哪个目录中的工作由Archie服务器完成。Archie将自动在FTP主机中进行搜索，构造一个包含全部文件目录信息的数据库，这样就可以直接找到所需文件的位置信息。

6.2.5 简单文件传输协议TFTP

TCP/IP协议族中还有一个简单文件传输协议(Trivial File Transfer Protocol，TFTP)，它是为客户和服务器间不需要复杂交互的应用程序设计的。它具有以下一些特点。

(1) TFTP采用客户/服务器方式，用UDP数据报进行传输，因此TFTP需要有自己的差错检测和改正机制。

(2) TFTP不支持交互式的文件传输。

(3) TFTP代码占用的内存小，并且不依赖于复杂的TCP协议，可以与IP和UDP协议一起固化在ROM中。

(4) TFTP传输的规则和报文格式都非常简单。

TFTP每次传输的数据为512字节，只有最后一个报文可能不足512字节。每块数据称为文件块，编号从 1 开始。

6.2.6 TFTP 报文格式

TFTP 协议的封装形式和 5 种消息格式如图 6-9 所示。

操作码(1=RRQ,2=WRQ)	文件名	0	模式	0
2 字节	N 字节	1	N 字节	1

操作码(3=DATA)	块编号	数据
2 字节	2 字节	0～512 字节

操作码(4=ACK)	块编号
2 字节	2 字节

操作码(5=ERR)	差错码	差错信息	0
2 字节	2 字节	N 字节	1

图 6-9　TFTP 报文格式

(1) 操作码：2 字节，操作码取值为 1～5，分别表示 TFTP 协议的五种消息格式：读请求(RRQ)、写请求(WRQ)、数据(DATA)、确认(ACK)、出错(ERR)。

① 读请求(RRQ)和写请求(WRQ)。操作码=1 为读请求；操作码=2 为写请求。读请求(RRQ)和写请求(WRQ)使用相同的报文格式。

② 数据(DATA)。操作码=3 为数据传输模式。TFTP 传输数据时，使用 DATA 消息格式，初始块号设置为 1(初始的 DATA 分组报文)，每增加一个分组报文将加 1，直到整个文件传输结束。数据段长度为 0～512 字节，如果数据段少于 512 字节，则块编号为文件的最后一个数据块。如果正好是 512 字节，则说明要完成文件的传输必须传送额外的 0 长度数据块。

③ 确认(ACK)。操作码=4 为确认报文。块编号段为被确认的 DATA 分组报文的块编号。如果此确认报文是回答一个写请求的，则该块编号将为 0，表示数据传输可以开始。

④ 出错(ERR)。操作码=5 为出错(ERR)。差错码给出出错类型值。差错信息以 Netascii 格式存储，并且加上一个文本描述以帮助调试 TFTP 的出错消息。差错信息长度可变，但总是以一个 0 作为结束标志。

(2) 文件名：长度可变，指明从 TFTP 服务器上正在上传或下载的文件的名字，它使用一个可变长的段，以 0 结尾。

(3) 模式：长度可变，它是一个 ASCII 码串，Netascii 或 Octet 形式，以 0 结尾。Netascii 表示数据由成行的 ASCII 码字符组成，以两个字节回车换行作为结束符。这两个行结束字符在这种格式和本地主机使用的行定界符之间进行转换。Octet 则将数据看作 8 位一组的字节而不作任何解释。

例如，读取一个文件，TFTP 客户首先发送一个读请求(RRQ)说明要读的文件名和文件模式。如果该文件能被该客户读取(即该客户有读取该文件的权限)，则 TFTP 服务器就返回一个块编号为1的数据分组，TFTP服务器会再发送一个块编号为1的ACK……反复进行，直到该文件传送完为止。除了最后一个数据分组可能含有不足512字节的数据，其他每个数据分组均含有512字节的数据。当TFTP客户收到一个不足512字节的数据分组时，就知道它收到了最后一个数据分组。

在写请求的情况下，TFTP客户首先发送一个写请求（WRQ）指明文件名和工作模式。如果该文件能被该客户写，则TFTP服务器就返回块编号为0的ACK报文，客户收到ACK报文，就将文件的头512字节以块编号为1发出，服务器则返回块编号为1的ACK……如此反复，直到文件写完为止。

6.2.7 TFTP与FTP的比较

简单文件传输协议（TFTP）是FTP的简化版本，没有FTP功能强大。TFTP不提供目录浏览的功能，它只能完成文件的发送和接收操作。它发送比FTP更小的数据块，同时它也没有FTP所需要的传送确认，因而它是不可靠的。

(1) FTP是完整的、面向会话、常规用途的文件传输协议；TFTP用作bones bar特殊目的文件传输协议。

(2) 交互使用FTP；TFTP允许仅单向传输的文件。

(3) FTP提供身份验证；TFTP不提供身份验证。

(4) FTP使用已知TCP端口号20建立数据连接和21端口建立控制连接。TFTP使用UDP端口号69进行文件传输。

(5) TFTP不支持验证Windows NT。

(6) FTP依赖于TCP，是面向连接并提供可靠的传输。TFTP依赖于UDP，开销少，是不可靠的传输。

6.3 邮件传输协议

6.3.1 电子邮件的基本概念

电子邮件（Electronic mail，E-mail）又称为电子信箱、电子邮政，它是一种通过电子手段提供信息交换的通信方式。是Internet应用最广的服务，通过网络的电子邮件系统，用户可以用非常低廉的价格（不管发送到哪里，都只需负担电话费和网费），以非常快速的方式（几秒钟之内可以发送到世界上任何指定的目的地），与世界上任何一个角落的网络用户联系，这些电子邮件可以是文字、图形、图像、声音等各种形式。同时，用户可以得到大量免费的新闻、专题邮件，并轻松实现信息搜索。

6.3.2 电子邮件地址

电子邮件地址的格式由三部分组成，格式通常为：

USER@邮件服务器

其中,USER表示用户邮箱的账号,又称为用户邮箱名,USER在同一个邮件服务器中必须是唯一的;@是分隔符,用于分隔用户邮箱名和邮件服务器;"邮件服务器"表示该用户邮箱所在邮件服务器的域名,邮件服务器全世界唯一。

例如,若电子邮件地址为chh123@163.com,则chh123表示用户名,163.com表示chh123用户所在的邮件服务器,163.com在全世界必须唯一,而chh123在163.com中也必须是唯一。

6.3.3 电子邮件信息格式

电子邮件由头部和主体两部分组成。头部一般由若干行组成,每一行表达一种信息,如接收方、发送方、时间、主题等,其一般格式为:

关键字:信息

其中,关键字有From、To、Date、Subject。

(1) From:其信息是发件人的电子邮件地址。一般由邮件系统自动填入。

(2) To:其后信息是一个或多个收件人的电子邮件地址。

(3) Date:发件日期。一般由邮件系统自动填入。

(4) Subject:邮件主题。它反映了邮件的主要内容。

主体是邮件的真正信息。可以是ASCII文本数据,也可以是图形、图像、声音等多媒体数据。

6.3.4 简单邮件传输协议

1. 概述

简单邮件传输协议(Simple Mail Transfer Protocol,SMTP)解决的是邮件交付系统如何将邮件从一台邮件服务器传送到另一台邮件服务器中。它不涉及用户如何从邮件服务器接收邮件的问题,如图6-10所示。

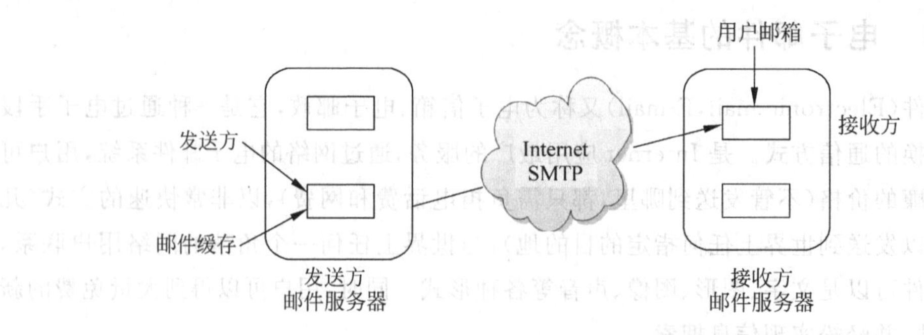

图6-10 SMTP邮件传送示意图

当用户发出邮件请求时,SMTP发送者与SMTP接收者之间建立一个双向传送通信通道。SMTP发送者发出相关命令在SMTP协议控制下由SMTP接收者接收,SMTP接收者给出响应。SMTP模型如图6-11所示。

图 6-11 SMTP模型

2. SMTP命令

SMTP采用TCP协议传输，在发送邮件时，客户建立一条到邮件服务器的可靠数据流连接。一旦建立了连接，发送方可传输一个或多个邮件，也可以终止连接或者请求服务器交换发送方和接收方的身份，以便邮件能反向流动；接收方必须确认每个报文，也可以终止整个连接或当前的报文传输。

SMTP命令定义了邮件传输或由用户定义的系统功能，规定了14条命令和21种响应信息。每条命令由4个字母组成，如表6-5所示。每一种响应信息一般只有一行信息，以3位数字代码表示简单的文字说明，如表6-6所示。

表 6-5 SMTP协议的最小命令集及其功能

命　令	含　义
HELLO	发送SMTP向接受SMTP所做的提示
MAIL	后跟发信人，启动邮件发送处理
RCPT	识别邮件接受者
DATA	DATA后面内容表示邮件数据，以<CRLF>结尾
REST	退出(或复位)当前的邮递处理，返回OK应答表示过程有效
NOOP	用于用户测试，仅返回OK
QUIT	接收方返回OK应答并关闭传输连接

表 6-6 SMTP的应答码及其含义

应答码	含　义	应答码	含　义
211	系统状态或帮助应答	500	语法错误，不能识别命令
214	帮助报文	501	参量有语法错误
220	<域>服务准备好	502	命令失败
221	<域>服务关闭传输连接	503	命令中有坏串
250	请求邮递活动已完成	504	命令参量没有实现
251	用户不在本地；寻<前向路径>	550	请求活动失败；邮箱不能得到
354	邮件输入，以<CRLF>结束	551	用户不在本地，请试<前向路径>
421	<域>服务失败，关闭传输连接	552	请求邮递活动失败
450	请求邮递活动失败，邮箱失败	553	请求活动失败；邮箱名没激活
451	请求失败；本地错误	554	处理失败

3. SMTP 工作过程

SMTP 通信过程包括连接建立、邮件传送、连接释放三个阶段。

(1) 连接建立。

SMTP 连接是在发送主机即 SMTP 客户和接收主机即 SMTP 服务器之间建立的。

SMTP 客户每隔一定时间对邮件缓存扫描一次。如发现有邮件,就使用 SMTP 的熟知端口号 25 与目的主机的 SMTP 服务器建立 TCP 连接。不管发送方和接收方的邮件服务器相隔有多远,不管在邮件的传送过程中要经过多少个路由器,TPC 连接总是在发送方和接收方这两个邮件服务器之间建立,而不会使用中间的邮件服务器。

连接建立后,SMTP 服务器发出 220 Service ready。然后,SMTP 客户向 SMTP 服务器发送 HELLO 命令,附上发送方的主机名。

SMTP 服务器若有能力接收邮件,则回答 250 OK,表示已准备好接收。若 SMTP 服务器不可用,则回答 421 Service not available。

如在一定时间内发送不了邮件,则将邮件退还发信人。

(2) 邮件传送。

SMTP 客户服务器获得接收服务器的肯定回复后,发出 MAIL 命令。MAIL 命令后面有发信人的地址。如:

```
MAIL FROM: abc@mail.njust.edu.cn
```

若 SMTP 服务器已准备好接收邮件,则回答 250 OK;否则,返回一个代码,指出原因。例如,451(处理时出错);452(存储空间不够);500(命令无法识别)等。

SMTP 的 RCPT 命令判断接收方系统是否已做好接收邮件的准备,并将同一个邮件发送给一个或多个收信人,格式为:

```
RCPT TO: <收信人地址>
```

每发送一个命令,都有相应的信息从 SMTP 服务器返回,例如,250 OK,表示指明的邮箱在接收方的系统中;550 No such user here,即不存在此邮箱。

SMTP 的 DATA 命令,表示开始传送邮件内容。若服务器能正确接收,则返回的信息是:354 start mail input; end with <CRLF>. <CRLF>。若不能接收邮件,则返回 421(服务器不可用);500(命令无法识别)等。

接着 SMTP 客户就发送邮件的内容。

发送完毕后,再发送<CRLF>. <CRLF>,表示邮件内容结束。

若邮件收到了,则 SMTP 服务器返回信息 250 OK,否则,返回差错代码。

(3) 连接释放。

SMTP 客户发送 QUIT 命令,表示客户邮件发送完毕。

SMTP 服务器返回的信息是 250 OK。SMTP 客户服务器再发出释放 TCP 连接的命令,待 SMTP 服务器回答后,邮件传送的全部过程结束,从而释放 SMTP 连接。

6.3.5 邮件获取协议

SMTP 用于发送邮件，POP 和 IMAP 用于接收邮件。IMAP 是管理远程服务器上邮件的协议，与 POP 协议相似，功能比 POP 多，包括只下载邮件标题、建立多个邮箱和在服务器上建立保存邮件的文件夹等。

1. POP 协议

(1) POP 协议概述。

把邮件从永久邮箱传输到本地计算机的协议是邮局协议(Post Office Protocol，POP)，目前广泛采用的是它的第 3 版，因此也称 POP3。

POP3 与 SMTP 一起完成电子邮件的完整交付过程。带有永久性邮箱的计算机必须运行两个服务程序，SMTP 服务器接收发送给一个用户的邮件，并把传入的每个邮件添加到该用户的永久邮箱中，POP3 服务器允许用户从邮箱中提取邮件并将其删除。客户使用 TCP 端口 110 与服务器建立连接，然后通过用户名和口令访问邮箱。如图 6-12 所示，给出了使用 POP3 协议读取邮件的例子。

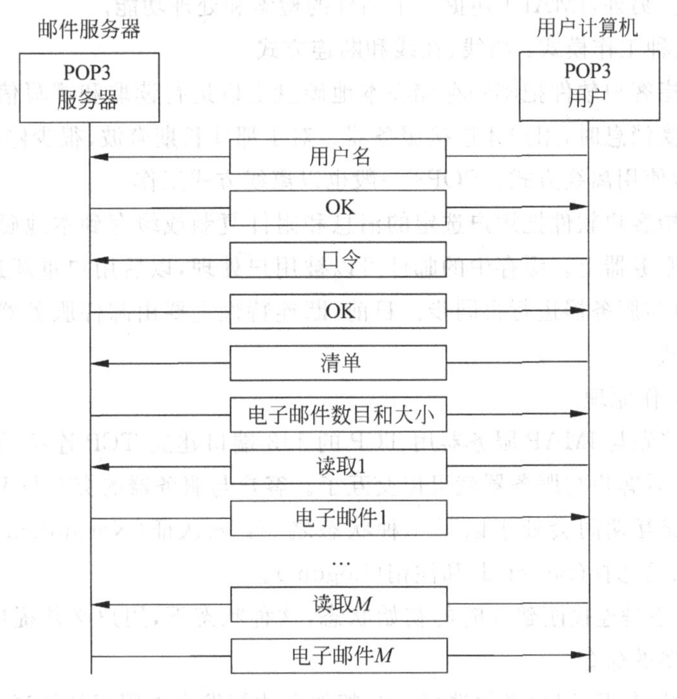

图 6-12 POP3 运行过程

(2) POP3 命令及应答。

POP3 使用客户端/服务器工作方式。在接收邮件的客户机中必须运行 POP 客户程序，而在其 ISP 的邮件服务器中则运行 POP 服务器程序。

POP3 命令由一个命令和一些参数组成。所有命令以一个＜CRLF＞对结束。命令和参数由可打印的 ASCII 字符组成，它们之间由空格间隔。命令一般是 3～4 个字母，每个参数可达 40 个字符长。

POP3 响应由一个状态码和一个可能跟有附加信息的命令组成。所有响应也是由<CRLF>对结束。对于特定命令的响应是由许多字符组成的。

(3) 工作模式。

POP3 有两种工作模式：删除模式和保持模式。

删除模式表示一旦邮件交付给客户机,POP 服务器将不再保存这些邮件。保持模式指在收信人读取邮件后,此邮件仍保留在 POP 服务器上。

用户在取回邮件并中断与 POP 服务器的连接后,可在自己的客户机上慢慢处理收到的邮件。因此 POP 实际上是一个脱机协议。

2. IMAP 协议

(1) IMAP 协议概述。

Internet 邮件访问协议(Internet Mail Access Protocol,IMAP)是斯坦福大学在 1986 年开发的。IMAP 的最新版是第 4 版,IMAP 协议也称为 IMAP4,是 POP3 的一种替代协议。它使用与 POP3 相同的模式工作,但是它与 POP3 不同的是,它允许用户动态创建、删除或重命名邮箱。另外,IMAP4 还提供了额外的检索和处理功能。

IMAP4 有三种工作模式：离线、在线和断连方式。

离线方式是指客户软件把邮箱存储在本地硬盘上以进行读取和撰写信息的工作方式。当需要发送和接受消息时,用户才连接服务器。对于那些长期奔波、很少停留在某个固定处所的人,他们通常使用离线方式。POP3 一般也以离线方式工作。

断连方式是指客户软件把用户选定的消息和附件复制或缓存到本地磁盘上,并把原始副本留存在邮件服务器上。缓存中的邮件可以被用户处理,以后用户重新连接邮件服务器时,这些邮件可以与服务器进行再同步。目前,断连特性主要由邮件服务器实现,客户软件很少支持断连方式。

(2) IMAP 工作原理。

IMAP 客户首先与 IMAP 服务器用 TCP 的 143 端口建立 TCP 连接,服务器返回一个初始问候消息,然后客户与服务器就可以交互了。客户与服务器的交互与 POP3 协议类似。IMAP 服务器在交互期间会处于以下 4 种状态之一：未认证(Nonauthenticated)、已认证(Authenticated)、已选择(Selected)和注销(Logout)。

① 未认证状态是连接刚建立时的初始状态,这种状态下,用户必须提供一个用户名和口令才能发出更多的命令。

② 在已认证状态下,用户必须选择一个邮件夹才能发出作用于邮件消息的命令。

③ 在已选择状态下,用户可以发出作用于邮件消息的任何命令(获取、转移、删除、获取多部分消息的某个部分等)。

④ 最后的注销状态是交互即将终止时的状态。

IMAP 运行过程如图 6-13 所示。

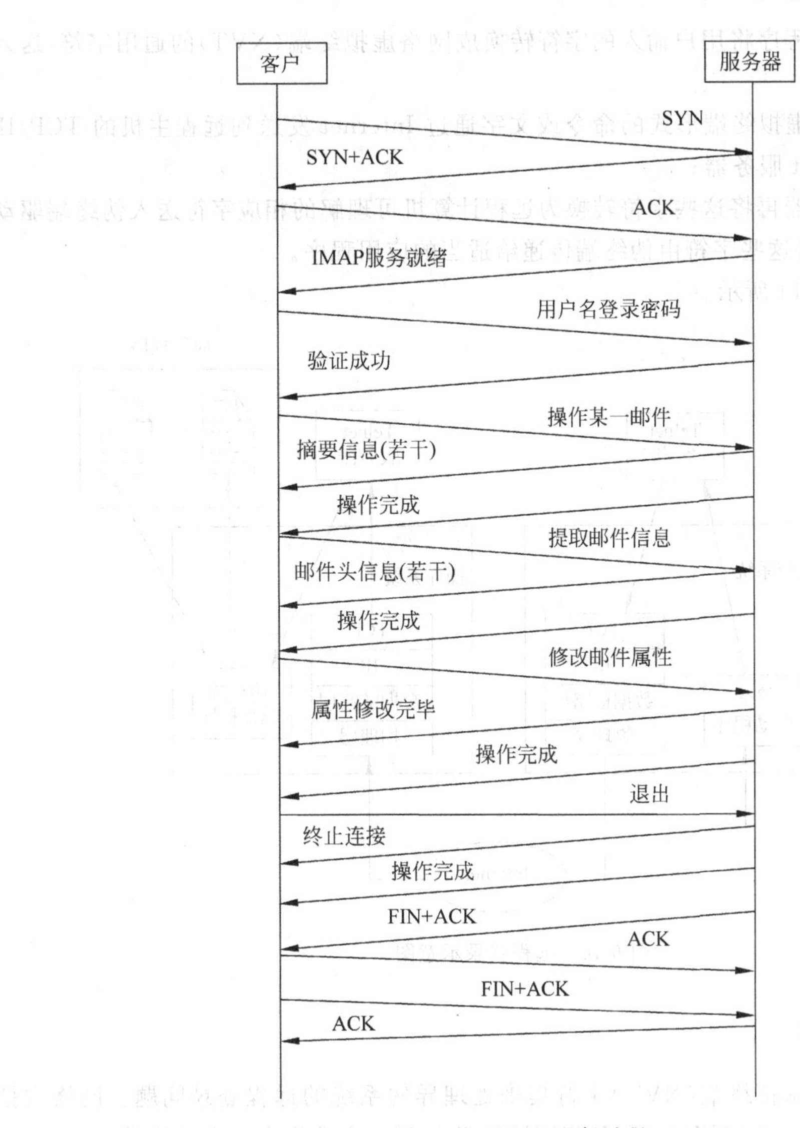

图 6-13　IMAP 运行过程

6.4　远程登录协议

6.4.1　基本概念

1. 远程登录

远程登录是指用户登录到远程主机并使用远程主机的应用程序。远程登录一般使用 Telnet 客户程序和服务器程序完成。远程登录过程如下：

(1) 用户终端接收按键输入，通过终端驱动程序原样递交给本地操作系统，操作系统不加任何解释地将接收的字符发送到 Telnet 客户程序；

(2) Telnet 客户程序将用户输入的字符转换成网络虚拟终端(NVT)的通用字符,送入本地 TCP/IP 栈;

(3) 转换成网络虚拟终端形式的命令或文字通过 Internet 发送到远程主机的 TCP/IP 栈,然后递交给 Telnet 服务器;

(4) Telnet 服务器再将这些字符转换为远程计算机可理解的相应字符送入伪终端驱动程序,然后操作系统将这些字符由伪终端传递给适当的应用程序。

具体过程如图 6-14 所示。

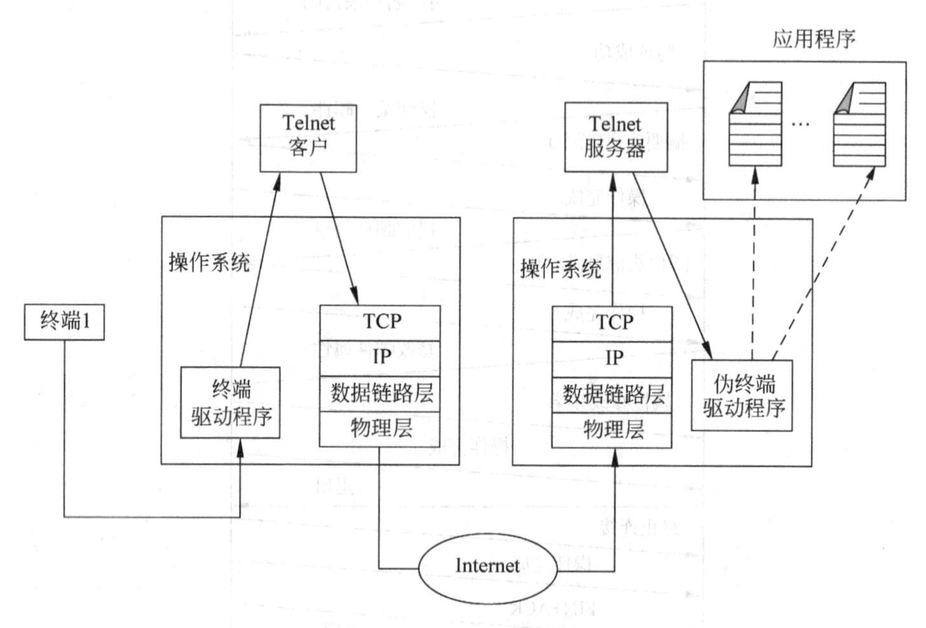

图 6-14 远程登录示意图

2. 网络虚拟终端

Telnet 使用网络虚拟终端(NVT)字符集来处理异构系统的远程登录问题。网络虚拟终端(NVT)字符集是一个通用接口,通过该接口,Telnet 客户端将来自本地终端的字符(数据或命令)转换成 NVT 形式,然后交付给网络。而 Telnet 服务器将来自 NVT 形式的字符(数据或命令)转换成计算机可接收的形式。如图 6-15 所示,给出了 NVT 字符集转换示意图。

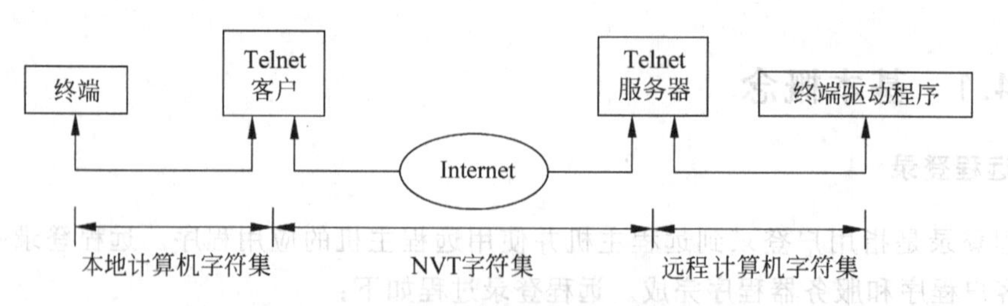

图 6-15 NVT 字符集转换示意图

3. NVT 字符集

NVT 使用两个字符集：一个是数据字符集，另一个是远程控制字符集。

(1) 数据字符。对于数据，NVT 通常使用 NVT ASCII。这是 8 位字符集，其中低 7 位和 US ASCII 是一样的，但是最高位是 0。虽然这也可以使用 8 位的 ASCII(最高位可以是 0 或 1)，但这必须在客户和服务器之间使用选项协商取得一致，如图 6-16 所示。

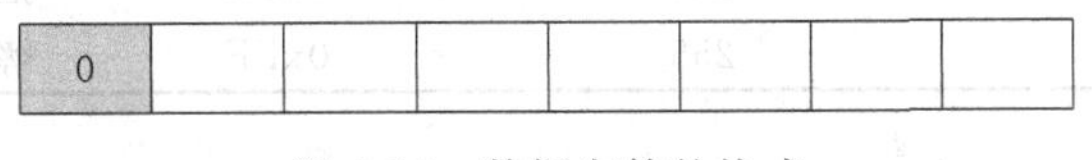

图 6-16 数据字符的格式

(2) 远程控制字符。远程控制字符用于在客户与服务器之间发送控制字符，NVT 使用 8 位字符集，其最高位置为 1，如图 6-17 所示。

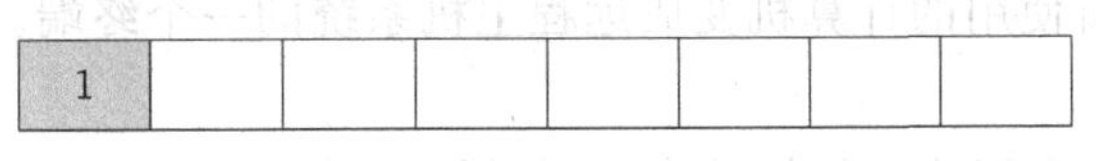

图 6-17 控制字符的格式

如表 6-7 所示，给出了部分远程控制字符及其含义。

表 6-7 某些 NVT 远程控制字符

字　符	十进制值	十六进制值	含　义
Echo	1	0x01	回显
Suppress go_ahead	3	0x03	向前抑制
Status	5	0x05	状态
Terminal_type	24	0x18	终端类型
Negotiate about window size	31	0x1f	窗口尺寸协商
Terminal speed	32	0x20	终端速度
Remote flow control	33	0x21	远程溢出控制
X display location	35	0x23	X 显示定位
authentication	37	0x25	认证
encrypt	38	0x26	数据加密
New environment	39	0x27	新环境
EOF	236	0xEC	文件结束
EOR	239	0xEF	记录结束
SE	240	0xF0	子选项结束
NOP	241	0xF1	无操作
DM	242	0xF2	数据标记
BRK	243	0xF3	断开
IP	244	0xF4	中断过程
AO	245	0xF5	异常终止输出
AYT	246	0xF6	对方是否还在运行
EC	247	0xF7	擦除字符
EL	248	0xF8	擦除行
GA	249	0xF9	前进

续表

字　　符	十进制值	十六进制值	含　　义
SB	250	0xFA	子选项开始
WILL	251	0xFB	同意允许选项
WONT	252	0xFC	拒绝允许选项
DO	253	0xFD	认可选项请求
DONT	254	0xFE	拒绝选项请求
IAC	255	0xFF	解释(下一个字符)为控制

4. Telnet 基本服务

Telnet 协议属于 TCP/IP 协议族,是 Internet 远程登录服务的标准协议。应用 Telnet 协议能够把本地用户所使用的计算机变成远程主机系统的一个终端。它提供了以下 3 种基本服务。

(1) Telnet 定义一个网络虚拟终端为远程系统提供一个标准接口。客户机程序不必详细了解远程系统,他们只需构造使用标准接口的程序。

(2) Telnet 包括一个允许客户端和服务器协商选项的机制,而且它还提供一组标准选项。

(3) Telnet 对称处理连接的两端,即 Telnet 不强迫客户端从键盘输入,也不强迫客户端在屏幕上显示输出。

6.4.2 Telnet 命令

Telnet 命令允许与使用 Telnet 协议的远程计算机进行通信。Telnet 命令用法如下:

```
telnet [-d] [-a] [-n tracefile] [-e escapechar] [-l user] host [port]
```

其中,

(1) -d:设置调试开关,初始值为 True。

(2) -a:尝试自动登录,如果远程主机支持,通过 USER 传输用户名。

(3) -n tracefile:打开 tracefile 文件以记录跟踪信息。

(4) -e escapechar:将 ESC 字符的值指定为 escapechar。

(5) -l user:将 user 指定为登录到远程主机的用户名。

(6) host:指定 host 为通过网络连接的主机。

(7) port:指定端口号或服务器名称,如果不指定,则使用 23 号端口。

Telnet 命令集如表 6-8 所示。

表 6-8　Telnet 命令集

命　　令	含　　义
CLOSE	关闭与远程主机的连接
DISPLAY	显示特定的操作
HELP(?)	显示帮助信息

续表

命 令	含 义
LOGOUT	强行退出远程用户进程并关闭连接
MODE	询问服务器模式
OPEN	打开与特定主机的连接
QUIT	关闭会话并退出 Telnet
SEND	传输特定的协议字符
SET	设置操作参数
SLC	设置本地特殊字符的描述
STATUS	显示当前状态信息
TOGGLE	激活操作
UNSET	取消操作
Z	挂起 Telnet
ENVIRON	修改(增加)环境变量
![COMMAND]	执行特定的 shell 命令,如果没有给出命令类型,则打开 shell

6.4.3 Telnet 选项及协商

Telnet 允许客户机与服务器在使用服务之前或使用服务过程中进行选项协商,即可以通过选项协商配置本地主机和远程主机之间的工作模式。对于复杂的终端用户,选项协商能提供额外的特性。对于较简单的终端用户,选项协商只能使用较少的特性。当一方要执行某个选项时需向另一方发出请求,若对方接受该选项,则选项在两端同时起作用,否则两端保持原来的模式。

Telnet 选项协商命令形式如图 6-18 所示。

图 6-18 Telnet 选项协商命令形式

其中,

- IAC:占 1 字节,代码值 255(0xFF),表示下一字节为 Telnet 控制选项。
- 命令码:占 1 字节,一般为 Telnet 控制选项,值为 WILL、DO、WONT 或 DONT,其代码值和意义如表 6-9 所示。

表 6-9 Telnet 选项协商命令码的意义

命令码	代码	意义 1	意义 2	意义 3
WILL	251	以提供的方式允许使用	接受允许使用的请求	
WONT	252	拒绝允许使用的请求	以提供的方式禁止使用	接受禁止使用的请求
DO	253	同意允许使用	以请求的方式允许使用	
DONT	254	不同意允许使用	同意禁止使用	以请求的方式禁止使用

- 选项码:表示被激活或禁止命令码的选项代码,一般为数据,常用的选项如表 6-10 所示。

表 6-10 Telnet 选项协商选项码的意义

代码	选项	意义
1(0x01)	回显	将在一端收到的数据回显到另一端，客户向发送器发送的每一个字符都将回显到客户终端的屏幕上
3(0x03)	抑制前进	抑制数据后面的前进信号
5(0x05)	状态	请求 Telnet 的状态，允许用户或客户机器上运行的进程得到在服务器端被允许的选项状态
6(0x06)	定时标记	定义定时标记，允许一方发出定时标记，指出所有以前收到的数据都已被处理
24(0x18)	终端类型	设置终端类型，允许客户发送它的终端类型
32(0x20)	终端速率	设置终端速率，允许客户发送它的终端速率
34(0x22)	行方式	改变到行方式，允许客户切换到行方式

Telnet 的选项是可协商的。Telnet 连接的一方可以提出某些选项，另一方同意或反对，在协商基础上双方对选项达成一致。

1. 允许使用选项

某些选项仅能由服务器允许使用，另一些仅能由客户允许使用，还有一些则由服务器或客户允许使用。选项要被允许使用需通过提供允许使用或请求允许使用来实现。

(1) 提供以允许使用。任何一方都可以通过提供的方式来允许使用某个选项，只要它有此权限。对方可以同意或不同意这个提供。提供方发送 WILL 命令，表示"我能使用这个选项吗?"另一方可以发送 DO 命令，表示"同意"，或者发送 DONT 命令，表示"不同意"。提供以允许使用选项如图 6-19 所示。

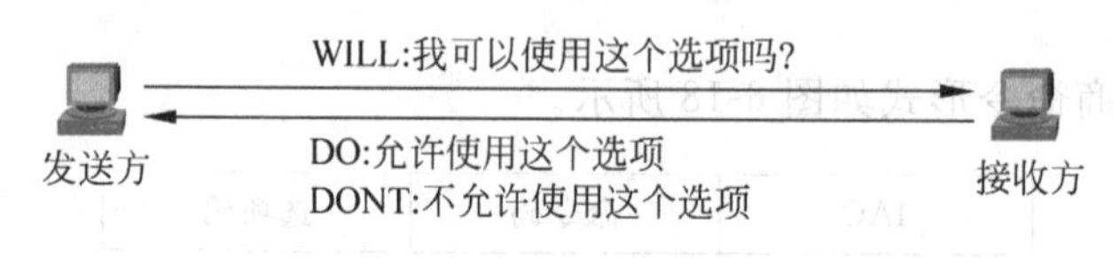

图 6-19 提供以允许使用选项

(2) 请求以允许使用。任何一方都可以通过请求的方式让另一方允许使用某个选项。另一方可以接收或拒绝这个请求。请求方发送 DO 命令，表示"请允许使用这个选项"。另一方可以发送 WILL 命令，表示"同意"，或者发送 WONT 命令，表示"不同意"。请求以允许使用选项如图 6-20 所示。

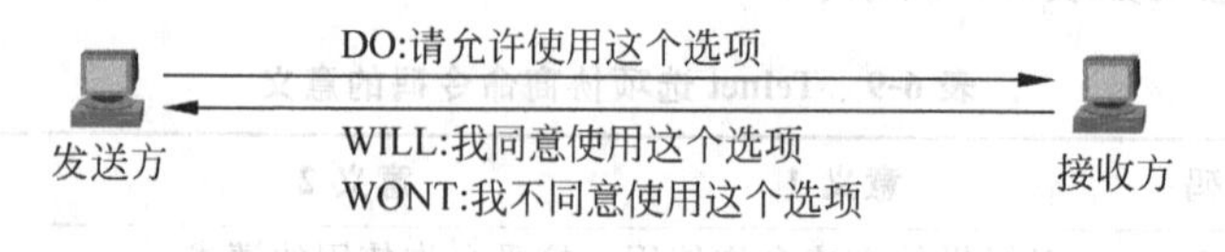

图 6-20 请求以允许使用选项

2. 禁止使用选项

已经被允许的选项可以被一方禁止掉。可以通过提供禁止或请求禁止来禁止选项。

(1) 提供以禁止使用。任何一方都可以通过提供的方式来禁止使用选项。另一方必须同意，它不能不同意。提供方发送 WONT 命令，表示"我不再使用这个选项了"。回答必须是 DONT 命令，表示"不再使用这个选项"。提供以禁止使用选项如图 6-21 所示。

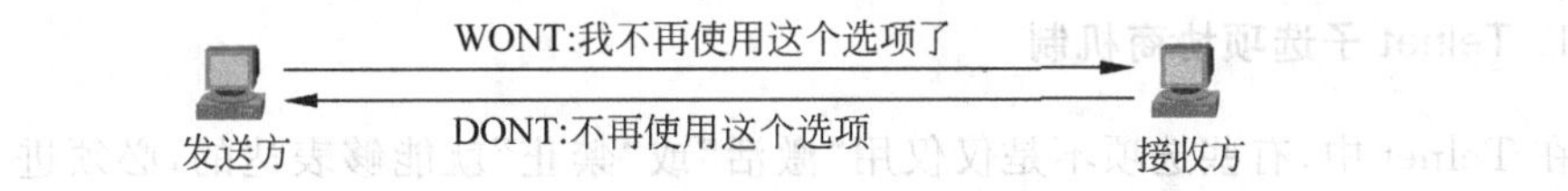

图 6-21 提供以禁止使用一个选项

(2) 请求以禁止使用。任何一方都可以通过请求的方式让另一方禁止使用某个选项。另一方必须接受这个请求，不能拒绝。请求方发送 DONT 命令，表示"请不要再使用这个选项了"。回答必须是 WONT 命令，表示"我不再使用它"。请求以禁止使用选项如图 6-22 所示。

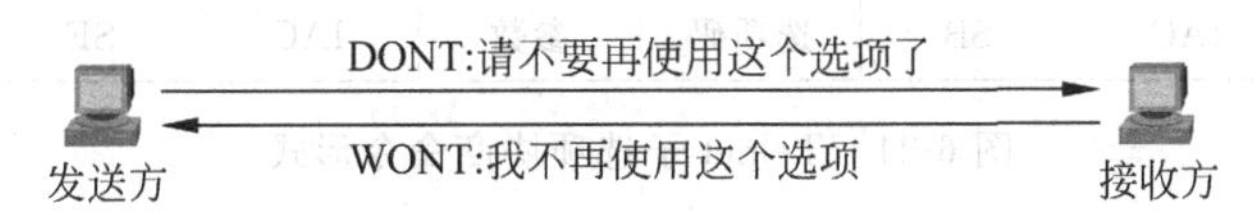

图 6-22 请求以禁止使用一个选项

Telnet 选项协议的 6 种情况如表 6-11 所示。

表 6-11 Telnet 选项协议的 6 种情况

序号	发送方		接收方	描　述
1	WILL	—→		发送方请求使用某一选项
		←—	DO	接收方回应同意
2	WILL	—→		发送方请求使用某一选项
		←—	DONT	接收方回应不同意
3	DO	—→		发送方请求让接收方使用某一选项
		←—	WILL	接收方回应同意
4	DO	—→		发送方请求让接收方使用某一选项
		←—	WONT	接收方回应不同意
5	WONT	—→		发送方请求禁止使用某一选项
		←—	DONT	接收方必须回应同意
6	DONT	—→		发送方请求让接收方禁止使用某一选项
		←—	WONT	接收方必须回应同意

例 6-2 利用 Telnet 程序，完成客户机与服务器之间的选项协商，协商回显选项。

解：利用 Telnet 程序，客户机与服务器之间协商回显选项的过程如图 6-23 所示。

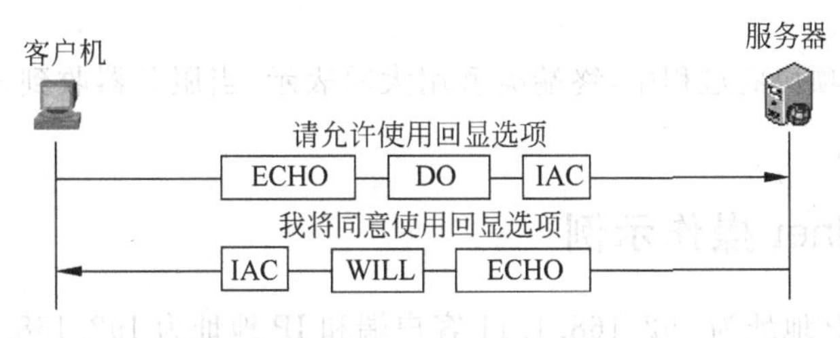

图 6-23 协商回显选项

6.4.4 Telnet 子选项协商

1. Telnet 子选项协商机制

在 Telnet 中,有些选项不是仅仅用“激活”或“禁止”就能够表达的,必须进一步说明协商内容。例如,有时客户进程必须发送一个 ASCII 字符串来指定具体的终端类型等,这就是子选项协商。

2. Telnet 子选项协商命令

Telnet 子选项协商命令形式如图 6-24 所示。

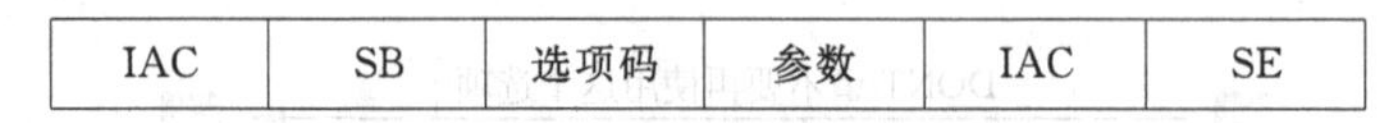

IAC	SB	选项码	参数	IAC	SE

图 6-24 Telnet 子选项协商命令形式

说明:SB 表示子选项开始,SE 表示子选项结束。

下面通过 Telnet 子选项协商的工作过程来说明子选项协商命令的意义。

(1) 和选项协商一样,客户进程发送 3 个字节的字符序列请求。例如,发送方发出<IAC,WILL,24>形式的数据,其中 24 是终端类型选项号。

(2) 如果服务器进程同意客户使用该选项,则响应数据是<IAC,DO,24>。

(3) 为了询问客户进程的终端类型,服务器进程会再发送如下字符串:

```
< IAC,SB,24,1,IAC,SE >
```

其中:

- SB 是子选项协商的起始命令标志。
- 选项码 24 代表终端类型选项的子选项。
- 参数 1 选项表示“发送你的终端类型”。

如果终端类型是 mypc,客户进程的响应命令是:

```
< IAC,SB,24,0,'M','Y','P','C',IAC,SE >
```

- 参数 0 代表客户响应的“我的终端类型”。

例 6-3 利用 Telnet 程序,客户机与服务器协商选项和子选项,将终端的类型设置为 VT。

解:利用 Telnet 程序,客户机与服务器协商选项和子选项,将终端的类型设置为 VT 的过程如图 6-25 所示。

在 Telnet 子选项协商过程中,终端类型用大写表示,当服务器收到该字符串后会自动转换为小写字符。

6.4.5 Telnet 操作示例

例 6-4 假定 IP 地址为 192.168.1.11 客户端和 IP 地址为 192.168.1.1 服务器端建立一条 Telnet 连接,试写出其交互过程。

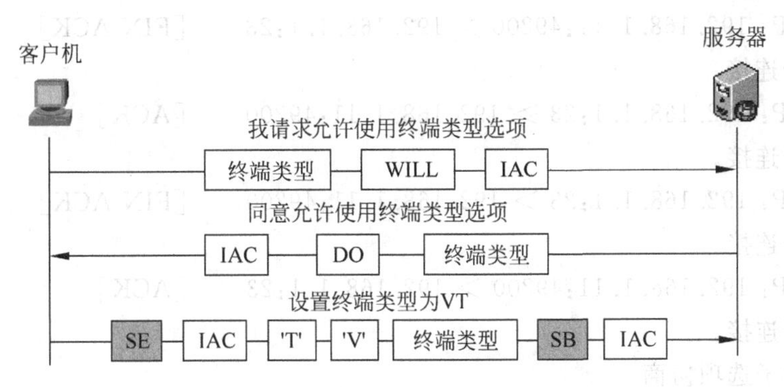

图 6-25 客户机将终端的类型设置为 VT

解：交互过程如下(只是其中的一种情况示例)：

(1) TCP:192.168.1.11:49200 > 192.168.1.1:23 [SYN]

(2) TCP:192.168.1.1:23 > 192.168.1.11:49200 [SYN,ACK]

(3) TCP:192.168.1.11:49200 > 192.168.1.1:23 [ACK]

(4) TELNET：23>49200 IAC DO 24

表示让接收方激活终端类型 Command：Do Terminal Type

(5) TELNET：49200 > 23 IAC WILL 24 / IAC WILL 31

两条命令 IAC WILL 24/IAC WILL 31 分别表示 Command：Will Terminal Type / Command Will Negotiate About Window Size，告诉服务器同意终端类型，并且激活窗口大小。

(6) TELNET：23 > 49200 IAC DO 31 / IAC SB 18 24 01 / IAC SE

回应客户端允许协商窗口大小/子选项 Send your Terminal Type /子选项结束。

(7) TELNET：49200 >23 IAC SB 31 80 26/ IAC SE

回应服务器，子选项窗口大小为 80/26/子选项结束。

(8) TELNET：49200 >23 IAC SB 18 "ANSI"/IAC SE

回应服务器，子选项窗口类型为 ANSI 字符型/子选项结束。

(9) TELNET：23 > 49200 IAC WILL 03/IAC WILL 01

告知客户端允许抑制继续进行/允许回显。

(10) TELNET：49200 >23 IAC DO 03

回应服务器，接收方同意允许抑制继续进行。

(11) TELNET：49200 >23 IAC DO 01

回应服务器，接收方同意允许回显。

(12) TELNET：Data：...

开始正式传送数据，这些数据会回显到终端屏幕上。

(13) TELNET：Data：...

开始正式传送数据，这些数据会回显到终端屏幕上。

(14) TELNET：Data：...

开始正式传送数据，这些数据会回显到终端屏幕上。

(15) TCP：192.168.1.11:49200 > 192.168.1.1:23　　[FIN ACK]
请求断开连接。
(16) TCP：192.168.1.1:23 > 192.168.1.11:49200　　[ACK]
同意断开连接。
(17) TCP：192.168.1.1:23 > 192.168.1.11:49200　　[FIN ACK]
请求断开连接。
(18) TCP：192.168.1.11:49200 > 192.168.1.1:23　　[ACK]
同意断开连接。
以上不含子选项协商。

6.5 超文本传输协议

超文本传输协议(HyperText Transfer Protocol,HTTP)主要用于从 WWW 服务器传输超文本到本地浏览器。

HTTP 协议改变了传统的线性浏览方法,通过超文本环境实现文档间的快速跳转,实现高效浏览。

6.5.1 统一资源定位符

统一资源定位符 URL 提供了从 Internet 上获得资源位置和访问这些资源的方法。URL 给资源的位置提供一种抽象的识别方法,并用这种方法对资源定位。只要能够对资源定位,系统就可以对资源进行各种操作,如存取、更新、替换和查找其属性。

URL 的完整格式由以下几部分组成：

协议 + "://" + 主机域名(IP 地址) + ":"端口号 + 目录路径 + 文件名

(1) 协议。这里的协议是指用什么协议来获取该万维网(WWW)的文档,表 6-12 给出了常用的协议类型。

表 6-12 协议类型

协议名称	功能	协议名称	功能
http	超文本文件服务	News	Usenet 新闻组服务
ftp	文件传输服务	Telnet	远程主机连接服务
gopher	Gopher 服务	wais	WAIS 服务器连接服务

(2) 主机域名(IP 地址)。主机域名(IP 地址)是指 WWW 数据所在的服务器域名。

(3) 端口号(port)。服务器提供端口号表示客户访问不同类型的资源,例如,常见的 WWW 服务器提供端口号为 80 或 8080。在 URL 中端口号可以省略,省略时连同前面的:一起省略。

(4) 目录路径(path)。目录路径指明了服务器上存放的被请求信息的路径。

(5) 文件名(file)。文件名是客户访问页面的名称。例如,index.htm,页面名称与设计时网页的源代码名称并不要求相同,由服务器完成两者之间的映射。

6.5.2 HTTP 概念

超文本传输协议(HTTP)是一种请求/应答协议。客户发出从 Web 服务器上传输某一页面的请求,Web 服务器返回客户指定的页面进行应答。客户将一个请求发送给 HTTP 服务器(通常在 TCP 的 80 号端口),HTTP 服务器接受该请求,并给客户发送一个合适的回答。

实际的通信交互一般不是持续连接的,并且非静态的。当 HTTP 服务器回答了客户的请求之后连接便撤销,直到发布了下一个请求。

6.5.3 HTTP 一般格式

HTTP 信息包含请求行/状态行(Start-line)、信息首部(Message-header)、空行(Null)和信息体(Message-body)。

1. 请求行/状态行

请求行/状态行指出本报文的请求类型或响应的状态等信息。客户端在发出的请求报文中指明请求类型(方法)、URL、HTTP 版本号;服务器在返回的响应报文中指明 HTTP 版本号和服务器执行请求的状态等信息。

2. 信息首部

信息首部用于在客户端和服务器之间交换附加信息。HTTP 信息首部有 4 类:一般首部(general-header)、请求首部(request-header)、响应首部(response-header)和实体首部(entity-header)。信息首部每行用一个首部名-值对表示。首部名和首部值用冒号分割。首部内容如下:

(1) 一般首部。一般首部是请求和响应中都可以出现的用于描述报文的一般信息。例如,Cache-control、Connection、Date、MIME-version、Upgrade。

(2) 请求首部。请求首部仅出现在请求报文中,定义客户端的配置和客户端所期望的文档格式。请求首部包含内容如表 6-13 所示。

表 6-13 请求首部信息

名称	含义
Accept	表明客户端可以接受的媒体格式
Accept-charset	表明客户端可以处理的字符集
Accept-encoding	表明客户端可以处理的编码机制
Accept-language	表明客户端可以接受的语言
Authorization	表明客户端具有的权限
From	表明用户的 E-mail 地址
Host	表示客户端的主机和端口号
If-modified-since	如果比定义的日期新则发送文件
If-match	如果与给定匹配则发送文件

(3) 响应首部：响应首部仅出现在响应报文中,定义服务器的配置和关于请求的信息。响应首部包含内容如表 6-14 所示。

表 6-14 响应首部信息

名　　称	含　　义
Accept-range	服务器是否接受客户请求的范围
Age	文档的存在时间
Public	表明服务器所支持的方法列表
Retry-after	定义服务器可用的日期
Server	服务器名和版本号

(4) 实体首部。实体首部给出了文档主体数据的信息。实体头部主要出现在响应中,POST 和 PUT 类型的请求也会使用实体头部。实体头部包括内容如表 6-15 所示。

表 6-15 实体首部信息

名　　称	含　　义
Allow	可用于 URL 的方法列表
Content-encoding	定义编码方式
Content-language	定义使用语言
Content-length	表示文档的长度
Content-range	定义文档的范围
Content-type	定义媒体的类型
Etag	实体标签
Expires	给出实体可能变化的日期和时间
Last-modified	给出实体上次变化的日期和时间
Location	定义产生和移动文档的位置

3. 信息体

信息体是用来传递与请求或响应相关实体的。信息体如果使用传递编码,表明信息体是经过编码的实体。信息体如果未使用传递编码,信息体就是实体本身。信息体使用传递编码主要是用来增强保密性或让支持这种编码的接收者能正确接收。

6.5.4 HTTP 请求报文

在 HTTP 报文中,大多数请求报文没有实体数据,如图 6-26 所示。

<table>
<tr><td>方法</td><td>空格</td><td>URL</td><td>空格</td><td>HTTP 版本</td></tr>
<tr><td colspan="5">信息首部</td></tr>
<tr><td colspan="5">空行</td></tr>
<tr><td colspan="5">信息体</td></tr>
</table>

图 6-26 请求报文格式

常用的 HTTP 请求的方法有 GET、HEAD、PUT、POST、DELETE、TRACE、CONNECT 七种方法，其中 GET、HEAD、POST 方法被大多数服务器支持。

(1) GET 方法。GET 方法的目的是取回由 URL 指定的资源。若对象是文件，则 GET 取回的是文件内容；若对象是程序或描述，则 GET 取回的是该程序执行的结果，或该描述的输出；若对象是数据库查询，则 GET 取回的是查询的结果。

GET 允许通过使用 IF 语句来增加灵活性，即条件 GET。当 IF 语句中的条件得到满足时，数据被传输。如果 Web 页在最近没有被更新，HTTP 客户程序可以使用 Web 页在缓冲区的复制来代替数据传输，这样可以充分利用网络带宽。

(2) HEAD 方法。HEAD 方法要求服务器查找某对象的元信息而不是对象本身，即仅要求服务器返回关于文档的信息，而非文档本身。例如，用户想知道对象的大小，对象的最后一次修改的时间等。HEAD 方法和 GET 方法的工作过程类似，只是信息体不被返回到客户端。

(3) POST 方法。POST 方法是从客户向服务器传送数据，请求 HTTP 服务器将收到的附带数据作为 HTTP 服务器一个新记录接收。POST 方法可被用于将消息发给一个新闻组，或向 HTTP 服务器提交一个 HTML 表格，或者将一个记录附加到 HTTP 服务器上驻留的一个数据库中。

(4) PUT 方法。PUT 方法用于请求将该请求中所发送的数据存储到请求消息中指明的资源处。如果数据已经存在，则此数据将被看成已存在数据的一个修改。与 POST 方法的不同之处是数据的目标位置可以规定好。

(5) DELETE 方法。DELETE 方法是用于请求 HTTP 服务器删除在请求消息中指明的资源。该方法可能被人工干预或被 HTTP 服务器上的安全设置所超越。仅当服务器同意删除这个资源时，才会发送一个成功应答。

(6) TRACE 方法。TRACE 方法用于确保 HTTP 服务器所接收到的数据是正确的。TRACE 的回答是实际的 HTTP 请求，允许对 HTTP 请求进行测试和调试。

(7) CONNECT 方法。CONNECT 方法被保留为安全接口层 SSL 隧道所用。

6.5.5 HTTP 响应报文

HTTP 响应报文一般都带有实体数据，如图 6-27 所示。

HTTP 版本	空格	状态码	空格	状态短语
信息首部				
空行				
信息体				

图 6-27 响应报文格式

响应报文中的状态行由协议版本号、数字式的状态码(Status-Code)以及该状态码对应的状态短语(Reason-Phase)组成。状态行以后的内容均使用 MIME 进行编码。

HTTP 版本：HTTP 1.1、HTTP 1.0、HTTP 0.9。

状态码：3 位十进制数的状态编码，如表 6-16 所示。

表 6-16 状态码

状态编码	含义	状态编码	含义
100～199	信息	400～499	客户端错
200～299	成功	500～599	服务器错
300～399	重定向		

状态短语：对状态码的文字解释。

HTTP1.1 正被定义为新的 HTTP 协议的标准。一些新特性已被增加到最新版本的 HTTP 协议中,主要包括以下几个方面。

(1) 固定的连接。HTTP1.1 允许在同一个连接中完成多重服务请求。以往协议要求为一个 Web 页上嵌入的每一个图像建立一个独立的连接。

(2) 流水线技术。允许给一个 Web 服务器发送附加的请求,可在初始请求的回答信号到达之前发送。

(3) 缓冲区指针。允许客户和服务器的默认缓冲区算法被调用或优化。

(4) 主机标题。HTTP1.1 允许多重主机名与一个单独的 IP 地址相关联。因此,解决了给一个驻留许多虚拟服务器的 Web 服务器配置多个 IP 地址的需要,可用主机标题来确定请求应该被导向哪个虚拟服务器。

(5) PUT 和 DELETE 选项。允许一个远程管理者通过使用一个标准的 Web 浏览器来记入或删除一些内容。

(6) HTTP 重定向。当原始的主页不能访问或被删除时,HTTP 重定向允许一个管理者将一个用户重定向到一个备选的主页或 Web 站点。

本章要点

本章主要阐述了应用层的主要协议 DNS、FTP、SMTP、Telnet 和 HTTP 协议,介绍各协议的基本概念、报文格式、操作命令、原理及运行过程等内容。

习题

一、单项选择题

1. 在客户机/服务器模式中,客户机在需要从服务器得到服务时应发出________。

   A. 主动打开　　B. 被动打开　　C. 主动请求　　D. 有限的打开

2. 下面有关 DNS 的说法中错误的是________。

   A. 主域名服务器运行域名服务器软件,有域名数据库

   B. 辅助域名服务器运行域名服务器软件,但是没有域名数据库

   C. 转发域名服务器负责非本地域名的本地查询

   D. 一个域有且只有一个主域名服务器

3. DNS是用来解析________。

A. IP地址和MAC地址　　B. 主机名和IP地址

C. TCP名字和地址　　D. 主机名和传输层地址

4. 在Internet域名中，com通常表示________。

A. 商业组织　　B. 教育机构　　C. 政府部门　　D. 军事部门

5. 有一个域名分析方式，它要求名字服务器系统一次性完成全部名字—地址变换，这种分析方式称为________。

A. 递归查询　　B. 本地查询　　C. 远程查询　　D. 迭代查询

6. 关于Internet的域名系统，以下说法中错误的是________。

A. 域名分析需要借助于一组既独立又协作的域名服务器完成

B. 域名服务器逻辑上构成一定的层次结构

C. 域名分析总是从根域名服务器开始

D. 域名分析包括递归查询和迭代查询两种方式

7. 在下列应用层协议中，________既可以使用UDP协议，也可以使用TCP协议传输数据。

A. SNMP　　B. FTP　　C. SMTP　　D. DNS

8. 应用层DNS协议主要用于实现哪种网络服务功能________。

A. 网络设备名字到IP地址的映射　　B. 网络硬件地址到IP地址的映射

C. 进程地址到IP地址的映射　　D. 用户名到进程地址的映射

9. 测试DNS主要使用以下哪个命令________。

A. Ping　　B. Ipcofig　　C. Nslookup　　D. Winipcfg

10. 当客户端请求域名解析时，如果本地DNS服务器不能完成解析，就把请求发送给其他服务器，依次进行查询，直到把域名解析结果返回给请求的客户端。这种方式称为________。

A. 迭代解析　　B. 递归解析

C. 迭代与递归相结合的解析　　D. 高速缓存解析

11. 文件传送协议FTP的一个主要特征是________。

A. 允许客户指明文件的类型但不允许指明文件的格式

B. 不允许客户指明文件的类型但允许指明文件的格式

C. 允许客户指明文件的类型和格式

D. 不允许客户指明文件的类型与格式

12. Internet中用于文件传输的是________。

A. DHCP服务器　　B. DNS服务器　　C. FTP服务器　　D. 路由器

13. 在FTP协议中，用于实际传输文件的连接是________。

A. UDP连接　　B. 数据连接　　C. 控制连接　　D. IP连接

14. FTP协议是Internet常用的应用层协议，当上下层协议默认时，作为服务器一方的进程，通过监听________号端口得知是否有服务请求。

A. 20　　B. 21　　C. 23　　D. 80

15. 若 FTP 服务器开启了匿名访问功能,匿名登录时需要输入的用户名是________。

A. root B. user C. guest D. anonymous

16. 简单邮件传送协议 SMTP 规定了________。

A. 两个互相通信的 SMTP 进程之间应如何交换信息

B. 发信人应如何将邮件提交给 SMTP

C. SMTP 应如何将邮件投递给收信人

D. 邮件的内部应采用何种格式

17. 在配置一个电子邮件客户程序时,需要配置________。

A. SMTP 以便可以发送邮件,POP 以便可以接收邮件

B. POP 以便可以发送邮件,SMTP 以便可以接收邮件

C. SMTP 以便可以发送和接收邮件

D. POP 以便可以发送和接收邮件

18. 某人的电子邮箱为 Abc@163.com,对于 Abc 和 163.com 的正确理解为________。

A. Abc 是用户名,163.com 是计算机名

B. Abc 是用户名,163.com 是域名

C. Abc 是服务器名,163.com 是计算机名

D. Abc 是服务器名,163.com 是域名

19. 邮件服务器使用 POP3 的主要目的是________。

A. 创建邮件 B. 管理邮件 C. 收发邮件 D. 删除邮件

20. 使用________协议远程配置交换机。

A. Telnet B. FTP C. HTTP D. PPP

21. Telnet 采用客户端/服务器工作方式,采用________格式实现客户端和服务器的数据传输。

A. NTL B. NVT C. base-64 D. RFC 822

22. 关于 Telnet 服务,以下哪种说法是错误的________。

A. Telnet 采用了客户机/服务器模式

B. Telnet 利用 NVT 屏蔽不同终端对键盘命令解释的差异

C. Telnet 利用 TCP 进行传输

D. 用户使用 Telnet 的主要目的是文件

23. 不使用面向连接传输服务的应用层协议是________。

A. SMTP B. FTP C. HTTP D. SNMP

24. WWW 是 Internet 上的一种________。

A. 服务 B. 协议 C. 协议集 D. 系统

25. 某 Internet 主页的 URL 地址为 http://www.abc.com.cn/product/index.html,则该地址的域名为________。

A. index.html B. com.cn

C. www.abc.com.cn D. http://www.abc.com.cn

26. WWW 服务依靠的协议是________。

A. HTML B. HTTP C. SMTP D. URL

27. 从协议分析的角度,WWW 服务的第一步操作是 WWW 浏览器对 WWW 服务器的________。

A. 地址解析 B. 会话连接建立 C. 域名解析 D. 传输连接建立

28. HTTP 是 WWW 的核心,它是一个________协议。

A. 面向事务的客户 B. 面向对象的服务器

C. 面向事务的客户机/服务器 D. 面向对象的客户机/服务器

29. HTML 语言是一种________。

A. 标记语言 B. 机器语言 C. 汇编语言 D. 算法语言

30. 在 Windows 系统中,________不是网络服务组件。

A. RAS B. HTTP C. IIS D. DNS

二、综合应用题

1. 简述 DNS 服务器的工作过程。
2. 简述 Telnet 的工作方式。
3. 简述 FTP 的主要工作过程。主进程和从属进程各起什么作用?
4. 比较 FTP 和 TFTP 异同点。
5. 如何访问一台匿名 FTP 服务器来获取文档?
6. 简述 SMTP 的工作原理及工作过程。
7. 简述邮局协议 POP 的工作过程。在电子邮件中,为什么需要使用 POP 和 SMTP 这两个协议? IMAP 与 POP 有何区别?
8. 什么是 URL? 它由哪几部分组成?
9. 简述常用的七种 HTTP 请求方法 GET、HEAD、PUT、POST、DELETE、TRACE、CONNECT 的作用。
10. 查阅相关资料,论述 HTTP 1.1 协议新增的主要内容。

实验 6-1 远程登录协议(Telnet)

一、实验目的

1. 掌握 Telnet 的工作过程
2. 理解 Telnet 选项协商

二、实验准备

本实验采用网络结构一。各主机打开协议分析器,验证网络结构一的正确性。

Telnet 是一种终端仿真技术,它提供了一种通过网络操作远程主机方法。Telnet 使用面向字节的双向通信,服务器通常使用 TCP 的 23 端口,客户端使用动态端口。Telnet 协议可以工作在任何主机和任何终端之间,它使用 TCP/IP 在远程计算机上登录并执行命令。Telnet 允许客户与服务器在使用服务之前或使用服务过程中进行选项协商。对于复杂的终端用户,选项协商能提供额外的特性;对于较简单的终端用户,选项协商只能使用较少的特性。一些远程控制字符可用来定义选项。

三、实验内容

1. 运行 Telnet 命令,捕获数据进行分析
2. Telnet 选项协商的过程

四、实验步骤

本实验主机 A 和 B(主机 C 和 D,主机 E 和 F)一组进行。

1. 运行 Telnet 命令,捕获数据进行分析

(1) 主机 B 启动协议分析器进行数据捕获,并设置过滤条件(提取 Telnet 协议)。

(2) 实验环境中的服务器(IP 地址:172.16.0.254)上的 Telnet 服务已经启动,使用服务器为本小组提供的账号,其用户名:group1_1,密码:group1_1。

注:用户名、密码相同,生成规则是:groupx_y(x 是组索引,y 是主机索引,例如,第一组的主机 C 使用的用户名和密码为:group1_3)。

主机 A 在命令行提示符下运行:

① Telnet 172.16.0.254。

② 在 Login:提示符后输入用户名(group1_1)。在 Password:提示符后输入密码(group1_1)。

③ 在虚拟终端上进行一些简单的操作(可不作)。

④ 按 CTRL+]回到 Telnet 提示符下。

⑤ 输入 quit 退出 Telnet。

(3) 查看主机 B 捕获的数据,分析 Telnet 的工作过程。

2. Telnet 选项协商的过程

(1) 主机 B 启动协议分析器进行数据捕获,并设置过滤条件(提取 Telnet 协议)。

(2) 主机 A 首先要与 Telnet 服务器建立一个 TCP 连接。

① 主机 A 上启动"实验平台工具栏中的 TCP 工具"。

② 选择"客户端"→"地址"选项,并填入服务器 IP 地址(172.16.0.254)。

③ 选择"端口"选项,填入 Telnet 协议的端口号 23。

④ 单击"连接"按钮进行连接。

(3) 使用 Telnet 的 NVT 字符集实现选项协商。

在发送数据(十六进制)窗口编辑并发送以下数据:

① FF FB 18 FF FB 1F　　单击"发送"按钮。

② FF FC 20 FF FC 23 FF FB 27　　单击"发送"按钮。

③ FF FD 03　　单击"发送"按钮。

④ FF FB 01 FF FE 05 FF FC 21　　单击"发送"按钮。

(4) 单击"断开"按钮,断开主机 A 与服务器的 TCP 连接。

(5) 查看主机 B 捕获到的数据,分析选项协商的过程。

五、思考题

1. 远程登录 Telnet 的主要特点是什么？
2. 结合分析结果，绘制 Telnet 交互图。
3. 主机 A 在 Telnet 状态下，运行各种操作，在主机 B 上是否可以捕获到数据？

实验 6-2 文件传输协议(FTP)

一、实验目的

1. 掌握 FTP 的工作原理
2. 掌握 FTP 一些常用命令的使用方法及用途

二、实验准备

1. 实验环境

本实验采用网络结构一。各主机打开协议分析器，验证网络结构一的正确性。

2. 文件传输协议 FTP

文件传输协议(FTP)提供了一种通过 TCP 传送文件的方法，可以将一个文件从一个系统复制到另一个系统中。FTP 使用两种 TCP 连接：一种是控制连接，一种是数据连接。控制连接一直持续到客户端和服务器端进程间的通信完成为止，用于传输控制命令，服务器使用 21 端口；数据连接根据通信的需要随时建立和释放，用于数据的传输，服务器常使用 20 端口。FTP 的连接模式有两种：主动模式(PORT)和被动模式(PASV)。

三、实验内容

FTP 的工作过程。

四、实验步骤

本实验主机 A 和 B(主机 C 和 D，主机 E 和 F)一组进行。

1. 主机 B 启动协议分析器开始捕获数据并设置过滤条件(提取 TCP 协议)
2. 主机 A 启动 TCP 工具连接 FTP 服务器

(1) 主机 A 启动“实验平台工具栏中的 TCP 工具”。

① 选择“客户端”选项。

② 选择“地址”选项，填入 FTP 服务器的 IP 地址。

③ 选择“端口”选项，填入主机 FTP 服务器进程的端口号 21。

④ 单击“连接”按钮，建立与 FTP 服务器的 TCP 连接。

(2) 连接成功(将该次连接记为 w_cmd)，在接收窗口会显示成功连接的信息；若不成功，再次尝试进行连接，直到成功。

3. 使用 TCP 连接工具与服务器进行命令交互

在 w_cmd 的发送窗口依次执行下列命令，并查看服务器回复的信息。

(1) USER 用户名<CRLF>。

(2) PASS 密码<CRLF>。

(3) SYST<CRLF>。

(4) PWD<CRLF>。

(5) TYPE A<CRLF>。

(6) PORT x1,x2,x3,x4,x5,x6<CRLF>。

(7) 再次运行 TCP 连接工具,按下图的内容填写数据,单击“创建”按钮,进入等待远程连接的侦听状态中(将该次创建的连接记为 w_data1)。

(8) STOR 文件名<CRLF>。

(9) file data　单击“发送”按钮,再单击“断开”按钮关闭 w_data1。

(10) PASV<CRLF>　单击“发送”按钮。

(11) 再次运行 TCP 连接工具,将其端口值 21 改为 port 的值,单击“连接”按钮,进入 FTP 数据传输窗口。

(12) RETR 文件名<CRLF>　单击“发送”按钮。(读取文件)

(13) 查看 w_data2 返回信息,并将其关闭。

(14) QUIT<CRLF>　单击“发送”按钮。(退出—终止命令连接)

五、思考题

1. 文件传送协议 FTP 的主要工作过程是怎样的？主进程和从属进程各起什么作用？

2. FTP 的数据连接存在两种模式：主动模式和被动模式,说明各自的工作过程。如果服务器和客户端之间存在防火墙,使用哪种模式会引起一些麻烦？

实验 6-3　域名服务(DNS)

一、实验目的

1. 掌握 DNS 的报文格式
2. 掌握 DNS 的工作原理
3. 掌握 DNS 域名空间的分类

二、实验准备

1. 实验环境

本实验采用网络结构一。各主机打开协议分析器,验证网络结构一的正确性。本实验要求主机 A、B 能上广域网。

2. 域名空间

DNS(域名服务)是一种能够完成从域名到地址或从地址到域名的映射系统。使用 DNS,计算机用户可以间接地通过域名来完成通信。Internet 中的 DNS 被设计成为一个联机分布式数据库系统,采用客户/服务器方式工作。分布式的结构使 DNS 具有很强的容错性在 Internet 中,域名空间被划分为 3 个部分：类属域、国家域和反向域。

三、实验内容

Internet 域名空间的分类。

四、实验步骤

本实验主机 A 和 B(主机 C 和 D,主机 E 和 F)一组进行。

1. 类属域

将主机 A、B 的“首选 DNS 服务器”设置为公网 DNS 服务器,目的是能够访问 Internet。

(1) 主机 B 启动协议分析器开始捕获数据并设置过滤条件(提取 DNS 协议)。

(2) 主机 A 在命令行下分别运行 nslookup www.python.org 和 nslookup www.jl.gov.cn 命令。

(3) 主机 B 停止捕获数据。分析主机 B 捕获到的数据及主机 A 命令行返回的结果。

2. 反向域

(1) 将主机 A、B 的“首选 DNS 服务器”设置为服务器的 IP 地址(172.16.0.254)。

(2) 主机 B 启动协议分析器开始捕获数据并设置过滤条件(提取 DNS 协议)。

(3) 主机 A 在命令行下运行 nslookup 172.16.0.254 命令。

(4) 主机 B 停止捕获数据。

五、思考题

1. Internet 的域名结构是怎样的?它与目前的电话网的号码结构有何异同之处?
2. 172.16.0.254 对应的域名是什么?

实验 6-4 超文本传输协议(HTTP)

一、实验目的

1. 掌握 HTTP 的报文格式
2. 掌握 HTTP 的工作原理
3. 掌握 HTTP 常用方法

二、实验准备

1. 实验环境

本实验采用网络结构一。各主机打开协议分析器,验证网络结构一的正确性。

2. 超文本传输协议

超文本传输协议(HTTP)主要用于访问万维网上的数据。协议以普通文本、超文本、音频、视频等格式传输数据。之所以称为超文本协议,原因是在应用环境中,它可以快速地在文档之间跳转。HTTP 在熟知端口 80 上使用 TCP 服务。HTTP 报文有两种一般的类型:请求和响应。这两种类型的报文格式几乎是相同的。HTTP 报文中的方法是客户端向服务器端发出的实际命令和请求。

三、实验内容

1. 使用 HTTP 协议进行页面访问
2. 使用 HTTP 协议进行页面提交

四、实验步骤

本实验主机 A 和 B(主机 C 和 D,主机 E 和 F)一组进行。

1. 页面访问

(1) 主机 A 清空 IE 缓存。

(2) 主机 B 启动协议分析器开始捕获数据,并设置过滤条件(提取 HTTP 协议)。

(3) 主机 A 启动 IE 浏览器,选择“地址”选项,并输入下列地址并连接:http://172.16.0.254/experiment。

(4) 主机 B 停止捕获数据,分析捕获到的数据,并回答以下问题:

① 本实验使用 HTTP 协议的哪种方法?简述这种方法的作用。

② 根据本实验的报文内容,填写表 6-17。

表 6-17 页面访问实验结果

主机名	
URL	
服务器类型	
传输文本类型	
访问时间	

参考“会话分析”视图显示结果,绘制此次访问过程的报文交互图(包括 TCP 协议)。

2. 页面提交

(1) 主机 B 启动协议分析器开始捕获数据,并设置过滤条件(提取 HTTP 协议)。

(2) 主机 A 启动 IE 浏览器,选择“地址”选项,并输入下列地址并连接:http://172.16.0.254/experiment/post.html。在返回页面中,填写“用户名”和“密码”,单击“确定”按钮。

(3) 主机 B 停止捕获数据,分析捕获到的数据,并回答以下问题:

① 本实验的提交过程使用 HTTP 协议的哪种方法?简述这种方法的作用。

② 此次通信分几个阶段?每个阶段完成什么工作?

③ 参考“会话分析”视图显示结果,绘制此次提交过程的报文交互图(包括 TCP 协议)。

五、思考题

1. 一个主页是否只有一个连接?

2. 同时打开多个浏览器窗口并访问一个 Web 站点的不同页面时,系统是根据什么把返回的页面正确地显示到相应窗口的?

3. 为什么 HTTP 不保持与客户端的 TCP 连接?

实验 6-5 电子邮件协议(SMTP 和 POP3)

一、实验目的

1. 掌握邮件服务的工作原理
2. 掌握 SMTP、POP3 的工作过程
3. 了解 SMTP、POP3 协议的命令和使用方法

二、实验准备

1. 实验环境

本实验采用网络结构一。各主机打开协议分析器,验证网络结构一的正确性。

2. 简单邮件传输协议

简单邮件传输协议(SMTP)是 Internet 中发送电子邮件的标准协议。SMTP 是一个推送协议,它负责将邮件从客户推送到邮件服务器。SMTP 报文被 TCP 协议封装,使用熟知端口 25 进行通信。SMTP 使用一些命令和响应在报文传送代理(MTA)客户和 MTA 服务器之间传送报文。每一个命令或响应都以回车和换行组成的行结束标记终止。响应是从服务器发送到客户端的,是三个数字,后面可以跟着附加的文本信息。邮件报文的传送共有 3 个阶段,即连接建立、报文传送和连接终止。

邮局协议版本 3(POP3)协议和 Internet 邮件访问协议版本 4(IMAP)协议是拉取协议,操作由收件人发起。邮件在收件人检索之前保存在邮件服务器的邮箱中。POP3 报文被 TCP 协议封装,使用熟知端口 110 进行通信。IMAP 报文也被 TCP 协议封装,使用熟知端口 143 进行通信。

IMAP 协议的命令与 POP3 协议的命令是不同的,在 IMAP 中每条命令都有一个由客户指定的标签。客户发出的每条命令都有不同的标签,服务器使用命令的标签作为应答的标签。这样 IMAP 客户就可以同时送出多个命令,而服务器可以并发地处理这些命令,不必等待上一个命令执行完毕才处理下一个。

三、实验内容

1. 使用 SMTP 实现邮件发送
2. POP3 命令实现邮件接收

四、实验步骤

本实验主机 A 和 B(主机 C 和 D,主机 E 和 F)一组进行。

1. 使用 TCP 工具和 SMTP 命令实现邮件发送

说明:邮件服务器提供给主机 A 的账号和密码均为 group1_1。

(1) 主机 B 启动协议分析器进行数据捕获,并设置过滤条件(提取 SMTP 协议)。

(2) 主机 A 首先要与邮件服务器建立一个 TCP 连接(实验室已建立一个邮件服务器,地址是 172.16.0.254,邮件服务器主机名:JServer,邮件服务器域名:NetLab)。

① 主机 A 上启动“实验平台工具栏中的 TCP 工具”。选择“客户端”→“地址”选项，填入服务器 IP 地址(172.16.0.254)；选择“端口”选项，填入 SMTP 协议端口号(25)；单击“连接”按钮进行连接。

② 若连接成功，在显示数据窗口会显示成功连接的信息：220。

③ 若不成功，查看 IP 地址和端口号是否有错，再次尝试进行连接，直到成功。

(3) 用 SMTP 命令编辑并发送邮件。

2. 使用 TCP 工具和 POP3 命令实现邮件接收

(1) 主机 B 启动协议分析器进行数据捕获，并设置过滤条件(提取 POP3 协议)。

(2) 主机 A 与邮件服务器建立一个 TCP 连接，选择“地址”选项，填入服务器 IP 地址(172.16.0.254)；选择“端口”选项，填入 POP3 协议端口号(110)。

(3) 用 POP3 命令实现邮件的接收。在发送数据窗口编辑发送 POP 协议的命令。

五、思考题

1. 电子邮件系统如何使用 TCP 协议传送邮件？为什么有时我们会遇到邮件发送失败的情况？为什么有时对方会收不到我们发送的邮件？

2. 通过实验说明你的电子邮件在网络上传输是安全的吗？为什么？你认为实现邮件安全传输的最好的办法是什么？

第7章 引导协议与动态主机配置协议

为了使网络协议能在所有平台下工作，协议软件应编写成通用和可移植的，因此，协议中与硬件、设备等相关部分以参数的形式提供，即协议软件参数化。使得在不同种类计算机上使用同一个经过编译的二进制代码成为可能，一台计算机和另一台计算机的区别，都可以通过一些不同的参数来体现。因此，在协议软件运行之前，必须给每一个参数赋值。在协议软件中给这些参数赋值的动作称为协议配置。一个协议软件在使用之前必须是已正确配置的。

协议软件需要配置的信息可分为两类，即内部信息和外部信息。内部信息属于计算机本身（如计算机的协议地址）；外部信息来自该计算机的环境（如网络中的外设的位置等）。

具体有哪些配置信息取决于协议栈。例如，TCP 协议软件需要配置的项目包括以下几种。

（1）IP 地址。每一台计算机的每一个接口必须有一个唯一的 IP 地址。

（2）默认路由器地址。

（3）子网掩码。

（4）DNS 服务器地址、打印服务器地址以及其他服务器地址。

由于计算机尤其是便携式设备可能经常改变在网络上的位置，用人工方式进行协议配置既不方便，又容易出错，因此，需要采用自动协议配置的方法。自动协议配置方法主要有引导协议和动态主机配置协议。

7.1 引导协议 BOOTP

7.1.1 BOOTP 原理

引导协议 BOOTP 是针对网络上无盘站设计的启动协议，无盘站启动时它需要从本地网获得三种引导信息：

- 自己的 IP 地址；
- 文件服务器的 IP 地址；
- 可运行的初始内存映像（启动映像文件名）。

1. BOOTP 协议工作过程

BOOTP 基于客户机/服务器模型。由于无盘工作站没有硬盘，因此，必须设置一台

BOOTP 服务器专门存放无盘站启动时所需的信息(上面讲有三种)。BOOTP 使用请求/应答模式工作,即客户端请求 BOOTP 服务器给出自己的引导信息,服务器则返回一个应答。BOOTP 基于 UDP,服务器使用端口号为 67,客户端使用端口号为 68。

(1) 客户端请求。客户端网卡运行其 ROM 芯片中的 BOOTP 启动程序来启动客户机,此时客户机中没有任何节点的 IP 地址,因此,它使用有限广播形式以 0.0.0.0 为源 IP 地址向网络中发出 BOOTP 请求,该请求中包含了客户机网卡的 MAC 地址。

(2) 服务器应答。网络中运行 BOOTP 服务的服务器接收到该请求,根据请求中的 MAC 地址在 BOOTP 数据库中查找这个 IP/MAC 地址对记录,如果没有该 IP/MAC 地址对记录则不响应该请求,否则就将有关信息以广播形式发送回客户机。返回的应答报文中包含的主要信息有客户机的 IP 地址、服务器的 IP 地址和启动映像文件名等。这里需要注意,因为 BOOTP 为应用层程序,如果服务器使用单播方式返回应答报文时,必须事先让无盘工作站知道自己的 IP 地址,而这是不可能的。因此,服务器只能以广播形式发送,该应答报文会到达网络中所有计算机,由 BOOTP 客户端应用程序根据其 MAC 地址决定是否接收该报文。

(3) 下载启动映像文件。客户机根据服务器返回的信息通过 TFTP 服务器下载启动映像文件,并启动该文件。

2. BOOTP 协议机制

(1) 使用一个单独的包交换信息。

① 使用超时重发机制,直到发送方收到应答信息为止。

② 请求和应答使用相同的包字段结构格式。

③ 使用固定长度(最大可能长度)字段,以简化结构定义和分析的需要。

(2) 客户端广播引导请求(Boot Request)包,其中包含客户端的硬件地址。服务器广播引导应答(Boot Reply)包。

(3) 客户端请求中可以包含指定的响应服务器的名称,即客户端可以强制从一个指定的主机(服务器)引导。如果一个相同的引导文件存在多个版本或服务器属于一个远距离的网络时,客户端不必处理名称/域服务,而是由 BOOTP 服务器实现的相应功能。

(4) 客户端请求中还可以包含通用(Generic)引导文件名,如 Unix 等,服务器发送引导应答时,使用对应引导文件的确切路径名称取代该字段。

(5) 服务器中必须有一个 IP/MAC 地址对数据库。

(6) 某些网络拓扑可能在一个物理网上没有一个可以直接访问的 TFTP 服务器,则 BOOTP 允许客户端通过使用相邻的网关从几跳外的服务器上引导。

3. BOOTP 协议的特点

(1) BOOTP 协议是应用层协议,基于 UDP,不依赖于底层网络,易于实现且移植性好。

(2) 协议交换的信息量较大,可以充分利用硬件的能力。

4. BOOTP 与 RARP 的比较

(1) 相同:工作模式相同,均采用请求/应答的客户机/服务器方式,具有很大的灵活性。

(2) 不同：BOOTP 服务器是作为一个应用程序而存在的，请求/应答报文在同一个 IP 网络内实现，易于修改和移植，而且 BOOTP 可以跨路由器使用。而 RARP 服务器存在于内核中，请求/应答报文在同一个物理网络内实现，修改和移植都很困难。

7.1.2 BOOTP 报文

为了能将 BOOTP 协议固化到网卡的启动 ROM 中，BOOTP 报文的长度固定且尺寸较小。BOOTP 请求和响应报文格式相同，如图 7-1 所示。其中的“客户”指发送 BOOTP 请求的机器，“服务器”指发送响应的机器。

0　　　　7	8　　　　15	16　　　　23	24　　　　31
操作	硬件类型	物理地址长度	跳数
事务标识符			
秒数		未用(0)	
客户IP地址			
你的IP地址			
服务器IP地址			
路由器IP地址			
客户硬件地址(16字节)			
服务器主机名(64字节)			
引导文件名(128字节)			
特定于厂商的区域(64字节)			

图 7-1 BOOTP 报文格式

1. 字段含义

(1) 操作。占 8 位，指明报文是请求还是应答，1 表示请求，2 表示应答。

(2) 硬件类型。占 8 位，指明底层物理网络的类型，1 表示以太网。

(3) 物理地址长度。占 8 位，与“硬件类型”字段对应，指明物理地址的长度。

(4) 跳数。占 8 位，用于跨路由器使用 BOOTP 情况。请求报文被转发一次，跳数加 1。为了限制 BOOTP 服务器的作用范围，请求中的跳数增长到 3 时会被丢弃。响应过程相反，每经过一个路由器，跳数减 1。

(5) 事务标识符。占 32 位，用于匹配请求和响应。

(6) 秒数。占 16 位，表示客户端自启动后经过的时间。

(7) 客户 IP 地址、你的 IP 地址、服务器 IP 地址、路由器 IP 地址、客户硬件地址、服务器主机名、引导文件名：这些字段都是 BOOTP 最重要的信息。BOOTP 设计思想是让客户尽量填写知道的信息，未知的设置为 0。

① 客户 IP 地址。占 32 位，请求报文中由客户端填写自己的 IP 地址，若不知，则填写 0。

② 你的 IP 地址。占 32 位，应答报文中由服务器填写的客户端的 IP 地址。

③ 服务器 IP 地址、服务器主机名。分别占 32 位和 64 字节，若客户知道某个服务器的存在，请求报文中由客户端填写其“服务器 IP 地址”字段或“服务器主机名”字段，则只有匹

配的服务器才会响应；若不填写，则所有服务器都可以响应。

④ 路由器 IP 地址。占 32 位，用于跨路由器使用 BOOTP 情况。每个转发 BOOTP 请求报文的路由器将自己的地址填入该字段。该过程中，所有转发的路由器必须被设置为“中继代理”。

⑤ 客户硬件地址。占 16 字节，请求报文中由客户端填写的自己的 MAC 地址。

⑥ 引导文件名。占 128 字节，客户端在请求报文中可以指定引导文件。

(8) 特定于厂商的区域。占 64 字节，表示应答报文中的一些可选信息。前 4 个字节为 magic cookie(魔块)，用于定义其后 60 字节包含的数据格式。当 magic cookie 取值为 99.130.83.99(点分十进制表示法)时，则其后的 60 个字节为选项，选项由 3 个字段组成，即类型字段(1 个字节)、长度(1 个字节)和长度值(长度可变)。选项取值如表 7-1 所示。

表 7-1 BOOTP 应答报文特定于厂商的区域字段中各项的类型、长度和内容

项目类型	项目代码	值的长度	内容
填充	0	—	无
子网掩码	1	4	本地网络的子网掩码
时间偏移	2	4	以世界时间表示的时间
默认路由器	3	N	默认路由器的 IP 地址
时间服务器	4	N	时间服务器的 IP 地址
IEN-II6 服务器	5	N	IEN-II6 服务器的 IP 地址
域名服务器	6	N	DNS 服务器的 IP 地址
注册服务器	7	N	注册服务器的 IP 地址
引用服务器	8	N	引用服务器的 IP 地址
打印服务器	9	N	打印服务器的 IP 地址
Impress 服务器	10	N	Impress 服务器的 IP 地址
RLP 服务器	11	N	RLP(Resource Location Protocol，资源定位协议)服务器
主机名	12	N	DNS 名
引导文件大小	13	2	引导文件大小，用整数表示
特定厂商	128～254	—	保留，用于网站的特定厂商信息
选项结束	255	—	无(表示项目表的结束)

注：“—”表示不需要长度字段，“N”表示长度可变。

2. BOOTP 的两步引导过程

BOOTP 报文的“引导文件名”字段体现了 BOOTP 的另外一个特征：该协议不为无盘站的客户端程序提供内存映像，而只为客户提供获取映像所需信息，如映像文件所在的具体位置等。因此，BOOTP 使用以下两步引导过程。

(1) 用 BOOTP 从服务器获取映像文件所在的具体位置。

(2) 用其他协议(如简单文件传输协议 TFTP 等)获取内存映像。

采用上述过程，使得配置与存储分开。BOOTP 服务器仅设置存储映像位置的数据库，可以另设机器存储具体的映像数据。此外，在进行文件传输时需要考虑一些问题，如文件的分块、组装，以及不同硬件体系的文件异构性等。BOOTP 采用已有的专用文件传输协议，简化了自身的设计实现，避免了重复工作。

7.1.3 启动配置文件

IP 地址是互联网上唯一标识一个接入终端最原始和最有效的标识符。分配 IP 地址的方法主要有：

(1) 自协商方式。

(2) 用户静态配置。

(3) 管理员统一分配配置。

主机启动时除了 IP 地址外，还需要动态地获取更多的启动配置信息，如掩码、网关、域名等，这些配置信息可以由手工配置，也可以存放在配置文件中由协议自动配置。

协议自动配置的方式主要有 BOOTP 和 DHCP(见 7.2 节)。

BOOTP 是最早的主机配置协议。BOOTP 服务器上有一个关于本网络中各无盘工作站的启动配置文件。BOOTP 请求中引导文件名字段中填入通用名称，如 Unix 等，服务器收到请求后，从启动配置文件中查找该配置文件，找到适合于该客户硬件体系结构的启动配置文件，填入 BOOTP 响应中同一字段，返回客户机。

采用启动配置文件的优点有以下两点。

(1) 管理员可以对客户机的引导文件进行配置。

(2) 方便客户机用户，使用户不必记住确切的引导文件名，也不必记住客户机的硬件结构。

7.2 动态主机配置协议

BOOTP 不是动态配置协议，用于相对静态的环境，其中每台主机都有一个永久的网络连接，因此，管理员创建一个 BOOTP 配置文件或数据库来定义每个主机的 BOOTP 参数后，配置通常保持不变。当一个客户请求其 IP 地址时，BOOTP 服务查找该数据库，寻找客户的 IP 地址与其物理地址的匹配，即客户的物理地址与 IP 地址必须已预先绑定在一起。但是，目前无线网络以及笔记本电脑的普及促进了移动计算的发展，在移动计算应用中为每台主机都保存一个静态的配置参数不现实。此外，IPv4 地址严重不足，为每台主机静态分配一个 IP 地址也是不可能的，但是所有主机同时外连的可能性不大，同一时刻可能仅有部分主机需要外连。因此，静态配置协议 BOOTP 已不再适用了，必须采用动态配置协议来完成参数的配置。

7.2.1 DHCP 基本概念

动态主机配置协议(Dynamic Host Configuration Protocol，DHCP)是在 TCP/IP 网络上使客户机动态获得网络配置信息的协议。DHCP 既可以提供静态配置，也可以提供动态配置，其分配可以是人工的也可以是自动的。DHCP 服务器向网络主机提供的配置参数包含两个基本部分：一是向网络主机传送专用的配置信息；二是给主机分配 IP 地址。DHCP 在有限的时间(称为租用期)内向主机提供临时的 IP 地址。DHCP 工作模式为客户机/服务器模式，提供 DHCP 服务的主机称为服务器，接收信息的主机称为客户机。

1. DHCP 网络组成

典型 DHCP 网络组成如图 7-2 所示。DHCP 的客户机 A、B、C 等通过本地网络向 DHCP 服务器动态申请配置信息,DHCP 服务查找 IP 地址数据库为客户机分配 IP 地址等。

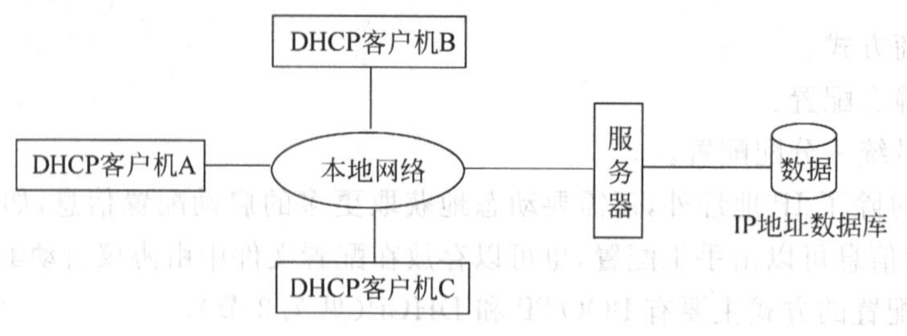

图 7-2 典型 DHCP 网络组成

2. DHCP 报文格式

DHCP 报文格式与 BOOTP 报文格式相似,如图 7-3 所示。

<table>
<tr><td>操作</td><td>硬件类型</td><td>物理地址长度</td><td>跳数</td></tr>
<tr><td colspan="4">事务标识符 ID</td></tr>
<tr><td colspan="2">秒数</td><td>F</td><td>未用</td></tr>
<tr><td colspan="4">客户 IP 地址</td></tr>
<tr><td colspan="4">你的 IP 地址</td></tr>
<tr><td colspan="4">服务器 IP 地址</td></tr>
<tr><td colspan="4">路由器 IP 地址</td></tr>
<tr><td colspan="4">客户硬件地址(16 字节)</td></tr>
<tr><td colspan="4">服务器主机名(64 字节)</td></tr>
<tr><td colspan="4">引导文件名(128 字节)</td></tr>
<tr><td colspan="4">选项(长度可变)</td></tr>
</table>

图 7-3 DHCP 报文格式

与 BOOTP 报文不同的地方如下。

(1) BOOTP 中"未用"字段的首位改为标志位(F 位),用于指明预期的服务器响应方式。客户端在发出请求时,可以将该位设置为 1,指定服务器使用广播方式响应。"未用"字段各位设置为 0。

(2) BOOTP 中"特定于厂商的区域"字段改为"选项"字段,长度可变,不再限定为 64 字节,可以多达 312 字节。"选项"字段格式与 BOOTP 报文中"特定于厂商的区域"字段相同,由类型、长度和值组成。当首字节值为 53 时,用来定义在客户和服务之间的交互报文类型。DHCP 报文类型主要有 DHCPDISCOVER 报文、DHCPOFFER 报文、DHCPREQUEST 报文、DHCPDECLINE 报文、DHCPACK 报文、DHCPNACK 报文、DHCPRELEASE 报文,其类型均为 53,长度为 1,值分别为 1、2、3、4、5、6、7。

① DHCPDISCOVER 报文(DHCP 发现报文)。客户端发送该报文,用于与本地网络上的 DHCP 服务器联系获取自身的 IP 地址。

② DHCPOFFER 报文(DHCP 提供报文)。服务器发送该报文,以响应客户端的 IP 地址请求。

③ DHCPREQUEST 报文(DHCP 请求报文)。客户端发送该报文,用于与选定的服务器协商配置信息。

④ DHCPDECLINE 报文(DHCP 禁止报文)。客户端发送该报文,通知服务器分配给自己申请的 IP 地址已经被其他实体占用。

⑤ DHCPACK 报文(DHCP 确认报文)。服务器发送该报文,用于确认客户端的配置请求信息。

⑥ DHCPNACK 报文(DHCP 否认报文)。服务器发送该报文,用于拒绝客户端的配置请求信息。

⑦ DHCPRELEASE 报文(DHCP 释放报文)。客户端发送该报文,将已不需要的却仍处于地址租用期内的 IP 地址归还给服务器。

DHCP 各类型报文的作用如表 7-2 所示。

表 7-2 DHCP 报文类型及作用

报文类型	类型	报文方向	传播方式	作 用
DHCPDISCOVER	1	客户机→服务器	广播	客户端发现服务器
DHCPOFFER	2	服务器→客户机	广播或单播	服务器回应 DHCPDISCOVER 报文
DHCPREQUEST	3	客户机→服务器	单播或广播	服务器选择及租用期更新
DHCPDECLINE	4	客户机→服务器	广播	拒绝所获得的 IP 地址
DHCPACK	5	服务器→客户机	单播	服务器对收到的请求报文肯定确认
DHCPNACK	6	服务器→客户机	单播	服务器对收到的请求报文否定确认
DHCPRELEASE	7	客户机→服务器	单播	请求释放已获得的 IP 地址资源或取消租期

3. DHCP 地址分配

DHCP 地址分配有以下两种方式。

(1) 静态地址分配。DHCP 与 BOOTP 向后兼容,运行 BOOTP 的主机可以向 DHCP 服务器请求静态地址,DHCP 设置一个静态数据库,静态地将物理地址绑定到 IP 地址上。

(2) 动态地址分配。DHCP 除静态数据库外,还设置一个动态数据库,其中包含可用的 IP 地址池。当一个 DHCP 客户向 DHCP 服务器申请临时 IP 地址时,DHCP 服务器将查找动态数据库中可用的(未使用的)IP 地址池,分配给申请的客户。但由于分配的是动态的 IP 地址,因此,主机不能永久占用该 IP 地址,在分配时会给出使用时间(租用期),即对地址有租用期限制。在租用期内,服务器不会将该地址租用给其他用户;租用期结束,用户必须停止使用该地址或更新租用期。

当 DHCP 客户向 DHCP 服务器发送请求时,服务器首先查找静态数据库,若静态数据库中存在所请求的物理地址项目,则返回该客户的永久 IP 地址;否则,若静态数据库中不存在所请求的物理地址项目,则服务器从可用的 IP 地址池中选择一个 IP 地址,将其指派给客户,并将该信息添加到动态数据库中,设置租用期等。

7.2.2 DHCP 运行方式

1. DHCP 客户机运行机制

所有支持 DHCP 协议并能够发起 DHCP 过程的终端都称之为 DHCP 客户机。DHCP

客户机必须能够发出DHCPDISCOVER、DHCPREQUEST、DHCPDECLINE等报文。DHCP客户机运行过程主要有以下几个阶段:

(1) 发现阶段。发现阶段是DHCP客户机寻找DHCP服务器的阶段。DHCP客户以广播方式(因为DHCP服务器的IP地址对于客户机来说是未知的)发送DHCPDISCOVER发现报文来寻找DHCP服务器,即向地址255.255.255.255发送特定的广播信息。网络上每一台安装了TCP/IP协议的主机都会接收到这种广播信息,但只有DHCP服务器才会做出响应,如图7-4所示。

(2) 提供阶段。提供阶段是DHCP服务器为DHCP客户端提供IP地址的阶段。网络中收到DHCPDISCOVER报文的DHCP服务器都会做出响应,它从可用的IP地址池中挑选一个IP地址分配给DHCP客户,并向DHCP客户发送一个包含IP地址、租期及其他信息的DHCPOFFER报文,如图7-5所示。

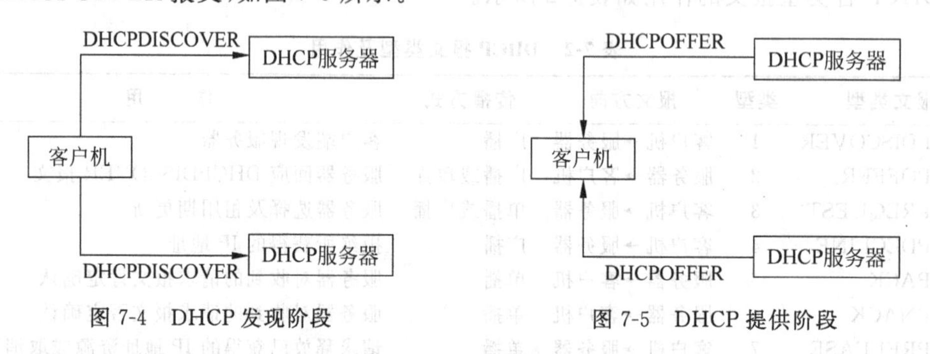

图7-4 DHCP发现阶段　　图7-5 DHCP提供阶段

(3) 选择阶段。选择阶段是DHCP客户端选择某台DHCP服务器提供的IP地址的阶段。如果有多台DHCP服务器向DHCP客户端发来的DHCPOFFER报文,则DHCP客户只接受第一个收到的DHCPOFFER报文,然后它以广播方式回答一个DHCPREQUEST报文,该报文中包含向它所选定的DHCP服务器请求IP地址的内容。以广播方式回答是为了通知所有的DHCP服务器,它将选择某台DHCP服务器所提供的IP地址,如图7-6所示。

(4) 确认阶段。确认阶段是DHCP服务器确认所提供的IP地址的阶段。当DHCP服务器收到DHCP客户回答的DHCPREQUEST报文后,向DHCP客户发送的一个包含它所提供的IP地址及其他设置信息的DHCPACK报文,通知DHCP客户可以使用它所提供的IP地址。DHCP客户将其TCP/IP协议(IP地址等)与网卡绑定。另外,除DHCP客户选中的服务器外,其他的DHCP服务器都将收回曾提供的IP地址,如图7-7所示。

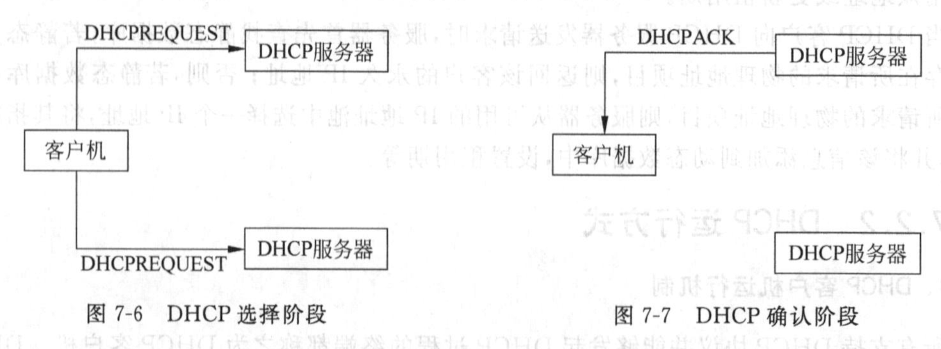

图7-6 DHCP选择阶段　　图7-7 DHCP确认阶段

(5) 重新登录。重新登录是指曾经绑定过 IP 地址的 DHCP 客户端以后每次重新登录网络时,不需要再发送 DHCPDISCOVER 报文,而是直接发送含有前一次所分配的 IP 地址的 DHCPREQUEST 报文即可。当 DHCP 服务器收到该报文后,它会尝试让 DHCP 客户继续使用原来的 IP 地址,并回答一个 DHCPACK 确认报文。如果此 IP 地址已无法再分配给原来的 DHCP 客户使用时(如该 IP 地址已分配给其他 DHCP 客户使用),则 DHCP 服务器会给 DHCP 客户回答一个 DHCPNACK 报文。当 DHCP 客户收到 DHCPNACK 报文时,必须重新发送 DHCPDISCOVER 报文请求新的 IP 地址。

(6) 更新 IP 地址租用期。DHCP 服务器向 DHCP 客户提供的动态 IP 地址一般都有一个租用期限,租期满后 DHCP 服务器便会收回该 IP 地址。如果 DHCP 客户需要延长其 IP 地址使用时间,则必须更新其 IP 地址的租用期。DHCP 客户启动时或 IP 地址租用期限过一半时,DHCP 客户都会自动向 DHCP 服务器发送更新其 IP 地址租用期的报文,其过程如下：

① 客户机向提供 IP 地址的 DHCP 服务器发送请求,要求更新及延长现有 IP 地址租用期。

② 如果 DHCP 服务器收到该请求,它将发送 DHCPACK 报文给客户机,更新客户机 IP 地址的租用期。

③ 如果客户机无法与提供 IP 地址的 DHCP 服务器取得联系,则客户机将一直等到租用期达到 87.5%时,进入重新申请的状态。它需要向网络上所有的 DHCP 服务器广播 DHCPREQUEST 报文以更新现有的 IP 地址租用期。

④ 如果有 DHCP 服务器响应客户机的请求,则客户机使用该 DHCP 服务器提供的 IP 地址信息更新现有的 IP 地址租用期。

⑤ 如果租用期过期或无法与其他 DHCP 服务器取得联系时,客户机将无法使用现有的 IP 地址。则客户机会返回到初始启动状态,重新申请 IP 地址。

2. DHCP 服务器运行机制

DHCP 服务器行为是由 DHCP 客户端来驱动的,根据 DHCP 客户机请求报文发出响应报文,具体表现如下：

(1) DHCP 服务器收到 DHCPDISCOVER 报文时,从地址池中分配一个空闲的 IP 地址,结合客户机请求参数,构造 DHCPOFFER 响应报文。

(2) DHCP 服务器收到 DHCPREQUEST 报文时,根据客户机的硬件地址,查找其地址分配表,若找到,则发出 DHCPACK 报文；否则发出 DHCPNACK 报文,DHCP 客户机会自动重新开始 DHCP 过程。

(3) DHCP 服务器收到 DHCPRELEASE 报文时,会解除该 IP 地址与某个 DHCP 客户机的绑定,等待重新分配。

(4) DHCP 服务器收到 DHCPDECLINE 报文时,会禁用报文中客户端发送报文中 IP 地址字段的 IP 地址,不再分配该 IP 地址,因为该 IP 地址已被其他实体占用。

3. DHCP 工作原理

(1) DHCP 动态分配 IP 地址过程。DHCP 客户机与 DHCP 服务器之间动态请求、获取 IP 地址过程如图 7-8 所示。

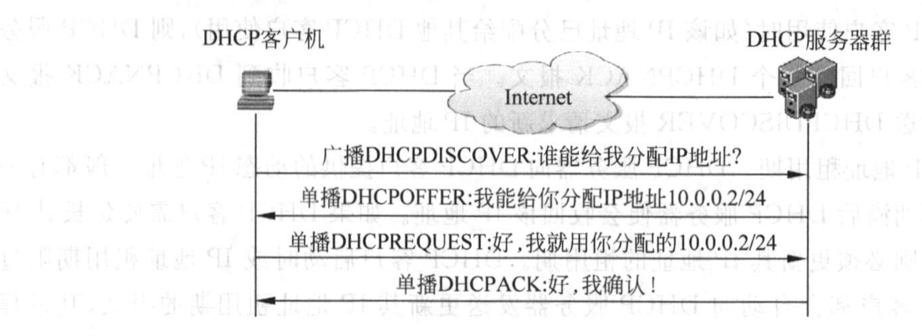

图 7-8 IP 地址动态获取过程

(2) DHCP 客户机拒绝及释放所获得的动态分配的 IP 地址，如图 7-9 所示。

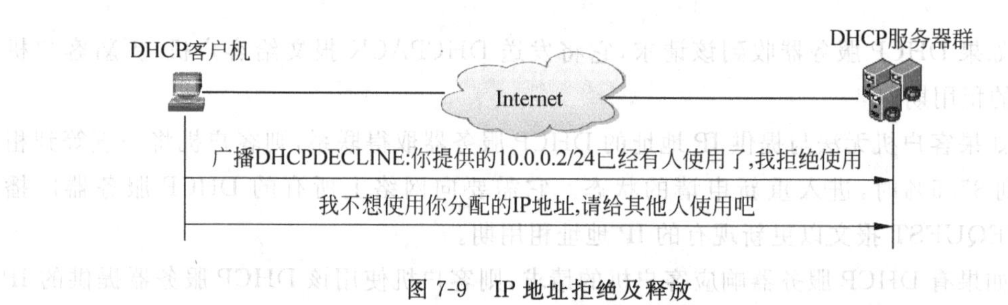

图 7-9 IP 地址拒绝及释放

(3) DHCP 租用期更新过程。当 DHCP 分配的 IP 地址使用时间到达 50%或 87.5%时需进行租用期更新，如图 7-10 所示。

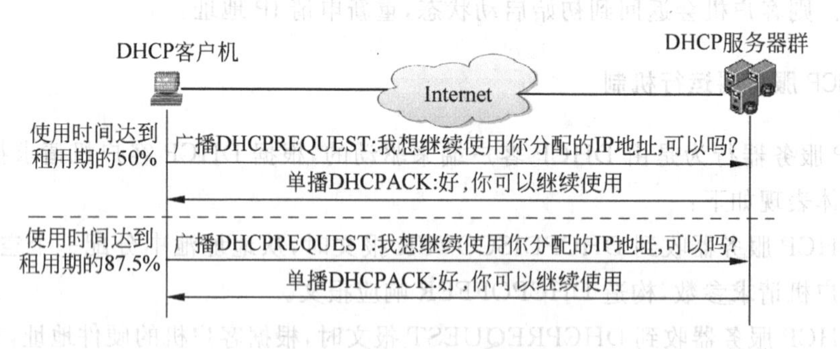

图 7-10 DHCP 租用期更新

4. DHCP 客户端状态转换

DHCP 客户端在使用 DHCP 获取 IP 地址过程中，可以有若干个中间状态，其状态转换过程如图 7-11 所示。

(1) 初始化状态。当 DHCP 客户端首次启动时，处于初始化状态。客户机使用 UDP 端口 67 广播 DHCPDISCOVER 报文(带有 DHCPDISCOVER 选项的请求报文)。

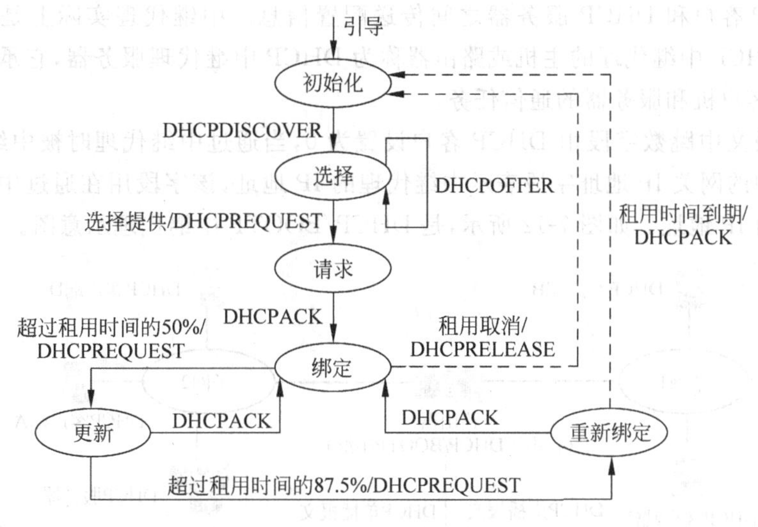

图 7-11 DHCP 客户端的状态转换图

(2) 选择状态。客户机发送 DHCPDISCOVER 报文后则进入选择状态。接收到 DHCPDISCOVER 的 DHCP 服务器,用 DHCPOFFER 进行响应。在这些报文中,DHCP 服务器提供了可用的 IP 地址及其租用期,其默认值一般为 1h。发送 DHCPOFFER 报文的服务器,会将提供的 IP 地址锁定,使该地址不会再提供给任何其他的客户。客户机在若干个 DHCP 服务器提供的 IP 地址中选择一个,并向所选择的服务器发送 DHCPREQUEST 报文,然后进入请求状态。如果客户没有收到 DHCPOFFER 报文,它会尝试 4 次,每一次间隔 2s。若仍然没有收到 DHCPOFFER 报文,客户将睡眠 300s 后再试。

(3) 请求状态。客户在发送 DHCPREQUEST 报文后则进入请求状态,一直停留在该状态,直到从服务器接收到 DHCPACK 报文为止。该报文在客户的物理地址和分配的 IP 地址之间进行了绑定。收到 DHCPACK 报文后,客户进入绑定状态。

(4) 绑定状态。在绑定状态下,客户在租用时间到期之前可以使用这个 IP 地址。当达到或超过租用时间的 50%时,客户会发送另一个 DHCPREQUEST 报文请求更新,客户进入更新状态。在绑定状态时,客户可以取消租用,并进入到初始化状态。

(5) 更新状态。在更新状态下,如果客户收到更新租用时间的 DHCPACK 报文,客户将计时器复位,然后回到绑定状态。如果没有收到 DHCPACK 报文,当达到或超过租用时间的 87.5%时,客户会进入重新绑定状态。

(6) 重新绑定状态。在重新绑定状态下,如果客户收到 DHCPNACK 报文或租用时间到期,则回到初始化状态,并尝试申请另一个 IP 地址。如果客户收到 DHCPACK,会进入到绑定状态,将计时器复位。

7.2.3 DHCP/BOOTP 中继代理

在大型的网络中,可能会存在多个子网。DHCP 客户机通过网络广播消息获得 DHCP 服务器的响应后得到 IP 地址。但广播消息是不能跨越子网的。因此,如果 DHCP 客户机和服务器在不同的子网内,则客户机无法获取 DHCP 服务。因此,需要使用 DHCP 中继代理向 DHCP 服务器申请 IP 地址。DHCP/BOOTP 中继代理是一台因特网主机或路由器,用于在DHCP客户和DHCP服务器之间传送配置信息。中继代理实际上是一种软件技术,安装了DHCP中继代理的主机或路由器称为DHCP中继代理服务器,它承担不同子网间的DHCP客户机和服务器的通信任务。

DHCP报文中跳数字段由DHCP客户设置为0,当通过中继代理时被中继代理使用。DHCP报文中的网关IP地址字段表示中继代理的IP地址,该字段用在通过中继代理时指定中继代理的IP地址。如图7-12所示,是DHCP/BOOTP中继代理示意图。

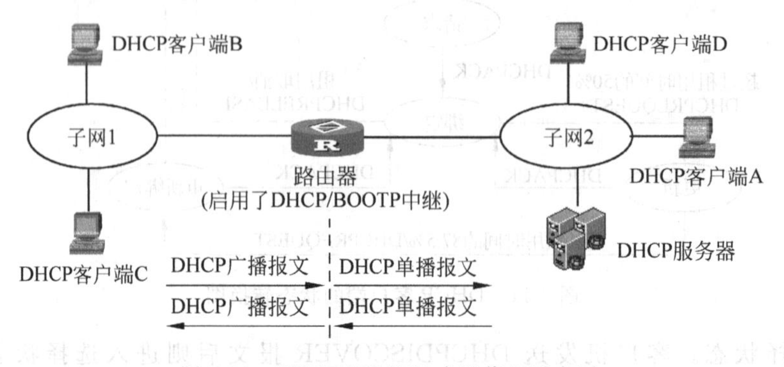

图7-12　DHCP/BOOTP中继代理示意图

图7-12中子网1中的客户端C从子网2中的DHCP服务器获得DHCP地址租约过程如下。

(1) DHCP客户端C使用UDP端口号67在子网1上用UDP数据报广播DHCP/BOOTP发现报文(DHCPDISCOVER报文)。

(2) 启用了DHCP/BOOTP中继代理功能的路由器收到该报文后,检测DHCP/BOOTP报文首部中的网关IP地址字段。如果该字段的IP地址0.0.0.0,则代理软件用中继代理或路由器的IP地址替换它,然后将其转发到DHCP服务器所在的子网2中。

(3) 子网2中的DHCP服务器收到此报文后,检测报文中的网关IP地址是否包含在DHCP服务器负责的地址范围内。如果DHCP服务器有多个DHCP地址范围,则请求报文中的网关IP地址用来确定从哪个DHCP地址范围中挑选IP地址并提供给客户。例如,如果网关IP地址字段为10.0.0.2/24,则DHCP服务器会检查其可用的地址范围中是否存在与其相匹配的地址范围,即DHCP服务器检查地址10.0.0.1～10.0.0.254是否属于自己负责的范围,若是(即存在匹配的地址范围),则DHCP服务器从匹配的地址范围内选择可用的IP地址提供给客户使用,否则发回拒绝报文。

(4) DHCP服务器将它所提供的IP地址租约(DHCPOFFER)直接发送给在网关IP地址字段中标识的中继代理。

(5) 路由器将地址租约(DHCPOFFER)以广播形式转发给DHCP客户端。因为客户端的IP地址仍旧无人知道,所以它必须在本地子网上以广播形式通知客户端。

本章要点

本章主要阐述了BOOTP协议和DHCP协议,介绍了这两种协议的基本概念、报文格式、主要报文、工作原理。简要介绍了DHCP/BOOTP中继代理的工作原理。

习题

一、单项选择题

1. 使用“DHCP 服务器”功能的好处是________。

A. 降低 TCP/IP 网络的配置工作量

B. 增加系统安全与依赖性

C. 对那些经常变动位置的工作站，DHCP 能迅速更新位置信息

D. 以上都是

2. 要实现动态 IP 地址分配，网络中至少要求有一台计算机的网络操作系统中安装________。

A. DNS 服务器　　B. DHCP 服务器

C. IIS 服务器　　D. PDC 主域控制器

3. 当 DHCP 客户计算机第一次启动或初始化 IP 时，将________消息广播发送给本地子网。

A. DHCP DISCOVER　　B. DHCP REQUEST

C. DHCP OFFER　　D. DHCP PACK

4. 客户机从 DHCP 服务器获得租约期为 16 天的 IP 地址，现在是第 10 天(即当租约过了一半的时候)，该客户机和 DHCP 服务器之间应互传________消息。

A. DHCP DISCOVER 和 DHCP REQUEST

B. DHCP DISCOVER 和 DHCP ACK

C. DHCP REQUEST 和 DHCP PACK

D. DHCP DISCOVER 和 DHCP OFFER

5. DHCP 作用域创建后，其作用域文件夹有四个子文件夹，其中存放可供分配的 IP 地址的是________文件夹。

A. 地址租约　　B. 地址池　　C. 保留　　D. 作用域选项

6. 输入________命令，可续订客户机的租约。

A. ipconfig　　B. ipconfig /release

C. ipconfig /all　　D. ipconfig /renew

7. DHCP 的作用是________。

A. 将 NetBIOS 名称解析成 IP 地址　　B. 将私有 IP 地址转换成公有地址

C. 将 IP 地址解析成 MAC 地址　　D. 自动将 IP 地址分配给客户计算机

8. 如果客户机同时得到多台 DHCP 服务器的 IP 地址，它将________。

A. 随机选择　　B. 选择最先得到的

C. 选择网络号较小的　　D. 选择网络号较大的

9. 某部门有越来越多的用户抱怨 DHCP 服务器自动分配的 IP 地址。因此，希望使用 Networking Monitor 来监视使用 DHCP 的客户和该 DHCP 服务器之间的通信。感兴趣的数据是 DHCP 客户的请求和服务器的拒绝信号。为了寻找排除故障的办法，应该监视的

DHCP 消息是________。

A. DHCPDISCOVER 和 DHCPREQUEST

B. DHCPREQUEST 和 DHCPNACK

C. DHCPACK 和 DHCPNACK

D. DHCPREQUEST 和 DHCPOFFER

10. 如果使用 DHCP 服务器自动分配 IP 地址,那么下列 IP 地址组中最好的选择是________。

A. 24.x.x.x　　B. 172.16.x.x　　C. 194.150.x.x　　D. 206.100.x.x

11. 某用户报告说他无法连接跨网段上的任何计算机。经调查发现,该计算机只能连接同一网段内的少数几台计算机,而不是全部。打开其 TCP/IP 属性对话框,发现它设置为自动获取 IP 地址,则故障的原因可能是________。

A. 该客户未在活动目录中授权　　B. DHCP 服务器没有为该用户保留

C. 默认网关的 IP 地址不正确　　D. 该客户不能连接 DHCP 服务器

12. 当 DHCP 服务器不在本网段的解决方法是________。

A. 设置 DHCP 中继代理　　B. 设置 WINS 代理

C. 无法解决　　D. 去掉路由

13. 如果要在一个由多网段组成的网络中使用 DHCP,则下列说法正确的是________。

A. 就必须在每个网段上各安装一台 DHCP 服务器

B. 保证路由器具有前向自举广播的功能

C. 可以多个网段使用同一个 DHCP 服务器

D. 在不同网段之间安装中继器

14. DHCP 服务器初始化分配 IP 地址的过程分为 4 个步骤,这 4 个步骤中数据报的类型为________。

A. 4 个步骤全部以广播的形式进行

B. 4 个步骤全部以直接帧(有明确的目的地地址和源地址)形式进行

C. 4 个步骤前两个是广播,后两个是直接帧

D. 4 个步骤前两个是直接帧,后两个是广播

15. 某客户机被配置为自动获取 TCP/IP 配置,并且,当前正使用 169.254.0.0 作为 IP 地址,子网掩码为 255.255.0.0。默认网关的 IP 地址没有提供。客户机是在缺少 DHCP 服务器的情况下生成这个 IP 地址的。当网络上的 DHCP 服务器可用时,将会________。

A. 该客户将会从 DHCP 服务器处取得 TCP/IP 配置

B. 该客户将会从 DHCP 服务器处取得默认网关的 IP

C. 当前地址将会被添加到该网段的 DHCP 作用域

D. 当前 IP 地址将被作为客户保留添加到 DHCP 作用域

二、综合应用题

1. 简述 BOOTP 协议与 RARP 协议的异同。

2. BOOTP 客户收到广播应答时,如何判断这个应答是不是发给自己的?

3. BOOTP 协议和 DHCP 协议在报文格式上存在哪些主要区别？
4. DHCP 协议用在什么情况下？
5. 简述 DHCP 的工作过程。
6. 简述 DHCP/BOOTP 中继代理的工作过程。

实验 动态主机配置协议(DHCP)

一、实验目的

1. 掌握 DHCP 的报文格式
2. 掌握 DHCP 的工作原理

二、实验准备

动态主机配置协议(DHCP)提供了一种动态绑定 IP 地址的机制。DHCP 主要用于大型网络环境和配置 IP 比较困难的地方。DHCP 服务器自动为客户端指定 IP 地址，使得网络上的计算机通信变得方便且容易实现。DHCP 使 IP 地址可以租用，租期从 1 分钟到 100 年不定，当租期到期时，服务器可以把这个 IP 地址分配给别的主机使用。

DHCP 使用 UDP 协议封装，使用 UDP 的熟知端口 67 和 68。

静态地址分配方法将物理地址与 IP 地址绑定在一起，DHCP 服务器将这个绑定文件存放在静态数据库中。当有主机请求 DHCP 服务器分配 IP 时，DHCP 服务器首先检查静态数据库。若静态数据库存在所请求的物理地址条目，则将相应的 IP 地址返回给客户。

DHCP 服务器还有第二个数据库，它拥有可用 IP 地址池。当一个 DHCP 客户请求临时的 IP 地址时，DHCP 服务器就查找可用 IP 地址池，然后指派在可协商的期间内有效的 IP 地址。

从 DHCP 服务器获得的动态 IP 地址是临时地址。DHCP 发出一个租用，指明了租用的时间，当租用时间到了，客户就更新租用或者停止使用这个 IP 地址。服务器对更新可选择同意或不同意。若服务器不同意，客户就停止使用这个地址。

三、实验内容

1. 使用 DHCP 获取 IP 地址
2. 模拟重新登录

四、实验步骤

本实验中，每台主机为一组进行。

1. 使用 DHCP 获取 IP 地址

(1) 记下本机的 IP 地址，在命令行方式下，输入下面的命令：

netsh interface ip set address name="本机可用网卡的接口名" source=dhcp

(2) 启动协议分析器捕获数据,并设置过滤条件(提取 DHCP 协议)。

(3) 在命令行方式下,输入命令 ipconfig -release。

(4) 在命令行方式下,输入命令 ipconfig -renew。

(5) 查看 DHCP 会话分析,填写表 7-3。

表 7-3 使用 DHCP 获取 IP 地址实验结果

报文序号	操作码的值	DHCP 消息类型的值	租借时间的值(若有)	源 IP 地址	目的 IP 地址

(6) 等待时间超过租用时间(表 7-3 中的"租借时间"的值)的 50%后,查看捕获的数据报。

2. 模拟重新登录

本实验中,主机 A 和 B(主机 C 和 D,主机 E 和 F)为一组进行。

(1) 主机 A 启动协议编辑器,编辑一个 DHCP Request 数据报,其中,

① MAC 层。

- 源 MAC 地址:本机 MAC 地址。
- 目的 MAC 地址:服务器 MAC 地址。

② IP 层。

- 源 IP 地址:本机 IP 地址。
- 目的 IP 地址:服务器 IP 地址(172.16.0.254)。
- 总长度:IP 层及其上层协议长度。
- 校验和:在其他所有字段填充完毕后计算并填充。

③ UDP 层。

- 源端口:68。
- 目的端口:67。
- 有效负载长度:UDP 层及其上层协议长度。
- 计算校验和,其他字段默认。

④ DHCP 层。

- 操作码:1。
- 标志:0000。
- 客户端 IP 地址:主机 B 的 IP 地址(产生分配冲突)。
- 你的 IP 地址:0.0.0.0。
- 客户端硬件地址:本机的 MAC 地址。
- 追加选项块。
- 选项代码:53。
- 长度:1。
- DHCP 消息类型:3。

(2) 主机B启动协议分析器捕获数据并设置过滤条件(提取DHCP协议)。

(3) 发送主机A编辑好的数据报。

(4) 查看主机B捕获的数据。

五、思考题

1. DHCP协议适合于什么情况下使用？请举例说明。

2. DHCP协议为何使用67、68两个熟知端口进行UDP通信？

简单网络管理协议(SNMP)

简单网络管理协议(Simple Network Management Protocol,SNMP)是一种网络管理手段,是目前最流行的标准网络管理框架,是应用层上的协议,主要通过一组 Internet 协议及其所依附资源提供网络管理服务(主要用 UDP/IP 实现 Internet 上通信)。它提供了一个基本框架用来实现对鉴别、授权、访问控制以及网络管理实施等的高层管理。

SNMP 采用"管理进程—代理进程"模型来监视和控制 Internet 上各种可管理的网络设备。采用提取—存储模式来实现管理进程和代理进程间的网络管理。

SNMP 是一种已实现的标准网络管理框架,SNMP 参考模型说明了 SNMP 网络管理框架的一般化总体结构,包括系统中各个组成部分及其相互关系。SNMP 参考模型由 4 个主要部件构成,即互联网络、网络协议、网络管理进程、被管网络实体。

8.1 SNMP 基本概念

基于 TCP/IP 的网络管理包含两个部分：网络管理站(又称为管理单元)和被管的网络单元(或被管设备)。被管设备种类繁多,例如,路由器、终端服务器和打印机等。这些被管设备的共同点就是都运行 TCP/IP 协议。被管设备端和管理相关的软件叫做代理程序或代理进程。管理站一般都是带有彩色监视器的工作站,可以显示所有被管设备的状态(例如,连接是否掉线、各种连接上的流量情况等)。

基于 TCP/IP 的网络管理包含 3 个组成部分。

(1) 管理信息库(Management Information Base,MIB)。管理信息库存储了能够被管理进程查询和设置的信息。

(2) 管理信息结构(Structure of Management Information,SMI)。在 RFC1155 中规定了管理信息结构(SMI)的一个基本框架。它用于定义存储在 MIB 中的管理信息的语法和语义。

(3) 简单网络管理协议(Simple Network Management Protocol,SNMP)。SNMP 是网络管理的最重要的部分,它定义了网络管理主机与被管代理间的通信方法。

8.1.1 网络管理结构

在早期的许多广域网中,网络管理协议是作为链路层协议的一部分。由于网络管理工具位于低层协议部分,因此,即使高层协议出错,管理系统也能控制和管理交换设备。

目前,互联网与同构的广域网不同,它的链路层采用的协议不是单一的。互联网由通过IP路由器互连的多个物理网组成,因此,互联网管理与早期的网络管理是不同的。主要体现在以下几个方面。

(1) 单一的管理系统就能够管理和控制异构的网络设备,包括IP路由器、网桥、交换机、计算机、网络打印机和调制解调器等。

(2) 被管理的实体可能采用不同的链路层协议。

(3) 管理系统的管理对象集合可能位于互联网上的任意位置。

(4) 实施管理的计算机可能有多台,而且能够位于不同的物理网上。

因此,互联网上的管理协议位于传输层之上的应用层,使用TCP/IP协议实现端到端通信,从而能够适应不同的物理网络和设备环境。

互联网管理软件工作在应用层具有以下几个优点。

(1) 协议可以设计成与网络硬件无关,因此,一组协议能够用于各种网络环境。

(2) 协议与被管的物理设备无关,因此,可以通过同一协议管理所有被管设备。

(3) 管理软件使用IP进行通信,管理系统与被管设备可以不在同一网络,这意味着网络管理系统能够在一个物理网络上管理整个互联网上的设备。

但是这种应用层的网络管理系统也存在缺点。网络管理系统正常运行的前提必须是操作系统、IP软件和传输协议软件等都正常工作,这样就对整个系统正常工作的条件提出了较高的要求。基于TCP/IP的网络管理的结构模型,如图8-1所示。

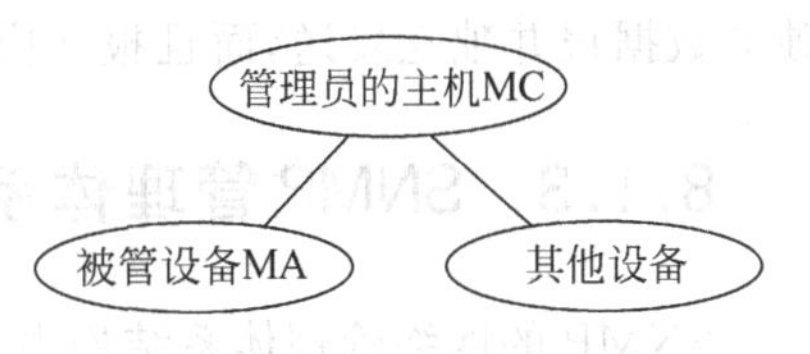

图8-1 网络管理结构模型

图中的网络管理员主机上运行网络管理的客户软件(Management Client,MC),而每个被管理设备上运行管理代理(Management Agent,MA)。

Internet管理软件使用授权机制保证只有授权的用户才能访问或管理某个设备,解决了网络管理功能和网络安全的矛盾。

1987年11月IETF发布了简单网关监控协议(Simple Gateway Monitoring Protocol,SGMP),提供了一个直接监控网关的方法。在此基础上还有三个方法:主机监控协议一般化的高层实体管理系统工程(High-level Entity Management System,HEMS);SGMP升级版的简单网络管理协议(Simple Network Management Protocol,SNMP)和基于TCP/IP的公共管理信息协议(Common Management Information Protocol/Common Management Over TCP/IP,CMIP/CMOT)。其中CMIP网络管理体系结构对系统模型、信息模型和通信协议几个方面提出了比较完备和理想的方案。

1988年,互联网络活动会议(Internet Activities Board,IAB)确定了将SNMP作为网络管理的近期解决方案,很快普通用户也选择了SNMP作为标准的管理协议。

8.1.2 SNMP体系结构

SNMP是使网络设备彼此可以交换管理信息,使网络管理员能够了解网络的性能、定位和解决网络故障,进行网络规划。SNMP体系结构一般分为管理(Manager)和代理

(Agent),每一个支持网络管理协议的网络设备中都包括一个代理,此代理随时记录网络设备的各种情况,网络管理程序再通过网络管理协议中的通信协议查询或修改代理所记录的信息。

SNMP体系结构如图8-2所示,它一般是非对称的,即Manager实体和Agent实体被分别配置。配置Manager实体的系统被称为管理站,配置Agent实体的系统被称为代理,管理站可以向代理下达操作命令,访问代理所在系统的管理体制对象。

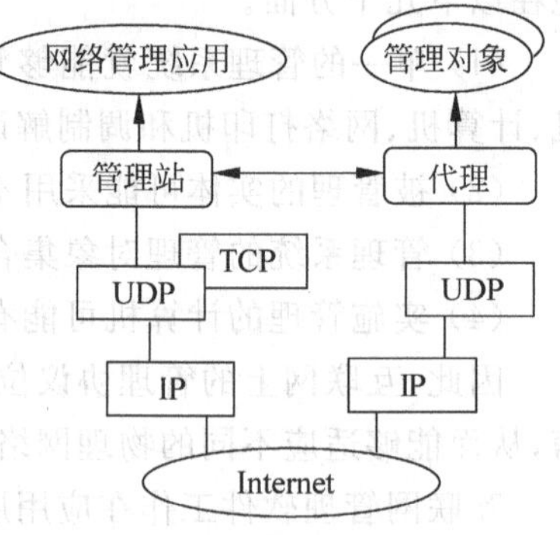

图8-2 SNMP体系结构

由于SNMP定义为应用层协议,所以它依赖于UDP数据报服务。同时SNMP实体向管理应用程序提供服务,它的作用是把管理应用程序的服务调用变成对应的SNMP数据单元,并利用UDP数据报发送出去。SNMP之所以选择UDP而不是TCP,是因为UDP效率比较高,这样实惠网络管理就不会过多地增加网络负载。但由于UDP是不可靠传输,所以SNMP报文容易丢失,因此,对SNMP实惠的建议是对每个管理信息要装配单独的数据报并独立发送,而且报文应短小,不超过484字节。

8.1.3 SNMP管理体系结构

SNMP的网络管理体系结构由3个关键元素组成,即网元、代理(Agent)和网络管理系统(Network-Management System,NMS)。

网元即被管的设备,如路由器、交换机、网桥、集线器、打印机等网络设备,网元负责收集和存储管理信息。

代理是安装在被管设备中的管理软件模块,它掌握本地的网络管理信息,并将此信息转换成SNMP兼容的形式,在网络管理系统发出请求时做出相应。管理代理软件可以获得本地设备的运转状态、设备特性、系统配置等相关信息。管理员也可以通过设置某个管理信息数据库对象来命令代理进行某种操作。

网络管理系统监控和管理被管设备,提供网络管理所需的处理和存储资源。网络管理员通过发送命令要求被管设备改变其某个或多个变量的值。网络管理系统与被管设备之间的交互命令有读、写、遍历操作及Traps。其中读和写命令是通过读取和写入被管设备中的各种变量来监视和控制被管设备。遍历操作是用来确定被管设备支持的变量,以便在被管设备的变量表(如IP路由表)中收集信息。被管设备利用Traps异步地向网络管理系统报告所确定的各种事件。

SNMP的协议环境如图8-3所示。

从管理站发出三类与管理应用有关的SNMP的消息:GetRequest、GetNextRequest、SetRequest。三类消息都由代理者用GetResponse消息应答,该消息被上交给管理应用。另外,代理者可以发出Trap消息,向管理者报告有关MIB及管理资源的事件。

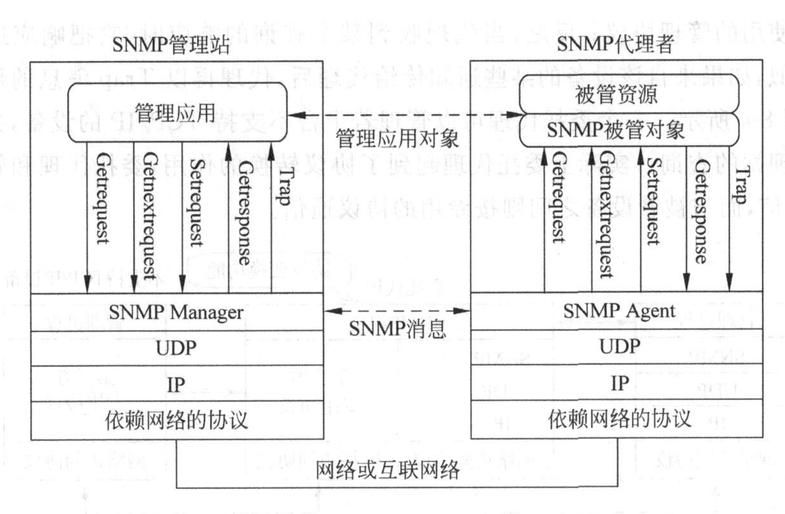

图 8-3 SNMP 协议环境

8.1.4 TRAP 导致的轮询

从被管设备中收集数据的方法有两种：一种是轮询(Polling)方法；另一种是基于中断(Interrupt-based)的方法。网络管理员通过向代理的管理信息库(MIB)发出查询命令获得代理软件收集的各项统计数据，评价网络的运行状况，并预测通信的趋势，如哪一个网段接近通信负载的最大值或证实通信出错等。多久轮询一次，轮询时选择什么样的设备顺序都会对轮询的结果产生影响。另一方面，当有异常事件发生时，基于中断的方法可以立即通知网络管理工作站，实时性很强，但产生错误或自陷需要消耗系统资源。

因为管理站要管理相当多的代理，而每个代理维护的对象数量又非常大，在实现过程中，管理站不可能频繁定期轮询全部代理中对象的数据，为此，SNMP 采用了一种不完全的轮询协议，它允许某些未经询问发送的信息，这种信息称为 Trap 机制。其工作机制如下：在初始化阶段，或者每隔一段较长时间，管理站通过轮询所有代理来了解某些关键信息，一旦了解到这些信息，管理站可以不再进行轮询；网络运行过程中，每个代理负责向管理站通知可能出现的异常事件，这些消息通过 Trap 消息传递；一旦管理站得到一个意外事件的通知，它可能采取一些动作，如直接轮询报告该事件的代理或轮询与该代理邻近的一些代理，以便取得更多有关该意外事件的特定信息。由 Trap 导致的轮询有助于大量节省网络带宽和降低代理的响应时间，尤其是管理站不需要的管理信息不必通过网络传递，代理也可以不用频繁响应那些不感兴趣的请求。

8.1.5 委托

SNMP 要求所有的代理设备和管理站都必须支持 TCP/IP，对于不支持 TCP/IP 的设备(如某些网桥、调制解调器、个人计算机和可编程控制器等)，不能直接用 SNMP 进行管理，因此，为了管理那些没有实现 SNMP 管理的设备，可以引入委托，即 SNMP 代理代表了被委托的设备，管理站给它的委托代理发送关于该设备的查询，委托代理再把每个查询转换为该设备所使用的管理协议；反之，当代理收到某个查询的响应时，它把响应递交给管理站。与此相似，如果来自该设备的某些通知传给代理后，代理再以 Trap 消息的形式发送给管理站，如图 8-4 所示。一个委托代理可以管理若干台不支持 TCP/IP 的设备，并代表这些设备接收管理站的查询。实际上委托代理起到了协议转换的作用，委托代理和管理站之间按 SNMP 通信，而与被管设备之间则按专用的协议通信。

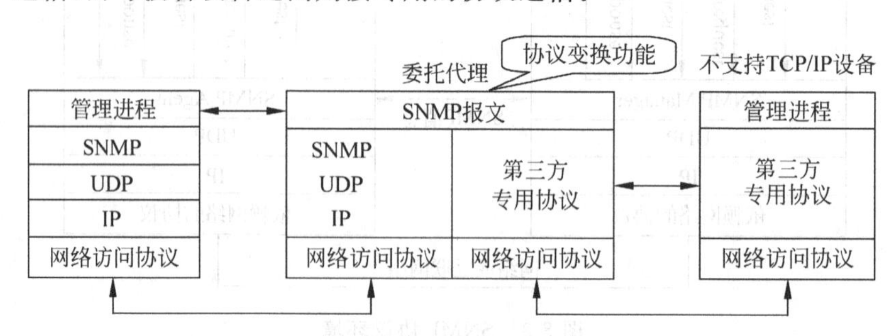

图 8-4 委托代理

在一种 SNMP 访问策略中，SNMP 代理所在的网络元素上并不包含共同体描述表所指定的 MIB 视图，则该访问策略被称为 SNMP 委托访问策略。委托访问策略中的 SNMP 代理被称为 SNMP 委托代理。

SNMP 委托代理使网络管理站点(NMS)能够监控 SNMP 所不可寻址的网络元素(NE)。如果 SNMP NMS 需要管理不支持 SNMP 协议的网络，而该网络又具有自身的网络管理机制，就可以在被管理网络的 NMS 上安装 SNMP 委托代理。由该代理执行协议转换，将 SNMP NMS 的管理请求转换为不支持 SNMP 协议网络的管理技术，使得该网络能纳入开放式 SNMP 环境中来。因此，SNMP 委托代理对集成化网络管理的实现有很大的作用。

8.2 SNMP 协议

8.2.1 SNMP 协议概述

网络管理的 TCP/IP 标准是简单网络管理协议(Simple Network Management Protocol，SNMP)。该协议已经发展了三代，当前版本为 SNMPv3，前两个版本为 SNMPv1 和 SNMPv2。

SNMP 采用的网络管理方法十分简单，它的所有操作都可用“取-存”模式来表示，而不必定义大量的操作。从概念上讲，SNMP 只包含两个命令，一个是允许管理系统从数据项中读取值；另一个是将值存储到数据项中。

这种模式的优点是稳定性、简单性和灵活性都很好。

(1) 从稳定性来看，如果 SNMP 增加一些管理的数据项，对 SNMP 的操作定义没有影响。

(2) 从简单性来看，SNMP 易于实现、理解和调试，避免了每个命令特殊处理的复杂性。

(3) 从灵活性来看,它可以适应各种管理命令。

SNMP 提供的操作主要有以下方式,如表 8-1 所示。

表 8-1　SNMP 提供的操作

命　令	含　义
get-request	从一个指明的变量读取值
get-next-request	读取一个值但不知道准确的名字
get-bulk-request	读取大容量数据
response	对以上任何请求的响应
set-request	将一个值存到一个指明的变量中
inform-request	引用第三方数据
snmpv2-trap	由事件触发的应答
report	现在还未定义

8.2.2 管理信息库

为了管理互联网上的设备,必须通过一定的方法来描述被管理设备的细节,这个标准就是管理信息库(Management Information Base,MIB),它定义被管理的设备必须保存的数据项、允许对每个数据项进行的操作及其含义。

用于 TCP/IP 的 MIB 将管理信息划分为许多类。指明数据项的标识符包含一个类别的代码。如表 8-2 所示,描述的是 MIB-2 中一些常见的类别。

表 8-2　MIB 类别描述

MIB 类别及值	包含的相关信息
System(1)	主机或路由器的操作系统
Interface(2)	各个网络接口
At(3)	地址转换
Ip(4)	Internet 协议软件
Icmp(5)	Internet 控制报文协议软件
Tcp(6)	传输控制协议软件
Udp(7)	用户数据报协议软件
egp(8)	外部网关协议软件
Cmot(9)	基于 TCP/IP 的公共管理信息服务与协议
Transmission(10)	传输协议软件
Snmp(11)	简单网络管理软件

MIB 的定义与网络管理协议是无关的。这样,产品中采用的网络管理软件不会因为 MIB 项目的增加而发生变化,使用同一个网络管理软件也能够管理具有不同版本的 MIB 的多个设备。

早期版本的网络管理协议 SNMPv1 和 SNMPv2 将变量收集到一个大的 MIB 中,并收录在一个 RFC 文档中。到 MIB 的第二版(MIB-2)时,IETF 采取了不同的方法,它允许发布许多单独的 MIB 文档,每个文档指定特定类型设备的变量。目前有超过 100 个 MIB 的文档,总共有超过 10 000 个 MIB 的变量。部分 MIB-2 变量的示例如表 8-3 所示。

表 8-3 MIB 变量的示例

MIB 变量	类别及值	含义
sysUpTime	System(3)	距上次重新启动的时间
ifNumber	Interface(1)	网络接口数
ifMtu	ifEntry(4)	某特定接口的 MTU
ipDefaultTTL	Ip(2)	IP 在寿命字段中使用的值
ipInReceives	Ip(3)	接收到的数据报数目
ipForwDatagrams	Ip(6)	转发的输入数据报数目
ipOutNoRoutes	Ip(12)	路由失败而被丢弃的 IP 数据报数目
ipReasmOKs	Ip(15)	成功重组的 IP 数据报数目
ipFragOKs	Ip(17)	分片的数据报数目
ipRoutingTable	Ip(21)	IP 路由表
icmpInEchos	Icmp(8)	接收的 ICMP 回送请求数目
tcpRtoMin	Tcp(2)	TCP 允许的最小重传超时时间
tcpMaxConn	Tcp(4)	允许的最大 TCP 连接数目
tcpInSegs	Tcp(10)	已收到的 TCP 报文段数目
udpInDatagrams	Udp(1)	已收到的 UDP 数据报数目
egpInMsgs	Egp(1)	已收到的 EGP 消息的数目

8.2.3 管理信息结构

除了指定 MIB 变量及其含义的标准以外,还有一个标准指明一组定义和识别 MIB 变量的规则。这些规则称为管理信息结构(Structure of Management Information,SMI)。SMI 为了简化网络管理协议,限制了 MIB 中变量的类型和命名规则,以及创建定义变量类型的规则。

SMI 使用 ISO 的抽象语法记法 1,即 ASN.1(Abstract Syntax Notation 1)定义和引用所有 MIB 变量。ASN.1 是一种形式语言,使用它的目的是为了消除异构网络环境下,不同计算机描述同一内容的二义性,从而实现异构计算机数据项的相同表示。此外,ASN.1 还有助于简化网络管理协议的实现和保证互操作性,它严格定义了如何对报文中的一个名字和数据项进行编码。

MIB 变量使用的名字取自 ISO 和 ITU 管理的对象标识符的名字空间,其描述如同一个树型结构,如图 8-5 所示。

图 8-5 中描述的 IP 地址下 MIB 变量 ipInReceives 的名字为:

```
iso.org.dod.internet.mgmt.mib.ip.ipInReceives
```

相应的数字表示为:1.3.6.1.2.1.4.3。

如图 8-6 所示的是一个 IP 地址表描述的例子,可以看出,图中每一项的定义都可以逐步精确。

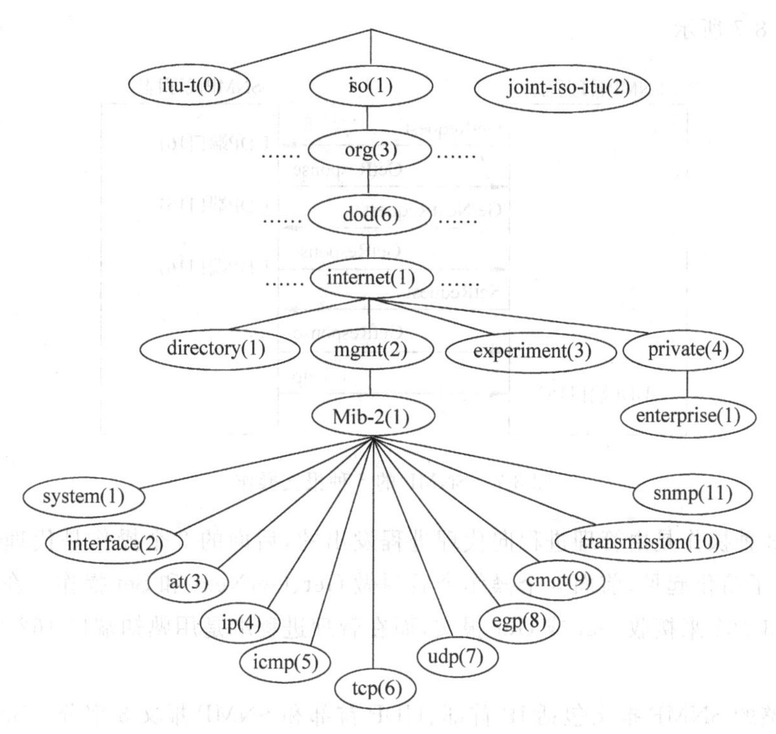

图 8-5 ASN.1 树及 MIB-2 的树结构

```
ipAddrTable:: = SEQUENCE{
  ipAdEntAddr  IpAddress,
  ipAdEntIndex  INTEGER,
  ipAdEntNetMask  IpAddress,
  ipAdEntBcastAddr  IpAddress,
  ipAdEntReasmMaxSize  INTEGER(0..65535)
}
```

图 8-6 ASN.1 记法描述 MIB 变量的例子

8.2.4 SNMP 协议操作

SNMP 为应用层协议，它通过 UDP 来操作，用于管理站和被管理设备的代理之间交互 MIB 库中的管理信息。SNMP 定义了 5 种管理进程与代理进程之间进行交互的操作。

(1) GetRequest：从代理进程处提取一个或多个参数值。

(2) GetNext-Request：从代理进程处提取一个或多个参数的下一个参数值。

(3) SetRequest：设置代理进程的一个或多个参数值。

(4) RetResponse：它是前 3 个操作的响应操作，返回一个或多个参数值。

(5) Trap：代理进程发出的报文，通知管理进程有某种事情发生。

8.2.5 SNMP 协议数据单元

SNMP 规定了 5 种协议数据单元 PDU(即 SNMP 报文)，用来在管理进程和代理之间的交换,如图 8-7 所示。

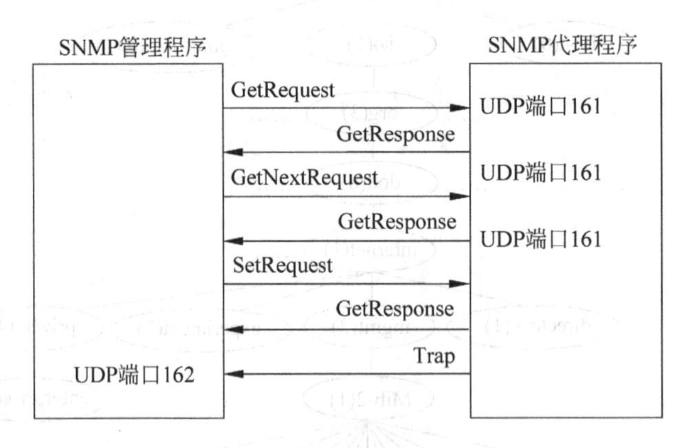

图 8-7 SNMP 的 5 种报文操作

前面的 3 种操作是由管理进程向代理进程发出的,后面的 2 个操作是代理进程发给管理进程的,为了简化起见,前面 3 个操作今后叫做 Get、GetNext 和 Set 操作。在代理进程端是用熟知端口 161 来接收 Get 或 Get 报文,而在管理进程端是用熟知端口 162 来接收 Trap 报文。

一个完整的 SNMP 报文包括 IP 首部、UDP 首部和 SNMP 报文 3 部分。SNMP 报文由公共 SNMP 首部、Get/Set 首部/Trap 首部和变量绑定 3 个部分组成。SNMP 报文格式如图 8-8 所示。

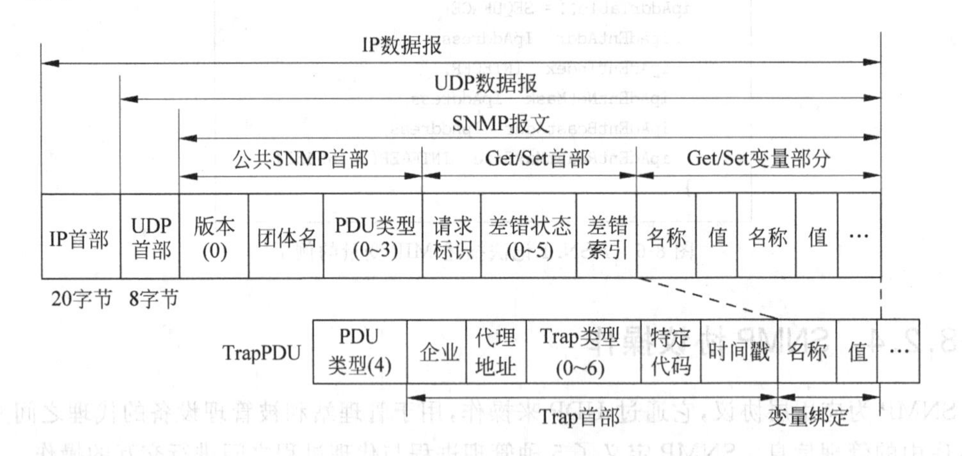

图 8-8 SNMP 报文格式

(1) 公共 SNMP 首部。SNMP 报文的公共首部包括以下 3 个字段。

① 版本:写入版本字段的是版本号减 1,对于 SNMP(即 SNMPv1)则应写入 0。

② 团体名(Community):团体名是一个字符串,作为管理进程和代理进程之间的明文口令,常用的是 6 个字符 public。

③ PDU 类型:共有 5 种类型。根据 PDU 的类型,填入 0~4 中的一个数字,其对应关系如表 8-4 所示。

表 8-4 PDU 类型

PDU 类型	名 称	PDU 类型	名 称
0	GetRequest	3	SetRequest
1	GetNextRequest	4	Trap
2	GetResponse		

(2) Get/Set 首部。

① 请求标识(request ID)：这是由管理进程设置的一个整数值，用于区分不同的请求。代理进程在发送 GetResponse 报文时也要返回此请求标识符。管理进程可同时向许多代理发出 Get 报文，这些报文都使用 UDP 传送，先发送的有可能后到达。设置了请求标识符可使管理进程能够识别返回的响应报文对应哪一个请求报文。

② 差错状态(error status)：由代理进程回答时填入 0～5 中的一个数字，如表 8-5 所示的差错状态描述。

表 8-5 差错状态描述

差错状态	名 字	说 明
0	noError	一切正常
1	tooBig	代理无法将回答装入到一个 SNMP 报文之中
2	noSuchName	操作指明了一个不存在的变量
3	badValue	一个 set 操作指明了一个无效值或无效语法
4	readOnly	管理进程试图修改一个只读变量
5	genErr	某些其他的差错

③ 差错索引(error index)：当出现 noSuchName、badValue 或 readOnly 的差错时，代理进程在回答时设置一个整数，它指明有差错的变量在变量列表中的偏移。

(3) Trap 首部。指 TrapPDU 报文的首部。

① 企业(enterprise)：填入 Trap 报文的网络设备的对象标识符。

② 代理地址(agent-addr)：产生陷入的代理 IP 地址。

③ Trap 类型(generic-trap)：SNMP 定义的陷入类型，共分为 7 种，如表 8-6 所示。

表 8-6 Trap 类型描述

Trap 类型	名 字	说 明
0	coldStart	代理进行了初始化
1	warmStart	代理进行了重新初始化
2	linkDown	一个接口从工作状态变为故障状态
3	linkUp	一个接口从故障状态变为工作状态
4	authenticationFailure	从 SNMP 管理进程接收到具有一个无效共同体的报文
5	egpNeighborLoss	一个 EGP 相邻路由器变为故障状态
6	enterpriseSpecific	代理自定义的事件，需要用后面的“特定代码”来指明

当使用上述类型 2、3、5 时，在报文后面变量部分的第一个变量应标识响应的接口。

④ 特定代码(specific-code)：指明代理自定义的时间(若 Trap 类型为 6)，否则为 0。

⑤ 时间戳(timestamp):指明自代理进程初始化到 Trap 报告的事件发生所经历的时间,单位为 10ms。例如,时间戳为 1908 表明在代理初始化后 1908ms 发生了该时间。

(4) 变量绑定(variable-bindings)。指明一个或多个变量的名和对应的值,说明要检索或设置的所有变量及其值。在 Get 或 Get-next 报文中,变量的值应为 0。

8.2.6 SNMP 报文的发送与接收

SNMP 报文在管理站和代理之间传送,包含 GetRequest、GetNextRequest 和 SetRequest 的报文由管理站发出,代理以 GetResponse 响应。Trap 报文由代理发给管理站,不需要应答。一般来说,管理站可连续发出多个请求报文,然后等待代理返回应答报文。如果在规定的时间内收到应答,则按照请求标识进行配对,亦即应答报文必须与请求报文有相同的请求标识。

(1) 生成和发送 SNMP 报文。生成和发送 SNMP 报文过程如图 8-9 所示。一个 SNMP 实体发送 SNMP 报文时执行过程如下。

① 首先按照 ASN. 1 的格式构造 PDU,交给认证进程。

② 然后认证进程检查源和目标之间是否可以通信,如果通过这个检查,是把有关信息(版本号、团体名和 PDU)组装成报文。

③ 最后经过 BER 编码(基本编码规则),将报文交传输实体发送出去。

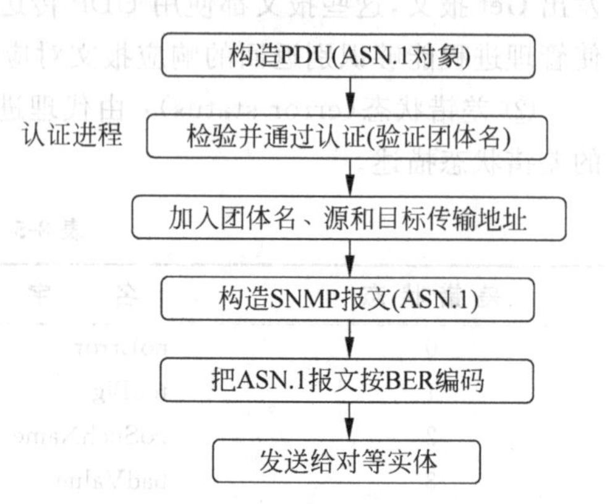

图 8-9 生成和发送 SNMP 报文

(2) 接收和处理 SNMP 报文。接收和处理 SNMP 报文过程如图 8-10 所示。一个 SNMP 实体接收到 SNMP 报文时执行过程如下。

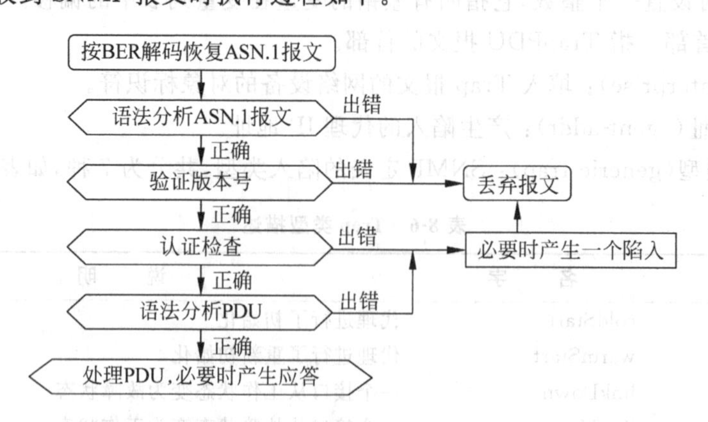

图 8-10 接收和处理 SNMP 报文

① 首先按照 BER 解码规则恢复 ASN. 1 报文。

② 然后对 ASN. 1 报文进行语法分析,验证版本号和认证信息等,根据验证结果执行下面步骤。

③ 如果通过分析和验证,则分离出协议数据单元(PDU)并进行语法分析,必要时经过

适当处理后返回应答报文。

④ 如果认证检验失败,则可以生成一个陷入报文(Trap 报文),向发送站报告通信异常情况。

无论何种检验失败,都丢弃报文。

8.3 SNMPv2 协议

1993 年,SNMP 的改进版 SNMPv2 开始发布,从此,原来的 SNMP 便被称为 SNMPv1。最初的 SNMPv2 最大的特色是增加了安全特性,因此被称为安全版 SNMPv2,但是 SNMPv2 没有得到厂商和用户的积极响应,并且也发现自身还存在一些严重缺陷。因此,在 1996 年正式发布的 SNMPv2 中,安全特性被删除。这样,SNMPv2 对 SNMPv1 的改进程度便受到了很大的削弱。

总的来说,SNMPv2 的改进主要有以下 3 个方面:

(1) 支持分布式管理。

(2) 改进了管理信息结构。

(3) 增强了管理信息通信协议的能力。

8.3.1 SNMPv2 协议数据单元

在通信协议操作方面,最引人注目的变化是增加了两个新的 PDU GetBulk Request 和 Inform Request。前者使管理者能够有效地提取大块的数据,后者使管理者能够向其他管理者发送 Trap 信息,所有这些信息交换都利用 SNMPv2 通信协议实现。与 SNMPv1 相同,SNMPv2 协议仍是一个简单的请求(request)/应答(response)型协议。

8.3.2 分散网络管理

SNMPv1 采用的是集中式网络管理模式。网络管理站的角色由一个主机担当。其他设备(包括代理者软件和 MIB)都由管理站监控。随着网络规模和业务负荷的增加,这种集中式的系统已经不再适应需要。管理站的负担太重,并且来自各个代理者的报告在网上产生大量的业务量。而 SNMPv2 不仅可以采用集中式的模式,也可以采用分布式模式。在分布式模式下,可以有多个顶层管理站,被称为管理服务器,每个管理服务器可以直接管理代理者。同时,管理服务器也可以委托中间管理者担当管理者角色监控一部分代理者。对于管理服务器,中间管理器又以代理者的身份提供信息和接受控制。这种体系结构分散了处理负担,减小了网络的业务量。

8.3.3 安全功能

SNMPv1 采用了“共同体”的字段作为管理进程和代理进程的鉴别密码,只有具有相应的“共同体名”,才有访问权限,这种方式只是简单的明文交换方式;在 SNMPv2 中,安全问题得到了明显的加强,能够以事务为单位设置安全模式,并且定义了 MD5 认证和 DES 加密。

8.3.4 数据传输

SNMPv2 提供了批量传输等功能扩展，SNMPv2 还定义了两个新的协议操作：GetBulk 和 Inform。GetBulk 操作被用于 NMS 高效地获取大量的块数据，如一个表中的多行。GetBulk 在适合的情况下尽可能多地将请求数据填充到返回的响应消息中。Inform 操作允许一个 NMS 发送 Trap 消息给其他的 NMS，再接收响应。在 SNMPv2 中，如果 agent 响应 GetBulk 操作不能提供列表中全部变量的值，则它返回所能提供部分的变量的值，这是与 Get 操作的不同之处。

8.4 SNMPv3 协议简介

为了克服 SNMPv1/v2 在安全性方面的缺点，SNMPv3 可以认为是 SNMPv2 加上管理和安全性。

SNMPv3 包括 3 种重要的服务，即身份验证、加密和接入控制。SNMPv3 的实现采用了模块化的方法。每个 SNMP 实体包括一个 SNMP 引擎。SNMP 引擎的功能包括发送和接收信息、身份验证、对信息进行加密和解密及对特定的对象进行接入控制。多个由 SNMP 引擎配置并提供服务的应用构成一个 SNMP 实体。

这种模块化结构具有很多优点。例如，我们可以在某些特定的方面采用一些 SNMP 的增强功能（如未来升级到 SNMPv4），同时，不必对整个系统进行升级。

本章要点

SNMP 是由一系列协议组和规范：管理信息库（MIB）、管理信息的结构和标识（SMI）及简单网络管理协议（SNMP）组成，它们提供了一种从网络上的设备中收集网络管理信息的方法。SNMP 也为设备向网络管理工作站报告问题和错误提供了一种方法。

SNMP 的三个关键元素：网元、代理（Agent）和网络管理系统（NMS）。

SNMP 的五种协议操作：Get-request、Get-next-request、Set-request、Get-response 和 Trap。

SNMPv2 的三个改进：支持分布式管理、改进了管理信息结构、增强了管理信息通信协议的能力。

习题

一、单项选择题

1. SNMP 协议实体发送请求和应答报文的默认端口号是________。

A. 160　　B. 161　　C. 162　　D. 163

2. SNMP 代理发送陷阱报文（Trap）的默认端口号是________。

A. 160　　B. 161　　C. 162　　D. 163

3. SNMPv1 规定了管理对象的语法和语义，________主要说明了怎样定义管理对象和怎样访问管理对象。

A. SMI　B. RMON　C. CMIS　D. CMIP

4. 由于 SNMP 是为应用层协议，所以它选择________协议用于数据报服务。

A. TCP　B. UDP　C. FTP　D. HTTP

5. SNMPv1 使用________进行报文认证，这个协议是不安全的。

A. 版本号(Version)　B. 协议标识(Protocol ID)

C. 团体名(Community)　D. 制造商标识(Manufacture ID)

6. SNMP 的________以明文的形式传输，很容易被第三者所窃取，这也是 SNMP 的简单性所使然。

A. 用户名　B. 共享密钥　C. 团体名　D. 报文认证

7. SNMP 使用________，将所有被管理对象组织成树型结构。

A. VACM　B. MIB-2　C. USM　D. RFC

8. SNMP 的网络管理模型有 3 个关键元素组成：被管的设备、________和网络管理系统。

A. 用户　B. 密钥　C. 信息库　D. 代理

9. SNMP 将________作为全局标识符，是一种简单的身份认证手段。

A. 用户名　B. 共享密钥　C. 团体名　D. 报文认证

10. SNMP 提供的认证和控制机制是最基本的________验证功能。

A. 用户名　B. 共享密钥　C. 团体名　D. 报文认证

11. SNMP 协议应用的传输层协议为________。

A. TCP　B. UDP　C. SNMP　D. IP

12. 下列________不是 SNMP 的报文。

A. Get-request　B. Get-next-request

C. Set-request　D. Set-next-request

13. 可以发出 SNMP GetRequest 的网络实体是________。

A. Agent　B. Manager　C. Client　D. 以上都不对

14. Agent 是承载在________之上，通过________号端口进行通信。

A. TCP,161　B. TCP,162　C. UDP,161　D. UDP,162

15. TRAP 上报是通过________的________端口。

A. UDP,161　B. UDP,162　C. TCP,161　D. TCP,162

16. 以下关于 SNMP(Simple Network Management Protocol)说法错误的是________。

A. 目标是保证管理信息在任意两点中传送，便于网络管理员在网络上的任何节点检索信息，进行修改，寻找故障

B. 它采用轮询机制，提供最基本的功能集

C. 易于扩展，可自定义 MIB 或者 SMI

D. 它要求可靠的传输层协议 TCP

17. 在 Internet 网络管理的体系结构中，SNMP 协议定义在________。

A. 网络接口层　B. 网际层　C. 传输层　D. 应用层

18. 关于网络管理框架,下面描述正确的是________。

A. 管理功能全部由管理站完成

B. 管理信息无须存储在数据库中

C. 提供用户接口和用户视图功能

D. 需要底层的操作系统提供基本管理操作

19. 在代理和监视器之间的通信中,代理主动发送信息给管理站的通信机制是________。

A. 轮询　　B. 事件报告　　C. 定时报告　　D. 预警

20. SNMP 报文的组成部分包括________。

A. 版本号、团体号、MIB

B. 版本号、主机号、协议数据单元(PDU)

C. 版本号、团体号、协议数据单元(PDU)

D. 版本号、用户号、协议数据单元(PDU)

二、综合应用题

1. 试分别画出5种管理进程与代理进程之间进行的交互操作图。
2. SNMPv2 对 SNMPv1 的改进有哪些方面?
3. SNMPv3 的安全考虑有哪些方面?
4. 试画出 SNMP 的报文格式并简要地对字段进行说明。
5. 简述 SNMP 协议实体发送报文的过程。

实验　简单网络管理协议(SNMP)

一、实验目的

1. 掌握 SNMP 的报文格式
2. 掌握 SMI 定义的规则
3. 掌握 MIB 定义的结构
4. 理解 SNMP 的工作原理

二、实验准备

1. 实验环境

本实验采用网络结构一。各主机打开协议分析器,验证网络结构一的正确性。

2. SNMP 简介

简单网络管理协议(SNMP)是专门用于在 IP 网络中管理网络节点的一种标准协议。它用于在 SNMP 代理和 SNMP 管理器之间传送管理信息。

3. SNMP 报文格式

SNMP 有5种报文,它们封装在 UDP 数据报中,它们都有公共 SNMP 首部,然后是不同的 PDU(其中 Get、Get-next、Set 的 PDU 部分是相同的)。管理进程发出的 Get、Get-next、Set 操作采用 UDP 端口 161，代理进程发出的 Trap 操作采用 UDP 的 162 端口。另外，SNMP 报文的编码采用 ASN.1 和 BER。SNMP 报文格式参见教材如图 8-6 所示。

4. SNMP 管理器和代理

SNMP 使用管理器和代理的概念。管理器(通常是主机)控制和监视一组代理(通常是路由器)。

管理器是运行 SNMP 客户程序的主机。代理是运行 SNMP 服务器程序的路由器(或主机)。管理是通过在管理器和代理之间的简单交互来实现的。

代理在数据库中保存了性能信息。管理器可以使用这个数据库中的数值。例如，路由器可以把已收到的和已转发的数据包数存储成适当的变量。管理器可以读取和比较这两个变量，以便发现路由器是否拥塞。

管理器还可以使路由器完成某些动作。例如，路由器定期地检查重新引导计数器的值，看它何时应当重新引导自己。当计数器的值为 0 时就应当重新引导自己。管理器可以随时使用这个特性从远程重新引导这个代理。它只要发送一个数据报，迫使这个计数器的值为 0 即可。

代理也可以参加到管理过程中。在代理上运行的服务器程序可以检查环境，若发现有异常现象可以向管理器发送告警报文(叫做陷阱 Trap)。

为了完成管理任务，SNMP 使用另外两个协议：管理信息结构(SMI)和管理信息库(MIB)。

5. SNMP 的作用

SNMP 在网络管理中起着非常特殊的作用。它定义了从管理器发送到代理以及从代理发送到管理器的数据报格式。它还解释结果和产生统计，所交换的数据报包含对象(变量)名和它们的状态(值)。SNMP 负责读取和改变这些数值。

6. SMI 的作用

要使用 SNMP，就需要命名对象的规则和定义对象类型的规则。SMI 是定义这些规则的协议。SMI 只是定义了这些规则，它并没有定义在一个实体中可以管理多少个对象或哪个对象使用哪一种类型。SMI 是许多通用规则的集合，这些规则用来命名对象和列出它们的类型清单，对象和类型的关联并不是 SMI 应当做的事。

7. MIB 的作用

MIB 协议定义了对象的数目，按照 SMI 定义的规则给这些对象命名，并且将对象和一种类型联系起来。

8. SNMP 通信过程

SNMP 在两个熟知端口 161 和 162 上使用 UDP 的服务。熟知端口 161 由代理使用，而熟知端口 162 由管理器使用。

代理在端口 161 上发出被动打开，然后它就等待从管理器来的连接。管理器使用短暂端口发出主动打开。客户向服务器发送请求报文，使用短暂端口作为源端口而熟知端口 161 作为目的端口。服务器向客户发送响应报文，使用熟知端口 161 作为源端口而短暂端口作为目的端口。

管理器在端口 162 发出被动打开，然后它就等待从代理来的连接。代理只要有 Trap 报文要发送，就使用短暂端口发出主动打开。这个连接只是单向的，从服务器到客户。

在SNMP中的客户/服务器机制与其他协议的不同。这里的客户和服务器都使用熟知端口。此外,客户和服务器都必须无限制地运行下去。这个原因就是请求报文是由管理器发出的,但Trap报文则是由代理发出的。

三、实验内容

1. 获取代理服务器信息
2. 设置代理服务器信息
3. 代理服务器的事件报告

四、实验步骤

本实验主机A和B(主机C和主机D,主机E和主机F)一组进行。主机B作为SNMP代理服务器,主机A作为SNMP管理器。

1. 获取代理服务器信息

实验前确保主机B已经安装了名为SNMP Service服务。

(1) 主机B启动SNMP服务,并创建具有"只读"权利的团体public接受来自任何主机的SNMP数据包。配置方法如下:

① 启动"服务"管理器,找到"控制面板/管理工具/服务"程序,双击启动。

② 启动SNMP Service和SNMP Trap Service服务。

- 在服务程序列表中找到SNMP Service和SNMP Trap Service。
- 选择SNMP Service选项,右击,选择"属性"→"启动类型"→"手动"选项,单击"确定"按钮保存设置。
- 单击"服务"→"启动"按钮启动服务。
- 按同样的方法启动SNMP Trap Service。启动后的状态如图8-11所示。

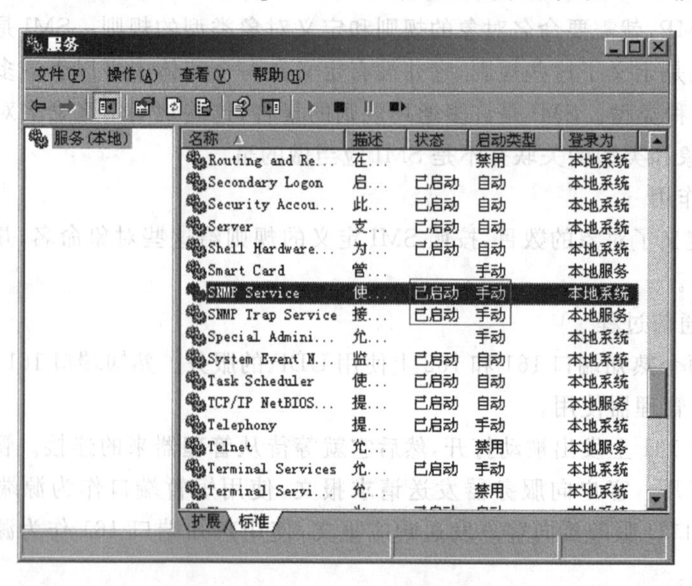

图8-11 SNMP Service启动服务

③ 设置“代理”属性页。

选择“SNMP Service”选项,右击,选择“属性”选项。在属性页集合中选择“代理”选项,选中“应用程序”、Internet、“端对端”复选框。

④ 设置“陷阱”属性页。

在属性页集合中找到“陷阱”属性页进行设置。

⑤ 设置“安全”属性页。

在属性页集合中选择“安全”选项,选中“发送身份验证陷阱”复选框,单击“接受来自任何主机的 SNMP 数据包”按钮。

(2) 主机 B 启动协议分析器捕获数据,并设置过滤条件(提取 SNMP 协议)。

(3) 主机 A 扫描 SNMP 主机,填入主机 B 的 IP 地址。

主机 A 启动“实验平台工具栏中的 SNMP 工具”,选择“SNMP 扫描”选项,单击“开始扫描 SNMP 主机”按钮,在列表中找到主机 B 的 IP 地址,双击该地址,使其添加到工具栏中的 IP 文本框中。

(4) 在主机 A 上,展开 MIB 树,通过双击树节点来获取代理服务器信息。

① 记录返回的代理服务器信息。

② 通过对代理服务器信息的获取,推测该代理服务器的路由表。

(5) 主机 B 停止捕获数据。

(6) 主机 B 重新启动数据捕获。

(7) 在主机 A 上,选中 iso. org. dod. internet. mgmt. mib-2. udp. udptable 节点,单击“获取子树”按钮。

(8) 关闭 SNMP 工具。

2. 设置代理服务器信息

(1) 主机 B 修改 SNMP 服务配置,为团体 public 开放“读/写”权利。

选择“SNMP Service”选项,右击,选择“属性”→“安全”选项,设置 Public 团体的权限为“读写”。

(2) 主机 B 启动协议分析器开始捕获数据并设置过滤条件(提取 SNMP 协议)。

(3) 主机 A 更改主机 B 的 sysName 节点值。

① 主机 A 启动“实验平台工具栏中的 SNMP 工具”。

② 单击“SNMP 扫描”→“开始扫描 SNMP 主机”按钮,在列表中找到主机 B 的 IP 地址,双击该地址,使其添加到工具栏中的 IP 文本框中。

③ 单击“MIB 树”→iso. org. dod. internet. mgmt. mib-2. system. sysName 按钮,双击获得该值信息。

④ 在工具条上,单击“设置 SNMP 主机的相关信息”→“公共体名称”→“public”按钮;在“节点值”文本框中输入任意字符串;“变量绑定类型”单选按钮选择“Octet String”选项,单击“确定”按钮。

(4) 主机 A 单击工具条上的“显示 SNMP 主机的相关信息”按钮,察看 iso. org. dod. internet. mgmt. mib-2. system. sysName 节点的值,确定该值是否被更新。

(5) 主机 B 停止捕获数据,分析捕获到的数据。

(6) 关闭 SNMP 工具。

3. 代理服务器的事件报告

(1) 主机B修改SNMP服务配置,为团体public设置“陷阱”。

① 选择“SNMP Service”选项,右击,选择“属性”→“陷阱”选项;添加“团体名称”为public;单击“添加到列表”按钮;单击“添加”按钮来设置“陷阱目标”(注意陷阱目标使用主机A的IP地址)。

② 在属性页集合中选择“安全”→“接受来自这些主机的SNMP包”选项;单击“添加(D)...”按钮来设置SNMP管理器的IP地址(注意此地址使用一个非组内主机的IP地址)。

(2) 主机B启动协议分析器开始捕获数据并设置过滤条件(提取SNMP协议)。

(3) 主机A启动“实验平台工具栏中的SNMP工具”,在IP文本框中输入主机B的IP地址。

(4) 主机A通过SNMP工具尝试获取主机B(SNMP代理服务器)的信息。主机B停止捕获数据,并分析捕获到的数据。

(5) 关闭SNMP工具。

五、思考题

1. SNMP使用UDP协议进行封装,分析为什么不使用TCP进行封装。

2. 为什么SNMP的管理进程使用探询掌握全网状态属于正常情况,而代理进程用陷阱向管理进程报告属于较少发生的异常情况?

附录A

本书实验部分的网络结构

本书实验采用的网络结构主要有以下 3 种。

1. 网络结构一

网络结构一的拓扑结构如图 A-1 所示。

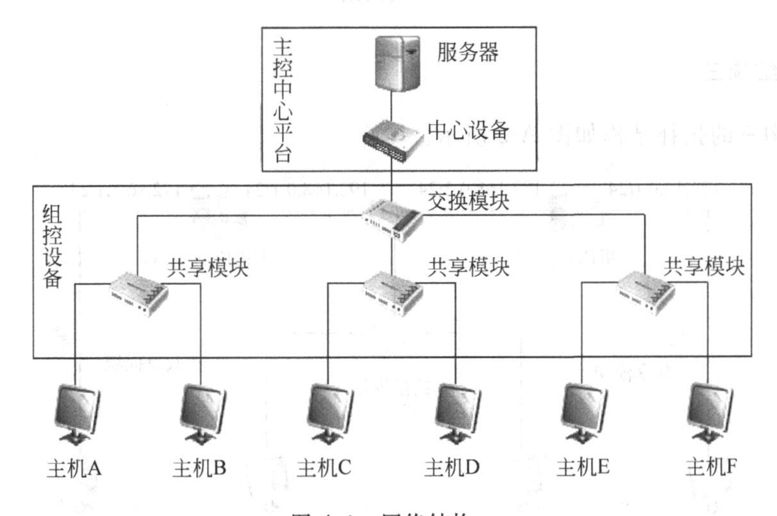

图 A-1 网络结构一

说明：IP 地址分配规则为主机使用原有 IP，保证所有主机在同一网段内即可；服务器 IP 地址为 172.16.0.254。

2. 网络结构二

网络结构二的拓扑结构如图 A-2 所示。

说明：

(1) 主机 A、C、D 的默认网关是 172.16.1.1。

(2) 主机 E、F 的默认网关是 172.16.0.1。

(3) 主机 B 为双网卡主机，起路由器作用，左端接口为物理接口 1(本地连接)，右端接口为物理接口 2(本地连接 2)。

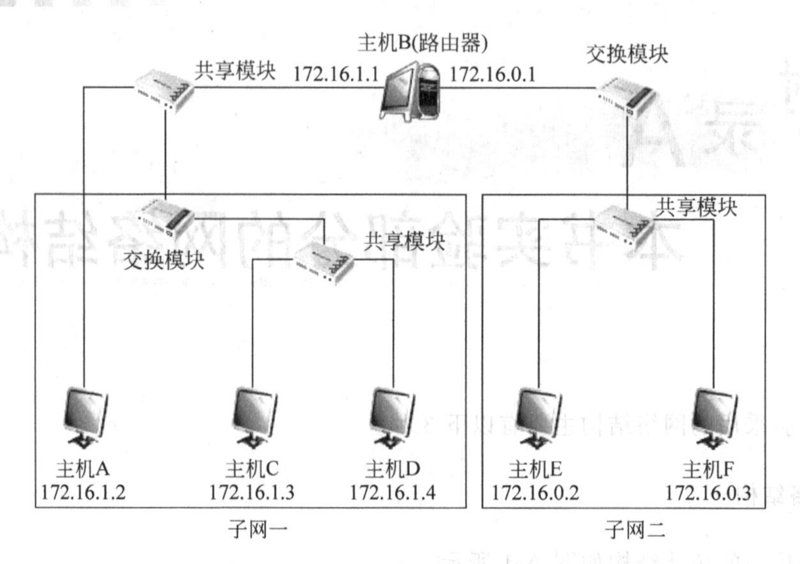

图 A-2 网络结构二

3. 网络结构三

网络结构三的拓扑结构如图 A-3 所示。

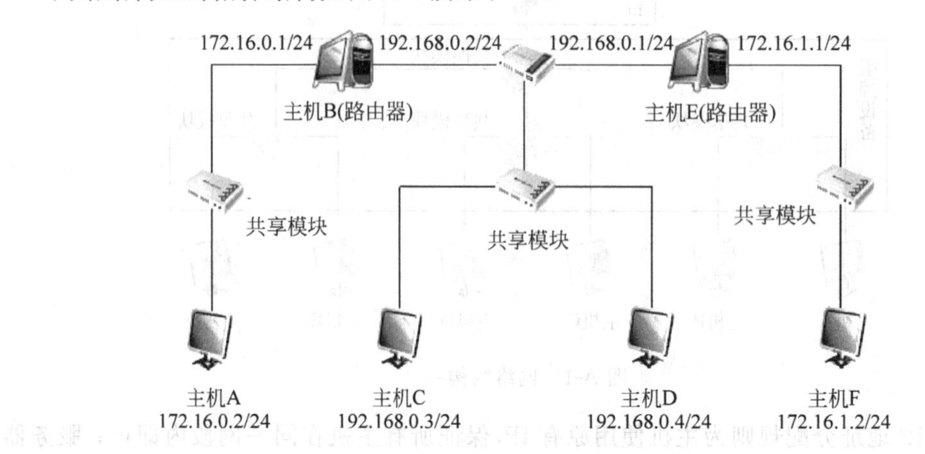

图 A-3 网络结构三

说明：

(1) 各主机 IP 地址如图 A-3 所示。

(2) 主机 A 的默认网关为 172.16.0.1。

(3) 主机 C 的默认网关为 192.168.0.2。

(4) 主机 D 的默认网关为 192.168.0.1。

(5) 主机 F 的默认网关为 172.16.1.1。

(6) 主机 B 和主机 E 为双网卡主机，起路由器作用，主机 B 和主机 E 不设置默认网关。主机 B 左端接口(连接主机 A 侧)为物理接口 1(本地连接)，右端接口为物理接口 2(本地连接 2)，主机 E 右端接口(连接主机 F 侧)为物理接口 1(本地连接)，左端接口为物理接口 2(本地连接 2)。

参考文献

[1] 潘新民.计算机通信技术.第2版.北京：电子工业出版社，2006.

[2] 刘东飞，李春林.计算机网络.北京：清华大学出版社，2007.

[3] 范逸之.Visual Basic与分布式监控系统：RS-232/485串行通信.北京：清华大学出版社，2002.

[4] 李朝青.PC机及单片机数据通信技术.北京：北京航空航天大学出版社，2000.

[5] 谢希仁.计算机网络.第5版.北京：电子工业出版社，2008.

[6] Andrew S. Tanenbaum.计算机网络(第4版).潘爱民译.北京：清华大学出版社，2004.

[7] 寇晓蕤，罗军勇，蔡延荣.网络协议分析.北京：机械工业出版社，2009.

[8] 蒋一川等.计算机网络实验教程(IPv4网络协议篇).吉林：吉林中软吉大信息技术有限公司，2009.

[9] 华为3com技术有限公司.构建中小企业网络.杭州：华为3com技术有限公司，2007.

[10] W. Richard Stevens. TCP/IP详解(卷1：协议).北京：机械工业出版社，2008.

[11] 杨延双，张建标，王全民.TCP/IP协议分析及应用.北京：机械工业出版社，2008.

[12] 兰少华，杨余旺，吕建勇.TCP/IP网络与协议.北京：清华大学出版社，2007.

[13] Behrouz A. Forouzan. TCP/IP协议族(第4版).王海等译.北京：清华大学出版社，2011.

[14] 陈明.网络协议教程.北京：清华大学出版社，2006.

[15] 杨延双，张建标，王权民.TCP/IP协议分析及应用.北京：机械工业出版社，2007.

[16] 黄传河.计算机网络.北京：机械工业出版社，2010.

[17] 梁旭，张振林，黄明.全国研究生计算机统一考试习题详解.北京：电子工业出版社，2008.

[18] 全国硕士研究生入学考试计算机专业基础联考命题研究组主编.全国硕士研究生入学考试计算机专业统考过关必练——考点分类训练与解析.北京：电子工业出版社，2009.

[19] 本书编写组.全国硕士研究生入学统一考试计算机学科专业基础综合考试大纲解析.北京：高等教育出版社，2009.

- 教学目标明确，注重理论与实践的结合
- 教学方法灵活，培养学生自主学习的能力
- 教学内容先进，反映了计算机学科的最新发展
- 教学模式完善，提供配套的教学资源解决方案
- 可在清华大学出版社网站下载教学资料

课件下载·样书申请

书圈

清华社官方微信号

扫 我 有 惊 喜

ISBN 978-7-302-44061-1

定价：49.80元